Die weiten Räume zwischen den Sternen sind voller Dynamik und lebhafter Aktivität. Wir erkennen schwarze, staubhaltige Globulen und riesige, dunkle Molekülwolken, in denen Sterne entstehen, die wiederum ihre Umgebung beleuchten. Wir sehen alte Sterne, die Materie in den Raum blasen, sowie massereiche, explodierende Sterne, die das interstellare Gas aufheizen und heftig durcheinanderwirbeln. All diese Vorgänge sind Teile des Kreislaufs aus Geburt, Tod und Neuerschaffung von Sternen.

Zur Erinnerung an meine Großmutter Laura Jaekel Kaler,
die mich auf diesen aufregenden Weg brachte,
und an meine Eltern Hazel Holmgren (Susie) Kaler und Earl Kaler,
die mir halfen, darauf zu bleiben.

Inhalt

Vorwort

Kosmische Wolken soll die Sterne, unsere Erde und uns selbst in den breiten Kontext der Galaxis stellen. Wir erforschen die riesigen Wolken des interstellaren Raumes und wie sie sich zu den Sternen verdichten (einschließlich unserer Sonne), die um uns herum scheinen, wie Sternentstehung Planeten und vielleicht Leben selbst erzeugt und wie der Tod von Sternen neue Wege eröffnet, neue interstellare Wolken, die uns wieder in die Weiten des Weltraums zurückführen. Der ganze Prozeß ist ein Akt kosmischer Wiederverwertung, bei dem neue Sterne aus den Trümmern der alten geboren werden. Als Pendant zu dem Band *Sterne* (ebenfalls in der Spektrum-Bibliotheksreihe erschienen) betrachtet *Kosmische Wolken* die Sterne aus einer anderen Perspektive, mehr von außen als von innen.

Wissenschaftliche Bücher markieren bestimmte Zeitpunkte. Noch während sie in der Herstellung sind, schreitet die Wissenschaft bereits unaufhaltsam weiter fort. Sternentstehung, die Bildung von Planeten und interstellare Wiederverwertung sind dynamische Themen, die sich im Zustand ständiger Veränderung befinden: So wird zum Beispiel zur Zeit fast jeden Monat ein neuer Planet entdeckt, der einen anderen Stern umkreist. Doch ein Großteil des Fundaments dieses breiten Themas ist fest und solide gebaut und wird weiteren Nachforschungen standhalten. *Kosmische Wolken* ist daher eine Mischung aus gesicherten wissenschaftlichen Erkenntnissen und neuen, aufregenden Entdeckungen – eine Kombination, die dem Leser eine Grundlage für die weitere Erkundung der Zukunft bietet.

Die hier entwickelten Vorstellungen und die Verkettung der oben erwähnten Zeitpunkte wurden mehrfach überprüft, was ohne die hervorragende Arbeit des Mitarbeiterstabs der Scientific American Library nicht möglich gewesen wäre. Dem Herausgeber Jonathan

Cobb möchte ich für das Interesse und das Verständnis danken, die er dem ursprünglichen Vorschlag zu diesem Buch entgegenbrachte; sein Engagement für das Projekt hat dieses erst ermöglicht. Tiefe Dankbarkeit und Wertschätzung gebührt meinen Fachkollegen und Beratern: Bruce Elmegreen vom Watson Research Center von IBM, John Graham vom Department of Terrestrial Magnetism der Carnegie Institution of Washington, Eugene Levy von der University of Arizona und Robert O'Dell von der Rice University, die alle das gesamte Manuskript gelesen haben, sowie Virginia Trimble von der University of California in Irvine, die die ersten Kapitel kritisch durchgesehen hat, Scott Kenyon vom Center for Astrophysics in Harvard, der mich über die Feinheiten der Sternentstehung unterrichtete, und meinen Kollegen in Illinois John Dickel, Icko Iben, Margaret Meixner, Telemachos Mouschovias, Lew Snyder und Ken Yoss, die geduldig meine vielen Fragen beantworteten. Dank auch all den vielen Leuten, die großzügig ihre Zeit opferten, um zahlreiche Bilder für dieses Buch zur Verfügung zu stellen.

Kosmische Wolken wurde von meiner alten (damals unbekannten) Nachbarin auf dem Lande Mary Louise Byrd durch seinen eigenen dynamischen Herstellungsprozeß geleitet. Es ist voller Bilder, die die talentierten Bildredakteure Barbara Brooks und Larry Marcus ausfindig gemacht haben; Tomo Narashima schuf den lebhaften Kosmos, der im Frontispiz zu sehen ist. All diese Elemente hat die Designerin Diana Blume mit großem Einfühlungsvermögen mit dem Text verknüpft. Ein besonderer Platz ist für meine Freundin und Redakteurin Nancy Brooks reserviert, die zusammen mit Jonathan Cobb den konzeptionellen Aufbau des Buches entwickeln half, die Zeichnungen kritisch beurteilte und verbesserte und Zeile für Zeile half, meine Worte zu einem flüssigen Ganzen zu verbinden – ein Beispiel für umsichtige redaktionelle Arbeit vom Feinsten. Und schließlich geht mein Dank, wie immer, an meine Frau Maxine für ihre stete Unterstützung.

Zwischen den Sternen

1

1.1 Die Sterne der Milchstraße sind so dichtgedrängt, daß sie sich fast zu berühren scheinen.

Langsam dreht sich die Erde weiter und wendet sich von der Sonne ab; das stete Blau des Tages geht über in den Schatten der Nacht, und am immer dunkler werdenden Himmel kommen Tausende von Sternen hervor. Sie scheinen überall zu sein und den Himmel mit ihrem Licht zu beherrschen. Auf Photographien wird dieser Eindruck noch verstärkt: In den dichten Gebieten der Milchstraße überlappen sich die Bilder der einzelnen Sterne, so daß sie wie eine fast ununterbrochene Lichtfläche wirken. Sterne scheinen so nahe beieinander zu stehen, daß es einen wundert, daß sie nicht zusammenstoßen.

Dieser Eindruck ist eine große Täuschung. Ein Stern erscheint im Teleskop als ein Scheibchen, weil sein Licht durch die Teleskopoptik sowie unsere irdische Atmosphäre verschmiert wird: Es sieht so aus, als ob das Bild des Sterns eine Ausdehnung habe. In Wirklichkeit sind die Sterne jedoch so weit entfernt, daß sie ungeachtet ihrer physikalischen Größe praktisch immer punktförmig erscheinen. Selbst diejenigen, die der Erde am nächsten sind, haben typischerweise eine Winkelausdehnung von nur einer tausendstel Bogensekunde; das entspricht dem Winkeldurchmesser eines Pfennigs in 3000 Kilometer Entfernung. Ohne die verschmierenden Effekte hätten die Sternbildchen auf dem Eröffnungsphoto dieses Kapitels einen Durchmesser von ganzen 0,00001 Millimetern. Rechnet man die dritte Dimension mit hinzu – die enormen Unterschiede in ihren Entfernungen zur Erde –, dann sind Sterne typischerweise um mehr als das Zehnmillionenfache ihres Durchmessers voneinander getrennt. Es mag für uns so aussehen, als sei der Nachthimmel – und damit der Weltraum – mit Sternen angefüllt, aber in Wirklichkeit enthält er bemerkenswert wenig Sterne: Nur ein trillionstel Promille des Volumens des Weltraums (ein Teil auf 10^{21}) wird tatsächlich von einem Stern ausgefüllt.

Was liegt in den weiten Räumen zwischen den Sternen? Mehr als man sich selbst noch vor erst 30 Jahren vorstellen konnte. Im Laufe der letzten 200 Jahre – wobei das Tempo der Entdeckungen in der letzten Hälfte unseres eigenen Jahrhunderts rasant zugenommen hat – fanden die Astronomen farbenprächtige, zarte Wolken aus leuchtendem Gas, bedrohlich wirkende schwarze Wolkentürme aus dunklem Staub, angefüllt mit komplizierten chemischen Molekülen, anmutige, leuchtende Gaswinde, die von sterbenden Sternen abströmen, gewaltige expandierende Druckwellen von explodierten Sternen und vieles mehr.

Der Kosmos ist, wie der Himmel an einem stürmischen Sommertag, mit Wolken unterschiedlichster Größen, Formen, Strukturen und Entfernungen erfüllt; einige sind dicke, quellende Kumuli, andere dünne, zarte Zirren – und alle sind sie in ständiger Veränderung begriffen, stoßen zusammen, bilden sich neu und verdampfen wieder. Einige der Sommerwolken werden dicht genug, um zu kondensieren und Regentropfen hervorzubringen, die letztlich wieder als Dampf in den Himmel aufsteigen und neue Wolken bilden. Die Sterne am Nachthimmel sind die „Regentropfen" der interstellaren Wolken, und wie die Wassertröpfchen verdampfen auch sie – oder zumindest Teile von ihnen – und geben ihr Material zur Wiederverwertung an das interstellare Medium zurück, an jene zerrissenen, chaotischen, staubhaltigen Gase des interstellaren Raumes, aus denen sie ursprünglich entstanden waren.

Der Regen reinigt die Luft und transportiert den vom Wind emporgetragenen Staub wieder zurück zum Erdboden. Die Planeten, auch unsere Erde, sind aus den staubhaltigen Überresten der Materie entstanden, aus der sich unser eigener Regentropfen, unsere Sonne, gebildet hat. Jedes Atom unserer Welt, jedes Atom von uns selbst war einst im interstellaren Raum. Die Erde ist ein Destillat des interstellaren Mediums und damit auch ein Nebenprodukt früherer Sterngenerationen. Wir sind ganz und gar nicht von den Sternen des Nachthimmels getrennt, sondern über die wirbelnden, schöpferischen Prozesse des interstellaren Mediums sozusagen ein Teil von ihnen.

Im Zusammenhang mit den Sternen

Obwohl das interstellare Medium weit verstreut ist, gehört es doch in gewissem Sinne zu den Sternen. Es ist eine Zwischenstation bei der Sternentwicklung und dient als Geburtsort, Recycling-Behälter und Friedhof für Sterne. Deshalb beginnen wir seine Untersuchung mit einer Betrachtung der Sterne und ihres Umfeldes.

Wo und was sind die Sterne? Wie können wir das erfahren? Welche Beziehung besteht zwischen ihnen und diesem rätselhaften interstellaren Medium, aus dem sie offenbar entstanden sind? Wir haben ein schönes Beispiel für verdichtete interstellare Materie ganz in unserer Nähe: die Sonne. Die Sonne hat (wie viele andere Sterne, wie wir gerade erfahren) eine Familie. Sie wird von acht größeren Körpern, den Planeten, sowie von einer riesigen Anzahl kleinerer Brocken umkreist. In seinem großen Buch *De Revolutionibus*, das 1543 erschien, gab Nikolaus Kopernikus die relativen Abstände der fünf anderen damals bekannten Planeten, von Merkur bis Saturn, zur Sonne an, ausgedrückt in der Entfernung zwischen Erde und

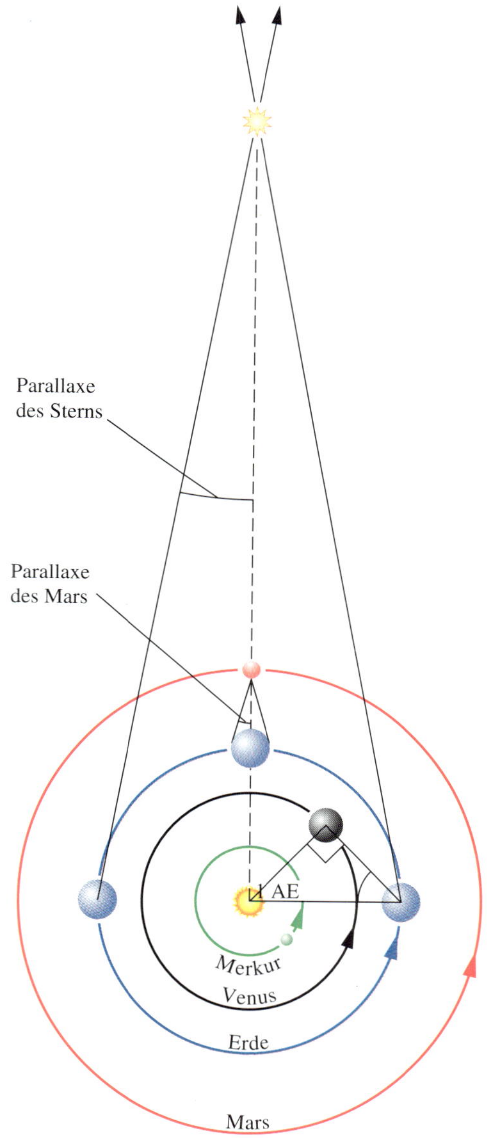

1.2 Aus dem größten Winkel zwischen einem Planeten (hier der Venus) und der Sonne läßt sich die Entfernung des Planeten in Astronomischen Einheiten (AE) bestimmen. Die Astronomische Einheit kann mittels der Entfernung jedes Körpers geeicht werden, die über die Parallaxe (wie hier) oder durch Radar gemessen wurde. Aus der jährlichen Verschiebung der näheren Sterne aufgrund des Umlaufs der Erde um die Sonne lassen sich die Entfernungen dieser Sterne in AE und damit auch in Kilometer bestimmen.

Sonne. Diese Entfernung, unsere erste astronomische Meßlatte, ist von so großer Bedeutung, daß sie heute einfach Astronomische Einheit, kurz AE, genannt wird. Etwas mehr als ein Jahrhundert später konnte Giovanni Cassini die Entfernung zum Mars bestimmen, indem er dessen Parallaxe maß, den Betrag, um den sich seine Winkelposition verschiebt, wenn man ihn von unterschiedlichen Punkten der Erde aus beobachtet. Die Messung der Entfernung des Mars ermöglichte es, die Länge der AE zu bestimmen; der moderne Wert beträgt 150 Millionen Kilometer.

Somit kennen wir also die Entfernung der Sonne und können nun auch ihren Durchmesser berechnen – 1,5 Millionen Kilometer, das 109fache des Erddurchmessers. Kurz nachdem Kopernikus die Erde für immer aus dem Zentrum des Universums gerückt hatte, stellte Johannes Kepler die Gesetze der Planetenbewegungen auf. Dabei stützte er sich auf die Beobachtungen Tycho Brahes, des letzten und größten der Beobachter, die noch kein Teleskop zur Verfügung gehabt hatten. Kepler stellte fest, daß die Planetenbahnen Ellipsen sind und, was von größter Bedeutung ist, daß ihre Größe und die Umlaufperioden in Beziehung zueinander stehen: Das Quadrat der Umlaufperiode (P) in Jahren ist stets gleich der dritten Potenz der großen Halbachse der Ellipse (a, die Hälfte der längsten Linie, die in die Ellipse eingezeichnet werden kann), ausgedrückt in AE (also: $P^2_{\mathrm{Jahre}} = a^3_{\mathrm{AE}}$). Isaac Newton formulierte 1687 mit Hilfe seiner Bewegungsgesetze und des Gravitationsgesetzes die Keplerschen Gesetze in eine elegante quantitative Form um. Diese verbindet die Periode, die große Halbachse und die Summe der Massen von jeweils *zwei beliebigen*, einander umkreisenden Körpern miteinander, und zwar ausgedrückt in *physikalischen* Einheiten, das heißt, in Sekunden, Zentimetern und Gramm ($P^2 = \mathrm{Konstante} \times a^3/(M_1 + M_2)$). (Keplers ursprüngliches Gesetz kommt ohne die Einzelmassen aus, da die Masse der Sonne völlig über die Massen der einzelnen Planeten dominiert.) Aus den Bahneigenschaften der Erde konnten die Astronomen die kombinierten Massen von Sonne und Erde bestimmen. Da die Masse der Erde aber vergleichsweise unbedeutend ist, erhält man damit die Masse der Sonne allein: Sie beträgt 330000 Erdmassen. Von diesem riesigen Körper geht ein Energiestrom von 4×10^{26} Watt aus. Konzentrierte interstellare Materie ist also in der Tat sehr potent.

Ohne einen wirklichen Beweis dafür zu haben, glaubte der griechische Astronom Aristarch im 3. Jahrhundert vor Christus, daß die Sterne erheblich weiter entfernt seien als die Sonne. Diese, so folgerte er aus der Zeitbestimmung der Mondphasen, sei 20mal weiter entfernt als der Mond (ein Ergebnis, das um den Faktor 20 zu klein war). Wie weit weg die Sterne wirklich sind, weiß man erst seit erstaunlich kurzer Zeit. Wenn Kopernikus recht hatte, mußten die Sterne Parallaxen zeigen. Beim Umlauf der Erde um die Sonne können wir die Sterne von zwei unterschiedlichen Standorten im Raum aus beobachten. Aber niemand konnte diese Parallaxen nachweisen. Wenn die Parallaxenwinkel derart klein waren, dann mußten die Sterne wahrhaftig ungeheuer weit entfernt sein. Erst 1846 gelang es dem deutschen Astronomen Friedrich Bessel, die Parallaxe des nahen Sterns 61 Cygni zu beobachten: Sie beträgt zwei Drittel einer Bogensekunde, entsprechend dem Durchmesser eines Zehnpfennigstücks in sechs Kilometer Entfernung. Endlich wußten wir also: 61 Cygni ist über 600000 AE entfernt. Solche Zahlen machen größere Einheiten erforderlich. Ein Lichtjahr (LJ), die Strecke, die Licht mit der Geschwindigkeit von 300000 Kilometer/Sekunde in einem Jahr zurücklegt, ist 63271 AE lang. Eine weitere Einheit, die *Par*allaxen*sek*unde (Parsec oder pc), ist die Entfernung, aus welcher der Radius der Erdbahn unter dem Winkel von einer Bogensekunde erscheinen würde. Ein Parsec entspricht 206265 AE oder 3,26 Lichtjahre. Der Stern 61 Cygni ist damit etwa zehn Lichtjahre oder drei Parsec entfernt. Moderne Techniken ermöglichen die Messung von Zehntausenden von Parallaxen bis in Entfernungen von mehreren Hundert Parsec. Andere Methoden der Entfernungsbestimmung, die mit Hilfe des Parallaxenverfahrens geeicht werden, erlauben es uns, einen Großteil des Universums zu vermessen.

Die Entfernungen und scheinbaren Helligkeiten der Sterne zeigen, daß ihre Leuchtkräfte – das heißt, ihre gesamte abgegebene Strahlungsenergie pro Sekunde – in einem Bereich liegen, der vom Einmillionenfachen bis zu einem Millionstel der Sonnenleuchtkraft reicht. Wenn der hellste von ihnen in der Entfernung von 61 Cygni stünde, würde er an unserem Himmel fast so hell leuchten wie der Vollmond. Die schwächsten Sterne dagegen müßten sehr nahe bei uns stehen, weniger als die hundertfache Entfernung des Planeten Pluto (der nur 40 AE von uns entfernt ist), um gerade eben noch sichtbar zu sein. Die Prozesse, die Sterne aus dem interstellaren Medium entstehen lassen – und das Medium selbst – müssen ungeheuer komplex sein, um Sterne bilden zu können, die sich um das Billionenfache in ihrer Leuchtkraft unterscheiden.

Sterne können nicht für sich allein existieren oder erzeugt werden. Eine Art übergeordnetes System muß das interstellare Medium anordnen und zusammenpressen. Erst in den zwanziger Jahren unseres Jahrhunderts konnten die Astronomen beweisen, daß alle Sterne im Universum in Milliarden individueller Ansammlungen angeordnet sind, die Galaxien genannt werden und sich erheblich in Größe und Struktur voneinander unterscheiden. Zwischen den Galaxien liegen fast keine Sterne. Unsere eigene Galaxie, die einfach „Galaxis" ge-

1.3 Rechts zeigt die nahe Galaxie M 51 auf einen Blick eine typische Anordnung von Sternen: eine Scheibe mit ihren eleganten Spiralarmen, hier von oben zu sehen. Aus großer Entfernung könnte unsere Galaxis ungefähr wie diese aussehen; die Sonne läge bei etwa zwei Drittel des Weges vom Zentrum zum scheinbaren Rand. Das Bild oben zeigt die Sombrero-Galaxie (M 104), deren Scheibe fast von der Kante her zu sehen ist. Ihr gewaltiger zentraler Bauch erstreckt sich nach außen in einen großen Halo, der von riesigen Kugelhaufen erfüllt ist.

nannt wird, enthält alle Sterne, die man bei Nacht sieht, und noch etwa 200 Milliarden weitere. Das Hauptmerkmal der Galaxis, eine flache Scheibe, die über 95 Prozent der Sternkollektion enthält, hat einen Durchmesser von etwa 35000 Parsec (100000 Lichtjahre). Die Scheibe ist umgeben von einem dünn bevölkerten, kugelförmigen Halo. Um das galaktische Zentrum verdickt sich die Scheibe zu einem rund 2000 Parsec großen „Bauch".

Die Sterne der Galaxis sind durch ihre gegenseitige Anziehungskraft aneinander gebunden. Wären sie bewegungslos, würden sie unter dem Einfluß der Gravitation alle zu einem großen Haufen im Zentrum zusammenstürzen, so daß wir nicht existieren könnten. Die

1.4 Wir sehen die Scheibe unserer Galaxis als das himmelumspannende Band der Milchstraße. Von unserem abseits, zum Rand der Galaxis hin gelegenen Standort aus schauen wir zurück und erblicken in Richtung Zentrum die gewaltigen Sternwolken, während die Scheibe – unterbrochen durch dunkle interstellare Staubwolken – nach beiden Seiten hin immer schwächer wird.

Galaxis muß daher ein dynamisches Gebilde sein. So wie die Planeten unsere Sonne umkreisen, so müssen alle Sterne der Galaxis um deren Zentrum kreisen. Im einfachsten Sinne spürt jeder Stern die gemeinsame Kraft aller anderen Sterne, die innerhalb seiner Bahn liegen und gemeinsam als seine „Gravitations-Sonne" wirken; jeder Stern kreist unter deren gegenseitigem Einfluß. Da sich die Sterne in der Scheibe alle auf relativ kreisförmigen Bahnen in derselben Richtung bewegen, sagt man, die Galaxis als Ganzes rotiere.

Die Galaxis bietet sich uns in Anmut und Schönheit dar. Betrachtet man den Himmel in einer dunklen Sommer- oder Herbstnacht (auf der Nordhalbkugel; auf der Südhalbkugel in einer Winter- oder Frühlingsnacht), so sieht man ein breites, leuchtendes Lichtband, das sich von einem Horizont zum anderen über den Himmel spannt: die Milchstraße. In den Weltkulturen unter verschiedenen Namen bekannt, ist sie Quelle für zahllose Mythen und Legenden. Als Galilei die Milchstraße 1609 mit dem ersten astronomischen Fernrohr untersuchte, sah er sie in unzählige Sterne aufgelöst: Die Milchstraße ist die Scheibe unserer Galaxis. Die Sonne befindet sich in-

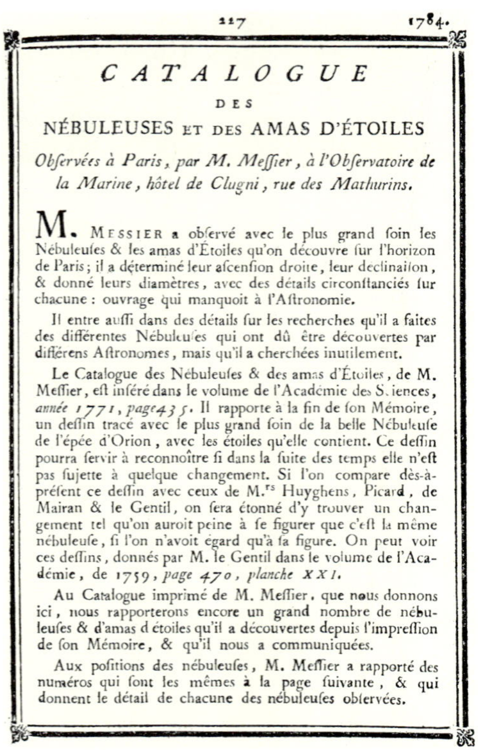

217 1784.

CATALOGUE

DES

NÉBULEUSES ET DES AMAS D'ÉTOILES

Obſervées à Paris, par M. Meſſier, à l'Obſervatoire de la Marine, hôtel de Clugni, rue des Mathurins.

M. MESSIER a obſervé avec le plus grand ſoin les Nébuleuſes & les amas d'Étoiles qu'on découvre ſur l'horizon de Paris; il a déterminé leur aſcenſion droite, leur déclinaiſon, & donné leurs diamètres, avec des détails circonſtanciés ſur chacune : ouvrage qui manquoit à l'Aſtronomie.

Il entre auſſi dans des détails ſur les recherches qu'il a faites des différentes Nébuleuſes qui ont dû être découvertes par différens Aſtronomes, mais qu'il a cherchées inutilement.

Le Catalogue des Nébuleuſes & des amas d'Étoiles, de M. Meſſier, eſt inſéré dans le volume de l'Académie des Sciences, *année 1771, page 435*. Il rapporte à la fin de ſon Mémoire, un deſſin tracé avec le plus grand ſoin de la belle Nébuleuſe de l'épée d'Orion, avec les étoiles qu'elle contient. Ce deſſin pourra ſervir à reconnoître ſi dans la ſuite des temps elle n'eſt pas ſujette à quelque changement. Si l'on compare dès-à-préſent ce deſſin avec ceux de M.rs Huyghens, Picard, de Mairan & le Gentil, on ſera étonné d'y trouver un changement tel qu'on auroit peine à ſe figurer que c'eſt la même nébuleuſe, ſi l'on n'avoit égard qu'à ſa figure. On peut voir ces deſſins, donnés par M. le Gentil dans le volume de l'Académie, de 1759, *page 470, planche XXI.*

Au Catalogue imprimé de M. Meſſier, que nous donnons ici, nous rapporterons encore un grand nombre de nébuleuſes & d'amas d'étoiles qu'il a découvertes depuis l'impreſſion de ſon Mémoire, & qu'il nous a communiquées.

Aux poſitions des nébuleuſes, M. Meſſier a rapporté des numéros qui ſont les mêmes à la page ſuivante, & qui donnent le détail de chacune des nébuleuſes obſervées.

1.5 Das Titelblatt von Messiers „Katalog nebliger Objekte und Sternhaufen" aus dem Jahr 1784.

nerhalb dieser Scheibe, etwa 8000 Parsec vom Kern der Galaxis entfernt. Deshalb sehen wir das vereinte Licht der Scheibensterne als einen himmelumspannenden Gürtel. Unsere deutlich außerhalb des Zentrums gelegene Position ist mit ein Grund dafür, daß die Sichtbarkeit der Milchstraße beträchtlich schwankt. Im nördlichen Sommer sieht man die Milchstraße vom Nordosten her durch das Sternbild Cassiopeia kommen; dann läuft sie direkt über einem durch Cygnus, wo sie sich in zwei Teile aufzuspalten scheint. Nach Süden hin erstreckt sich der westliche Zweig nach rechts in Ophiuchus und Scorpius, wo er endet. Der östliche Zweig wird immer heller, während er die Sternwolken des Scutum passiert und dann in aller Pracht Sagittarius erreicht. Hier ist das Herz der Milchstraße, und die Sternfelder werden in Richtung des Zentrums der Galaxis, auf das Sagittarius (der Schütze) unwissentlich seinen mythischen Pfeil richtet, immer dichter.

Die galaktische Scheibe und der Halo unterscheiden sich sehr voneinander. Neben den meisten Sternen der Galaxis enthält die Scheibe auch den bei weitem größten Teil des interstellaren Mediums. Dies zeigt uns, daß im Halo keine Sternentstehung mehr stattfindet und er nur alte Sterne enthalten kann. In einer mondlosen Nacht weit draußen auf dem Lande kann man schon mit bloßem Auge erkennen, daß die Milchstraße höchst unregelmäßig ist und gewaltig in Breite und Helligkeit schwankt. Überall gibt es kleine und große schwarze Flecken, die wie Löcher aussehen, die in die Galaxis geschnitten wurden. Mit einem Teleskop sieht man schwach leuchtende Gaswolken, die häufig mit den Löchern in Zusammenhang stehen. Diese Löcher sind keine Lücken in der Verteilung der Sterne, sondern dichte Wolken aus interstellarem Staub, die das Licht der hinter ihnen liegenden Sterne verschlucken, Wolken, in denen neue Sterne entstehen, die sich eines Tages ihren zahllosen älteren Geschwistern im Kreis der Milchstraße anschließen werden. Die hellen Wolken sind die zerfetzten Reste jener dunklen Wolken, in deren Inneren sich helle Sterne gebildet haben, die nun die Wolken sowohl beleuchten als auch auseinandertreiben, wobei sich die zerstreute Materie neu formiert, um weitere Sterngenerationen hervorzubringen.

Daher können wir die Sterne – und ihre Planeten – erst dann verstehen, wenn wir über das interstellare Medium Bescheid wissen, sowohl als separate Einheit als auch als wesentlicher Bestandteil der Galaxis als Ganzes. Die Geschichte der Erkenntnis, wie unsere Galaxis aufgebaut ist, ist in der Tat untrennbar mit der Entdeckung des interstellaren Mediums verknüpft und mit der Unterscheidung zwischen den verschiedenen Arten von interstellaren Wolken, Galaxien, Sternhaufen und anderen Himmelsobjekten.

Das Rätsel der Nebel

Mit der Erfindung des Teleskops Anfang des 17. Jahrhunderts entdeckten die Astronomen immer mehr verwaschene Lichtflecke, die scheinbar mitten unter den Sternen schwebten. Einige von ihnen bewegten sich kurzzeitig gegen den Sternhintergrund und verschwanden dann. Diese wurden rasch als Kometen erkannt, die in der gesamten menschlichen Geschichte mit bloßem Auge beobachtet worden sind. Heute weiß man, daß es sich bei ihnen um kleine Eiskörper handelt, die das äußere Sonnensystem bevölkern. Andere leuchtende himmlische Nebelflecke standen jedoch unbeweglich zwischen den Sternen. Um eine Verwechslung zwischen ihnen und den Kometen zu vermeiden, erstellte der französische Astronom Charles Messier in den achtziger Jahren des 18. Jahrhunderts den ersten Katalog, in dem die hellsten der unbeweglichen Objekte genau angegeben waren, darunter auch einige wie die Plejaden (M 45), von denen man wußte, daß sie Sternhaufen sind. Messiers ursprüngliche Aufzählung von 103 Objekten, die später auf 109 erweitert wurde, enthält einige der hellsten und schönsten „nicht-stellaren Objekte“ am Himmel (die noch immer so genannt werden, auch wenn sie aus Sternen bestehen) und ist damit ein zentrales Werk für die Amateurastronomie.

Im Laufe der nächsten 20 Jahre fügte William Herschel der Liste der verwaschenen Objekte weitere 2500 hinzu, indem er sie katalogisierte, während die Rotation der Erde sie durch das Gesichtsfeld seines Teleskops wandern ließ. Herschel, ein Musiker, wurde 1738 in Hannover geboren. Er verließ 1756 die Militärkapelle der Hannoveranischen Armee und ging nach England, wo er unterrichtete, Konzerte gab und komponierte. Seine wahre Begeisterung und seine größten Fähigkeiten lagen jedoch auf dem Gebiet der Astronomie. Von 1774 an suchte er den Himmel mit einem selbstgebauten Spiegelteleskop ab und begann noch größere und bessere Instrumente zu konstruieren. Seine Arbeiten, für die er 1816 zum Ritter geschlagen wurde, umfassen die Entdeckung des Planeten Uranus, von Doppelsternen und der Infrarotstrahlung. Sein Sohn John, der die wissenschaftlichen Untersuchungen seines Vaters auf die Südhalbkugel ausdehnte, wurde seinerseits von Königin Victoria bei ihrer Krönung zum Ritter geschlagen. Der von den Herschels erstellte *General Catalogue* nicht-stellarer Objekte wurde 1888 von J. L. E. Dryer aktualisiert und trägt seither den Namen *New General Catalogue* (*NGC*). Dieser immer noch als Standardwerk geltende Katalog, in dem mehr als 7000 nicht-stellare Objekte aufgeführt sind, wurde wiederum durch den *Index Catalogue* (*IC*) erweitert, der weitere 5000 Objekte enthält.

1.6 Der Doppelhaufen in Perseus (oben) besteht aus einem Paar gewöhnlicher offener Sternhaufen („offen“ wegen ihrer lockeren, offenen Erscheinungsform), die mit bloßem Auge wie verwaschene Kugeln aussehen. Der große, kompakte Kugelhaufen Omega Centauri (gegenüberliegende Seite) enthält über eine Million Sterne.

Viele dieser katalogisierten Objekte stellten sich als einfache Sternhaufen heraus, die so weit entfernt sind, daß sich in kleineren Instrumenten die Einzelbildchen ihrer Sternmitglieder überlagern und einen verwaschenen leuchtenden Fleck erzeugen. Solche Haufen findet man überall, und als die Teleskope besser wurden, entdeckte man, daß es zwei verschiedene Arten von ihnen gibt. Lockere „offene“ Haufen, wie zum Beispiel die Plejaden, der Bienenkorb, der Doppelhaufen und mehrere andere, die mit bloßem Auge sichtbar sind, drängen sich in der galaktischen Scheibe. Offene Haufen sind meistens kleine, unregelmäßige Systeme mit einigen hundert Sternen, die in ein Volumen von zehn bis 20 Parsec Durchmesser gepackt sind. Den galaktischen Halo bevölkern dagegen etwas mehr als 200 dichte „Kugelhaufen“, von denen einige eine Million oder noch mehr Sterne enthalten. Der interstellare Staub in der Milchstraße ist so dicht, daß wir innerhalb der Scheibe nicht weit schauen können. Aber die Kugelhaufen außerhalb der Scheibe sind leicht zu sehen. Mit Hilfe spezieller, an Parallaxen geeichter Methoden kann

man die Entfernungen von Kugelhaufen bestimmen, indem man die in ihnen enthaltenen Sterne untersucht. Aus solchen Messungen läßt sich die Verteilung der Kugelhaufen ableiten. Wenn wir davon ausgehen, daß das Zentrum ihrer Verteilung mit dem Zentrum der Galaxis zusammenfällt, können wir die Ausmaße der Galaxis bestimmen.

Andere nicht-stellare Objekte ließen sich nicht in Sterne auflösen und wurden Nebel genannt; darunter waren auch die „großen Nebel" in Andromeda und Orion. Der Andromeda-Nebel (M 31), ein länglicher Fleck von ungefähr einem Grad Länge, der recht leicht mit bloßem Auge zu erkennen ist, wurde bereits im 10. Jahrhundert von dem arabischen Astronom Al-Sufi erwähnt. Als ihn der deutsche Astronom Simon Marius 1612 zum ersten Mal durch ein Teleskop beobachtete, verglich er ihn mit einer Kerze, die durch ein durchsichtiges Stück Horn hindurchscheint. Der 1611 von Nicolas de Peiresc entdeckte Orion-Nebel (M 42) ist eine riesige, wirbelnde, komplexe Wolke von ganz grob derselben Winkelausdehnung. In ihrem Zentrum steht ein Quartett auffälliger, heller Sterne: das Trapez.

Diese und andere ähnliche Nebel waren ganz klar keine Sternhaufen. Sie ließen sich nicht in irgend etwas auflösen und erschienen auch in immer stärkeren Teleskopen nur als leuchtende Wolken. Die Meinungen über ihre Natur waren scharf gespalten. William Parsons, der dritte Earl of Rosse, hatte 1845 auf Birr Castle in Irland das größte Teleskop der Welt fertiggestellt, ein Spiegelteleskop von 1,8 Meter Öffnung. Mit ihm entdeckte er, daß einer der mysteriösen Nebel, M 51 in Canes Venatici (am Ende der Deichsel des Großen Wagens), eine Spiralstruktur besitzt. Während die Teleskope immer besser wurden, stellten sich mehr und mehr nicht-stellare Objekte als Sternhaufen heraus. Und daher war Parsons davon überzeugt, daß sich schließlich zeigen würde, daß alle Nebel, einschließlich seiner neuen Klasse von „Spiralnebeln", ebenfalls aus Sternen bestehen. 1847 fand G. P. Bond, der am Harvard arbeitete, Spiralarme in M 31, was auf eine stellare Zusammensetzung hinwies. Er behauptete auch, beobachtet zu haben, daß die hellsten Gebiete des Orion-Nebels aus Unmengen kleiner Sterne bestünden und dieser ebenfalls eine Spiralstruktur besitze, womit er den Orion-Nebel mit dem Andromeda-Nebel in ein und dieselbe Klasse steckte.

Andere Arten von Objekten ließen jedoch Zweifel an der stellaren Theorie aufkommen. Unter William Herschels Entdeckungen befand sich eine Anzahl kleiner leuchtender Wolken, die er wegen ihrer scheibenähnlichen Gestalt „planetarische Nebel" nannte. Durch ein Teleskop sehen sie ähnlich verschwommen aus wie der Orion-Nebel, sind aber viel kleiner; wie beim Orion-Nebel (und anders als beim Andromeda-Nebel) stehen Sterne in ihren Zentren. Herschel war wegen der „milchigen oder sanften Tönung ihres Lichts" überzeugt, daß die planetarischen Nebel nicht aus Sternen bestehen, sondern aus „einem leuchtenden Fluidum, dessen Natur uns völlig unbekannt ist". Die natürliche Folgerung war, daß dies auch für den Orion-Nebel und mehrere andere ähnliche Objekte gelte. Herschel hatte 1785 vorgeschlagen, daß die planetarischen Nebel Sterne sein könnten, die sich gerade „regenerieren". Einige Jahre später mutmaßte er, daß die auffälligen Sterne im Zentrum des Orion-Nebels und die anderen hellen Sterne, die überall in ihm verstreut liegen, das umgebende Fluidum anziehen und schließlich als planetarische Nebel erscheinen könnten und daß das Fluidum „geeignet scheint..., durch seine Kondensation einen Stern zu erzeugen". Wenn diese Vorstellung auch falsch war, so war dies doch der erste ernsthafte Hinweis auf die Fähigkeit des interstellaren Mediums, Sterne zu bilden.

Es herrschte große Verwirrung, und heftige Argumente gingen hin und her – Argumente, die denjenigen, die sich heute auf andere Arten von Himmelsobjekten beziehen, nicht unähnlich waren. Die Astronomen beobachteten Spiralnebel, von denen man glaubte, daß sie aus unaufgelösten Sternen bestehen, Orion-ähnliche Nebel, die aus unaufgelösten Sternen bestehen konnten oder auch nicht, und planetarische Nebel, die etwas anderes zu sein schienen, aber möglicherweise mit den Orion-ähnlichen Objekten in Beziehung standen. Wie sollten die Astronomen jemals herausfinden, was alle diese „Nebel" wirklich sind? Der Schlüssel zu diesem Geheimnis – zu den Nebeln, der Natur unserer Galaxis, der Existenz anderer Galaxien und letztlich zur Sternentstehung – sollte schließlich im Licht der Himmelskörper selbst gefunden werden. Als der französische Philosoph Auguste Comte 1835 eindrucksvoll versicherte, daß „wir niemals, nie und nimmer, in der Lage sein werden, ihre chemische Zusammensetzung, ihre mineralogische Struktur zu untersuchen" und daß „Menschen mit ihrem Begriffsvermögen die Sterne als Ganzes niemals völlig erfassen werden", da hatte er nicht mit der Macht des Regenbogens gerechnet.

1.7 M 31 ist, wie man heute weiß, eine große, nahegelegene Galaxie. Um sie in einzelne Sterne aufzulösen und damit von Gaswolken zu unterscheiden, ist ein großes Teleskop erforderlich.

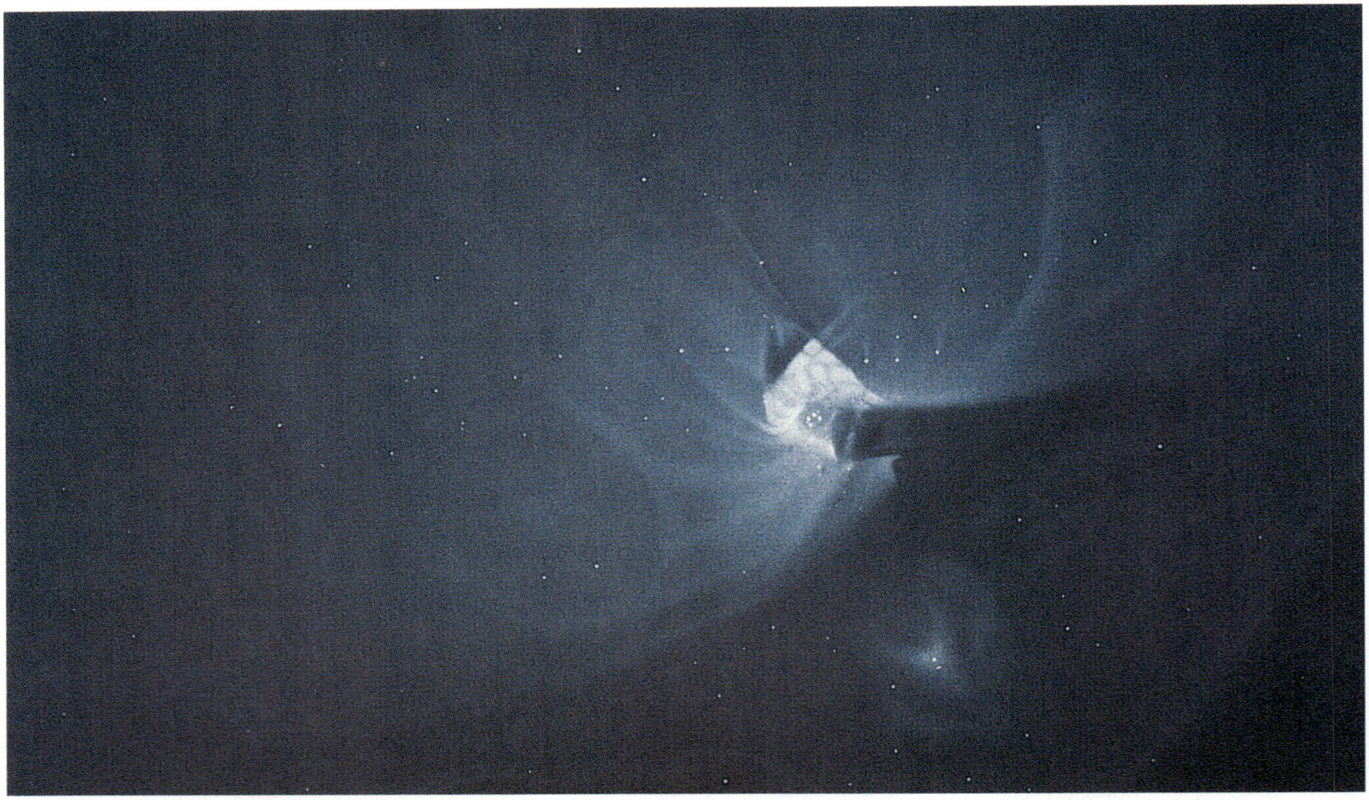

1.8 In seiner äußerst feinen, detaillierten Zeichnung des Orion-Nebels, einer echten Gaswolke, stellte G. P. Bond dar, was er für zahllose unaufgelöste Sterne hielt.

Die Deutung der Regenbögen

Hundertfünfzig Jahre vor Comtes Zeit hatte Isaac Newton ein Glasprisma in einen Sonnenstrahl gehalten und beobachtet, wie der Strahl in einen Tanz hell leuchtender Farben aufbrach, einen Regenbogen mit tiefem Rot am einen Ende und Violett am anderen. Heute wissen wir, daß man sich Licht entweder als fortlaufende Welle aus wechselnden elektrischen und magnetischen Feldern vorstellen kann oder als ein Teilchen, ein *Photon*, das Energie trägt. Tatsächlich ist es beides. Die Erscheinung, die wir als Farbe empfinden, hängt von der Wellenlänge oder Frequenz des Photons ab. Photonen des violetten Lichts haben Wellenlängen von etwa 4×10^{-5} Zentimeter oder 4000 Ångström (Å, wobei $1\ \text{Å} = 10^{-8}$ cm ist), die des roten Lichts etwa 7000 Ångström. Diese Anordnung, das *Spektrum*, des Lichts erstreckt sich zu kürzeren, unsichtbaren Wellen hin bis in den Ultraviolett-, den Röntgen- und den Gammabereich, und zu längeren

Wellenlängen in den Infrarot- und Radiobereich. Die Energie eines Photons ist direkt proportional zu seiner Frequenz (und damit umgekehrt proportional zu seiner Wellenlänge). Ein Gammaphoton mit einer Wellenlänge von weniger als einem Ångström hat einige tausendmal mehr Wucht als ein optisches Photon (eins, das mit dem Auge wahrnehmbar ist) und einige milliardenmal mehr als ein Radiophoton. Niederenergetische Radiowellen sind gutartig; Gammastrahlen, wie sie in großen Mengen bei Atombombenexplosionen erzeugt werden, sind tödlich.

Betrachten wir den Nachthimmel. Die helleren Sterne haben unterschiedliche (wenn auch recht subtile) Farben, die von Rot über Gelb-Weiß wie das Sonnenlicht bis hin zu einem blassen Blau reichen. Die Farbe eines Sterns zeigt seine Temperatur an. Dieser Zusammenhang besteht, weil Sterne in recht guter Näherung einem idealisierten physikalischen Körper gleichen, dem sogenannten Schwarzen Körper, der laut Definition alle Strahlung absorbiert, die auf ihn einfällt. Um eine konstante Temperatur zu halten, muß ein Schwarzer Körper aber auch Strahlung abgeben, so daß er umgekehrt sehr hell sein kann (wie zum Beispiel die Sonne). Die Temperatur eines Körpers, sei er gasförmig oder fest, Bowlingkugel oder Stern, ist ein Maß für seine innere Energie. Diese spiegelt sich in den Geschwindigkeiten (Vibrationsgeschwindigkeiten in einem Festkörper) seiner Atome wider, der Teilchen, aus denen er besteht. Man nehme etwas Energie weg, und der Körper kühlt sich ab; nimmt man sie ganz weg, fällt die Temperatur auf den absoluten Nullpunkt, –273°Celsius oder 0 Kelvin (die Kelvinskala, K, zählt in Celsiusgraden von Null an aufwärts). Ein Schwarzer Körper im Raum muß Energie abstrahlen. Ein Körper mit niedriger Temperatur kann nur niederenergetische Radiophotonen erzeugen. Selbst bei erbärmlich kalten 10 Kelvin gibt eine undurchsichtige Wolke aus interstellarem Staub noch starke Strahlung im langwelligen Radiobereich ab. Mit 500 Kelvin kann der Körper nicht nur Radiowellen aussenden, sondern hat auch genügend innere Energie, um Infrarotstrahlung zu erzeugen. Bei 5000 Kelvin, etwa der Oberflächentemperatur der Sonne, wird neben Infrarot- und Radiowellen auch optische Strahlung ausgesandt; bei 50000 Kelvin strahlt der Körper die meisten Photonen im Ultravioletten, bei 500000 Kelvin im Röntgen- und bei 5 Millionen Kelvin im Gammabereich ab.

Diesen Effekt kann man schon beobachten, wenn man einfach nur einen Toaster einschaltet. Bei Raumtemperatur strahlt er nur im unsichtbaren Radio- und Infrarotbereich (so wie Sie auch – legen Sie Ihre Hand an Ihre Wange, und Sie spüren die Infrarot- oder Wärmestrahlung, die von Ihrer Haut ausgeht). Wenn der elektrische Strom beginnt, die Heizschlangen des Toasters zu erhitzen, sieht man sie

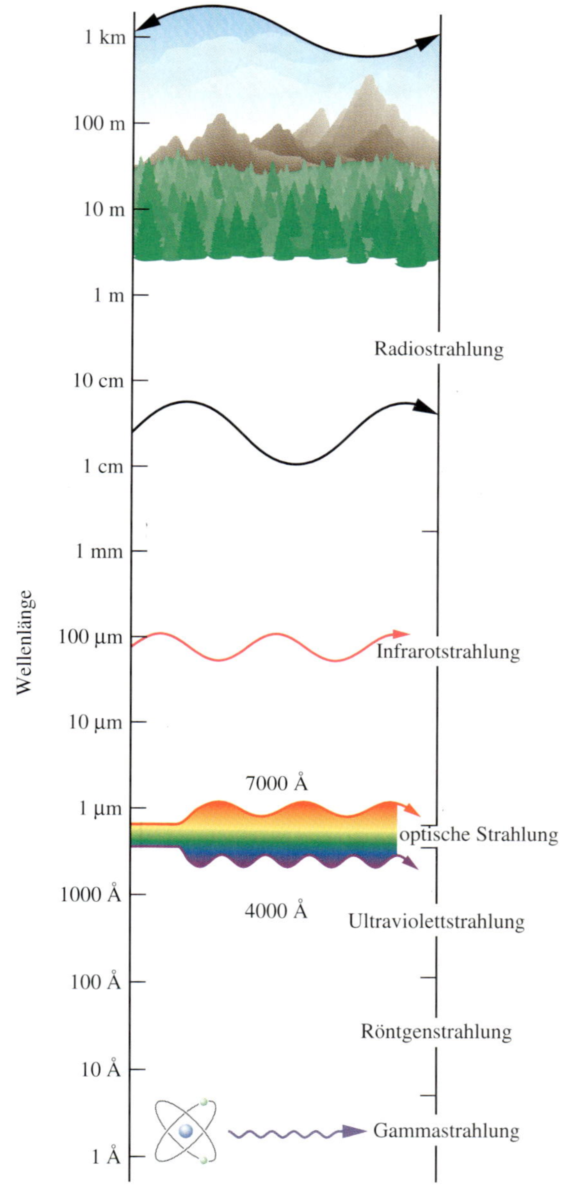

1.9 Das elektromagnetische Spektrum erstreckt sich von den Gammastrahlen mit Wellenlängen so groß wie Atome bis zu den Radiowellen, die eine ganze Landschaft umfassen. Die Wellenlängen optischer (sichtbarer) Strahlung überdecken nur einen Faktor 2 etwa in der Mitte des Bereichs.

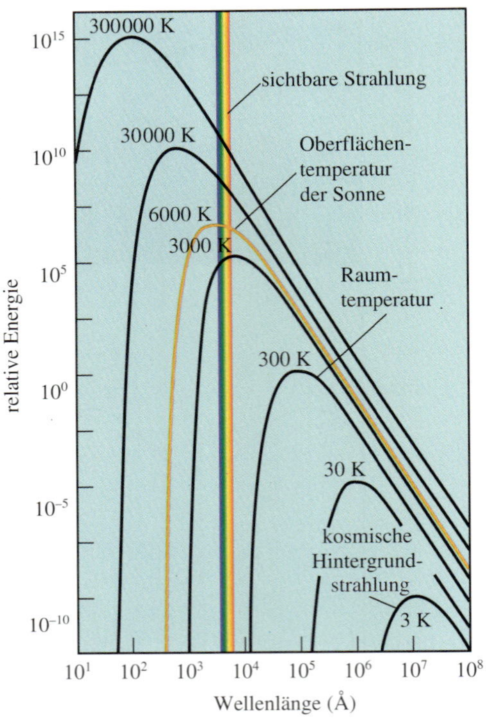

1.10 Je heißer ein Schwarzer Körper ist, desto mehr Strahlung mit kürzeren Wellenlängen, höheren Frequenzen und höheren Energien sendet er aus.

zunächst tief rot glühen (in der Farbe, die von den längsten optischen Wellenlängen hervorgerufen wird), dann in einem helleren Kirschrot, dann orange, da das Metall immer kurzwelligere Photonen aussenden kann. Wenn Sie unbegrenzt Energie durch den Toaster schicken könnten, würde die Farbe der Heizschlangen über Gelb in Weiß übergehen (wenn das Maximum bei Grün liegt, erscheint die Farbkombination dem Auge als Weiß) und schließlich ins Bläuliche. Zu dieser Zeit wäre der Toaster natürlich schon längst geschmolzen. Sterne verhalten sich ganz genauso, nur daß ihre Energie aus gravitativer Kompression und der Umwandlung im Innern von einem chemischen Element in ein anderes herrührt. Die rötlichen Sterne müssen daher die kühlsten sein (rund 3000 Kelvin) und die bläulichen die heißesten, mit Temperaturen nahe 50000 Kelvin. Weiße Sterne liegen bei etwa 10000 Kelvin und gelb-weiße wie die Sonne bei rund 6000 Kelvin.

Newtons einfaches Prisma ist das Herzstück eines Geräts namens Spektroskop, das mit Hilfe von Linsen das Spektrum fokussiert, so daß der Betrachter ein fast unendliches Band aus Tausenden von ineinander übergehenden Farbschattierungen sieht. 1802 entdeckte der englische Wissenschaftler William Wollaston dunkle Lücken oder Linien im Sonnenspektrum, die senkrecht zum Verlauf des Farbbandes liegen. Bis 1815 hatte der deutsche Optiker Josef Fraunhofer über 300 solche Linien gefunden. Ihre Bedeutung wurde etwa 35 Jahre später im Physiklabor der Universität Heidelberg erkannt. Hier versuchten Robert Wilhelm von Bunsen und Gustav Kirchhoff, die Elemente anhand der Strahlung zu identifizieren, die diese aussenden, wenn sie bis zur Weißglut erhitzt werden. Dabei verwendeten sie den von Bunsen neu entwickelten sauberen Brenner. In den auf diese Weise erzeugten Spektren beobachteten Bunsen und Kirchhoff *helle*, farbige Linien, durch deren charakteristische Wellenlängen sich die Proben eindeutig identifizieren ließen.

Fraunhofer hatte bereits bemerkt, daß ein helles Linienpaar im Natrium-Spektrum zwei dunkle Gegenstücke im Sonnenspektrum besitzt. Bunsen und Kirchhoff arbeiteten systematisch an der Identifizierung einer Reihe anderer Elemente, deren helle Linien mit den Wellenlängen der dunklen Sonnenlinien übereinstimmen. Natrium zum Beispiel erzeugt stets gelb-orange Linien bei 5890 und 5896 Ångström (neben vielen Linien an anderen Stellen des Spektrums), und Magnesium hat Linien bei 5167, 5173 und 5184 Ångström. Die optischen Linien des Wasserstoffs liegen bei 6563, 4861, 4340 und 4101 Ångström.

Die Atome elementarer Substanzen, wie sie von Bunsen und Kirchhoff analysiert wurden, bestehen aus Atomkernen, die aus positiv geladenen Protonen und neutralen Neutronen zusammengesetzt sind und von negativen Elektronen (in sehr weitem Sinne) „umkreist werden". Jedes chemische Element hat eine andere Ordnungs- oder Kernladungszahl, welche die Anzahl der Protonen in seinem Kern angibt: Wasserstoff hat 1, Helium 2, Kohlenstoff 6, Uran 92. Ionen sind geladene Atome, aus denen ein oder mehrere Elektronen herausgeschlagen wurden; Moleküle sind Kombinationen aus gleichen oder unterschiedlichen Atomen. Jede Lücke im Sonnenspektrum konnte schließlich einem speziellen Atom, Ion oder Molekül zugeordnet werden. Von den 90 chemischen Elementen, aus denen die Erde aufgebaut ist, sind inzwischen 68 im Sonnengas nachgewiesen worden, ebenso eine Vielzahl einfacher Moleküle, darunter auch Wasserdampf.

Wie kommt es zu dieser exakten Umkehrung von hellen und dunklen Linien? Kirchhoff postulierte, daß eine Substanz, die Licht bei spezifischen Wellenlängen aussendet, auch in der Lage ist, Licht bei ebendiesen Wellenlängen zu absorbieren. Er stellte fest, daß ein heißer, dichter Körper – ein Schwarzer Körper – ein kontinuierliches Spektrum erzeugt, indem er Licht bei allen sichtbaren Wellenlängen aussendet (und, wie wir heute wissen, auch bei unsichtbaren Wellenlängen, wobei das Maximum der spektralen Energieverteilung von der Temperatur des Körpers abhängt). Wird die Quelle durch eine dazwischenliegende Substanz niedrigerer Temperatur und Dichte beobachtet – ein kühles, durchsichtiges Gas –, so wird

1.11 Das Spektrum der Sonne ist von Tausenden von dunklen Absorptionslinien durchzogen, die jeweils von einer bestimmten Atom-, Ionen- oder Molekülart erzeugt werden.

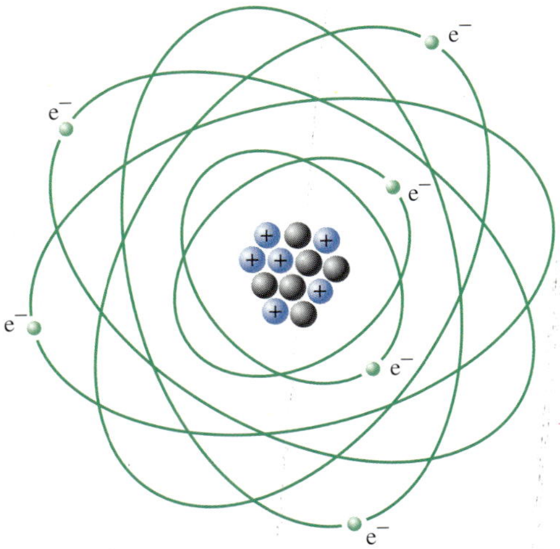

1.12 Das hier dargestellte Kohlenstoffatom hat einen Kern mit sechs Protonen (blau) und sechs Neutronen (grau), so daß es ein Atomgewicht von 12 hat und als ^{12}C geschrieben wird. Im neutralen Atom ist der Kern von sechs negativen Elektronen (grün) umgeben.

Strahlung selektiv bei Wellenlängen absorbiert, die charakteristisch sind für die kühle Materie: Man sieht „Absorptionslinien", die dem Regenbogenkontinuum überlagert sind. Jetzt konnte auch das Sonnenspektrum erklärt werden. Die Temperatur steigt von den äußeren Sonnenschichten nach innen an. Das kontinuierliche Spektrum wird von den heißeren, dichteren unteren Schichten erzeugt. Während die Strahlung nach außen dringt, prägen ihr die äußeren, kühleren, weniger dichten Schichten ein Absorptionsspektrum auf. Liegt jedoch dasselbe Gas nicht vor einem helleren Hintergrund, sondern wird für sich allein beobachtet, dann sind statt der Absorptionslinien bei denselben Wellenlängen „Emissionslinien" zu sehen. Die Wellenlängen der Linien, seien sie hell oder dunkel, hängen von der chemischen Zusammensetzung des Gases ab. Die relative Stärke der Linien – wie hell die Emissionslinien oder wie dunkel die Absorptionslinien sind – hängt von der Temperatur, der Dichte und den relativen Häufigkeiten der verschiedenen Atome oder Ionen ab. Diese Beobachtungen, ein Grundstein der Spektralanalyse, sind heute als „Kirchhoffsche Gesetze" bekannt. Doch der *Mechanismus*, der die Linien erzeugt – in Absorption oder Emission –, sollte noch ein weiteres halbes Jahrhundert unbekannt bleiben.

„Ein geheimer Ort der Schöpfung"

Die Arbeiten Kirchhoffs machten eine Unterscheidung der verschiedenen Arten von „Nebeln" möglich. Mit Hilfe seiner Gesetze konnten die Astronomen nun zwischen Objekten differenzieren, die aus unaufgelösten Sternen zusammengesetzt sind, und solchen, die aus heißem, dünnem Gas bestehen. Enthielten die Spiralnebel also tatsächlich Sterne? Und bestand nun der Orion-Nebel aus Sternen oder aus Herschels „leuchtendem Fluidum"?

Fraunhofer richtete seine Aufmerksamkeit von der Sonne auf die Sterne. Bis in die zwanziger Jahre des 19. Jahrhunderts hatte er eine Reihe der hellsten untersucht und festgestellt, daß sie ebenfalls Spektren mit Absorptionslinien besitzen. Wenn sie im einzelnen auch große Unterschiede aufwiesen, so bewiesen die Absorptionslinien allein durch ihr Vorhandensein, daß die Sterne zumindest ähnlich aufgebaut sind wie die Sonne. Bessere Teleskope und Spektroskope ermöglichten es dann zwei Meistern der beobachtenden Spektroskopie – dem englischen Astronomen William Huggins und dem italienischen Astronomen Angelo Secchi, einem Jesuiten –, sehr viel genauere Untersuchungen durchzuführen. Obwohl einige Sternspektren dem der Sonne glichen, hatten andere sehr viel stär-

1.13 Sir William Huggins mit seinem Teleskop und Spektrographen. Lady Huggins, geb. Margarete Murray Lindsay, war seit ihrer Mädchenzeit eine begabte Amateurastronomin und unterstützte ihren Mann aktiv bei seinen Arbeiten.

kere Wasserstofflinien, während wieder andere überhaupt keine zeigten und statt dessen Moleküllinien aufwiesen. Bis 1870 hatte Secchi das erste brauchbare Klassifikationsschema für Sterne aufgestellt, einen Vorläufer des heute verwendeten Systems. Obwohl die Spektren eine bemerkenswerte Vielfalt zeigten, besaßen sie doch alle identifizierbare Linien bekannter irdischer Elemente. In einer Erläuterung seiner eigenen Arbeiten schrieb Huggins 1909, ein Jahr, bevor er im Alter von 87 Jahren starb: „Es wurde gezeigt, daß im gesamten Universum eine gemeinsame Chemie existiert.“

Die spektroskopische Beobachtung der sehr viel schwächeren, ausgedehnten Nebel war schwieriger als die Beobachtung von Sternspektren. Doch Huggins, der in dem Observatorium arbeitete, das er in seinem Garten in Tulse Hill in London errichtet hatte, ließ sich davon nicht abschrecken. Die geeignetsten Zielobjekte waren die

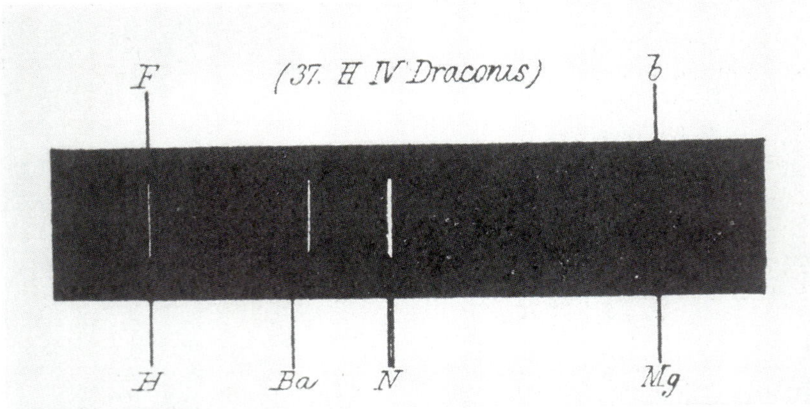

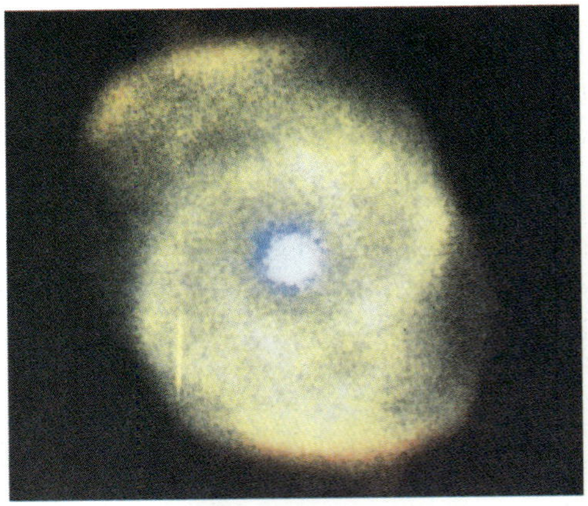

1.14 Huggins stellte fest, daß einer von Herschels planetarischen Nebeln, NGC 6543 (rechts), drei helle Emissionslinien aussendet (oben). Damit war klar bewiesen, daß diese Art Nebel gasförmig ist. Die blaue Linie links identifizierte er sogleich mit Wasserstoff; die beiden anderen wurden erst 1928 identifiziert.

helleren planetarischen Nebel, von denen man damals vermutete, sie könnten in der Entstehung begriffene Sterne sein. Hören wir seine Worte aus einem 1897 geschriebenen Bericht:

Am Abend des 29. August 1864 richtete ich das Teleskop... auf einen planetarischen Nebel in Draco [NGC 6543]. Der Leser kann sich wohl... das Gefühl der erregenden Spannung vorstellen, gemischt mit einer gewissen Scheu, mit der ich nach einigen Augenblicken des Zögerns mein Auge an das Spektroskop hielt. Stand ich nicht im Begriff, in einen geheimen Ort der Schöpfung zu blicken?

Ich schaute in das Spektroskop. Kein Spektrum wie ich es erwartet hatte! Nur eine einzelne helle Linie! ... Das Licht des Nebels war monochromatisch und konnte nicht, wie jedes andere Licht, das ich bisher mit dem Prisma untersucht hatte, zu einem kompletten Spektrum auseinandergezogen werden. ... Bei näherem Hinsehen zeigten sich zwei weitere helle Linien auf der Seite zum Blauen hin. Das Rätsel der Nebel war gelöst. Die Antwort, die uns das Licht selbst übermittelt hatte, lautete: Keine Ansammlung von Sternen, sondern ein leuchtendes Gas.

Bis 1872 hatte Huggins auch den Orion-Nebel beobachtet, in dem er die gleichen drei Emissionslinien fand sowie eine weitere tiefer im Violetten. Es herrschte kein Zweifel mehr, daß auch der Orion-Nebel gasförmig ist, wobei die hellsten der Linien der Zentralregion des Nebels ihre grünliche Färbung verleihen. Obwohl die längerwelligen Linien erst 1928 identifiziert wurden, erkannte Huggins, daß das andere (kürzerwellige) Paar von Wasserstoff ausgesandt wird; damit zeigte das Nebelspektrum zumindest eine gewisse Übereinstimmung mit der Zusammensetzung der Sonne und der Sterne, eine tatsächliche Verbindung zwischen den Sternen und den Gasnebeln.

Huggins stellte auch fest, daß der Andromeda-Nebel (M 31) und sein kleiner Begleiter (M 32) anders als Orion kontinuierliche Spektren haben, ähnlich wie die der Sterne. Obwohl die Absorptionslinien erst 1898 gefunden wurden, waren Huggins Beobachtungen vereinbar mit einer stellaren Zusammensetzung des M 31 und in Verallgemeinerung auch der anderen Spiralnebel, wobei die einzelnen Sterne zu schwach waren, um einzeln wahrgenommen zu werden. Mit Hilfe seiner spektroskopischen Beobachtungen und der Kirchhoffschen Gesetze hatte Huggins schließlich die Nebel in zwei getrennte Gruppen unterteilt: Objekte, die aus Sternen bestehen, auch wenn sie nicht aufgelöst werden können, und die Gasnebel, die *nicht* aus Sternen bestehen. Damit hatte er den Orion-Nebel und die planetarischen Nebel als echte interstellare Materie ausgewiesen, als die ersten bekannten Komponenten des interstellaren Mediums, als die ersten „kosmischen Wolken".

Edwin Hubble löste schließlich 1923 den Andromeda-Nebel in Sterne auf und zeigte damit, daß dieser Nebel, wie etwa ein Drittel der Messier-Objekte und eine große Zahl in Herschels Katalog, tatsächlich eine eigenständige Galaxie darstellt, die in großer Entfernung (der moderne Wert lautet rund 760 000 Parsec oder etwa zwei Millionen Lichtjahre) außerhalb unserer eigenen Galaxis liegt. Diese Entdeckung beendete die manchmal sehr heftig geführte Debatte, ob das Universum aus einer einzigen „großen Galaxie" besteht – unserer – oder ob es viele andere Galaxien gibt, die der unsrigen gleichen, „Welteninseln", wie Immanuel Kant sie nannte. Unsere Galaxis ist nur eine von vielen, von Tausenden (wie die Astronomen zunächst glaubten), dann von Millionen und heute von Billionen, so weit wir sehen können. Die spektroskopische Unterscheidung der Nebel führte uns somit sowohl nach innen, wo wir die Natur unserer eigenen Galaxis begreifen lernten, als auch nach außen, wo wir die Eigenschaften des Universums als Ganzes zu verstehen begannen.

Wie Herschel, glaubte Huggins, daß planetarische Nebel Geburtsstätten neuer Sterne sein könnten; wie Herschel, irrte er sich. Zu den Gasnebeln zählen mehrere verschiedene Arten kosmischer Wolken, von denen jede, wie man heute weiß, ein anderes Stadium im Leben der Sterne repräsentiert. Jede stellt einen besonderen Abschnitt im großen Wiederverwertungsschema dar, das Materie aus dem interstellaren Medium entnimmt, in Sternen lagert und einen Teil davon wieder in den Weltraum freisetzt, während der Rest als Planeten und endgültig tote, ausgebrannte Sternasche zurückbleibt. Jahrzehntelange Forschung, die in späteren Kapiteln noch besprochen wird, hat gezeigt, daß planetarische Nebel nicht die Vorläufer von Sternen, sondern die Vorläufer des *Todes* von Sternen sind. Die Jugend der Sterne ist dagegen mit Objekten wie dem Orion-Nebel verbunden, einem Beispiel für einen *Emissionsnebel*. Die Verbindung zwischen planetarischen und Emissionsnebeln sind die überall in der Milchstraße verstreuten dunklen Staubwolken, die nicht im Optischen

1.15 Die Eröffnungstakte einer der über zwei Dutzend Symphonien von William Herschel. Diese hier ist in D-dur, geschrieben für vier Violinen, Viola, Violoncello, Kontrabaß, Fagott und Cembalo.

strahlen, sondern uns im Gegenteil die Sicht auf das, was in ihrem Inneren vor sich geht, versperren. In diesen Wolken bilden sich gerade neue Sterne aus uralter Materie, die mit dem Auswurfmaterial weit entwickelter Sterne (zu dem auch die planetarischen Nebel gehören) und den Überresten explodierter Sterne, von denen Herschel und Huggins nichts wußten, vermischt ist. Die Emissionsnebel markieren dann danach die Orte, an denen bereits neue Sterne entstanden sind und der Kreislauf von vorn beginnt. Erst als es den Astronomen mit Hilfe von Infrarot- und Radioinstrumenten, die erst in den letzten paar Jahrzehnten entwickelt worden sind, gelang, in die dunklen Wolken hineinzuschauen, konnten sie wirklich einen Blick auf Huggins „geheimen Ort der Schöpfung“ werfen.

In die Dunkelheit

Unsere Sicht auf das Universum und seine Prozesse ist stark durch die Beschränkungen des menschlichen Auges beeinträchtigt. Wir sehen die Natur in so feinen Einzelheiten und einer solchen Farbenvielfalt, daß wir leicht der Täuschung unterliegen zu glauben, unsere Sicht sei definitiv und wir könnten alle Erscheinungen der Natur wahrnehmen und verstehen, indem wir sie einfach nur betrachten. Eine solche unbewußte und natürliche Arroganz ist vergleichbar mit dem geozentrischen Weltbild des Aristoteles und des Ptolemäus, das die Erde und uns selbst in den Mittelpunkt des Universums stellte. Heute wissen wir, daß die Erde nicht nur nicht das Zentrum des Sonnensystems ist, sondern daß auch die Sonne nur einer von Milliarden von Sternen ist, der ein wenig abseits in einer mittelgroßen Galaxie in einem spärlichen Galaxienhaufen am Rande eines größeren Haufens liegt. Außerdem wissen wir heute auch, daß unsere Augen nur einen winzigen Teil unserer Welt sehen, nur einen kleinen Ausschnitt eines beobachtbaren elektromagnetischen Spektrums, das sich über *15 Zehnerpotenzen* erstreckt, von Wellenlängen unter einem Ångström bis zu solchen länger als ein Kilometer. Abgesehen von Gravitationseffekten, nehmen wir einen physikalischen Prozeß nur dann wahr, wenn er zufällig eine Strahlung erzeugt oder mit ihr wechselwirkt, die in dem schmalen Band zwischen 4000 und 8000 Ångström liegt.

Die Erkundung des elektromagnetischen Spektrums beschreibt die Geschichte der Astronomie des 20. Jahrhunderts, der Wissensexplosion in unserer Zeit; und sie ist von wesentlicher Bedeutung für die Erforschung sowohl der hellen als auch der dunklen Tiefen des interstellaren Raums. William Herschel erweiterte Anfang des

19. Jahrhunderts ein wenig das Fenster zum Spektrum, als er Infrarotstrahlung von der Sonne entdeckte, und die Photographie ermöglichte es uns, den kleinen Teil des Ultraviolettspektrums zu untersuchen, der die abschirmende Erdatmosphäre durchdringen kann. Aber das Fenster begann sich erst 1936 voll zu öffnen, als Karl Jansky, ein Ingenieur der Bell Laboratories, bei seiner Suche nach der Ursache von Störungen bei Fernmeldeverbindungen auf Radiostrahlung stieß, die von der Milchstraße ausgeht. Dank verbesserter Elektronik, die zum Teil auf der Entwicklung des Radars im 2. Weltkrieg beruhte, konnte sich das neue Feld der Radioastronomie in den fünfziger Jahren rasch ausweiten. Optische Wellen werden von Staub aufgehalten, ebenso wie von irdischem Nebel. Radiowellen und auch Infrarotwellen dagegen kommen durch; man hat keine Probleme, an einem nebligen Tag Radio zu hören. Beobachtungen im Radiobereich erlaubten es uns schließlich, die Bedingungen innerhalb der dunklen Wolken des interstellaren Raums und deren chemische Zusammensetzung im Detail zu bestimmen. Nachdem ihnen Ende der sechziger Jahre endlich entsprechend empfindliche Detektoren zur Verfügung standen, begannen die Astronomen, auch Herschels Infrarotbereich durch Beobachtungen vom Boden und von Satelliten aus zu erforschen und so die Lücke zwischen Radio- und optischem Bereich zu schließen. Infrarotwellen durchdringen nicht nur den Staub, sondern werden auch von den Staubteilchen selbst ausgesandt, wenn diese durch die eingebetteten Sterne erwärmt werden. Damit bietet die Infrarotstrahlung die Möglichkeit, die Eigenschaften des Staubs und die Sternentstehungsprozesse zu erforschen.

Am anderen Ende des Spektrums haben Satelliten in der Erdumlaufbahn unsere Beobachtungen zu kürzeren Wellenlängen hin ausgedehnt, die von der irdischen Atmosphäre nicht durchgelassen werden: in den Ultraviolett- und weiter bis in den Röntgenbereich. Hier können wir die Folgen mächtiger Sternwinde und katastrophaler Explosionen beobachten, die dazu beitragen, das interstellare Medium zu kosmischen Wolken zu formen und die Geburt von Sternen und Planeten voranzutreiben. Selbst zum Gammaspektrum haben wir inzwischen Zugang. Die Astronomen besitzen heute die technischen Mittel, weit über unser menschliches Auge hinauszugehen und, im Prinzip, das Universum so zu sehen, wie es wirklich ist.

Sternenergie

Die Bildung von Sternen aus dem interstellaren Medium und die Rückgabe von Sternmaterie an den interstellaren Raum ist ein teil-

1.16 Das Klassifikationssystem für Sterne, hier dargestellt durch fast 100 Jahre alte Harvard-Aufnahmen, reicht in der Temperatur von heißen O- bis zu kühlen M-Sternen. Die starken Linien im A-Typ-Spektrum des Sirius stammen von Wasserstoff; sie werden sowohl nach oben als auch nach unten hin schwächer (im O-Typ-Spektrum von ζ Puppis, das einen anderen Maßstab hat, sind sie leicht nach rechts verschoben). Die Linien anderer Elemente und molekularer Verbindungen haben unterschiedliche Temperaturabhängigkeiten, so daß ein Stern recht leicht klassifiziert werden kann. Die Linien des neutralen Heliums sind in B-Sternen zu sehen, während in Klasse O sowohl die des neutralen als auch die des ionisierten Heliums auftreten. Von Klasse F an abwärts beobachten wir eine ständig zunehmende Zahl von Absorptionslinien, die von ionisierten und neutralen Metallen stammen (das starke Linienpaar links gehört zu ionisiertem Calcium). Die Bandenstruktur rechts im Spektrum der Mira wird von Titanoxidmolekülen verursacht.

weise geschlossener Kreislauf, der sich dort öffnet, wo einige wenige nicht wiederverwertbare Objekte gebildet werden – Planeten und kompakte, dichte stellare Überreste. Tief im Inneren des Kreislaufs verborgen, liegt ein starker, von den Sternen betriebener Motor, der ihn in Gang halten hilft. Dieser Motor verrät uns mehr über die engen, symbiotischen Beziehungen zwischen Sternen, interstellarer Materie und nachfolgenden Sterngenerationen.

Um zu erkennen, wie der Motor funktioniert, beginnen wir an der Oberfläche der Sterne und tauchen dann tiefer in sie hinein. Es verblüffte Huggins, Secchi und die anderen Spektroskopiker des 19. Jahrhunderts, daß nur wenige Sternspektren dem der Sonne gleichen. Das Sonnenspektrum wird von starken Absorptionslinien des einfach ionisierten Calciums (Calcium-Atome, denen ein Elektron fehlt) beherrscht; die Wasserstoffabsorptionen sind dagegen beträchtlich schwächer. Im Spektrum des Sterns Wega herrschen jedoch die Wasserstofflinien vor, während im Spektrum von Antares in Scorpio die Signatur des Wasserstoffs kaum erkennbar ist. Andere Sterne haben überhaupt keine Wasserstofflinien, sondern zeigen statt dessen komplizierte Absorptionsbanden, die von einem Molekül erzeugt werden, das später als Titanoxid identifiziert wurde; wieder andere zeigen Linien von Kohlenstoffmolekülen. Etwa um das Jahr 1900 ordnete der am Harvard-Observatorium tätige Astronom Edward Pickering, teilweise gestützt auf die Arbeiten Secchis, die Sterne in alphabetischen Klassen A bis N an, wobei er hauptsächlich von der Stärke ihrer Wasserstofflinien ausging. Zu dieser Zeit waren Spektroskope weitgehend durch Spektrographen ersetzt, ihre photographischen Gegenstücke, die eine dauerhafte Aufzeichnung der Spektren ermöglichten. Aufgrund von Untersuchungen, die hauptsächlich Pickerings Assistentin Annie Cannon durchgeführt hatte, wurden später einige Buchstabenklassen als überflüssig oder unnötig gestrichen; außerdem ließ sich bei anderen Linien die Kontinuität von einer Klasse zur nächsten durch einige kleinere Umstellungen verbessern. Das Ergebnis war eine Sequenz von sieben Hauptklassen, OBAFGKM, in der die Stärke der Wasserstofflinien von Klasse A in beiden Richtungen abnimmt. Sieben Klassen reichten aber kaum für die beobachteten Abstufungen aus, so daß die Klassen jeweils noch in zehn Unterklassen unterteilt wurden, wie zum Beispiel Klasse A in A0–A9. Die Sonne ist ein G2-Stern; Wega, Altair, Deneb und Sirius gehören alle zur Klasse A; der am nördlichen Frühjahrshimmel stehende Arktur ist K1 und Antares am Sommerhimmel M1. Die Klassen sind mit den Farben korreliert: von Blau in Klasse O, über Weiß in A, Orange in K bis zu Rot in M. Und da die Farben mit den Oberflächentemperaturen zusammenhängen, gilt dies auch für die Spektralsequenz, die von 3000 Kelvin bei Klasse M über 6000 Kelvin bei G zu 10000 Kelvin bei A und weiter bis zu 50000 Kelvin bei Klasse O läuft.

Auf den ersten Blick vermittelt die Anordnung der Sternspektren den Eindruck, Sterne unterschiedlicher Spektralklassen und Oberflächentemperaturen bestünden aus unterschiedlichen Substanzen. Das tun sie aber nicht. Als man Anfang des 20. Jahrhunderts den Aufbau des Atoms verstand, zeigte sich, daß die bei den Sternspektren beobachteten Unterschiede fast alle auf einem unterschiedlichen, von der Temperatur abhängigen Wirkungsgrad der Absorptionsprozesse beruhen. Absorptions- und Emissionslinien entstehen durch Änderungen der Energien der zu einem Atom gehörenden Elektronen. Absorbiert ein Atom ein Photon, nimmt die Energie eines Elektrons entsprechend zu; Emissionslinien werden von Photonen erzeugt, die freigesetzt werden, wenn Elektronen Energie abgeben. Die Energien der Elektronen in Atomen und Molekülen sind auf ganz bestimmte Werte beschränkt; daher die miteinander in Beziehung stehenden, aber diskreten Wellenlängen der Spektrallinien.

Das Elektron des Wasserstoffs muß sich in einem sogenannten angeregten Energiezustand befinden, also bereits eine beträchtliche Energie besitzen, ehe es Linien bei optischen Wellenlängen, die „optischen Linien", absorbieren kann – mit anderen Worten, das Atom muß sich in einem warmen Gas befinden, damit die Linien zu sehen sind. Daher zeigen die Atmosphären der kühlsten Sterne keine Wasserstofflinien. Wenn wir die Spektralsequenz entlanggehen, von M über K, G und F bis A, werden die Sterne immer heißer und die Wasserstofflinien immer stärker. Bei heißeren Temperaturen als Klasse A, bei den B- und O-Sternen, sind die Zusammenstöße zwischen den Atomen jedoch so heftig, daß die Wasserstoffatome ionisiert werden, das heißt, ihr einziges Elektron verlieren. Daher nimmt die Stärke der Wasserstofflinien hier wieder ab. Alle Atome und Ionen zeigen solche Temperaturabhängigkeiten. Werden diese mit berücksichtigt, stellt man fest, daß fast alle Sterne dieselbe chemische Zusammensetzung haben – eine Bestätigung für Huggins' kühne Behauptung, daß im gesamten Universum eine gemeinsame Chemie herrsche. Wie sich zeigt, kommen bei der großen Mehrheit der Sterne auf 1 000 Wasserstoffatome 80 Heliumatome und nur ein Atom, das den Anteil aller schwereren Elemente repräsentiert. Im allgemeinen gilt, je schwerer ein Element, desto weniger ist von ihm vorhanden. Es gibt jedoch einige interessante Ausnahmen (zum Beispiel sind Lithium, Beryllium und Bor sehr selten, während Eisen und seine verwandten Metalle relativ häufig vorkommen). Abgesehen von Wasserstoff und Helium, ist die Mischung fast dieselbe wie auf der Erde, womit durch die Sterne eine Einheit zwischen den Planeten und dem interstellaren Medium bewiesen wird.

Das Wissen um die hohe Wasserstoffhäufigkeit in Sternen war der Schlüssel zum Verständnis der solaren und stellaren Energiequellen. Die Sonne, durch und durch ein Gas, wird durch ihre Eigengravitation zusammengehalten, wobei sich ihr Inneres durch gravitative Kompression aufheizt. Der britische Astronom Arthur Eddington wußte, daß der Kern eines Heliumatoms ein wenig leichter ist als die Summe von vier Wasserstoffkernen, die ja jeweils aus einem einzelnen Proton bestehen. Wenn bei der hohen Temperatur im Sonneninneren vier Wasserstoffkerne zu einem Heliumkern verschmol-

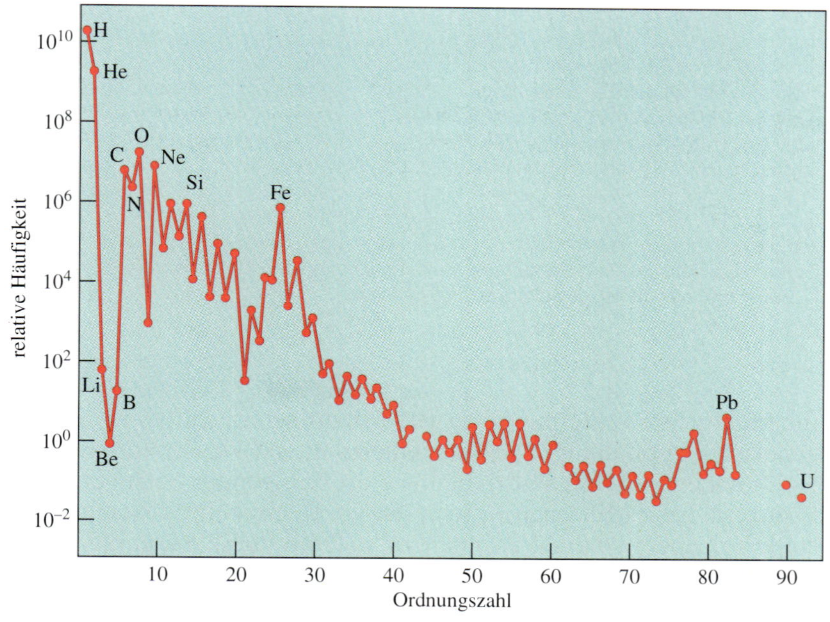

1.17 Im allgemeinen gilt, je schwerer das Atom, desto niedriger seine kosmische Häufigkeit. Ausnahmen sind die scharfen Maxima bei Eisen und Blei und ein scharfes Minimum bei Lithium, Beryllium und Bor.

zen werden könnten, so überlegte er, dann würde die „verlorene" Masse ausreichen, um gemäß Einsteins Formel $E = Mc^2$ (c ist die Lichtgeschwindigkeit) die Sonne mit Energie zu versorgen. Da die Astronomen, insbesondere Cecilia Payne vom Harvard-Observatorium, gezeigt hatten, daß die Sterne hauptsächlich aus Wasserstoff bestehen, wußte man, daß ihnen ein reichlicher Brennstoffvorrat zur Verfügung steht. Entdeckungen in der Atomphysik – wie die des Neutrons, des Positrons (ein Elektron mit einer umgekehrten, positiven elektrischen Ladung) und des Neutrinos (ein masseloses oder fast masseloses Teilchen, das Energie transportiert) – erlaubten es schließlich den Physikern Hans Bethe und Charles Critchfield, die Proton-Proton-Kette zu beschreiben, in der vier Wasserstoffatome (das heißt, vier Protonen) nacheinander zu einem Heliumkern vereinigt werden. Da der Heliumkern aus zwei Protonen und zwei Neutronen besteht, müssen jeweils zwei der Wasserstoffkerne ihre positive Ladung loswerden. Dies gelingt ihnen, indem sie Positronen (wie auch Neutrinos) ausstoßen. Positronen und Elektronen vernichten sich gegenseitig unter Aussendung von Gammastrahlung, aus der letztendlich die optische Strahlung entsteht, die von der Sonnenoberfläche ausgeht.

Obwohl Protonen positiv geladen sind und sich naturgemäß gegenseitig abstoßen, werden sie (und die Neutronen) von einer starken Kernkraft zusammengehalten, die eine kurze Reichweite hat und

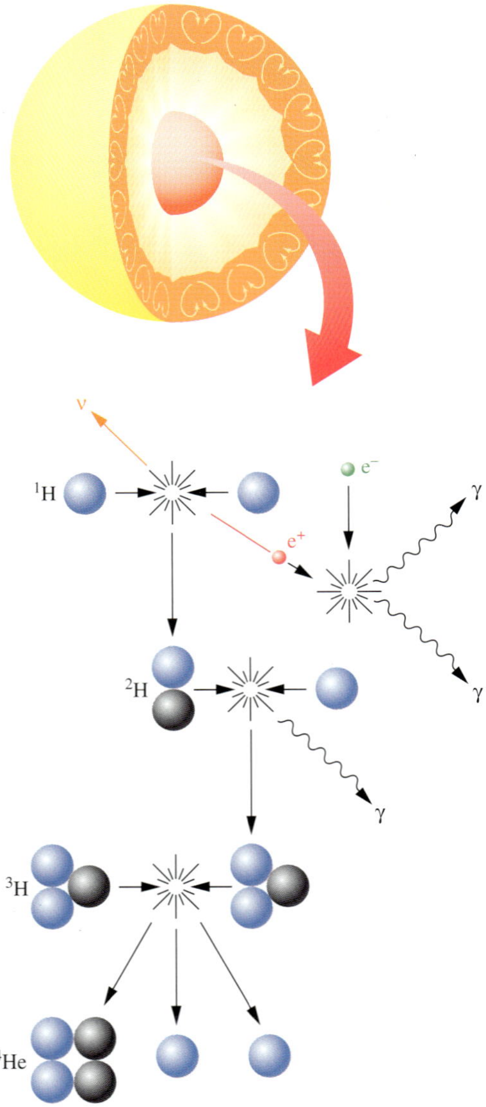

1.18 Die Energie der Sonne wird in ihrer 15 Millionen Kelvin heißen Zentralregion hauptsächlich durch die Proton-Proton-Kette erzeugt. Jeweils zwei Wasserstoffkerne – Protonen – verschmelzen miteinander und erzeugen einen Deuteriumkern (^{2}H, Wasserstoff mit einem angelagerten Neutron), indem sich ein Proton durch Ausstoßen eines positiven Elektrons, eines Positrons, in ein Neutron umwandelt. Bei dieser Reaktion wird auch ein Neutrino (ν) freigesetzt. Das Positron wird durch ein negatives Elektron vernichtet, wobei zwei Gammaphotonen entstehen. Das Deuterium fängt dann ein weiteres Proton ein und erzeugt so ein weiteres Gammaphoton und einen Kern des leichten Heliums (^{3}He, ein Heliumatom mit einem einzigen Neutron); zwei ^{3}He-Kerne verschmelzen dann zu gewöhnlichem Helium ^{4}He. Beim Weiterleiten der Strahlung wandeln die äußeren Sonnenschichten die harte Gammastrahlung nach und nach in mildes optisches Licht um und dienen so als Isolator des heißen Inneren.

innerhalb einer Entfernung von 10^{-13} Zentimetern stärker ist als die elektrische Abstoßung. Die Verschmelzung von Wasserstoff zu Helium kann nur dort stattfinden, wo die Temperatur hoch genug ist, über etwa zehn Millionen Kelvin, um die Kerne beim Zusammenstoßen einander so dicht anzunähern, daß die starke Kernkraft die Teilchen zusammenschließen kann. Solch hohe Temperaturen herrschen in der zentralen Kernregion der Sonne, die etwa 40 Prozent der Sonnenmasse umfaßt. Unseren Berechnungen nach hat die Sonne ihr Leben mit ausreichend Wasserstoff begonnen, um sie auf ihrem heutigen Niveau insgesamt etwa zehn Milliarden Jahre „brennen“ (im nuklearen Sinne) zu lassen. Aufgrund der Altersbestimmung von Steinen der Erde, vom Mond und aus dem interplanetaren Raum wissen wir, daß die Sonne bereits fünf Milliarden Jahre alt ist und demnach noch weitere fünf Milliarden vor sich hat. Danach wird sie zu sterben beginnen. Wenn es soweit ist, wird sie einen planetarischen Nebel erzeugen, der sich rasch in den interstellaren Raum zerstreut.

Wenn Sterne älter werden, können ihre inneren Temperaturen so stark ansteigen, daß die Kernfusionsmaschine schwerere Elemente herstellen kann. Sterne wie die Sonne erzeugen Atome bis hinauf zu Kohlenstoff und Sauerstoff. Die leistungsfähigsten Brennöfen in der himmlischen Chemiefabrik sind jedoch die O-Sterne. Einige von ihnen kommen in Doppelsternsystemen vor, so daß wir mit Hilfe der Newtonschen Verallgemeinerung des 3. Keplerschen Gesetzes aus den Bahneigenschaften die Massen der beiden Sterne bestimmen können. Die O-Sterne, obwohl recht selten, sind die massereichsten aller Sterne und erreichen im Maximalfall das Hundertfache der Sonnenmasse. Ihre große innere Hitze führt zu einer ungeheuren Energieabstrahlung und macht sie zu den leuchtkräftigsten Sternen überhaupt; manche sind einmillionenmal leuchtkräftiger als die Sonne. Sie können in ihrem Inneren so heiß werden, daß sie durch Kernfusion alle Kerne bis hinauf zu Eisen erzeugen.

Aufgrund der Beobachtung planetarischer Nebel wissen wir, daß Sterne wie die Sonne Masse an den Weltraum verlieren und daß ein Teil dieser Masse mit den Produkten nuklearer Brennprozesse angereichert ist. Das Schicksal der O-Sterne ist es jedoch, ihr Leben in einer gewaltigen Explosion zu beenden, wobei sie große Mengen schwerer Kerne – die ganze Liste der chemischen Elemente hinauf bis zu Uran und darüber hinaus – in den Raum schleudern. Dadurch wird das interstellare Medium ständig mit schweren Elementen angereichert, wobei die vielfältigsten Fusionsreaktionen praktisch sämtliche chemischen Elemente schwerer als Helium erzeugen. In der Folge vermischen sich die Trümmer der Sternentwicklung mit dem bereits vorhandenen Gas. Der Fusionsmotor produziert das Rohmaterial für den allgegenwärtigen interstellaren Staub, in dessen dichten Nestern neue Sterne geboren werden. Somit sind die Erde und die Planeten nicht nur ein Destillat des interstellaren Mediums, sondern auch früherer Sterngenerationen.

Die O- und die heißesten B-Sterne sind sehr gesellig; sie ballen sich zu großen Assoziationen zusammen, die gewöhnlich eng mit Emissionsnebeln verbunden sind. Ein Großteil des Orion mit seinen heißen, blau-weißen Sternen und seinem großen Nebel stellt eine solche Ansammlung dar, ebenso wie sein mythischer Feind Scorpius. Haufen werden durch Gravitation zusammengehalten, die „OB-Assoziationen" dagegen nicht. Obwohl Sterne gemeinhin als „fix" oder feststehend angesehen werden, können wir beobachten, wie sie sich in Wirklichkeit über winzige Winkel hinweg, die nur Bruchteile einer Bogensekunde pro Jahr ausmachen, relativ zu einander bewegen. Diese Bewegungen zerstören mit der Zeit – in Millionen von Jahren – die vertrauten Sternbilder. Über die Jahre hinweg können wir beobachten, wie sich die Sterne einer OB-Assoziation von einem gemeinsamen Zentrum aus voneinander entfernen und die Winkelausdehnung der Assoziation größer wird. Kennen wir die Entfernung der Assoziation, können wir die Winkelgeschwindigkeit quer zur Sichtlinie in eine tatsächliche Geschwindigkeit in Kilometer pro Sekunde umwandeln. Anhand der größten Ausdehnungen der OB-Assoziationen stellen wir fest, daß sich die O-Sterne nie weit vom Zentrum ihrer Entstehung wegbewegen, bevor sie sterben. Sie müssen also sehr jung sein, im Höchstfall nur wenige Millionen Jahre.

Emissionsnebel sind fast immer im Verbund mit heißen O-Sternen zu sehen – das beste Beispiel sind die O- und B-Sterne des Trapezes im Orion-Nebel. Dies ist ein deutlicher Hinweis darauf, daß eine Beziehung zwischen ihnen und der Sternentstehung besteht. Aus dieser Beziehung folgt auch, daß die Sterne irgendwie für die Beleuchtung des Nebels verantwortlich sein müssen. Durch ihre Entwicklung und schließlich ihre Explosion richten die O-Sterne große Schäden in ihren Geburtswolken an, bis diese letztendlich völlig in Stücke gerissen werden. Andererseits liefern die O-Sterne die interstellaren Explosionsdruckwellen, die dazu beitragen, andere Wolken zusammenzupressen, so daß weitere Sterne entstehen. Daher sind die Sterne und wir selbst weder von den interstellaren Wolken noch von anderen Sternen zu trennen.

Um herauszufinden, wie dieses bemerkenswerte integrierte System funktioniert, sehen wir uns zunächst die auffälligsten der kosmischen Wolken näher an: die Emissionsnebel. Dann tauchen wir noch tiefer in die dunklen Staubwolken ein, wo wir schließlich eine komplizierte Molekülchemie vorfinden werden und die Geburt von Sternen und Planeten beobachten können. Danach wird uns der Lauf der Sternentwicklung weiter führen zu den neu entstehenden Wolken der planetarischen Nebel, zu den energiereichen Überresten explodierter Sterne und wieder zurück in den Kosmos, wo wir abermals Zeuge werden, wie neue Sterngenerationen entstehen, die Nachfahren der vergangenen.

2

Der Vorstoß in die Nebel

2.1 Wenn G. P. Bond diese großartige Aufnahme des *Hubble*-Weltraumteleskops vom Zentralgebiet des Orion-Nebels sehen könnte! Die Farben dieser zusammengesetzten Aufnahme sind dem Farbempfinden des menschlichen Auges angepaßt; sie werden durch Emissionslinien verschiedener Wellenlängen erzeugt. Das Trapez im Zentrum, das fast vollständig von θ^1 Orionis C beherrscht wird, hat das Gas ionisiert. Der auffällige „helle Balken“ links ist eine Ionisationsfront, die sich in eine neutrale Wolke hineinfrißt. Im Inneren sind zahlreiche schwache Sterne erkennbar; der Nebel markiert somit den Ort einer außergewöhnlich reichen Brutstätte für Sterne.

Die am ehesten erkennbaren Bestandteile des interstellaren Mediums sind die Emissionsnebel, die durch ihr strahlendes Leuchten mit zu den schönsten astronomischen Anblicken gehören. Aufgrund ihrer hellen, auffälligen Emissionslinien und einer Atomtheorie, die diese Linien erklären konnte, waren die diffusen Emissionsnebel auch die erste Komponente des interstellaren Mediums, die man physikalisch verstand. Umgekehrt konnten die Wissenschaftler durch Beobachtungen von Nebelspektren wiederum verschiedene Aspekte der Atomtheorie überprüfen.

Daher wollen wir die Nebel und das Atom gemeinsam betrachten. Wir werden dabei atomare Prozesse untersuchen, die uns zu einer großen Vielfalt kosmischer Wolken führen. Gleichzeitig werden wir ein Bild von den in den Nebeln ablaufenden Prozesse entwerfen, das in dem gesamten Kreislauf – von den Dunkelwolken zur Sternentstehung und über stellare Auswurfmaterie wieder zurück zu den Dunkelwolken – von großer Bedeutung sein wird.

Leuchtzeichen im Medium

Die Emissionsnebel, deren Inbegriff der Orion-Nebel ist, gehören zu den schönsten Schaustücken am Himmel, im Teleskop wie auf Photographien. Wichtiger ist jedoch, daß sie mit ihrem auffälligen Leuchten die Verteilung des interstellaren Mediums innerhalb der Galaxis offenbaren, indem sie als Indikatoren für die Wolken dienen, die die Sterne hervorbringen: Da die Emissionsnebel mit heißen, jungen Sternen assoziiert sind, ja tatsächlich erst durch ebendiese Sterne, die aus ihren Gasen entstanden sind, zum Leuchten gebracht werden, markieren sie Gebiete in der Galaxis, in denen vor ganz kurzer Zeit Sternentstehung stattgefunden hat.

Wenden wir uns vom nördlichen Winterhimmel und dem Orion-Nebel dem Anblick des Sommerhimmels zu und betrachten wir die Milchstraße, die – immer heller werdend – zum südlichen Horizont hinabtaucht. Dort, in Sagittarius, sehen wir eine sehr viel größere Gaswolke, den Lagunen-Nebel (M 8). Schon mit bloßem Auge sichtbar, bietet er durch ein großes Fernglas einen prächtigen Anblick. Im Teleskop erkennt man ein komplexes, längliches System, das von einer dunklen Bucht – der „Lagune“ – durchzogen wird. Im Inneren des Nebels befindet sich, analog zum Trapez im Orion-Nebel, ein offener Haufen junger Sterne, die sich erst vor kurzem aus der Materie gebildet haben können, in der sie nun eingebettet sind. Sagittarius und seine Nachbarsternbilder sind mit solchen

Emissionsnebeln übersät, von denen viele nach ihrem Aussehen benannt sind, wie der Trifid-, der Omega- und der Adler-Nebel.

Zahllose schwächere Nebel zeigen eine ungeheure Formenvielfalt. So hält der nördliche Sommerhimmel im Sternbild Cygnus in der Nähe des Sterns Deneb den berühmten Nordamerika-Nebel (NGC 7000) für uns bereit. Wegen seiner Größe (mehr als ein Grad) und geringen Oberflächenhelligkeit ist er mit einem Teleskop schwer zu beobachten. Aber in einer sehr dunklen Nacht ist er mit einem Fernglas ziemlich deutlich zu erkennen; man kann ihn sogar mit bloßem Auge sehen, wenn man einmal weiß, wo er steht. Die Südhalbkugel ist ähnlich reich an Emissionsnebel-Schätzen. Westlich des Kreuz des Südens liegt in dem ausgedehnten Sternbild Carina (dem „Kiel" des großen Schiffes Argo) der großartige Carina-Nebel, der einen Durchmesser von mehr als zwei Grad hat und leicht mit bloßem Auge zu sehen ist. Innerhalb seiner komplexen Grenzen liegen neben unzähligen schwächeren Sternen auch zahlreiche helle O- und B-Sterne, unter anderem einer der leuchtkräftigsten und massereichsten Sterne der Galaxis, η Carinae.

Ein einzigartiges Merkmal der hellen Emissionsnebel unserer Galaxis ist, daß sie ausnahmslos innerhalb der Milchstraße liegen (und viel zu ihrer Schönheit und ihrem Zauber beitragen), sich also innerhalb der galaktischen Ebene, der galaktischen Scheibe, befinden. Schwächere Emissionsnebel sind *überall* in der Milchstraße verteilt, riesige Flächen aus schwach leuchtendem, diffusem Gas ohne klare Begrenzungen. Vor diesem Hintergrund liegen die berühmten, mit einem Eigennamen versehenen Objekte und eine große Zahl weitere Emissionsnebel sowie unzählige winzige, kompakte Emissionsnebel mit nur wenigen Bogenminuten Durchmesser. Welche Form sie auch annehmen, die Emissionsnebel sind stets in und um Dunkelwolken herum angesiedelt, und diese Nachbarschaft verbindet die Nebel eindeutig mit der Staubkomponente des interstellaren Mediums – und ebenfalls wieder mit der Sternentstehung.

Emissionsnebel kommen auch in großer Zahl in anderen Galaxien vor. Prächtiger als alles in der Milchstraße ist der Tarantel-Nebel in der Großen Magellanschen Wolke, einer kleinen, nahen Begleitgalaxie unserer Galaxis. Der Tarantel-Nebel ist so groß, daß er trotz seiner Entfernung von 52000 Parsec noch einen Durchmesser von einem halben Grad hat. In seinem Inneren liegen Unmengen von O-Stern-Haufen. Mit ihm vergleichbar ist der große Emissionsnebel NGC 604 in der sehr viel weiter entfernten Galaxie M 33. Welche Ironie, daß die „Spiralnebel" des 19. Jahrhunderts – wie M 33 –, die einst mit den Emissionsnebeln verwechselt worden waren, nun selbst Emissionsnebel *enthalten*. Beim Betrachten anderer scheiben-

2.2 Sagittarius (Schütze) ist reich an Emissionsnebeln. Der größte ist der Lagunen-Nebel.

förmiger Galaxien, die wie unsere eigene aufgebaut sind, erkennen wir nicht nur, daß die Emissionsnebel auf die Scheiben beschränkt sind, sondern auch ganz speziell auf deren Spiralarme. Die Arme werden von riesigen Dichtewellen verursacht, die durch die Scheibe laufen und die Materie dort zusammenpressen. Sie sind mit der Rotation einer Galaxie verknüpft, wobei die Wellen in der Nähe des Zentrums der Galaxie beginnen und sich durch die Rotation der Scheibe nach außen öffnen. Da die Emissionsnebel die Lage der interstellaren Materie markieren, scheint diese ebenfalls größtenteils auf die Spiralarme konzentriert zu sein. Da unsere eigene Galaxis eine Scheibe hat, sollte auch sie Spiralarme besitzen, auch wenn diese nicht ohne weiteres für uns sichtbar sind, weil wir uns innerhalb unserer Galaxis befinden; wir müssen ringsum von Armen umgeben sein, so daß uns der große Überblick fehlt. In Analogie zu

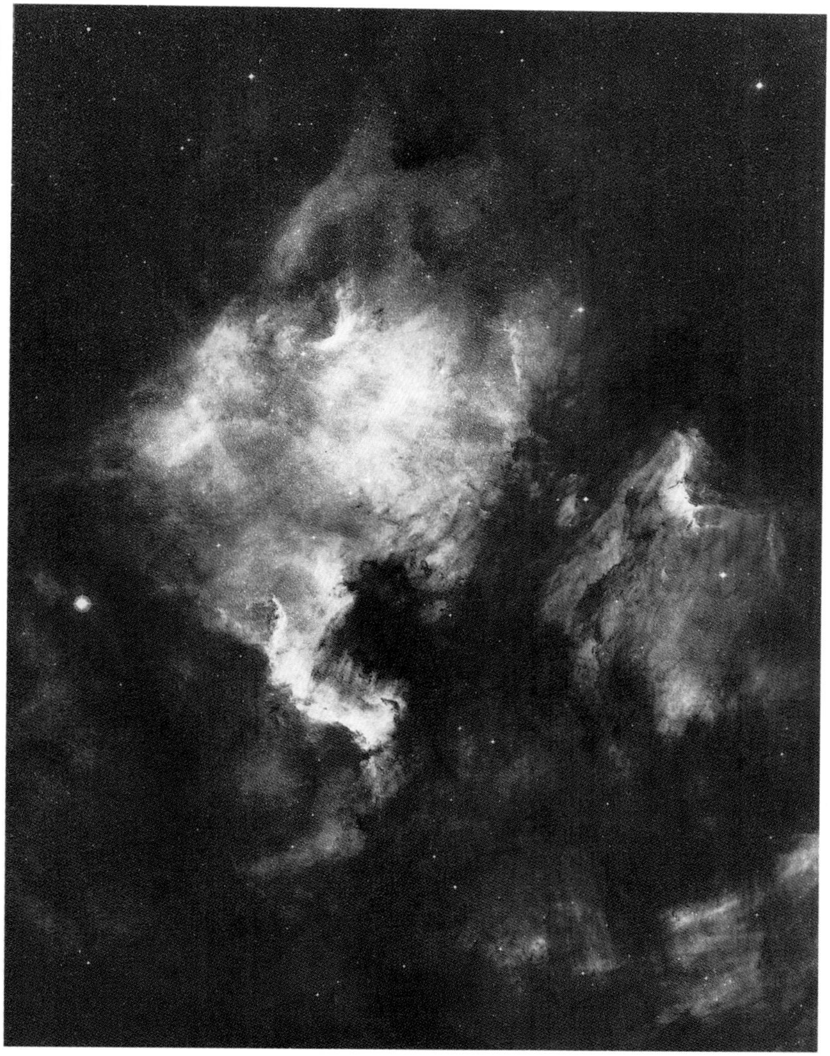

2.3 Das Sternbild Cygnus (Schwan) am Nordhimmel birgt den Nordamerika-Nebel mit seinen deutlich erkennbaren Ost- und Westküsten und dem Golf von Mexiko. Rechts liegt der Pelikan-Nebel, während schwache Hintergrundnebel den Rest des Bildes erfüllen.

den anderen Galaxien sollten sie jedoch durch unsere eigenen Emissionsnebel nachgezeichnet werden. Da O-Sterne jung und gewöhnlich mit Emissionsnebeln verknüpft sind, dürften sie ebenfalls die Lage der Arme kennzeichnen. Karten von Emissionsnebeln oder O-Sternen müßten uns daher angeben, wo sich die lokalen Arme befinden. Weil die O-Sterne jung sind und sie und die Emissionsnebel mit den Spiralarmen in Zusammenhang stehen, müssen die Arme darüber hinaus etwas mit Sternentstehung zu tun haben.

2.4 Obwohl er in einer anderen Galaxie in 700 000 Parsec Entfernung liegt, ist der riesige, 500 Parsec große Emissionsnebel NGC 604 leicht von der Erde aus zu sehen. Das *Hubble*-Weltraumteleskop zeigt ihn als ein ungemein komplexes Objekt, voller Filamente und Bögen, das durch das Licht von 200 oder mehr massereichen Sternen zum Leuchten gebracht wird.

Räumliche Nähe, sei sie auch ein wichtiges und vielsagendes Argument, beweist jedoch noch nicht, daß tatsächlich physische und physikalische Beziehungen bestehen. Dazu müssen wir tiefer graben und verstehen, warum und wie die jungen Sterne die Nebel zum Leuchten anregen, wie die Nebel und die mit ihnen verknüpften interstellaren Wolken Sterne erzeugen und welche spezielle Rolle die Spiralarme bei der Sternentstehung spielen. Um uns einen anfänglichen Begriff davon zu machen, schauen wir zunächst, was uns die eingebetteten Sterne über die Nebel verraten. Danach betrachten wir die engen Beziehungen zwischen den Sternen, den Nebeln und dem Atom.

Entfernung und Ausdehnung: Ein Geschenk der Sterne

Wir können die Eigenschaften der Nebel nicht bestimmen, wenn wir nicht wissen, wie weit sie entfernt sind. Ihre Entfernung gibt uns ihre Größe an und ordnet sie in ihre galaktische Umgebung ein. Alles, was wir tun müssen, um die Entfernungen der Nebel zu erhalten, ist, die Entfernung der darin eingebetteten Sterne zu bestimmen. Leider sind alle diese Sterne so weit weg, daß ihre Parallaxen zu klein sind, um gemessen werden zu können. Wir müssen einen anderen Weg der Entfernungsbestimmung finden, und der ergibt sich aus den Eigenschaften der Sterne selbst und aus der Spektralsequenz, OBAFGKM, mit der sie klassifiziert werden.

Unsere Geschichte in dieser ältesten aller Naturwissenschaften begann vor mehr als 2000 Jahren mit den ersten Versuchen, die Eigenschaften der Sterne zu messen (oder eher abzuschätzen). Etwa 150 vor Christus teilte der griechische Astronom Hipparchos die Sterne am Himmel in sechs Helligkeitskategorien ein, die sogenannten Größenklassen oder Größen (Magnituden, mag), wobei die erste Größe für die hellsten Sterne stand, die er beobachtete, und die sechste für die schwächsten. Sein System ist heute noch gültig, wenn auch in einer quantitativen und logarithmischen Form, wobei die erste Größe als 100mal heller als die sechste definiert wird. Wenn also fünf Größenklassenschritte einem Faktor 100 in der Helligkeit entsprechen, dann entspricht ein einzelner Größenklassenschritt einem Faktor fünfte Wurzel aus 100 oder 2,512... . Jede Größenklasse ist daher 2,512...mal heller als die nächstschwächere. Das menschliche Auge kann leicht ein Zehntel einer Größenklasse unterscheiden, moderne Detektoren fast ein Tausendstel. Da die schwächsten Sterne im Durchschnitt 6. Größe sind, müssen die Größen der allerhellsten Sterne, zum Beispiel die des am nördlichen Winterhimmel stehenden Sirius, durch negative Zahlenwerte ausgedrückt werden. Mit optischen Hilfsmitteln sehen wir Sterne, die schwächer sind als 6. Größe: Ferngläser zeigen noch 8. Größe, während die besten Teleskope den Sichtbarkeitsbereich fast bis zur 30. Größenklasse ausdehnen. Der relativ kleine Zahlenbereich im Größenklassensystem täuscht. Da jeweils fünf Größenklassen einem Faktor 100 in scheinbarer Helligkeit entsprechen, entspricht ein Unterschied von zehn Größenklasse (zweimal fünf Größenklassen) einem Faktor von 100×100, also 10000. Die schwächsten Sterne, die mit einem Teleskop beobachtet werden können, sind demnach mehr als einmilliardenmal schwächer als die mit bloßem Auge sichtbaren. Die Sterne des Trapezes im Orion liegen zwischen 5. und 8. Größe.

Die *scheinbare* Helligkeit (m) eines Sterns – die von Hipparchos und von uns beobachtete Größenklasse – hängt von der wahren Leuchtkraft des Sterns (das heißt, von der Energiemenge, die er in Watt abstrahlt) und von seiner Entfernung ab. Ein Stern kann uns hell erscheinen, weil er nahe ist (obwohl er von Haus aus nur schwach leuchtet) oder weil er sehr leuchtkräftig ist (und trotz großer Entfernung noch hell leuchtet). Wenn wir die Entfernung des Sterns kennen, können wir aus seiner scheinbaren Helligkeit seine Leuchtkraft bestimmen. In der Astronomie wird die Leuchtkraft eines Sterns durch seine *absolute* Helligkeit (M) ausgedrückt, die Helligkeit, die der Stern in einer Einheitsentfernung von zehn Parsec oder 32,6 Lichtjahren hätte. Die beiden Helligkeiten sind durch die Helligkeitsgleichung miteinander verknüpft: $M = m + 5 - 5 \log d$, wobei die Entfernung d in Parsec angegeben wird.

Sind uns die Entfernungen aus den Parallaxen oder über eine andere Methode bekannt und m durch elektronische Messungen am Teleskop bestimmt, dann können wir für eine sehr große Zahl von Sternen die absolute Helligkeit bestimmen, einschließlich unserer Sonne. Obwohl ihre Leuchtkraft 4×10^{26} Watt beträgt, würde ihre Helligkeit in zehn Parsec Entfernung auf 4,83 mag schrumpfen, so daß sie nur noch etwa so hell wäre wie der schwächste Stern im Kleinen Wagen und damit dicht an der Grenze des menschlichen Sehvermögens läge. Die Leuchtkraft der Sonne und ihre absolute Helligkeit ermöglichen die Eichung der gesamten absoluten Helligkeitsskala in Form von Sternleuchtkraft in Watt. Die stellaren Leuchtkräfte, die sich so aus den absoluten Helligkeiten ergeben, zeigen eine erstaunliche Bandbreite. Die hellsten Sterne haben eine absolute Helligkeit von –10, 15 Größenklassen (oder einmillionenmal) heller als die Sonne. Stünde ein solcher Stern in zehn Parsec

Entfernung, wäre er leicht bei Tage zu sehen und würde bei Nacht deutliche Schatten werfen. Die leuchtschwächsten Sterne am anderen Ende der Skala sind absolut 15 Größenklassen schwächer als die Sonne, so schwach, daß sie nahe am äußeren Rand des Sonnensystems stehen müßten, um gerade noch mit bloßem Auge sichtbar zu sein. Diese Helligkeitsangaben – visuelle Helligkeiten genannt, weil sie auf der physiologischen Empfindlichkeit des menschlichen Auges basieren – berücksichtigen jedoch nicht die Strahlung, die außerhalb des engen optischen Bereichs des Spektrums liegt. Wenn wir die *gesamte* Strahlungsenergie eines Sterns mit einbeziehen, erreichen die hellsten Sterne sogar fast zehn Millionen Sonnenleuchtkräfte. Und in kurzen explosiven Phasen können sie noch weit darüber liegen.

Jetzt kennen wir für eine sehr große Zahl von Sternen zwei leicht beobachtbare Eigenschaften: ihre Leuchtkraft, die mit Hilfe ihrer Entfernung bestimmt wird, und ihre Temperatur, die sich aus der Spektralklasse ergibt. Die Kombination der beiden öffnet uns ein großes Tor zur Galaxis. Die Theorie, bestätigt durch Messungen im Physiklabor, besagt, daß die von einem Schwarzen Körper pro Flächeneinheit abgestrahlte Energie (zum Beispiel in Watt pro Quadratmeter, W/m^2) von der vierten Potenz der Temperatur abhängt. Bei 5780 Kelvin strahlt die Sonne eine Energie von 6340 Watt pro Quadratmeter ab; verdoppelt man die Temperatur auf 11600 Kelvin, in den Bereich der B-Sterne, so steigt die Strahlungsenergie pro Quadratmeter um einen Faktor 16. Es ist daher nur natürlich, die Leuchtkraft der Sterne gegen ihre Temperatur aufzutragen, um zu sehen, was dabei herauskommt. Die ersten derartigen Beziehungen wurden Anfang des 20. Jahrhunderts unabhängig voneinander von Ejnar Hertzsprung und Henry Norris Russell in einem Diagramm aufgezeichnet; die moderne graphische Darstellung wird Hertzsprung-Russell- oder kurz HR-Diagramm genannt. In seinen verschiedenen Formen ist es das wichtigste Einzelwerkzeug der Stellarastronomie (und in Verallgemeinerung auch der galaktischen, wenn nicht gar der extragalaktischen Astronomie): Es erlaubt nicht nur, unsere Entfernungsmessungen auf das gesamte Universum auszudehnen, sondern liefert uns auch eine solide Grundlage für die Theorie der Sternentwicklung, der Alterungsprozesse der Sterne.

In der üblichen Darstellung liegt die Mehrzahl der Sterne im HR-Diagramm auf einer langen Diagonalen, der „Hauptreihe", die von rechts unten (von niedrigen Temperaturen und niedrigen Leuchtkräften) nach links oben (zu hohen Temperaturen und hohen Leuchtkräften) verläuft. In Übereinstimmung mit den Strahlungsgesetzen steigt die Leuchtkraft der Sterne also mit zunehmender Temperatur steil an. Doch es gibt eine wunderbare Überraschung, eine, die den

Astronomen letztlich zeigte, wie sich Sterne entwickeln und schließlich sterben: noch ein *anderes* stark besiedeltes Band im HR-Diagramm, das in der Nähe des Zentrums der Hauptreihe beginnt und aufwärts, aber nach *rechts* zu niedrigeren Temperaturen hin läuft. Diese Sterne sind leuchtkräftig, *obwohl sie kühl sind*. Zwei Sterne mit derselben Temperatur geben dieselbe Strahlungsmenge pro Flächeneinheit ab. Wenn also einer von ihnen heller ist als der andere, muß er eine größere Oberfläche (und einen größeren Radius) haben. Hertzsprung unterschied ursprünglich die beiden Gruppen voneinander, indem er die auf der Hauptreihe „Zwerge" und die größeren „Riesen" nannte (merkwürdigerweise betrachtete er keine der beiden Arten als „normal"). Um so leuchtkräftig zu sein, müssen die Riesen typischerweise einige dutzendmal größer sein als die Sonne; einige würden von der Sonne, die einen Durchmesser von 1,5 Millionen Kilometern oder 0,01 AE hat, über die Erde hinaus, ja sogar bis jenseits der Marsbahn reichen.

Verteilt am oberen Rand des HR-Diagramms liegt eine Handvoll noch hellerer, kühler Sterne – die „Überriesen" –, die noch größer sein müssen als die Riesen. Die größten dieser Monster würden fast die gesamte Saturnbahn ausfüllen, die einen Durchmesser von 20 AE hat. Und schließlich liegt unten in der linken Ecke noch eine Kette von Sternen, einige recht heiß, die selbst verglichen mit den Zwergen nur sehr schwach leuchten. Aufgrund der gleichen Überlegungen müssen diese „Weißen Zwerge" sehr klein sein, etwa so

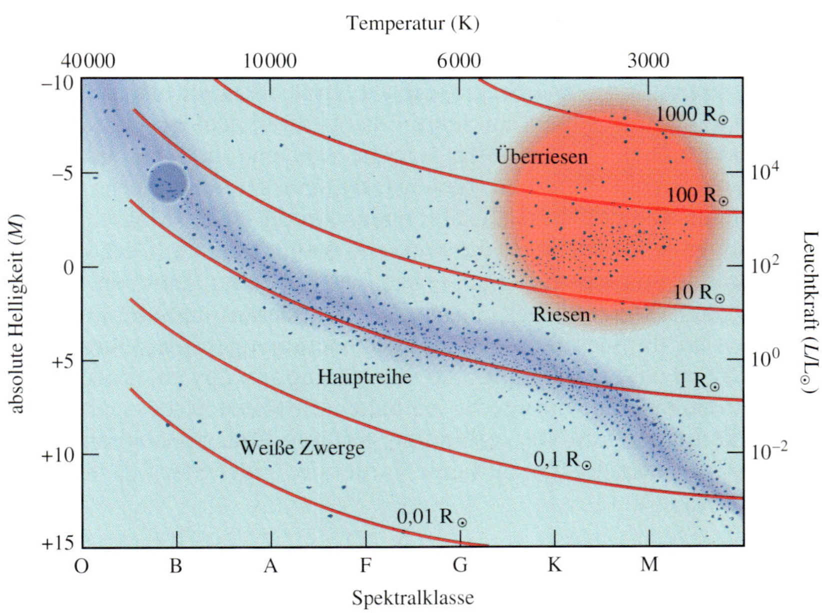

2.5 Im Hertzsprung-Russell-Diagramm sind die absoluten Helligkeiten von Sternen gegen deren Spektralklassen aufgetragen. Die Sterne sind stark auf eine Hauptreihe konzentriert, auf der die Masse von rechts unten nach links oben ansteigt. Die Riesen müssen groß sein, um hohe Leuchtkräfte bei niedrigen Temperaturen erzeugen zu können; die Überriesen am oberen Rand müssen noch größer sein. Entsprechend können Weiße Zwerge mit ihren niedrigen Leuchtkräften nur sehr klein sein. In das Diagramm sind Linien konstanter Radien eingezeichnet; relative Größen sind durch die farbigen Kugeln angegeben. Die Symbole $L_\odot$ und $R_\odot$ stehen für die Leuchtkraft beziehungsweise den Radius der Sonne.

groß wie die Erde. Die größten Sterne haben also 100000mal größere Radien als die kleinsten.

Wenn wir feststellen, daß ein bestimmter grüner Baum zur Nahrungsversorgung Chlorophyll verwendet, dann dürfen wir annehmen, daß alle anderen grünen Bäume genauso funktionieren. Da es Indizien dafür gibt (aufgrund des Alters der Erde, der Zusammensetzung der Sonne und der Atomphysik), daß die Sonne ein natürlicher Fusionsreaktor ist, der Wasserstoff zu Helium „verbrennt", müssen andere Sterne ebenfalls welche sein; und da die Sonne zur Hauptreihe gehört, muß bei den Sternen der Hauptreihe ebenfalls Wasserstoffbrennen vorherrschen. Aber wenn Hauptreihensterne alle nach demselben Prinzip funktionieren, weshalb haben sie dann so enorm unterschiedliche Leuchtkräfte? Die Antwort liefern Doppelsterne. Die Komponenten eines Doppelsternsystems umkreisen einander unter dem Einfluß ihrer gegenseitigen Anziehungskraft. Ihre Anziehungskraft und damit ihre Bahnen hängen von den Sternmassen ab. Mit Hilfe der Keplerschen Gesetze der Planetenbewegungen, von Newton verallgemeinert für die Bahnen aller Zwei-Körper-Systeme, haben die Astronomen Hunderte von Sternmassen abgeleitet. Die Massen der Sterne reichen von einem Minimum von etwa 0,08 Sonnenmassen, also acht Prozent der Masse der Sonne (die ihrerseits 333000mal massereicher ist als die Erde), bis hin zu den O-Sternen mit rund 100 Sonnenmassen. Die Hauptreihe ist physikalisch gesehen eine *Massen*-Sequenz. Auf ihr gilt: je größer die Masse, desto heller der Stern. Die Leuchtkraft ist ungefähr proportional zur 3,5ten Potenz der Masse ($L \propto M^{3,5}$). Ein Zwergstern mit der doppelten Masse der Sonne ist etwa zehnmal so leuchtkräftig wie diese. Größere Masse heißt stärkere gravitative Kompression, höhere innere Temperatur, mehr Energie, die als Hitze und Licht freigesetzt werden kann, und höhere nukleare Fusionsraten. Das geringe Alter der massereichen O-Sterne (die sich nie weit von ihren Geburtsorten entfernen, bevor sie sterben) beweist, daß massereiche Sterne wegen des raschen Tempos ihres Kernbrennens kürzer leben. Masseärmere Sterne dagegen, wie die Sonne und jene weiter unten auf der Hauptreihe, können davon ausgehen, ein langes Leben zu genießen. Sie haben daher genügend Zeit, die Stätte ihrer Geburt und alle Sterngeschwister, die vielleicht gemeinsam mit ihnen gebildet wurden, zu verlassen und unabhängig und selbständig um das galaktische Zentrum zu kreisen. Infolgedessen haben die meisten massearmen Sterne kaum eine direkte Verbindung mit den Emissionsnebeln, die Orte aktiver oder noch nicht lange zurückliegender Sternentstehung markieren.

Riesen und Überriesen sind heller, als aufgrund ihrer Massen zu erwarten wäre, und Weiße Zwerge sind ungemein viel schwächer. In

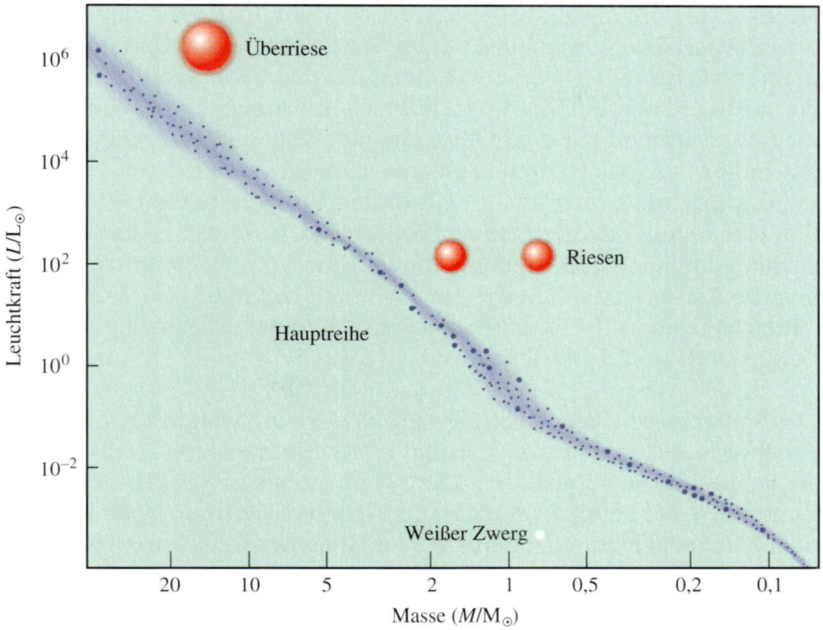

2.6 Die meisten Sterne folgen einer engen Relation, in der die Leuchtkraft rasch mit der Masse ansteigt. Sterbende Sterne (Riesen, Überriesen und Weiße Zwerge) liegen jedoch deutlich außerhalb der Relation. Das Symbol $M_{\odot}$ steht für Sonnenmasse.

diesen Sternen muß also etwas anderes vor sich gehen als einfaches Wasserstoffbrennen. Wir wissen heute, daß die Hauptreihensterne aus dem interstellaren Medium entstehen und die Riesen und Überriesen sich aus den Hauptreihensternen entwickeln (so wie die Weißen Zwerge wiederum aus den Riesen hervorgehen). Riesen und Überriesen bringen schließlich die planetarischen Nebel und andere kosmische Wolken hervor, die Materie an den Weltraum zurückgeben und wieder andere Wolken speisen, aus denen sich neue Sterne und weitere Emissionsnebel entwickeln werden, so daß sich der Kreislauf ständig wiederholt.

Aus den Parallaxen und scheinbaren Helligkeiten haben die Astronomen die Leuchtkräfte – ausgedrückt in absoluten Helligkeiten – der verschiedenen Spektraltypen ableiten können, die den mittleren und unteren Teil der Hauptreihe bevölkern, ebenso wie die vieler Riesen. Die leuchtkräftigen O-Sterne und Überriesen sind jedoch sehr selten, und keiner ist so nahe, daß wir seine Parallaxe messen könnten. Wie kann man dann ihre Leuchtkräfte bestimmen? Hier kommen uns die offenen Sternhaufen zu Hilfe. Da die Sterne eines offenen Haufens gravitativ aneinander gebunden sind, wissen wir, daß sie alle zur gleichen Zeit entstanden sein müssen. Mehrere junge Haufen, von denen einige mit Emissionsnebeln verbunden sind, enthalten nicht nur ganze Hauptreihen von Sternen (die vom unteren Rand des HR-Diagramms bis hinauf zu den O-Sternen verlaufen), sondern auch Überriesen. Aus lokalen Untersuchungen kennen wir bereits die Leuchtkräfte der Sterne auf den mittleren und unteren Hauptreihen. Wenn wir nun die scheinbaren Helligkeiten der mittleren und unteren Hauptreihensterne eines jungen Haufens messen, brauchen wir die Helligkeitsgleichung nur umzukehren, um die Entfernung des Haufens zu berechnen. Diese Entfernung ermöglicht es uns nun wiederum, die absoluten Helligkeiten der O-Sterne und Überriesen des Haufens zu bestimmen. Aufgrund solcher Untersuchungen, die über Jahrzehnte hinweg durchgeführt wurden, kennen die Astronomen die genauen absoluten Helligkeiten der Sterne all der verschiedenen Spektraltypen und Leuchtkraftklassen (Zwerge, Riesen, Überriesen).

Die Spektren der Sterne verraten uns wiederum, welcher Art diese angehören. So zeigen zum Beispiel alle A-Sterne starke, dunkle Wasserstoffabsorptionslinien. Die „Tiefe" einer Linie (der Grad ihrer Schwärze) ist jedoch nicht das einzige Kriterium. Spektrallinien haben auch eine Breite in Wellenlänge, teilweise deshalb, weil Zusammenstöße zwischen den Atomen die Elektronenbahnen verrücken und ihre Energien verschmieren. Die kleineren A-Sterne sind dichter als die größeren. Da eine höhere Dichte zu größeren Annäherungen zwischen den Atomen und größeren bahnstörenden Kräften führt, haben A-Zwerge breite, A-Riesen schmale und A-Überriesen noch schmalere Absorptionslinien. Für andere Spektraltypen gibt es ähnliche Kriterien, die ihre Leuchtkräfte verraten und damit, abgelesen aus dem HR-Diagramm, ihre absoluten Helligkeiten. Noch einmal: Sind die absoluten Helligkeiten bekannt und die scheinbaren Helligkeiten gemessen, können wir die Entfernungen bestimmen, jetzt nicht von Haufen, sondern von jedem beliebigen Einzelstern. Mit Hilfe dieser leistungsstarken Methode der „spektroskopischen Entfernungsbestimmung" wurde für θ^1 Orionis C, den hellsten Stern des Trapezes im Orion-Nebel, eine Entfernung von 450 Parsec (1300 Lichtjahre) ermittelt. Der Winkeldurchmesser des Orion-Nebels von rund einem Grad und einfache Geometrie liefern dann einen absoluten Durchmesser von acht Parsec. Um eine Vorstellung von der Größe dieser leuchtenden Gaswolke zu geben: Ein Lichtstrahl braucht mehr als 25 Jahre, um vom einen Ende zum anderen zu gelangen; der Nebel könnte das Sechsfache der Entfernung zwischen unserer Sonne und ihrem nächsten Nachbarstern α Centauri aufnehmen.

Die anderen klassischen berühmten Emissionsnebel unserer Galaxis haben in etwa dieselbe Größe. Der Tarantel-Nebel und NGC 604 sind jedoch verblüffend anders. Wenn der Tarantel-Nebel so nahe bei uns stünde wie der Orion-Nebel, würde er das gesamte Sternbild Orion ausfüllen, und da er einen Durchmesser von rund 300 Parsec

2.7 Der riesige Tarantel-Nebel nimmt in der größten Begleitgalaxie unserer Galaxis, der Großen Magellanschen Wolke, einen herausragenden Platz ein.

hat, würde er ein gutes Stück des Weges bis zur Sonne reichen. Am anderen Ende der Skala liegen die kleinen, kompakten Emissionsnebel, die mit einem Bruchteil eines Parsecs nicht größer sind als die größten planetarischen Nebel.

Diese Bestimmung der Durchmesser demonstriert sehr schön das bemerkenswerte Zusammenwirken der Astronomie und der Naturwissenschaft allgemein. Zu einer Zeit, die noch gar nicht so lange zurückliegt, wurden Sternhaufen noch häufig mit Emissionsnebeln (und sogar auch mit Galaxien) verwechselt. Heute liefern uns die Haufen ein Werkzeug, mit dem wir nicht nur die Emissionsnebel, die Überreste der Sternentstehung, verstehen können, sondern letztlich auch die kosmischen Wolken, die die Sterne und Haufen überhaupt erst erzeugt haben.

Atome und Nebel

Welche physikalischen Prozesse ermöglichen es den O-Sternen, die Emissionsnebel zum Leuchten zu bringen? Die Beantwortung dieser Frage war entscheidend für das Verständnis der Nebel. Der Schlüssel zum Leuchtmechanismus sowohl der Emissions- als auch der planetarischen Nebel lag in ihren Emissionslinienspektren – der Abstrahlung von Licht durch spezielle Atome und Ionen bei bestimmten Wellenlängen – und in der wachsenden Erkenntnis, wie das Atom funktioniert. Das hier erworbene Wissen sollte später auf andere Aspekte des interstellaren Mediums angewandt werden, auf andere kosmische Wolken, und es den Astronomen letztendlich erlauben, den Aufbau der gesamten interstellaren Struktur zu verstehen.

Der erste Schritt ist die chemische Identifikation, damit wir wissen, was wir eigentlich erklären müssen. Die drei hellen Emissionslinien, die William Huggins ursprünglich im Spektrum des planetarischen Nebels NGC 6543 (und im Spektrum des Orion-Nebels) entdeckt hatte, haben Wellenlängen von 5007, 4959 und 4861 Ångström. Die andere Linie, die Huggins in Orion gefunden hatte, lag bei 4340 Ångström. Diese und die bei 4861 Ångström (die heute als Hβ beziehungsweise Hγ bezeichnet werden) wurden schnell mit zwei im Labor beobachteten Linien im Spektrum des Wasserstoffs gleichgesetzt. Die beiden anderen Emissionslinien stellten ein Rätsel dar. Huggins identifizierte ursprünglich die helle Linie im Grünen (die bei 5007 Ångström) mit Stickstoff, obwohl die Laborlinie doppelt ist, während die vom Nebel eindeutig einfach ist und keine anderen Stickstofflinien vorhanden waren. Überhaupt keinen Vorschlag hatte er für die mittlere Linie bei 4959 Ångström. Als der vollendete Astronom, der er war, photographierte Huggins als erster ein Nebelspektrum, und in einer 1882 durchgeführten Untersuchung des Orion-Nebels fand er im unsichtbaren Ultraviolett noch eine weitere mysteriöse Linie. Verbesserte Beobachtungen sowohl von planetarischen als auch von Emissionsnebeln brachten schließlich weitere

Wasserstofflinien zum Vorschein, darunter eine bei 6563 Ångström, die heute Hα heißt. Die Emissionslinien verrieten Huggins zunächst einmal, daß die Nebel aus Gas bestehen. Wenn die Astronomen wüßten, wie diese Linien erzeugt werden, dann konnten sie vielleicht herausfinden, welche Bedingungen in dem Gas herrschen, und so anfangen zu verstehen, wie die Nebel entstanden sind.

1913 stellte der dänische Physiker Niels Bohr eine Atomtheorie vor, die schließlich derartige Schlußfolgerungen ermöglichen sollte. Die Elektronen eines Atoms oder Moleküls befinden sich auf irgendeiner von unendlich vielen erlaubten „Umlaufbahnen", die alle verschiedene Radien haben. Elektronen können nur *auf* einer dieser erlaubten Bahnen existieren, niemals dazwischen. Die Bahnstruktur einer bestimmten Atom- oder Ionenart ist überall im Universum gleich. Die Elektronen- und Bahnstrukturen *verschiedener* Atomarten und ihrer Ionen sind jedoch alle unterschiedlich. Jedes Ion jeder Atomart ist einzigartig. Neutraler Wasserstoff ist einfach, weil nur ein Elektron betrachtet werden muß. In Atomen, die schwerer sind als Helium (das im neutralen Zustand zwei Elektronen besitzt), sind die immer zahlreicher werdenden Elektronen in einer Reihe von „Schalen" angeordnet. Bei den hier betrachteten Emissionsspektren haben wir es nur mit den äußeren Elektronen zu tun (in der Chemie werden sie Valenzelektronen genannt) – das heißt, die inneren werden ignoriert.

Wenn Sie eine Bowlingkugel hochheben, geben Sie ihr potentielle Energie, das heißt, die Fähigkeit, Bewegungsenergie zu haben. Je höher Sie die Kugel heben, desto größer ist ihre potentielle Energie (und desto schmerzhafter ist es, wenn sie Ihnen auf den Fuß fällt). In ähnlicher Weise würden Sie auch einem Elektron Energie geben, wenn Sie es gegen die elektromagnetische Kraft, die es an den Kern bindet, nach außen ziehen. Zu jeder Umlaufbahn gehört daher eine ganz bestimmte Energie; je größer der Bahnradius, desto höher die Energie. Da Elektronen auf spezielle Bahnen beschränkt sind, können sie nur spezielle Beträge, oder „Quanten", an Energie aufnehmen (deshalb wird diese Theorie auch Quantenmechanik genannt). Jede Bahn beansprucht daher ihr eigenes „Energieniveau". Für jedes Atom oder Ion gibt es eine Umlaufbahn mit dem kleinstmöglichen Radius und dem niedrigsten Energieniveau: den sogenannten Grundzustand. Obwohl die Elektronen bezüglich der Energien, die sie annehmen können, eingeschränkt sind, können sie diese Energien doch ändern, indem sie zwischen den erlaubten Bahnen oder Energieniveaus beliebig hin und her springen. (Das Bohrsche Atommodell ist später durch eine andere Auffassung der Quantenmechanik ersetzt worden, in der die Elektronen durch „Wellenfunktionen" verkörpert werden. In diesem Bild sind die Elektronen keine festen,

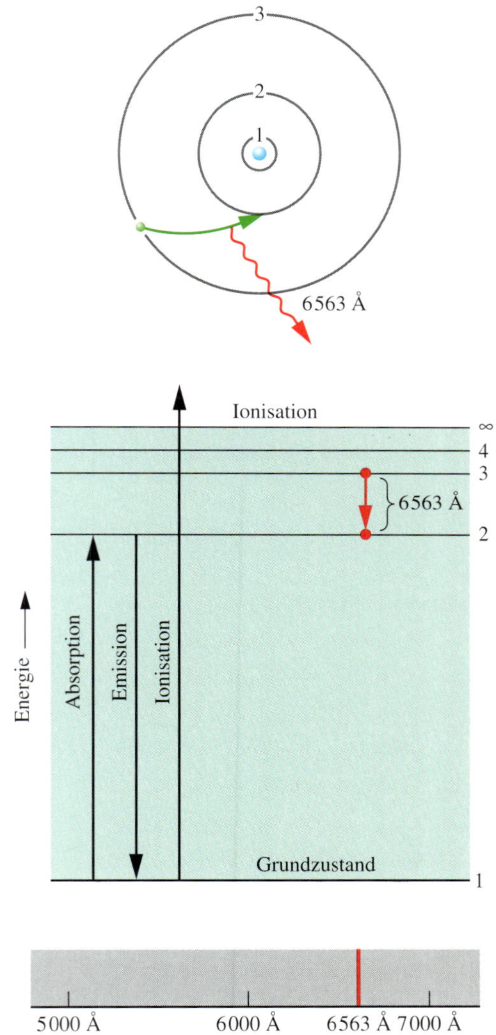

2.8 Elektronen können nur auf erlaubten Bahnen oder Energieniveaus existieren. Das obere Bild zeigt die ersten drei des Wasserstoffs, von denen jede eine höhere Energie als die vorherige hat. Elektronen können Energie absorbieren und auf höhere Bahnen gehoben werden (Pfeil nach oben), oder sie können nach unten springen (Pfeil nach unten), wobei sie Energie in Form von Photonen abgeben (Mitte). Ein Elektron, das von Bahn 3 auf Bahn 2 springt, verliert Energie, indem es ein Photon der Wellenlänge 6563 Ångström abstrahlt (unten).

kleinen Kugeln, sondern existieren überall entlang ihrer Wellen und umgeben auf diese Weise den Atomkern. Nichtsdestoweniger bietet das Bohrsche Atom eine geeignete, leicht verständliche Möglichkeit zu erklären, wie das Atom funktioniert.)

Wenn ein „angeregtes“ Elektron von seinem höheren Energieniveau hinunter auf eine Bahn mit niedrigerer Energie springt, gibt es Energie ab. Das tut es, indem es elektromagnetische Energie durch Aussenden eines Energie transportierenden Photons freisetzt. Da die Bahnen des Elektrons nur speziellen Energiebeträgen entsprechen, ist auch die Energie*differenz* zwischen den beiden Bahnen festgelegt, wie die Energie des ausgesandten Photons. Und da die Energie eines Photons allein von seiner Frequenz abhängt, direkt proportional zu ihr und damit umgekehrt proportional zu seiner Wellenlänge ist, liegen die Frequenz und Wellenlänge des abgestrahlten Photons *ebenso* fest. Jedes für sich allein stehende Atom oder Ion kann daher *nur* Photonen aussenden, deren Energien dem gesamten Schema von Energiedifferenzen zwischen den Energieniveaus entsprechen. Da jede Atom- oder Ionenart eine andere Bahn- oder Energieniveaustruktur hat, haben all die unterschiedlichen Atom- und Ionenarten

2.9 Absorptionslinien (Sprünge nach oben) und Emissionslinien (Sprünge nach unten) des Wasserstoffs sind in Serien angeordnet, die gemeinsame unterste Bahnen (links) oder Energieniveaus (rechts) besitzen. Die Linien der Lyman-Serie (von innen nach außen bezeichnet mit α, β, γ...) gehen vom Grundzustand, Niveau 1, aus (oder enden auf ihm), die Balmer-Serie von Niveau 2, die Paschen-Serie von Niveau 3 und so weiter. Da die Energiesprünge von und auf Niveau 1 am größten sind, liegen die Lyman-Linien im energiereichen Ultraviolettbereich des Spektrums; einige der Balmer-Linien (Hα bis Hε) liegen im Optischen, und die Paschen-Linien leuchten im Infraroten.

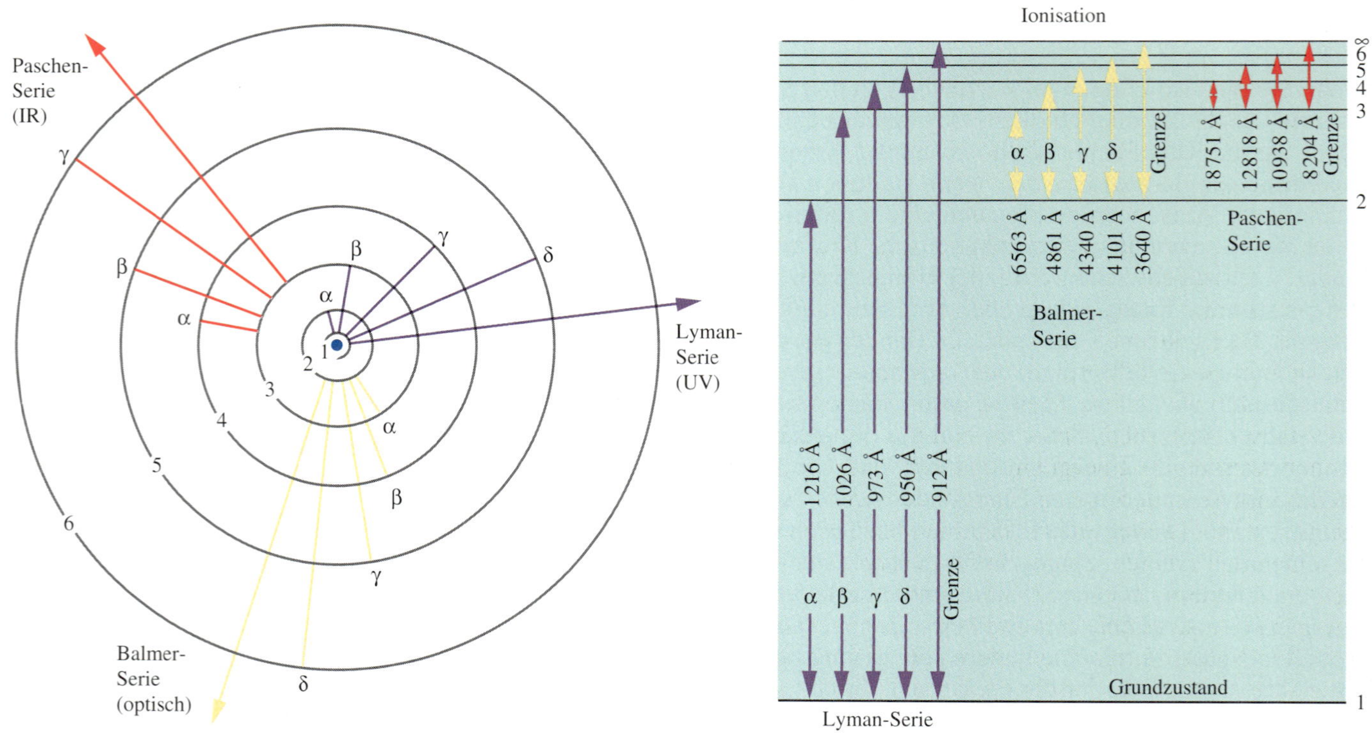

diskrete, aber einzigartige Emissionsspektren. (Ist das Gas sehr dicht, das heißt, liegen die Atome sehr nahe beieinander und nicht getrennt für sich allein, wird ein kontinuierliches Spektrum erzeugt.)

Absorptionslinien, die dunklen Umkehrungen der Emissionslinien, die vor einem kontinuierlichen Spektrum zu sehen sind, entstehen durch den umgekehrten Prozeß. Elektronen können spontan auf niedrigere Energieniveaus springen, aber um nach oben auf ein höheres zu gelangen, braucht das Elektron einen Schubs – das heißt, es muß Energie von einer äußeren Quelle aufnehmen. Eine solche Energiequelle sind Zusammenstöße zwischen Atomen: Die Kollisionsenergie wird einem Elektron übertragen, wodurch es auf eine höhere Bahn springt, von der es wieder hinunterspringen und Photonen erzeugen kann, die Emissionslinien bilden. Eine andere mögliche Quelle ist elektromagnetische Strahlung. Ein Elektron auf einem beliebigen Energieniveau kann ein Photon aus Strahlung, die an ihm vorüberströmt, absorbieren; es müssen jedoch zwei Bedingungen erfüllt sein. Erstens, bei einem speziellen Sprung von einem Energieniveau zum anderen muß die Energie des Photons ausreichen, um das Elektron die ganze Strecke hinaufzutragen. Zweitens, das Photon kann nicht einen Teil seiner Energie abgeben, sondern nur *alles* oder *nichts*. Folglich können nur Photonen mit Energien, die exakt der Energiedifferenz zwischen zwei Energieniveaus entsprechen, aus dem Strahlungsstrom entnommen werden. Wenn kontinuierliche Strahlung durch ein Gas fällt, werden nur Photonen mit speziellen Energien (und Wellenlängen) absorbiert. Das Ergebnis ist ein Absorptionsspektrum, das ebenfalls einzigartig für die Atomart in dem Gas ist.

Wasserstofflinien sind in Serien angeordnet, die nach ihren Entdeckern benannt sind; jede Serie hat ein gemeinsames unterstes Energieniveau. Alle optischen Linien, die der Balmer-Serie, beginnen oder enden auf Niveau 2, die Linien der Lyman-Serie auf Niveau 1 (dem Grundzustand), die der Paschen-Serie auf Niveau 3 und so weiter. Der größte Energiesprung zwischen benachbarten Niveaus ist von 1 auf 2; denn obwohl die Bahnradien sehr rasch zunehmen, werden die Energiedifferenzen kleiner. Infolgedessen liegen die Linien einer Serie mit steigender Nummer des obersten Energieniveaus immer dichter beieinander. Die energiereichsten Photonen gehören zur Lyman-Serie, gefolgt von der Balmer-, der Paschen- und den anderen Serien. Daher erscheinen die Lyman-Linien im energiereichen kurzwelligen Ultraviolettbereich des Spektrums, die Balmer-Linien hauptsächlich im Optischen und benachbarten Ultraviolett, die Paschen-Linien im energieärmeren Infrarot und so weiter.

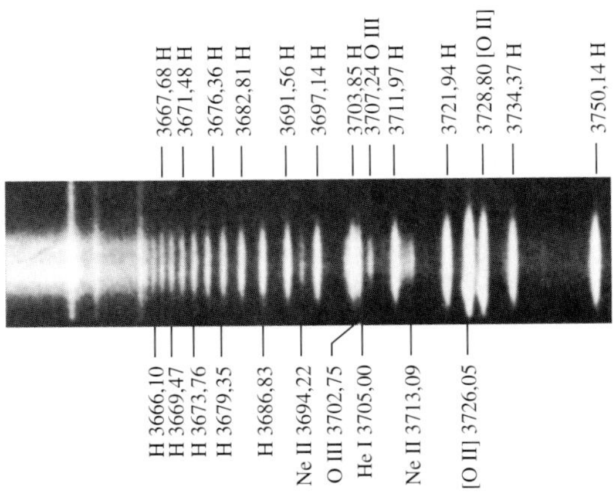

2.10 Die Wasserstoffemissionslinien der Balmer-Serie (hier ausgestrahlt von einem planetarischen Nebel) liegen zum Ultravioletten hin immer dichter beieinander und konvergieren auf eine Grenze bei 3646 Ångström zu.

Diese Vorstellung wird durch die Emissionslinienspektren der Emissions- und planetarischen Nebel sehr schön illustriert – und, was noch wichtiger ist, bestätigt. Im Ultraviolettbereich, direkt unterhalb des optischen Bereichs, sehen wir die Balmer-Linien auf eine Grenze bei 3646 Ångström zumarschieren. Moderne Instrumente ermöglichen es uns, die infraroten Paschen-Linien und selbst die Linien noch höherer Serien zu beobachten. Radioteleskope weisen heute problemlos niederenergetische Wasserstoffemissionslinien zwischen *sehr* hohen Energieniveaus nach, zum Beispiel zwischen den Niveaus 110 und 109 oder 238 und 237. Ähnliche Spektren, die von neutralem Helium stammen, sind ebenfalls im Optischen zu sehen, ebenso wie Linien von Sauerstoff, Stickstoff und Neon – ein klarer Hinweis, daß die Nebel aus ziemlich denselben Stoffen bestehen, wie sie auch auf der Sonne und auf der Erde gefunden werden.

Spektren und Leuchtmechanismus

1927 wandte der holländische Astronom Hermann Zanstra die neuentwickelte Theorie der Quantenmechanik auf Nebelspektren an und entdeckte so den Hauptmechanismus, der für das Leuchten sowohl der Emissionsnebel als auch der planetarischen Nebel verantwortlich ist. Damit Emissionslinien des Wasserstoffs auftreten können, müssen dessen Elektronen irgendwie auf höhere Niveaus gehoben werden. Diese höheren Energieniveaus sind sehr instabil: Jedes Elektron, das auf ein solches gerät, fällt innerhalb etwa einer zehnmillionstel Sekunde (10^{-7} s) auf das innerste, niedrigste Energieniveau zurück. Daher muß sich bei der großen Mehrheit der neutralen Wasserstoffatome das Elektron auf dieser niedrigsten Energiestufe, im Grundzustand, befinden.

Alle Atome und Moleküle können ionisiert werden – ein oder mehrere Elektronen verlieren –, wenn sie Photonen mit Energien absorbieren, die über einem bestimmten Grenzwert liegen. Ein Wasserstoffatom im Grundzustand kann durch ein Photon „photoionisiert" werden, dessen Wellenlänge unter 912 Ångström liegt, einer Schwelle am Ende der Lyman-Serie, die Lyman-Grenze genannt wird. Ein Stern muß mindestens 25000 Kelvin heiß sein, um eine merkliche Anzahl solcher Photonen zu erzeugen. Die leuchtenden Gasnebel – Emissionsnebel sowie planetarische Nebel – werden durch Sterne ionisiert, die mindestens diese Temperatur haben, eine Temperatur, die – in Übereinstimmung mit den Beobachtungen – dem Spektraltyp B1 (dem heißen Ende der B-Klasse) entspricht. Damit ist die enge Beziehung zwischen den O-Sternen und den

Emissionsnebeln erklärt. Wir haben also mehr Hinweise als bloße räumliche Nähe: Die O-Sterne sind *notwendig* für die Existenz der Nebel.

Als erstes nahm Zanstra an, daß sein theoretischer Nebel „optisch dick“ sei, das heißt, völlig undurchsichtig für ionisierende Strahlung, also für Strahlung aus dem Sternkontinuum (kontinuierlichen Spektrum) auf der kurzwelligen Seite der Lyman-Grenze. Jedes dieser extrem ultravioletten stellaren Photonen muß daher von dem Gas absorbiert werden, wobei jedes ein Wasserstoffatom ionisiert, das heißt, ein freies Proton und ein freies Elektron erzeugt. Das freie Elektron trifft schließlich wieder auf ein anderes freies Proton, verbindet sich wieder mit ihm („rekombiniert“) und bildet so ein neues neutrales Wasserstoffatom. Jeder einzelne Photoionisationsvorgang führt somit zu einem Wiedereinfang, das heißt, zu einer Rekombination. Ein neutrales Wasserstoffatom wird in der intensiven Strahlungsflut des Sterns sehr schnell ionisiert. Ein freies Elektron dagegen kann monatelang überleben, bevor es auf ein Proton trifft und wieder eingefangen wird. Infolgedessen besteht das Nebelgas aus einem Meer freier Elektronen und Protonen mit nur einigen wenigen untergemischten neutralen Atomen.

Betrachten wir den Nebel vom Standpunkt des freien Elektrons aus. Bei seinem Flug durch das Gas sieht das Elektron, daß das Proton, von dem es einfangen werden soll, von vielen hundert stufenartigen, nicht besetzten möglichen Bahnen – Energieniveaus – umgeben ist, die hinunter zum Grundzustand führen. Das Elektron springt hinein und landet auf irgendeiner dieser Stufen. Es gibt keine Einschränkungen, außer daß die Wahrscheinlichkeit, im Grundzustand zu landen, am höchsten ist und die Wahrscheinlichkeit einer Landung für immer höhere Zustände zunehmend geringer wird. Wird das Elektron in den Grundzustand eingefangen, erzeugt es einfach ein neues Photon im hochenergetischen Lyman-Kontinuum, also auf der kurzwelligen Seite der Lyman-Grenze. Dieses Photon ionisiert ein anderes Atom; es ist, als ob der Wiedereinfang nie stattgefunden hätte, und wir beginnen wieder von vorn, bis ein Elektron auf einem höheren Niveau landet. Jedes physikalische System versucht, seinen niedrigsten Energiezustand einzunehmen. Sie werden sich zum Beispiel höchstwahrscheinlich hinsetzen, wenn Sie ein Buch lesen. Das Elektron springt daher nach unten auf irgendein tieferliegendes Niveau und erzeugt so ein Emissionslinienspektrum.

Nehmen wir zum Beispiel an, das Elektron wird auf das vierte Niveau eingefangen. Dann gibt es drei tiefere Niveaus, auf die das Elektron springen kann, wobei die Wahrscheinlichkeiten nach den Regeln der Quantenmechanik berechnet werden können. Angenommen, es springt direkt in den Grundzustand, wobei es ein Photon der Wasserstoff-Lyman-Serie aussendet (hier Lyman γ, die dritte Linie der Lyman-Serie). Wenn das Gas für das Lyman-Kontinuum undurchsichtig ist, ist es auch für die Lyman-Linien undurchsichtig. Folglich wird das Lyman-γ-Photon sofort von einem anderen neutralen Atom absorbiert, wodurch dessen Elektron auf Niveau 4 angehoben wird. Und wieder ist es statistisch (in der Gemeinschaft aller Atome) gesehen so, als ob überhaupt kein Abwärtssprung stattgefunden hätte. Schließlich springt das Elektron auf Niveau 2 oder Niveau 3. Springt es auf Niveau 2, strahlt es Hβ bei 4861 Ångström in der Balmer-Serie ab (Huggins' dritte Linie). Springt es auf Niveau 3, strahlt es Paschen α bei 18751 Ångström ab; nach der gleichen Überlegung muß dieses Elektron aber schließlich auf Niveau 2 springen und Hα bei 6563 Ångström erzeugen. Da der Nebel für sämtliche Wasserstoffstrahlung mit Ausnahme der Lyman-Linien und des Lyman-Kontinuums durchlässig ist, können diese Photonen den Nebel ohne weitere Wechselwirkungen verlassen. Zanstras wichtige Entdeckung war, daß bei allen möglichen Kombinationen des Wiedereinfangs das Elektron stets auf dem zweiten Niveau endet und ein Balmer-Photon erzeugt. Danach wird es auf Niveau 1 springen und ein Lyman-α-Photon bei 1216 Ångström abstrahlen, das hin und her prallt, bis es den Rand des Nebels erreicht und entweicht oder anderweitig zerstört wird.

Zanstra zeigte somit, daß in einem optisch dicken, das heißt, in einem für ionisierende Strahlung undurchsichtigen Nebel, die Zahl der pro Sekunde emittierten stellaren UV-Photonen gleich ist

- der Zahl der Photoionisationen im Nebel pro Sekunde
- der Zahl der Rekombinationen im Nebel pro Sekunde
- der Zahl der vom Nebel pro Sekunde abgestrahlten Balmer-Photonen und
- der Zahl der pro Sekunde im Nebel erzeugten Lyman-α-Photonen.

Folglich erzeugt jedes stellare Ultraviolettphoton ein Balmer-Photon, das aus dem Nebel entweicht. Wir können die Wahrscheinlichkeiten für den Einfang von Elektronen auf die verschiedenen Energieniveaus theoretisch berechnen und damit die relativen Linienstärken der Balmer-Linien angeben. Rund 80 Prozent der Balmer-Photonen verlassen den Nebel in den optischen Linien Hα bis Hδ. Das ist der Grund, warum der Nebel für das Auge hell leuchtet. Die bei weitem stärkste Wasserstofflinie, die durch diesen „Zanstra-Mechanismus" erzeugt wird, ist die Hα-Linie, die im allgemeinen den Emissionsnebeln ihre charakteristische rote Farbe verleiht (es sei denn, die grüne Linie bei 5007 Ångström ist recht stark, wie das beim Orion-Nebel der Fall ist).

Die gute Übereinstimmung der beobachteten Balmer-Linienstärken mit den theoretischen Vorhersagen ist ein überzeugendes Indiz für die Gültigkeit und Präzision der Atomtheorie (ein Gewinn nicht nur für die Astronomie, sondern auch für andere physikalische Anwendungen). Dieses Vertrauen in das Verhalten der Atome ermöglichte es schließlich den Astronomen, mit Hilfe beobachteter „Rekombinationslinien" chemische Zusammensetzungen zu berechnen, um Elementhäufigkeiten in Nebeln und Sternen zu vergleichen. Die dabei gefundenen Übereinstimmungen verknüpfen die Sterne fest mit den Prozessen des interstellaren Mediums. Von gleich großer Bedeutung ist, daß wir aufgrund der Tatsache, daß der Nebel Ultraviolettstrahlung in vorhersagbarer Weise in optische Strahlung umwandelt, die Strahlungseigenschaften von Sternen in Spektralbereichen messen können, die uns sonst wegen der Erdatmosphäre vom Boden aus nicht zugänglich sind. Somit hilft uns der Stern, der den Nebel zum Leuchten anregt, den Nebel zu verstehen, und umgekehrt hilft uns der Nebel, den O-Stern und einige der grundlegenden Prozesse im Atom zu verstehen.

Anders als gebundene Elektronen (solche, die mit den Atomen verknüpft sind) können freie Elektronen (jene, die sich frei im Gas bewegen, nachdem sie durch Photoionisation vom Atom losgelöst worden sind) jede beliebige Energie annehmen. Ein freies Elektron kann sich einem bloßliegenden Proton nähern und seine Energie ändern, *ohne* eingefangen zu werden – das heißt, es kann von einer Geschwindigkeit zu einer anderen, geringeren übergehen, wobei es Energie verliert und ein Photon abstrahlt. Jede Energieänderung nach unten ist erlaubt, und daher erzeugen alle diese „Frei-frei"-Übergänge gemeinsam ein höchst charakteristisches kontinuierliches Spektrum. Frei-frei-Strahlung ist wichtig, weil sie Emissionsnebel im Radiobereich sehr hell leuchten läßt und ihr einzigartiges Spektrum es ermöglicht, diese Objekte als solche zu erkennen, selbst wenn sie hinter dicken, dunklen Staubwolken liegen, in denen, wie wir heute wissen, Sterne entstehen. Wir können so Sternentstehungsgebiete lokalisieren, die mit unseren optischen Teleskopen allein niemals beobachtet werden könnten.

Das geheimnisvolle Nebulium

Obwohl die Wasserstofflinien in den Nebeln sehr schnell identifiziert werden konnten, widersetzte sich das helle Paar, das Huggins bei 4959 und 5007 Ångström gefunden hatte, auch weiterhin einer Identifikation (ebenso die Linie bei 3727 Ångström). Bis man erkannte, daß es keine stabilen Elemente mehr zu entdecken gab, wurden diese Linien als Indiz für ein unidentifiziertes Element namens „Nebulium“ angesehen (schließlich war auch Helium, benannt nach Helios, dem Sonnengott, im Sonnenspektrum entdeckt worden, bevor man es auf der Erde fand). Fortgesetzte Beobachtungen von planetarischen und Emissionsnebeln zu Beginn unseres Jahrhunderts brachten viele weitere dieser geheimnisvollen, unidentifizierten Linien zum Vorschein, besonders starke im Ultravioletten bei 3868 Ångström und im Roten, rechts und links von Hα, bei 6548 und 6584 Ångström.

Ein Jahr nach Zanstras bahnbrechender Arbeit zur Erklärung der Wasserstofflinien fügte Ira S. Bowen, damals am California Institute of Technology, den Rest der Emissionsliniengeschichte zusammen und schuf damit ein klassisches Beispiel für die Wechselwirkung zwischen Astronomie und Laborphysik. Bowen, der später Direktor der Mount Wilson und Palomar Observatories wurde und leistungsstarke Spektrographen für deren große Teleskope baute, erforschte zu der Zeit die Ultraviolettspektren der häufigsten Ionen im Labor. Anhand der Wellenlängen der beobachteten Ultraviolettlinien konnte er ein Schema der atomaren Energieniveaus aufstellen. Er stellte fest, daß doppelt ionisierter Sauerstoff (Sauerstoff, dem zwei Elektronen entrissen wurden, geschrieben als O^{+2}) einen Grundzustand besitzt, der in drei Unterniveaus aufgespalten ist. Außerdem gibt es ein Energieniveau über dem Grundzustand, dessen Energie-

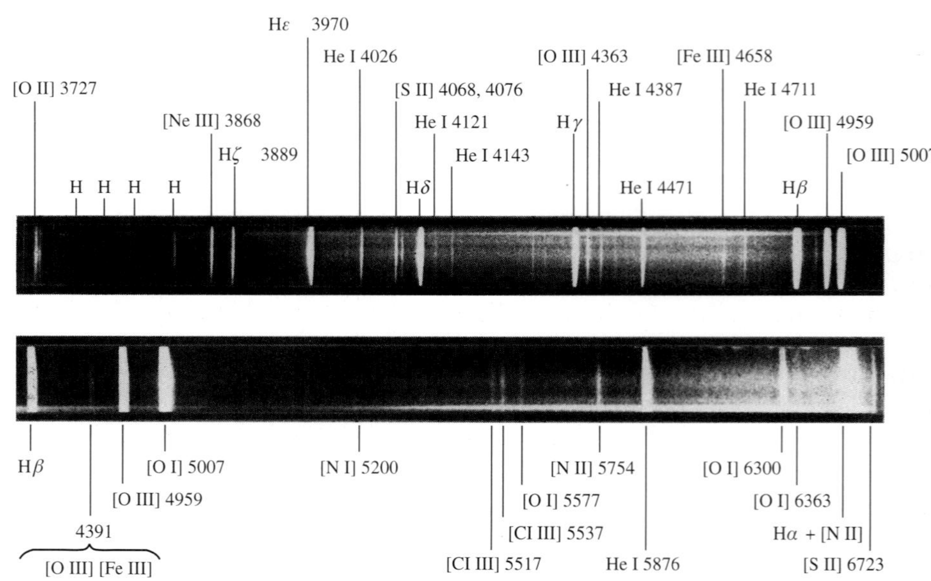

2.11 Das Spektrum des Orion-Nebels vom Ultraviolett- bis zum roten Bereich zeigt zahlreiche Emissionslinien, die von einer Vielzahl von Elementen erzeugt werden. Römische Ziffern hinter den chemischen Symbolen bezeichnen unterschiedliche Ionisationszustände des strahlenden Atoms: I heißt neutral, II einfach ionisiert und so weiter. Die eckigen Klammern markieren „verbotene Linien“, die erst 1928 identifiziert werden konnten.

differenzen zu zwei dieser Unterniveaus den Energien der Photonen der Nebulium-Linien bei 4959 und 5007 Ångström entsprechen. Damit hatte Bowen den Ursprung der geheimnisvollen Linien gefunden. Vereinfachten Regeln der Quantenmechanik zufolge sind die Übergänge, die sie erzeugen, nicht möglich und damit „verboten“. Nur wenn wir die vollständige Mathematik des Atoms betrachten, sehen wir, daß diese Übergänge einfach nur *unwahrscheinlich* sind, weil die Lebensdauer eines Elektrons auf dem oberen Energieniveau in Minuten statt in millionstel Sekunden gemessen wird. Wie sich zeigte, waren die zahlreichen anderen unidentifizierten Emissionslinien ähnliche Linien verschiedener Ionen: die Linie bei 3727 Ångström stammt von O^+, die bei 3868 Ångström von Ne^{+2} und die im Roten bei 6548 und 6584 Ångström von N^+. Bowen identifizierte auch noch weitere „verbotenen Linien“ (wie sie bequemer-, wenn auch fälschlicherweise noch immer genannt werden) von Schwefel (besonders auffällig bei 6717 und 6731 Ångström), Argon, Chlor, Eisen und vielen anderen Elementen.

Die verbotenen Linien werden nicht durch Rekombination erzeugt, sondern entstehen durch Zusammenstöße von Atomen. Die Ionisation des Wasserstoffs aus dem Grundzustand (wo sich die meisten Elektronen aufhalten) erfordert ein Photon mit einer Mindestenergie, die einer Wellenlänge von 912 Ångström entspricht. Fast alle ionisierenden Ultraviolettphotonen haben kürzere Wellenlängen und damit höhere Energien als benötigt. Das freigesetzte Elektron fliegt daher mit einer Geschwindigkeit davon, die von der Höhe des Energieüberschusses abhängt. Hat ein Elektron, das von einem Wasserstoffatom freigesetzt wurde, genügend Energie, kann es beim Aufprall auf ein O^{+2}-, N^+- oder anderes Ion ein *gebundenes* Elektron dieses Ions aus dem Grundzustand auf ein höheres, langlebiges Energieniveau anheben. Letztlich springt das gebundene Elektron dann wieder nach unten, wobei es ein Photon einer verbotenen Linie emittiert.

Ionenspektren werden mit römischen Ziffern bezeichnet: das des neutralen Sauerstoffs mit OI, des einfach ionisierten Sauerstoffs mit OII, des doppelt ionisierten Sauerstoffs mit OIII und so weiter. Verbotene Linien werden durch eckige Klammern gekennzeichnet; die Emissionslinien des O^{+2} bei 4959 und 5000 Ångström nennt man somit [OIII]-Linien und die bei 3727 Ångström [OII]. Im Spektrum des Orion-Nebels, das in Abbildung 2.11 zu sehen ist, sind einige davon identifiziert. Im Laboratorium können sie nicht beobachtet werden, da sie wegen der langen Lebensdauer der Niveaus, die sie erzeugen, sehr schwach sind. Aber unter den Bedingungen geringer Dichte, wie sie in den Nebeln herrschen, sind die Rekombinationslinien noch schwächer, so daß die verbotenen Linien dominieren.

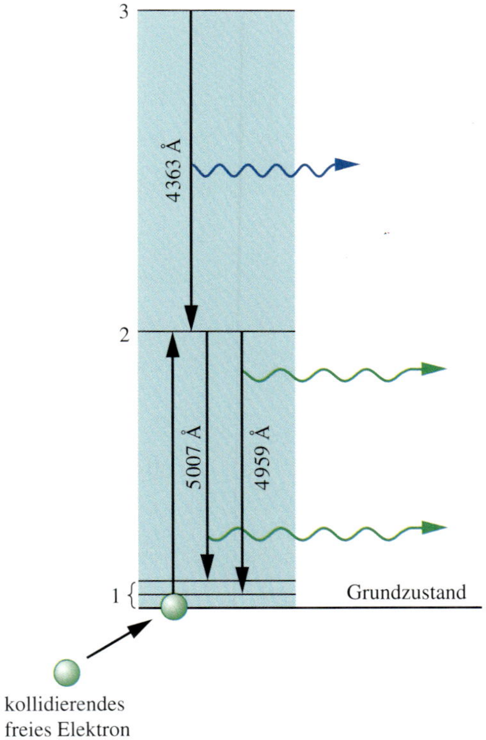

2.12 Durch den Zusammenstoß mit einem energiereichen Elektron, das aus einem Wasserstoffatom herausgeschlagen wurde, kann ein gebundenes Elektron eines doppelt ionisierten Sauerstoffatoms in einen von mehreren relativ stabilen angeregten Zuständen angehoben werden, von dem aus es wieder stufenweise hinunter springt und dabei verbotene Linien erzeugt, darunter auch die bei 4959 und 5007 Ångström, die erstmals von Huggins beobachtet worden waren.

Beide Arten von Linien sind nur zu sehen, weil sie von einer enorm großen Menge Gas abgestrahlt werden.

Die verbotenen Linien, die das gesamte Spektrum enorm bereichern, sind vom Ultraviolett- bis weit in den Infrarotbereich hinein zu beobachten. So sieht man zum Beispiel Übergänge, die zwischen den Unterniveaus des Grundzustands von O^{2+} stattfinden, im Infraroten bei Wellenlängen von 52 und 88 Mikrometern (ein Mikrometer, μm, sind 10^{-3} Millimeter oder 10000 Ångström). Im Ultraviolettbereich bei 2332 und 2321 Ångström finden wir weitere verbotene [OIII]-Linien, die von einem höheren langlebigen Energiezustand ausgehen, der über dem liegt, der die Linien bei 4959 und 5007 Ångström erzeugt.

Verbotene Linien sind nicht nur auf die Nebel beschränkt. Wir beobachten sie auch im Spektrum der heißen äußeren Sonnenschicht, der zwei Millionen Grad heißen Korona, die während einer Sonnenfinsternis zu sehen ist. Diese Linien, die von hochionisierten Metallen stammen, erlauben es uns, eine Vielzahl von Eigenschaften der Korona zu messen. So ist ein Zweig der Himmelswissenschaft dem anderen behilflich.

Beobachtung...

Die Emissionsspektren der Emissionsnebel zeigen, daß diese aus warmen, ja sogar heißen Gasen bestehen, aber die Spektren haben uns noch nichts über die Bedingungen verraten, die innerhalb der Nebel herrschen. Hierfür brauchen wir die gerade beschriebenen Theorien und eine Vielzahl von quantitativen Messungen über einen breiten Wellenlängenbereich hinweg. Gemeinsam ermöglichen es uns Theorie und Beobachtung, Temperaturen, Dichten, chemische Zusammensetzungen, Massen, Massenverteilungen und andere Eigenschaften der Nebelmaterie kennenzulernen.

Beginnen wir mit der Sammlung von Daten. Von Huggins' Zeiten bis ins frühe 20. Jahrhundert mußten sich die Astronomen mit visuellen Abschätzungen der Emissionslinienstärken begnügen, wie sie durch das Spektroskop oder auf einer Photoplatte zu sehen waren. Während sich Photoplatten gut zum Aufzeichnen von Aussehen und Strukturen eignen, sammeln sie Strahlung nur sehr langsam auf, und selbst wenn sie sorgfältig kalibriert sind, eignen sie sich schlecht für quantitative Messungen der scheinbaren Helligkeit, weil ihre Lichtempfindlichkeit nicht direkt proportional zur einfallenden Lichtmenge ist. Nur ganz allmählich gewannen ständig verbesserte elektronische Meßmethoden an Bedeutung, bis sie schließlich in den letzten rund 30 Jahren zur beherrschenden Technologie wurden. Anfang der siebziger Jahre kam das CCD (charge-coupled device) auf, das von den Astronomen heute fast ausschließlich als der Detektor der Wahl verwendet wird. Ein CCD-"Chip" besteht aus Tausenden von quadratischen Zellen, in denen sich elektrische Ladung aufbaut, wenn Licht auf sie fällt. Ist die Belichtung abgeschlossen, kann die Ladung ausgelesen werden; das Spektrum wird dann auf Festplatte oder Band gespeichert und im Computer auf einem Bildschirmterminal rekonstruiert. Ein CCD ist hundertmal empfindlicher als eine Photoplatte, und seine Lichtempfindlichkeit ist linear und direkt proportional zur einfallenden Lichtmenge. Infolgedessen können die Astronomen sehr viel schwächere Objekte in sehr viel kürzerer Zeit beobachten und scheinbare Helligkeiten von Sternen und Intensitäten von Emissionslinien sehr genau bestimmen.

Doch ganz so einfach ist das Verfahren auch wieder nicht. Häufig ist sehr viel Arbeit nötig, um die Rohdaten in sinnvolle Zahlen umzuwandeln – „zu reduzieren“. So absorbiert zum Beispiel die Erdatmosphäre im optischen Spektralbereich Licht, und zwar bei kürzeren Wellenlängen mehr als bei längeren. Folglich verändert die atmosphärische Absorption sowohl die absoluten als auch die relativen Intensitäten der optischen Emissionslinien. Die Wellenlängenabhängigkeit des Reflexionsvermögens der Teleskopoptik hat den gleichen Effekt. Um diese Verzerrungen mit berücksichtigen zu können, müssen wir daher auch Standardsterne beobachten, deren wahre spektrale Intensitätsverteilung als Funktion der Wellenlänge bereits bekannt ist, die zu bestimmen selbst wiederum eine schwierige und zeitraubende Aufgabe ist. Das Ergebnis, nachdem die Korrekturen berechnet und angebracht sind, ist der tatsächliche Energiefluß in jeder Spektrallinie des beobachteten Objekts am Ort der Erde.

Die Strahlung in anderen Wellenlängenbereichen kann auf ähnliche Weise elektronisch gemessen werden. Radioteleskope sind für die Erforschung des interstellaren Mediums von entscheidender Bedeutung, weil sie sowohl dazu verwendet werden, den interstellaren Staub zu durchdringen (der für Radiowellen durchlässig ist), als auch kalte Wolken zu untersuchen, die nur niederenergetische Strahlung aussenden. Ein Radioteleskop verwendet eine Radioantenne, in der durch elektromagnetische Strahlung aus dem Weltraum ein elektrischer Strom erzeugt wird. Der Strom kann gemessen und so die Stärke des ursprünglichen Signals bestimmt werden. Damit können die Radioastronomen die Stärke von Emissionslinien im Radiospektrum messen. Und genauso wie optische Teleskope Himmelsquellen abbilden können und es den Astronomen damit ermöglichen, strukturelle Merkmale zu untersuchen, so können Radioastronomen die Verteilung von Radiostrahlung über den Himmel kartieren und Radiobilder herstellen. Und was das wichtigste ist, in jedem Spektralbereich können wir die beiden Beobachtungsarten kombinieren, bestimmte Spektrallinien mit Hilfe von Filtern auswählen und Bilder von unseren Nebeln bei optischen, Radio- oder bei Infrarotwellenlängen aufnehmen, die von einer spezifischen Atom- oder Ionenart abgestrahlt wurden, und so die Verteilung der unterschiedlichen Ionen relativ zu einander kartieren.

Wegen der Absorption (und Verzerrung) durch die Erdatmosphäre muß ein Großteil dieser Untersuchungen, insbesondere im Infraroten und Ultravioletten, vom Weltraum aus durchgeführt werden. Weltraumgestützte Beobachtungen unterscheiden sich nur insofern von bodengebundenen, als der Astronom – oder der Teleskop-Operator – keinen direkten Zugang zum Instrument hat, sondern die Kommandos per Funk übermitteln muß. Auf welche Weise auch immer beobachtet wird, das Ergebnis sind die Daten, die benötigt werden, um die wahre Natur und den Aufbau der Nebel (oder irgendeines der anderen unzähligen astronomischen Objekte) zu erkennen.

... und Analyse

Mit Theorie und Daten in der Hand, können wir etwas über die inneren Eigenschaften der Nebel (und auch anderer kosmischer Wolken) erfahren. Als Folge der ständigen Zusammenstöße untereinander nehmen die freien Elektronen eine spezielle Geschwindigkeitsverteilung an, die James Clerk Maxwell 1860 mathematisch beschrieben hat. In jedem beliebigen heißen, undurchsichtigen, dichten Gas – wie dem der Sonne – bestimmt die Temperatur die abgestrahlte Energiemenge (über die Gesetze des Schwarzen Körpers), die Geschwindigkeiten der Atome und Ionen, die Anzahl der Atome mit Elektronen auf spezifischen Energieniveaus und für ein bestimmtes Element die Anzahl der Ionen relativ zur Anzahl der neutralen Atome. Ein Gas mit geringer Dichte, wie das in einem Nebel, das Emissionslinien aussendet, verhält sich jedoch nicht länger wie ein Schwarzer Körper, teilweise weil das Gas durchsichtig ist und die Strahlung nicht so stark mit seinen Atomen wechselwirkt. Die Temperatur legt nicht länger die Leuchtkraft oder die Besetzung der Energieniveaus fest, sondern nur die Geschwindigkeit der Teilchen. In diesem eingeschränkten Sinne wird die Temperatur *kinetische* Temperatur genannt. Und da wir es in den Nebeln mit den Geschwindigkeiten freier Elektronen zu tun haben, ist die kinetische Temperatur eine *Elektronen*temperatur.

Die freien Elektronen werden von dem anregenden Stern aufgeheizt, das heißt, sie erhalten von ihm ihre Anfangsgeschwindigkeiten. Je heißer der ionisierende Stern ist, desto energiereicher sind die von ihm abgestrahlten Photonen, desto schneller sind die freien Elektronen des Nebels nach der Ionisation und desto heißer ist das Nebelgas. Die Abkühlung der Elektronen erfolgt im wesentlichen durch Energieabgabe bei Zusammenstößen mit schweren Ionen, wobei die verbotenen Linien erzeugt werden. Je größer die Zahl der schweren Elemente, desto kühler das Gas. Die Elektronentemperatur, die sich schließlich einstellt, ergibt sich aus dem Gleichgewicht zwischen den Heiz- und Kühlmechanismen.

Für die Diagnose der Bedingungen im Nebel sind die verbotenen Linien entscheidend. Da diese alle von Energieniveaus bei unterschiedlichen Energien über dem Grundzustand ausgehen, müssen ihre relativen Intensitäten nicht nur von den relativen Ionenhäufigkeiten, sondern auch von den Energien der freien Elektronen abhängen. Doppelt ionisierter Sauerstoff hat ein weiteres langlebiges Energieniveau – über denen, von denen die Linien bei 4959 und 5007 Ångström herrühren –, von dem eine verbotene Linie bei 4363 Ångström ausgeht. In einem kühlen Gas haben die Elektronen möglicherweise genügend Energie, um die Linie bei 5007 Ångström anzuregen, nicht aber die bei 4363 Ångström. Bei steigender Temperatur nimmt die Stärke der Linie bei 4363 Ångström relativ zu der bei 5007 Ångström zu. Das Verhältnis dieser Linien gibt uns daher die Elektronentemperatur an. Andererseits besteht die [OII]-Linie bei 3727 Ångström in Wirklichkeit aus zwei Linien, die nur 2 Ångström auseinander liegen. Ihr Intensitätsverhältnis (und das ähnlicher [SII]- und anderer Linien) reagiert empfindlich auf die Dichte statt auf die Temperatur, so daß wir damit die Anzahl der Elektronen pro Kubikzentimeter bestimmen können.

Der Orion-Nebel hat eine Elektronentemperatur von etwa 9000 Kelvin (je nachdem, an welcher Stelle man mißt) und im Zentrum eine Dichte von rund 10^4 Elektronen pro Kubikzentimeter, die am Rand bis auf weniger als 10^2 pro Kubikzentimeter abfällt. Die zentrale Dichte, die für einen klassischen Emissionsnebel tatsächlich recht hoch ist, ist vergleichbar mit dem besten Vakuum, das auf der Erde hergestellt werden kann. Infolgedessen ermöglichen es uns die Nebel, physikalische Prozesse unter Bedingungen zu untersuchen, die nirgendwo sonst möglich sind, Prozesse, die in keinem Labor untersucht werden können, so daß wir auf diese Weise mehr über das Atom und sein Spektrum und über die Natur selbst erfahren. Ein

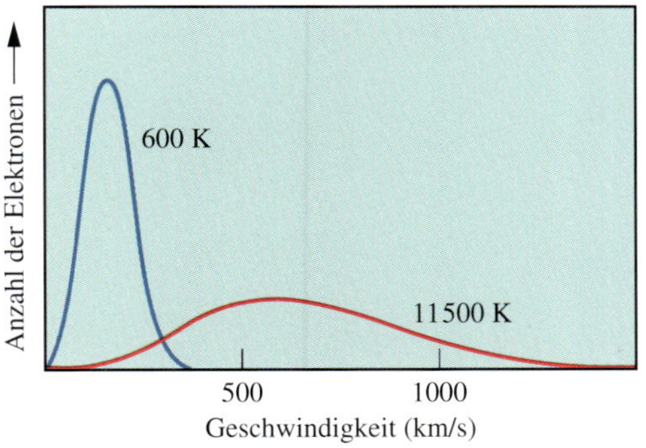

2.13 Die Geschwindigkeiten der Elektronen in einem Nebel hängen von der Temperatur ab. Diese kann bestimmt werden, indem man die Geschwindigkeiten an zwei Punkten mißt, oder aus der relativen Anzahl von Elektronen oberhalb zweier bestimmter Energien oder Geschwindigkeiten (bestimmbar anhand von Paaren verbotener Linien desselben Ions).

Kubikmeter Nebelgas würde praktisch nichts abstrahlen. Nebel sind nur wegen ihrer enormen Masse sichtbar, die aus der mittleren Dichte und ihrem Volumen bestimmt werden kann. Die Masse des Orion-Nebels beträgt grob 500 Sonnenmassen, die des gigantischen Tarantel-Nebels mehr als 100000 Sonnenmassen.

Sobald wir die Anregungsmechanismen der Rekombinations- und der verbotenen Linien kennen und Daten über das gesamte Spektrum hinweg gesammelt haben, können wir die relativen Elektronenbesetzungen der Energieniveaus berechnen, die von Temperatur und Dichte abhängen. Dann können wir die relativen Linienstärken mit relativen Ionenhäufigkeiten in Beziehung bringen und so schließlich chemische Zusammensetzungen berechnen. Die Zusammensetzungen der Emissionsnebel liegend befriedigend nahe an denen der Sonne und der lokalen Sterne (auf 10000 Wasserstoffatome kommen etwa 800 Helium-, vier Sauerstoff-, 0,6 Stickstoff-, rund drei Kohlenstoff- und zwei Neonatome). Kinder erben die charakteristischen Eigenschaften ihrer Eltern; die Ähnlichkeit in der chemischen Zusammensetzung zwischen den Emissionsnebeln und den Sternen verbindet die Nebel und das interstellare Medium, zu dem sie gehören, stärker als je zuvor mit ihren Nachkommen, den Sternen.

Blasen im Medium

Nebel sind dynamische Angelegenheiten, die starken Einfluß auf ihre Umgebung ausüben. Man lasse einen heißen Stern in einer großen Wolke aus neutralem Wasserstoff aufleuchten. Jedes ionisierende Ultraviolettphoton wird schließlich von dem neutralen Gas absorbiert, und das Gas wird bis hinaus zu einem bestimmten Radius – einer „Ionisationsfront", an der all die Ultraviolettphotonen absorbiert sind – fast vollständig ionisiert. Ein Emissionsnebel, der in einem homogenen neutralen Medium sitzt, hat daher die Gestalt einer Kugel aus ionisiertem Gas mit einer scharfen Begrenzung, an der das Gas neutral wird. Diese Idealisierung nennt man eine Strömgren-Sphäre (nach dem Astronom Bengt Strömgren, der diese Vorstellung 1939 entwickelt hat). Der Radius einer Strömgren-Sphäre hängt von der Gasdichte und der Anzahl ionisierender Photonen ab, die ihrerseits von der Anzahl heißer Sterne sowie deren Leuchtkraft und Temperatur abhängt.

Wenn der ionisierende Stern plötzlich angeschaltet wird, fressen sich seine Photonen rasch in das umgebende Gas hinein und schaffen eine im Gleichgewicht befindliche Strömgren-Sphäre, in der die

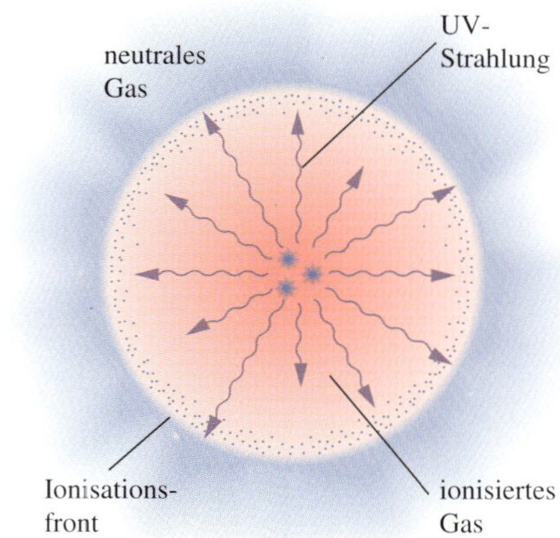

2.14 Der ideale Emissionsnebel ist eine Strömgren-Sphäre, eine ionisierte Wolke, die in einem neutralen Medium liegt. Ein oder mehrere Sterne ionisieren den Nebel bis hinaus zu einem Radius – der Ionisationsfront –, an dem alle ionisierenden Ultraviolettphotonen absorbiert sind. Der Rosetta-Nebel ist eine ausgezeichnete Näherung des theoretischen Ideals.

Gesamtzahl der Ionisationen pro Sekunde genau gleich der Anzahl der Rekombinationen pro Sekunde ist. Die Ionisation heizt das Gas auf, wodurch der Gasdruck über den in der neutralen Umgebung ansteigt, so daß sich die Blase ausdehnt. Gefördert wird das Ganze noch durch die verminderte Dichte, die es den Photonen ermöglicht, weiter vorzudringen. Die Kugel wächst so rasch an und frißt sich weiter in ihre neutrale Umgebung hinein, vielleicht sogar so weit, daß sie aus ihrem interstellaren Kokon ausbricht.

Das klassische Beispiel einer Strömgren-Sphäre ist der fast kreisrunde Rosetta-Nebel in dem wenig bekannten Sternbild Monoceros (Einhorn), östlich des Orion. Andere Emissionsnebel können infolge unregelmäßiger Massenverteilungen stark verzerrt sein. In manchen Fällen ist der Nebel nicht optisch dick – optisch dick würde bedeuten, daß er alle einfallenden Ultraviolettphotonen absorbiert –, sondern *optisch dünn*, das heißt, einige UV-Photonen durchdringen die Wolke und entweichen in den Weltraum. In diesem Falle können wir ein wenig die tatsächliche Gestalt der Wolke selbst erkennen. Möglich ist auch, daß die Sterne nicht im Zentrum einer Wolke liegen oder die Wolke in einer Richtung optisch dick und in einer anderen optisch dünn ist. Obwohl der Orion-Nebel ungefähr wie eine Strömgren-Sphäre aussieht, ist er in Wirklichkeit eine komplexe „Brandblase“ am Rande einer riesigen neutralen Wolke. Weitere Verzerrungen werden durch mehrfache Ionisationszentren verursacht oder einfach nur durch Schwankungen in der Gasdichte, die nicht-sphärische Ionisationsfronten erzeugen.

Genauere Betrachtungen des Orion-Nebels zeigen eine immer größere Komplexität, wobei das Gas in einzelne Flächen und Fila-

2.15 Diese mit einer speziellen Technik gewonnene Aufnahme vom Orion-Nebel, einer „Brandblase“ am Rand einer dunklen neutralen Wolke, zeigt wunderschön gewundene Gasfilamente, die aus dem Zentrum in Richtung zum Beobachter hervorquellen. In der Mitte liegt die helle Kernregion, die in Abbildung 2.1 in einer Aufnahme des *Hubble*-Weltraumteleskops zu sehen ist. Ein Großteil der feinen Strukturen wird von Stoßwellen verursacht. Im Norden, direkt oberhalb des Orion-Nebels, liegt der sehr viel schwächere M 43.

mente aufgeteilt ist. Dieses außergewöhnliche, wunderschöne Netzwerk entsteht zum einen durch eine dreidimensionale Struktur mit gekrümmten, unregelmäßigen Ionisationsfronten, die auf den zweidimensionalen Himmel projiziert wird, und zum anderen durch Turbulenzen innerhalb des Gases sowie durch eingebettete Sterne. Selbst ein so dünnes Gas wie dieses, mit einer Dichte von nur wenigen tausend Atomen pro Kubikzentimeter, leitet Schallwellen weiter (im neutralen Medium mit einer Geschwindigkeit von einigen Kilometern pro Sekunde). Wird das Gas gezwungen, sich schneller zu bewegen, häuft es sich in einer Stoßwelle an, einer sich bewegende Druckwand. Die bekanntesten Beispiele dafür sind die Bugwelle eines Bootes, das sich schnell durch das Wasser bewegt, und der Überschallknall eines Flugzeugs, das mit Überschallgeschwindigkeit fliegt. (Dieser Knall tritt nicht nur dann auf, wie häufig angenommen, wenn ein Flugzeug die Schallmauer „durchbricht". Er ist eine sich ständig weiter bewegende Stoßwelle, die von einem Flugzeug erzeugt wird, das *bereits* schneller fliegt als der Schall. Wir hören den lauten Knall in dem Moment, in dem die Stoßwelle an uns vorüberläuft.) Die vorwärts dringenden Ionisationsfronten erzeugen Stoßwellen – Überschallknalle –, die sich durch die Wolke fortpflanzen und dazu beitragen, diese in ein feines, schaumartiges Flechtwerk aufzubrechen; außerdem regen sie weitere Atome an und erzeugen so weitere Emissionslinien mit einem charakteristischen Spektrum, anhand dessen die Stoßwellen identifiziert werden können.

Die Emissionsnebel verdanken ihre Schönheit zunächst der Ionisation des Gases durch eingebettete O-Sterne, dann den Rekombinationen und Zusammenstößen, bei denen die Emissionslinien entstehen, die den Nebeln ihre Farben geben, und schließlich den Ionisationsfronten und Stoßwellen, die die Nebel später in ihre charakteristischen Strukturen zerteilen. Das Aussehen der Nebel wird jedoch auch stark durch aufgetürmte Staubwolken beeinflußt, die einen Teil der leuchtenden Materie verdecken, Staub, der die Nebel sowohl umgibt als auch durchdringt. Die hellen Wolken werfen Glanzlichter auf den Staub und zeigen uns, wo bereits Sternentstehung stattgefunden hat. Nun wollen wir in die Dunkelheit des Staubes eintauchen und noch tiefer vordringen, bis wir beobachten können, wie Sterne geboren werden – Sterne, von denen einige dazu ausersehen sind, zukünftigen Nebeln ihre farbenreiche Pracht zu verleihen.

3

Dunkler Staub

3.1 Schwarze Klumpen aus dichtem Staub liegen verstreut vor dem hellen Nebel IC 2944.

„Bei meinen jüngsten Beobachtungen von Nebeln", schrieb William Herschel 1784, „stellte ich bald fest, daß … es den Räumen, die ihnen vorangehen, im allgemeinen ziemlich an Sternen mangelt. … Mehr als einmal erlaubte ich mir, meinem Assistenten an der Uhr anzukündigen, er solle sich bereit machen [die Positionen der Nebel aufzuzeichnen], weil ich erwartete, in wenigen Minuten auf eine Nebelformation zu treffen, und mich bereits (wie ich es damals bildlich ausdrückte) auf nebligem Grund befand." Damit wurden „sternfreie Gebiete" in der Milchstraße erstmals wissenschaftlich erwähnt. Herschels Worte waren eine hellsichtige Andeutung, daß diese dunklen Regionen in Wirklichkeit *keine* „sternfreien Gebiete", sondern irgendwie nebliger Natur sind.

Obwohl den ersten Astronomen der weitgehende räumliche Zusammenhang zwischen diesen hellen und dunklen Gebieten klar war,

3.2 Die Inkas Südamerikas schufen dunkle Himmelsbilder in der Milchstraße, hier zentriert auf den Kohlensack links vom Kreuz des Südens.

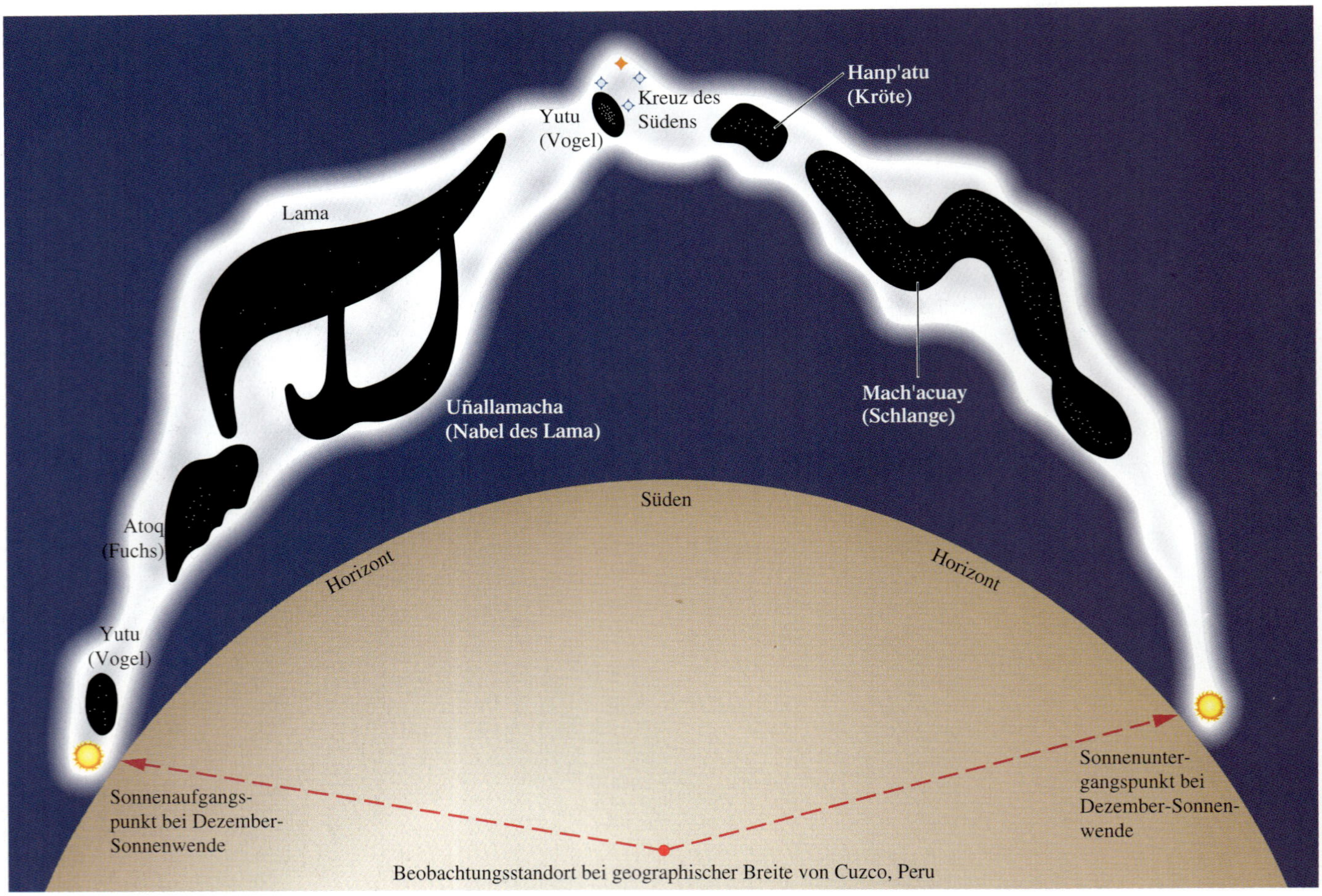

mußte man auf die Technologie unserer Zeit warten, um etwas über ihre physikalischen Beziehungen und ihre Verbindungen zur Sternentstehung erfahren zu können.

Schatten in der Nacht

Die schattenartigen Wolken der Milchstraße sind überall zu finden, übereinandergetürmt vor dem Hintergrund des breiten, leuchtenden Bandes, das von den Abermilliarden Sternen der galaktischen Scheibe gebildet wird. Über Peru und Chile sind die Lücken, die in der zentralen Milchstraße klaffen, so auffällig, daß die Inkas ihnen Namen gaben. Diese „dunklen Himmelsbilder" gehören zu einem vielfach verzweigten schwarzen Streifen, der den hellsten Abschnitt der Milchstraße, zwischen dem Kreuz des Südens und Cygnus, säuberlich in zwei Teile trennt; der nördliche Teil des Streifens wird Großer Spalt genannt. Beim genaueren Hinsehen erkennt man, daß der Spalt und sein dramatisches südliches Gegenstück in Wirklichkeit aus zahlreichen dunklen Wolkenkomplexen bestehen (wie der auffällige Kohlensack im Kreuz des Südens, Crux, der bei den Inkas Yutu hieß). Wolken wie diese durchlöchern den gesamten Kreis der Milchstraße und sind dort am deutlichsten zu sehen, wo das Hintergrundlicht am hellsten ist.

3.3 Mit dem Zentrum der Galaxis im Zenit, ergießt sich die Milchstraße nach beiden Horizonten hin: Cygnus liegt links, das Kreuz des Südens rechts. Hunderte Dunkelwolken teilen die Milchstraße in zwei Hälften.

3.4 Helle und dunkle Wolken bilden den Pferdekopf-Nebel im Orion (oben); eine Großaufnahme des Rosetta-Nebels (rechts) zeigt „Elefantenrüssel" und winzige Fleckchen.

Der Kohlensack und ähnliche Komplexe bestehen aus einer Reihe einzelner Flecken, die Globulen oder manchmal auch Bok-Globulen genannt werden, nach dem bekannten holländisch-amerikanischen Astronomen Bart Bok, der als erster auf sie aufmerksam gemacht hat. Einzelne Globulen werden auch als isolierte Flecken beobachtet, ein Grad oder wenige Bogenminuten groß, eingebettet zwischen den Sternen der Milchstraße. Einige sind gerade eben noch als Gebiete mit leicht verminderter Sterndichte zu erkennen; andere dagegen sind absolut schwarz, völlig undurchlässig für jegliches Hintergrundlicht. Die meisten Globulen haben in etwa einen kreisförmigen Umriß (und eine ungefähr kugelförmige Gestalt), aber einige, wie die bekannte Schlange im Sternbild Ophiuchus (Schlangenträger), sind zu Filamenten auseinandergezogen. Wieder andere weisen wie Finger auf nahegelegene helle Sterne.

Je kleiner sie sind, desto interessanter und auffälliger werden die dunklen Wolken. Unterhalb einer bestimmten Grenze sind sie nicht mehr so ohne weiteres vor dem Sternhintergrund zu erkennen, aber wenn sie von hinten von einem dazugehörigen Emissionsnebel beleuchtet werden, sind selbst die Einzelheiten und Feinheiten ihrer Struktur zu sehen. Der Orion-Nebel weist zwei stark kontrastierende Gebilde auf, den „hellen Balken“, eine Ionisationsfront, die wir fast von der Kante her sehen, und den „Daumenabdruck“, eine dunkle Region, die von Norden her in den Nebel eindringt und aussieht wie ein Nebelkäfer, der von einem himmlischen Zeus zerquetscht wurde. In G. P. Bonds Zeichnung ist sie deutlich hervorgehoben. Dieses scheinbare Loch im hell leuchtenden Hintergrund rührt in Wirklichkeit von einer Wolke aus dunkler, lichtschluckender Materie her, die auf unserer Sichtlinie vor dem leuchtenden Gas liegt. Bei näherer Untersuchung lassen alle Emissionsnebel sehr schnell zahlreiche derartige Gebilde erkennen, die viel zum komplexen Aussehen der Nebel beitragen, zum Beispiel die „Bucht“ des Lagunen-Nebels oder der „Golf von Mexiko“ im Nordamerika-Nebel. Wie die Inkas haben wir den auffälligsten Dunkelwolken Namen gegeben, wobei der Pferdekopf-Nebel im Orion vielleicht der bekannteste ist. Vor zahlreichen Emissionsnebeln sehen wir auch verblüffende lange „Elefantenrüssel“ und undurchdringbare schwarze Fleckchen, die aussehen, als seien sie von irgendeinem verrückten abstrakten Maler verspritzt worden.

Die frühsten Beobachtungen zeigten nur dunkle Inseln im Fluß der Sterne. Was waren sie? Die moderne wissenschaftliche Untersuchung dieser Frage begann um das Jahr 1910 mit der Arbeit von Edward Emerson Barnard. Mit einem 25-cm-Refraktor photographierte er am Yerkes Observatory die hellen Nebelregionen um den Stern ρ Ophiuchi, die durch eine Reihe dunkle Bänder und Wolken miteinander verbunden sind, sowie die Nebel um dessen Nachbarstern ν Scorpii, der fünf Grad weiter nördlich liegt. Die enge Beziehung zwischen den dunklen und hellen Gebieten, die Herschel als erster bemerkt hatte, führten Barnard zu der Vermutung, daß die dunklen Flecken durch Ansammlungen lichtschluckender Materie verursacht werden. Besonders wichtig war seine Entdeckung, daß der helle Rand eines kleinen Emissionsnebels westlich und nördlich von ν Scorpii unmittelbar an den dunklen Rand eines scheinbaren „Loches“ angrenzt, was sicherlich ein außergewöhnlicher Zufall wäre, wenn es sich bei dem dunklen Gebiet nur um eine Lücke in der Sternverteilung handelte. Als er 1919 einen Katalog mit 182 dunklen Objekten veröffentlichte (der 1927 auf 370 erweitert wurde), war Barnard von der Richtigkeit seiner Vermutung überzeugt. Die auffälligeren dunklen Wolken tragen noch immer seine Bezeichnungen: So heißt die Schlange B 72 und das dunkelste Band nahe ρ Ophiuchi B 44.

3.5 Bart Bok, einer der herausragendsten Astronomen des 20. Jahrhundert, machte die Untersuchung der Milchstraße zu seiner Lebensaufgabe.

3.6 E. E. Barnard, in seinem Mantel aus Rentierfell, bei der Arbeit.

Je tiefer wir in die Milchstraße hineinschauen, desto mehr dunkle Wolken sehen wir. In den fünfziger Jahren wurde der gesamte Himmel, der von Mount Palomar in Südkalifornien aus sichtbar ist, mit dem 122-cm-Schmidt-Teleskop in zwei Farben (mit roten und blauen Filtern) photographiert, wobei jedes Feld jeweils fünf Grad groß ist. B. T. Lynds, damals am National Radio Astronomy Observatory, benutzte 1962 diesen *Palomar Sky Survey* (Palomar-Himmelsdurchmusterung), um über 1800 Dunkelnebel zu katalogisieren (daher heißt die Schlange, B 72, auch L 1495). Bart Bok schätzte, daß es rund 25000 beobachtbare Globulen geben könnte, doch wahrscheinlich liegt ihre Zahl noch um ein Vielfaches höher.

Andere Hinweise bestätigen die physikalische Realität der Dunkelwolken. Beim Umkreisen des galaktischen Zentrums sind die Sterne in stetiger Bewegung relativ zueinander. Wären die Dunkelnebel wirklich leer, wären sie Löcher in der Sternverteilung, dann würden die Bewegungen der Sterne sehr rasch die scharfen Ränder der dunklen Gebiete verwischen, es sei denn, irgendein mysteriöser physikalischer Prozess hielte die Sterne in Schach. Die hellen Nebel, die manche Globulen umschließen, zeigen ebenfalls, daß reale, wenn auch dunkle, Materie vorhanden ist. Überdies sind einige Sterne, die durch die etwas durchsichtigeren der Globulen hindurchscheinen, ungewöhnlich rot, was beweist, daß die Globulen irgendwie das Sternlicht beeinträchtigen. Etwas in ihnen entzieht dem Sternlicht selektiv die blaue Strahlungskomponente, ganz ähnlich, wie die Erdatmosphäre die untergehende Sonne rötet. Weitere Hinweise liefern andere Galaxien: Diejenigen, deren Scheiben wir von der Kante her sehen, zeigen uns dunkle Bänder entlang ihrer Mittellinie, genau das, was auch in unserer eigenen Galaxis beobachtet wird. Wären die dunklen Bänder Lücken, würden sie sich wegen der Gravitation ihrer Muttergalaxie mit der Zeit schließen.

Das riesige, dunkle Band in der Milchstraße, das aus all den Dunkelwolken besteht, ist das schmalste Gebilde in der Scheibe unserer Galaxis. Gemeinsam mit den O- und B-Sternen – und den Emissionsnebeln, die sie umgeben – definiert es die Mittelebene. Die Verbindung zwischen den neuentstandenen O-Sternen und den Emissionsnebeln einerseits und die zwischen den Nebeln und den Dunkelwolken anderseits bilden eine Kette, die die Beziehung zwischen Dunkelwolken und jungen Sternen aufzeigt. Mit großem Scharfblick wiesen 1922 Henry Norris Russell und später Bart Bok darauf hin, daß wahrscheinlich innerhalb der dunklen Wolken gerade Sterne geboren werden. Wenn ein Stern massereich und heiß genug ist (ein O- oder ein heißer B-Stern), bringt er die Wolke zum Leuchten und erzeugt einen Emissionsnebel. Da die Emissionsnebel aus Gas bestehen, müssen die Dunkelwolken eine Mischung aus Gas und lichtschluckender Materie sein. Die Beziehungen zwischen den verschiedenen Arten von Dunkelwolken und die Art und Weise, wie sie sich entwickeln, hängen – zumindest teilweise – mit der Natur der umgebenden Sterne und der Sternentstehung selbst zusammen.

Vermessung

Anfang der zwanziger Jahre spielte der deutsche Astronom Max Wolf eine wichtige Rolle bei der geistigen Erleuchtung der Dunkelnebel. Er bewies nicht nur mit Hilfe einer im wesentlichen statistischen Methode, daß in den dunklen Gebieten des interstellaren Raumes Licht absorbiert wird (womit er zeigte, daß diese Gebiete Materie enthalten), sondern er entwickelte auch eine Methode zur Bestimmung der Entfernung der Dunkelwolken. Ihm fiel auf, daß die Anzahl der Sterne pro Quadratgrad westlich des Schleier-Nebels in Cygnus (ein Überrest eines explodierten Sterns) merklich geringer ist als die Anzahl auf der östlichen Seite. Irgend etwas, das offenbar mit dem Nebel zusammenhängt, schattet die Sterne ab und verdeckt die schwächeren ganz. Wolf zählte einfach die Sterne pro scheinbarer Größenklasseneinheit innerhalb der verdunkelten Region und verglich das Ergebnis mit Zählungen in nicht-verdunkelten Gebieten. Die Anzahl der Sterne 9. und 10. Größe pro Flächeneinheit ist in verdunkelten und nicht-verdunkelten Gebieten etwa gleich; aber in der verdunkelten Region ist die Zahl der Sterne 12. Größe und schwächer pro Flächeneinheit deutlich kleiner. Die Wolke, die die Abschwächung des Lichtes verursacht, muß daher etwa in der Entfernung eines durchschnittlichen Sterns 11. Größe liegen.

Die Schwierigkeit bei dieser einfachen Analyse besteht darin, daß Sterne enorm unterschiedliche Leuchtkräfte haben. Daher ist die Bestimmung der Entfernung eines „durchschnittlichen" Sterns 11. Größe ein kniffliges statistisches Problem. Aufgrund der ihm bekannten Verteilung der Sterne als Funktion der Leuchtkraft schätzte Wolf die Entfernung der Wolke auf etwa 1600 Parsec. Da es eine physische Beziehung zwischen dem Schleier-Nebel und der Dunkelwolke zu geben scheint – ihre Ränder grenzen aneinander –, ist der Schleier-Nebel ungefähr genauso weit entfernt. Derartige Sternzählungen zeigten auch, daß die Globulen, die den Kohlensack bilden, etwa 150 Parsec entfernt sind. Aus seinem Winkeldurchmesser von vier Grad folgt daher, daß der Kohlensack rund zehn Parsec Durchmesser haben muß, das Achtfache der Strecke zwischen Sonne und α Centauri.

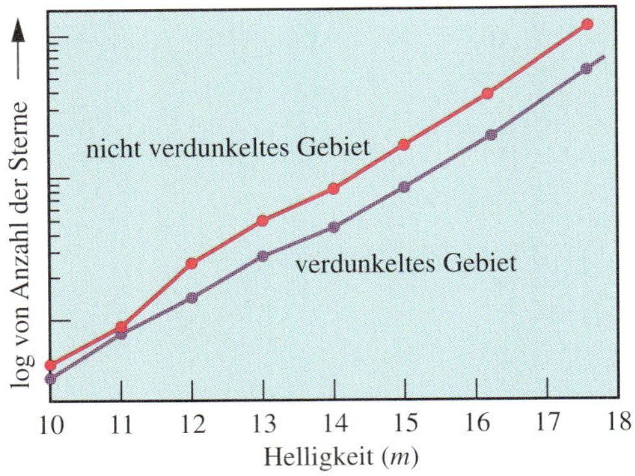

3.7 Der Schleier-Nebel in Cygnus, ein uralter Überrest eines explodierten Sterns, trennt ein sternreiches Gebiet von einem, das durch eine Wolkenschicht aus absorbierender Materie deutlich sternärmer erscheint. Sterne vor der Wolke sind nicht abgeschwächt; die dahinter werden alle um einen ähnlichen Betrag verdunkelt. Der Graph der Sternzählungen zeigt, daß die Anzahl der Sterne, die schwächer sind als 11. Größe, durch die Dunkelwolke vermindert wird.

Wolfs Technik ist jedoch nur approximativ und kann nur zur Entfernungsbestimmung von Dunkelwolken angewandt werden, wenn vor ihnen hinreichend viele Sterne zu sehen sind. Sehr viel genauere Entfernungen erhält man, wenn die Dunkelwolke eindeutig mit einem Emissionsnebel assoziiert ist, dessen anregende – ionisierende – Sterne zu erkennen sind. Da sich die Sterne innerhalb des hellen Nebels befinden, müssen wir nur die spektroskopische Entfernung der Sterne bestimmen, um die des gesamten Komplexes zu kennen. Die Abschattung kann sich jedoch über die Grenzen der klar erkennbaren Dunkelwolken hinaus erstrecken und das Sternlicht abschwächen, so daß die eingebetteten Sterne weiter entfernt

3.8 Der Kohlensack im Kreuz des Südens, einer der dunkelsten unter den größeren Dunkelwolkenkomplexen, ist rund 150 Parsec entfernt. Er verdeckt die Sterne im Hintergrund fast vollständig.

erscheinen als sie in Wirklichkeit sind. Wir müssen also mehr über die Natur der Abschattung wissen und wie wir ihre Auswirkungen korrigieren können. Solche Erkenntnisse werden uns auch Hinweise liefern, wie innerhalb der Wolken Sterne entstehen.

Gespiegeltes Sternlicht

Anfang des 20. Jahrhunderts stellte Vesto M. Slipher, Astronom am Lowell Observatory in Arizona, ein Projekt zur Beobachtung der Nebelspektren auf und machte dabei zwei Entdeckungen, die zur Unterteilung der Nebel in ihre heutigen Kategorien beitrugen. Er zeigte 1917, daß die Spektrallinien der meisten Spiralnebel (die, wie man heute weiß, Galaxien sind) zum roten Teil des Spektrums hin verschoben sind; nur M 31 und sein Nachbar M 33 zeigen Blauverschiebungen. Folgerichtig interpretierte er sein Ergebnis mit dem Dopplereffekt, einer Veränderung der beobachteten Wellenlänge. Wenn sich ein Körper, der eine Welle aussendet, einem Beobachter nähert (oder der Beobachter dem Körper oder beides), stößt der Beobachter häufiger auf Wellenberge, so daß die Wellenlänge – der Abstand zwischen zwei Wellenbergen – geringer scheint, als wenn der Körper (oder der Beobachter selbst) in Ruhe wäre. Wenn der emittierende Körper und der Beobachter sich voneinander entfernen, ist die gemessene Wellenlänge größer. Die Wellenlängenverschiebung ist direkt proportional zur Geschwindigkeit längs der Sichtlinie, der Radialgeschwindigkeit. Man kann den Effekt leicht beobachten, wenn man ein Boot gegen und dann mit den Wellen rudert.

Die Rotverschiebungen, die zeigten, daß sich die Spiralnebel von uns wegbewegen, waren der erste wirkliche Hinweis darauf, daß diese Strukturen außerhalb unserer eigenen Galaxis liegen könnten. Tatsächlich sind sie riesige externe Sternsysteme, wie Edwin Hubble 1928 bewies, als er damit begann, ihre Entfernungen zu messen. Damals stellte Hubble fest, daß die Rotverschiebungen mit der Entfernung korreliert sind, eine Beobachtung, die die Expansion des Universums offenbarte. Heute wissen wir, daß die von Slipher gemessenen systematischen Rotverschiebungen nicht vom Dopplereffekt herrühren, sondern von der Ausdehnung des Raumes selbst. Nichtsdestoweniger bereitete Sliphers Arbeit den Weg für die Formulierung der modernen Theorie des Universums, der Urknalltheorie: Das Weltall nahm vor etwa 15 Milliarden Jahren seinen Anfang in einem Zustand sehr hoher Dichte und Temperatur und dehnt sich seither aus.

3.9 Vesto Slipher, Astronom am Lowell Observatory, trug zur Unterscheidung zwischen Reflexions- und Emissionsnebeln bei. Außerdem legte er die Beobachtungsgrundlagen für die Entdeckung der Expansion des Weltalls.

Die zweite, nicht minder wertvolle Entdeckung Vesto Sliphers war die Erkenntnis, daß es zwei unterschiedliche Arten galaktischer Nebel gibt (Nebel, die wie die Emissionsnebel *innerhalb* von Galaxien liegen). William Huggins hatte festgestellt, daß der Orion-Nebel Emissionslinien aussendet. 1913 entdeckte Slipher, daß das Spektrum der sehr viel schwächeren Nebelstreifen um den Stern Merope, den hellsten Stern des Plejaden-Sternhaufens, *Absorptionslinien* aufweist und exakt dem des Sterns gleicht. Der Nebel spiegelt praktisch das Sternspektrum wider. Ejnar Hertzsprung schlug sofort vor, daß das Sternlicht von festen Teilchen oder Materiekörnchen reflektiert wird, die wir heute (nachdem ihre Größe bekannt ist) einfach *Staub* nennen.

Die Erklärung für den Unterschied zwischen den Reflexions- und den Emissionsnebeln verdanken wir Hubble. Vor seinen grundlegen-

3.10 Bläuliche Reflexionsnebel in Cygnus, beleuchtet von Sternen, die in Staubwolken eingebettet liegen, bilden einen wunderschönen Kontrast zu dem rötlichen, ionisierten Emissionsnebel NGC 6914.

den Entdeckungen bezüglich der Natur der Galaxien und des expandierenden Universums stellte er fest, daß die Nebel, seien es Emissions- oder Reflexionsnebel, eng mit ihren Zentralsternen verknüpft sind: je heller der Stern, desto größer der Nebel. Dies zeigt, daß der eingebettete Stern in der Tat für das Leuchten des Nebels verantwortlich ist. Er entdeckte auch, daß sich die Emissions- und die Reflexionsnebel säuberlich gemäß der stellaren Spektralklassen aufteilen lassen. Die Emissionsnebel werden von Sternen mit 25 000 Kelvin oder heißer angeregt (den B0-Sternen und all den blauen O-Sternen); die Reflexionsnebel dagegen werden von Sternen der Klasse B2 – 20 000 Kelvin oder kühler – zum Leuchten gebracht. Mit der Klasse B1 sind gleich viele Emissions- wie Reflexionsnebeln verknüpft.

Hubbles Arbeit veranlaßte Henry Norris Russell, Reflexionsnebel mit Dunkelnebeln in Verbindung zu bringen, wobei er erklärte, daß „wahrscheinlich die angesammelte Masse, die in einer dieser großen verdunkelnden Wolken enthalten ist, sehr beträchtlich ist – vermutlich ausreichend, um Hunderte von Sternen zu bilden – und ein merklicher Teil der gesamten Masse in Form von Staub kleiner als 0,1 Millimeter vorliegt."

Wie man anschließend feststellte, enthält auch das schwache Kontinuum des Orion-Nebels neben hellen Emissionslinien Absorptionslinien, die eine schwache, aber getreue Kopie der Linien von θ^1 Orionis C sind, dem wichtigsten anregenden Stern: Das helle Gas des Emissionsnebels ist also ebenfalls mit Staub vermischt. Das Bild war endlich vollständig. Das ganze Gas im interstellaren Raum ist mit festen Körnchen durchmischt – mit Staub. Sind keine Sterne in der Nähe oder in ihr eingebettet, so ist eine Wolke aus dieser Materie dunkel, weil der Staub das Sternlicht des Hintergrunds abblockt. Sind ein oder mehrere heiße, eingebettete Sterne vorhanden (heißer als Klasse B2), so strahlen sie genügend Ultraviolettphotonen ab, um das Gas zu ionisieren. Das entstehende Emissionslinienspektrum ist so hell, daß das schwache, vom Staub erzeugte Reflexionsspektrum gewöhnlich verborgen bleibt. Ist der Stern vom Typ B2 oder kühler, bleibt das Gas neutral, und man sieht einen Reflexionsnebel.

Die Dunkelwolken unterscheiden sich sowohl in ihren physikalischen Prozessen als auch durch ihr Aussehen von den Reflexionsnebeln. Man setze einen Stern hinter eine dicke, staubhaltige Wolke. Ein Teil der Strahlung, die in die Wolke fällt, wird absorbiert, prak-

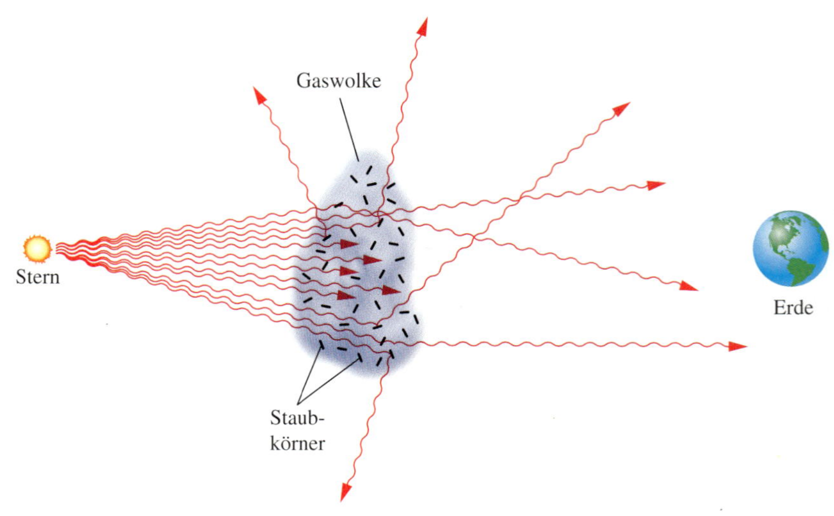

3.11 Einige Photonen von einem Stern hinter einer interstellaren Wolke werden von den Staubkörnern in der Wolke absorbiert, einige werden gestreut. Gestreutes Licht erzeugt einen Reflexionsnebel. Ist die Wolke dicht genug, dringt kein Licht hindurch, und sie ist als Globule zu sehen.

tisch gestoppt, indem einige Körner die Strahlung aufnehmen und sich erhitzen. Andere Photonen werden gestreut, das heißt, sie prallen an den einzelnen Körnern ab. Obwohl diese Photonen wieder aus der Wolke entweichen, haben sie ihre Richtung geändert, so daß die Lichtmenge entlang der Sichtlinie stark vermindert wird. Die Wahrscheinlichkeit, daß ein Photon entweder gestreut oder absorbiert wird, heißt „Extinktion". Das relative Gewicht der beiden Phänomene, Streuung und Absorption, wird durch die Albedo ausgedrückt (hier das Verhältnis der Wahrscheinlichkeit der Streuung durch ein Teilchen zur Gesamtextinktion).

Wie dunkel ein Dunkelnebel erscheint, hängt von der Anzahl der Körner längs der Sichtlinie zu den Hintergrundsternen (der Dichte der Körner pro Kubikzentimeter mal der Weglänge) sowie von der Extinktion pro Korn ab. Eine dicke Wolke erscheint als Dunkelnebel, während eine dünnere Wolke wegen der Streuung schwach leuchten oder sogar als Reflexionsnebel zu sehen sein kann. Die Helligkeit eines Reflexionsnebels hängt von der Menge des gestreuten Lichts sowie vom relativen Wirkungsgrad der Streuung in unterschiedlichen Richtungen ab. Hubbles Vergleich der Reflexionsnebel und der Sterne, die sie beleuchten, zeigte, daß die Körner ziemlich hell sind. Computermodelle der Nebel deuten auf mittlere Albedos von etwa 0,6 hin und zeigen, daß die Körner stark dazu neigen, Licht vorwärts zu streuen (in die Richtung, in die das Licht ursprünglich fiel). Infolgedessen sind Reflexionsnebel, die einen Stern hinter sich haben, heller als solche mit Sternen vor sich. Eine ganz ähnliche Erscheinung kann am Taghimmel beobachtet werden: Hohe durchsichtige Zirruswolken sind wegen der verstärkten Vorwärtsstreuung sehr viel heller, wenn die Sonne hinter ihnen steht, als wenn sie sich seitlich von ihnen befindet. Darüber hinaus steigt die Albedo offensichtlich mit abnehmender Wellenlänge an: Reflexionsnebel sehen im völligen Gegensatz zu den rötlichen Emissionsnebeln stets blau aus, wobei der Effekt durch die bläuliche Farbe der beleuchtenden B-Sterne noch verstärkt wird. Extinktion und Albedo hängen hauptsächlich von zwei Variablen ab: der Korngröße und der chemischen Zusammensetzung.

Interstellare Extinktion und Verfärbung

Da Dunkelwolken und Globulen seit der Zeit Herschels überall in der Milchstraße gefunden wurden, hätte ihre Bedeutung für großräumige Untersuchungen der Galaxis wahrscheinlich eher erkannt werden müssen, als dies der Fall war. Obwohl die mögliche Bedeu-

3.12 Diese Dunkelwolke in Scorpius wird deutlich von dem nahegelegenen Stern beeinflußt. Dies beweist, daß tatsächlich dunkle Materie vorhanden ist.

tung einer universellen Extinktion in der Galaxis diskutiert wurde, „leugneten" viele Astronomen diese Möglichkeit und bestanden darauf, daß der Weltraum mit Ausnahme der einzelnen, deutlich sichtbaren Dunkelwolken im wesentlichen durchsichtig sei. Doch 1930 fand R. J. Trumpler vom Lick Observatory überzeugende Hinweise auf visuell *nicht nachweisbare* Gebiete mit Abschattung, eine Abschattung, die möglicherweise die gesamte galaktische Ebene betreffen konnte. Damit wies Trumpler den Astronomen einen schwierigen, doch letztlich befriedigenden Weg bei ihrer Suche nach exakten Entfernungen.

Trumpler hatte sich mit der Untersuchung der Eigenschaften offener Sternhaufen beschäftigt. Der erste Schritt bei der Bestimmung der Entfernung eines offenen Haufens besteht darin festzustellen, welche Sternarten der Haufen enthält. Dazu erstellt man dessen HR-Diagramm, das heißt, man trägt die scheinbaren Helligkeiten gegen die Spektralklassen auf. Da es 1930 bereits möglich war, die absoluten Helligkeiten der verschiedenen Sternarten sinnvoll abzuschätzen, konnte Trumpler auf jede von ihnen die Helligkeitsgleichung anwenden; der Mittelwert der Lösungen ergab dann die Entfernung des Haufens. Sind Entfernung und Winkeldurchmesser des Haufens bekannt, kann man den wirklichen Durchmesser ableiten, der typischerweise etwa zehn Parsec beträgt.

Trumpler stellte fest, daß die weiter entfernt liegenden Haufen seiner Stichprobe zweimal so groß waren wie die näheren, ganz gleich, in welche Richtung er blickte. Wenn man in der Galaxis ein Phänomen beobachtet, das die Erde zum Mittelpunkt zu haben scheint, dann weiß man, daß etwas nicht stimmt. Trumpler trug alle Hinweise zusammen und erkannte, daß es ein verdunkelndes Medium zwischen uns und den fernen Haufen geben muß – tatsächlich sogar zwischen uns und allen Haufen –, das die entfernteren Sterne schwächer erscheinen läßt, als sie in Wirklichkeit sind. Die Folge ist eine systematische Überschätzung ihrer Entfernung. Um diesen Effekt zu erzeugen, muß der Staub überall vorhanden sein, in einem praktisch gleichmäßig verteilten, klumpigen Medium, in das eine immense Vielfalt dichterer Wolken eingestreut ist. Als Korrektur schlug Trumpler eine mehr oder weniger gleichförmige Abschwächung, oder Extinktion, von etwa 0,7 Größenklassen pro Kiloparsec Entfernung vor. Die Entdeckung hatte weitreichende Auswirkungen: Sie erklärt, warum in der Milchstraßenebene nie ferne Galaxien zu sehen sind und warum unsere Galaxis so viel größer zu sein scheint als die anderen. Stellen wir uns vor, wir befänden uns innerhalb der Galaxie NGC 891, die auf der Photographie in Abbildung 3.13 von der Kante her zu sehen ist, und wir verstehen sofort, daß ihre Bewohner denselben Effekt beobachten würden.

Um die Methode der spektroskopischen Entfernungsbestimmung anwenden zu können (mit deren Hilfe wir die Entfernungen der Emissionsnebel und offenen Sternhaufen ermittelt haben), müssen wir die scheinbare Helligkeit eines Sterns bezüglich der Abschwächung durch Staub korrigieren. Das bedeutet, wir müssen die Stärke der Extinktion (A) kennen, den Betrag, um den die scheinbare visuelle Helligkeit vergrößert (das heißt, die Größenklasse vermindert) werden muß, ehe sie in die Helligkeitsgleichung eingesetzt wird. Aber woher sollen wir A kennen? Wieder zeigte Trumpler den Weg. Die Sterne seiner weiter entfernten Haufen sind sowohl gerötet als auch abgeschwächt. Die Farbe eines Sterns, so wie sie in der Astronomie definiert ist, wird bestimmt, indem man die Helligkeit des Sterns bei zwei Wellenlängen mißt. Das Auge sieht am besten im gelbgrünen Bereich des Spektrums, bei einer Wellenlänge von etwa 5500 Ångström. Daher sind die herkömmlichen Helligkeiten, in der Fachsprache visuelle Helligkeiten genannt, mit dieser Wellenlänge verbunden. Aber wie würde der Himmel aussehen, wenn wir eine *andere* Wellenlänge verwenden könnten? Die ersten Photographen bemerkten den Effekt sofort: Photoplatten sind für blaue und violette Wellenlängen sehr viel empfindlicher als für gelbe. Diese Empfindlichkeit, verknüpft mit den Transmissionseigenschaften der Erdatmosphäre, führt dazu, daß die Photographie bei 4500 Ångström im tiefen Blau am besten sieht. Um visuelle Helligkeiten festzulegen, benutzt man photographische Filter, die der Empfindlichkeit des menschlichen Auges entsprechen.

3.13 NGC 891 ist eine Galaxie ähnlich der unsrigen. Ihr Band aus absorbierender Materie ist deutlich zu erkennen, weil wir die Galaxie von der Kante her sehen. Man beachte die große Ähnlichkeit mit dem großen Spalt, der unsere Milchstraße teilt.

Sterne verhalten sich wie Schwarze Körper. Deshalb strahlen kühle Sterne bei längeren Wellenlängen stärker als bei kürzeren und heiße Sterne stärker bei kürzeren als bei längeren. Ein photographisches Helligkeitssystem (m_{ph}) sieht heiße Sterne heller als das visuelle Helligkeitssystem (m_v) und kühle Sterne schwächer. Die Farbe kann daher als ein sogenannter „Farbenindex“ quantifiziert werden, indem man die Differenz $m_{ph} - m_v$ bildet. Da die Photographie in der professionellen Astronomie heute nicht mehr oft verwendet wird, sind die beiden Standards durch elektronisch aufgenommene Versionen bei denselben Wellenlängen ersetzt worden, die *B* (für blau) und *V* (für visuell) genannt werden. Der Farbenindex ist somit $B - V$. *B* und *V* werden für weiße Sterne der Klasse A gleich gesetzt, so daß für sie per Definition der Farbenindex gleich Null ist. Er reicht dann von –0,4 bei den heißesten Sternen (Klasse O) bis etwa +2 bei Klasse M. Da die Spektralklassen mit der Temperatur korreliert sind, sind sie es auch mit $B - V$; die Relation ist aus Beobachtungen naher Sterne, die kaum der interstellaren Extinktion unterliegen, gut bekannt.

Wir können die Extinktion *A* bestimmen (richtiger A_V, wenn wir im visuellen Standardsystem arbeiten), weil sie mit dem Grad der Verfärbung (Rötung) steigt und fällt. Die Verfärbung, manchmal auch selektive Extinktion genannt (zur Unterscheidung von A_V, der Gesamtextinktion), wird durch den Farbexzeß *E* quantifiziert, die Differenz zwischen dem Wert von $B - V$, den wir tatsächlich beobachten, und dem, den wir sehen *würden*, wenn der Stern nicht gerötet wäre. Da die Verfärbung höhere Farbenindizes erzeugt, ist *E* stets positiv.

Der Trick ist, die Beziehung zwischen *E* und A_V zu finden. Jahrelange Untersuchungen einer Vielzahl von Sternen haben gezeigt, daß das Verhältnis $R = A_V/E$ überall in der Galaxis einigermaßen konstant ist. Daher sprechen die Astronomen von einem „universellen Verfärbungsgesetz", mit *R* etwa gleich drei (der Standardwert lautet 3,2). Aus der beobachteten Farbe eines Sterns und der aus der Spektralklasse abgeleiteten wahren Farbe können wir *E* bestimmen und damit auch $A_V = RE$. Daraus ergibt sich die Korrektur für *V* – der scheinbaren visuellen Helligkeit – und damit auch die wahre Entfernung.

Die einzige Schwierigkeit ist, daß der Wert von *R* von spezifischen Staubeigenschaften abhängt und *R* in einigen Fällen (wie in Richtung des Orion-Nebels) *nicht* gleich drei ist, so daß wir versehentlich Fehler machen können. Walter Baade, der am Mount Wilson Observatory arbeitete und als erster die Halo- und Scheibenpopulationen von Sternen in Galaxien unterschied, wurde einst gefragt, ob er wieder Astronom werden würde, wenn er noch einmal vor dieser Entscheidung stünde. „Nur, wenn man mir versichern könnte, daß das Verhältnis von totaler zu selektiver Extinktion überall dasselbe ist", lautete seine Antwort.

Ein Mikroskop für die Körner

Die Natur der interstellaren Verfärbung verrät uns eine Menge über die Eigenschaften der Körner. Hat ein Photon eine lange Wellenlänge – lang relativ zur Größe des Korns –, „sieht" es das Korn nicht; es wird von ihm nicht abgefangen, sondern fliegt ungehindert daran vorbei. Je mehr sich jedoch die Wellenlänge des Photons den Abmessungen des Korns annähert, desto wahrscheinlicher kommt es zu einer Wechselwirkung zwischen den beiden. Sitzt man in einem Ruderboot auf See, nimmt man eine langwellige Dünung kaum wahr; aber wenn die Wellen vergleichbar mit der Länge des Bootes sind, kann dieses sehr schnell vollschlagen. Aus dem gleichen Grund kann man an einem nebligen Tag, an dem winzige Wassertröpfchen Licht absorbieren, den lokalen Radiosender ohne Signalabschwächung empfangen.

Das bekannteste Beispiel für diese Erscheinung ist der blaue Himmel, der durch die Wechselwirkung des Sonnenlichts mit der Erdatmosphäre entsteht. Während die langen Radiowellen die Luft recht leicht durchdringen, kommen die Wellenlängen optischer Photonen den Abmessungen von Luftmolekül-„Klümpchen" recht nahe. Die kürzeren Wellen des blauen und violetten Lichts „sehen" die Molekülklümpchen besser als die längeren roten Wellen und werden infolgedessen sehr viel wirkungsvoller gestreut. Die Theorie besagt, daß der Wirkungsgrad der Streuung in der Erdatmosphäre umgekehrt proportional zur vierten Potenz der Wellenlänge ist. Die Wahrscheinlichkeit, gestreut zu werden, ist für Photonen am kurzwelligen Ende der Lichtempfindlichkeit des menschlichen Auges, bei 4000 Ångström, *16mal* größer als für Photonen am langwelligen Ende bei 8000 Ångström. Kurzwellige Sonnenstrahlung prallt also vom gesamten Himmel zu uns herab, den wir deshalb intensiv blau sehen. (Tatsächlich wird violettes Licht am stärksten gestreut; aber die violette Komponente des Sonnenlichts ist nur schwach, und das Auge ist für diese Farbe kaum empfindlich.) Umgekehrt erscheint die Sonne selbst – aufgrund ihrer abgeschwächten blauen Komponente – leicht gerötet. Die Rötung der Sonne ist bei ihrem Auf- und Untergang am deutlichsten, weil hier das Sonnenlicht eine dickere Luftschicht durchdringen muß, um die Beobachter auf der Erde zu erreichen: Die atmosphärische Wegstrecke zur Sonne in Richtung Horizont ist 38mal größer als direkt nach oben zum Zenit.

Bei der optischen interstellaren Extinktion herrscht Streuung vor, da die Körner eher hell sind, mit hohen Albedos. Wir können leicht die Veränderung der interstellaren Extinktion mit der Wellenlänge bestimmen, die sogenannte „Extinktionsfunktion", indem wir die Hel-

ligkeitsänderung mit der Wellenlänge bei zwei ähnlichen Sternen vergleichen, von denen der eine nahebei und unverfärbt und der andere weit entfernt und stark gerötet ist. Die Extinktionsfunktion ist nicht umgekehrt proportional zur vierten Potenz der Wellenlänge, sondern – in grober Näherung im Optischen – einfach umgekehrt proportional zur Wellenlänge, das heißt, sie geht mit λ^{-1}. Nach der Streuungstheorie folgt daraus, daß die Korndurchmesser nun in etwa mit den optischen Wellenlängen vergleichbar sind. Eine genauere Analyse zeigt, daß sie im Mittel Durchmesser von rund einem Mikrometer (µm, 10^{-3} Millimeter) haben (der vorausschauende Russell hatte recht), wobei die Bandbreite von der Größe großer Moleküle bis zu etwa 0,3 Mikrometer reicht. Anders als der Staub auf Ihrem Wohnzimmerschrank ist interstellarer Staub für das Auge unsichtbar.

3.14 Frederick Churchs Gemälde „Abenddämmerung in der Wildnis“ zeigt in lebhaften Farben den Kontrast zwischen der roten Sonne, deren Licht von den Wolken reflektiert wird, und dem blauen Himmel – die komplementäre Wirkung der Streuung von Licht durch Luftmoleküle.

Die spektralen Intensitäten von Sternen und den Emissionslinien der Nebel, zumindest von denjenigen, die außerhalb unserer lokalen

3.15 Die Extinktionsfunktion – die Abhängigkeit der interstellaren Extinktion von der Wellenlänge – geht im Optischen grob mit λ^{-1} und bei langen Wellenlängen gegen Null (weshalb es Wellen im fernen Infrarot und im Radiobereich möglich ist, den interstellaren Raum problemlos zu durchdringen). Im Ultravioletten wird der interstellare Raum auffallend undurchsichtig. Der Buckel bei 2200 Ångström wird von amorphem Kohlenstoff verursacht.

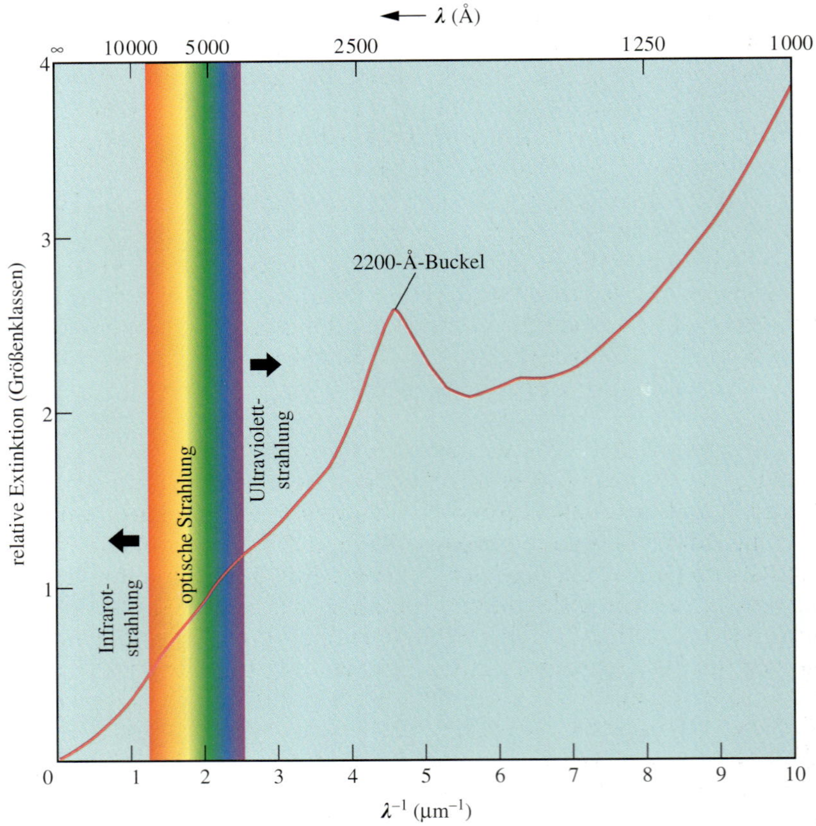

Umgebung in der Galaxis liegen, sind alle durch die Effekte der interstellaren Verfärbung verfälscht. So erscheint zum Beispiel das beobachtete Verhältnis der Linienstärken der von Emissionsnebeln ausgesandten [OIII]-Linie bei 4363 Ångström und der bei 5007 Ångström stets kleiner als das wahre Verhältnis. Wenn wir den Effekt nicht korrigieren, erhalten wir für den Nebel eine zu geringe Elektronentemperatur. Sobald wir die Extinktionsfunktion kennen, können wir die Beobachtungen „entfärben" – der erste Schritt zur Bestimmung der physikalischen Eigenschaften und chemischen Zusammensetzung der Nebel. Die Helligkeiten der Nebel lassen sich schlecht in Größenklassen ausdrücken, da diese die Helligkeit über einen weiten Wellenlängenbereich angeben, der eine bunte Mischung von Nebelemissionslinien umfaßt. Daher ist keine direkte Messung des Farbexzesses möglich. Statt dessen bestimmt man den Grad der Verfärbung durch den Vergleich der beobachteten Intensitäten der Wasserstofflinien mit den theoretisch berechneten.

Diese winzigen Teilchen, die die beobachtete Extinktionen erzeugen, haben eine bemerkenswert geringe Dichte: Den Schätzungen der Astronomen zufolge ist, abgesehen von den dichten Globulen und Dunkelwolken, im Mittel nur etwa ein Korn pro Kubikmeter vorhanden. Die interstellare Extinktion ist nur deshalb von Bedeutung, weil die Wegstrecken zu den Sternen so überaus lang sind. Ein Parsec hat 3×10^{16} Meter, und merklich verfärbte Sterne sind Hunderte, ja Tausende von Parsec entfernt. Aufgrund der Korngröße und -dichte schätzen wir, daß die festen Teilchen etwa ein Prozent der Masse des interstellaren Mediums ausmachen. Interstellares Gas und Staub scheinen außerordentlich gut durchmischt zu sein, da sie stets etwa dasselbe Massenverhältnis aufweisen, außer vielleicht unter ganz extremen Bedingungen.

Natürlicherweise würden wir annehmen, daß die Körner – wie die Sterne – aus den häufigsten Elementen bestehen. Die Verfärbungsfunktion und Infrarotspektroskopie verraten ihre grobe Zusammensetzung. Im Ultravioletten, wo die Wellenlängen sehr viel kürzer sind als im Optischen, wird der Wirkungsgrad der Extinktion sehr viel größer, so daß ultraviolettes Sternlicht stark abgeschwächt wird und Untersuchungen im Ultravioletten recht schwierig sind. (Astronomen mit UV-Beobachtungsprogrammen für Satellitenobservatorien – wie den inzwischen stillgelegten *International Ultraviolet Explorer* (*IUE*), einen fliegenden Spektrographen, oder das *Hubble*-Weltraumteleskop (*HST*) – müssen für alle geplanten Beobachtungsobjekte die Extinktion abschätzen, um festzustellen, ob diese überhaupt zu sehen sind!) Die ersten Ultraviolettuntersuchungen von Sternen zeigten bei 2200 Ångström (0,22 Mikrometer) einen starken Anstieg oder „Buckel" in der UV-Extinktionsfunktion. Ein Vergleich mit Laboruntersuchungen zeigte, daß der Buckel durch winzige Körnchen von nur etwa 0,01 Mikrometer Durchmesser erzeugt wird, die aus amorphem – das heißt, nicht-kristallinem – Kohlenstoff bestehen, etwas Ähnlichem wie gewöhnlicher Ruß oder Graphit. Der Buckel ist, wie der Farbexzeß, insofern hilfreich, als sein auffälliges Erscheinen im UV-Spektrum von Sternen und anderen Himmelsobjekten den Grad der Gesamtextinktion anzeigt und damit eine exakte Entfärbung und Entfernungsbestimmung ermöglicht.

Genauere chemische Zusammensetzungen ergeben sich aus Untersuchungen im Infrarotbereich des Spektrums. Die Körner entlang der Sichtlinie überlagern dem Infrarotspektrum ferner Sterne breite Absorptionslinien. Zwei davon, bei 9,7 und 19,0 Mikrometern, gehören zu Silikaten, Körnern, die aus Verbindungen von Silicium und Sauerstoff bestehen. Am bemerkenswertesten ist vielleicht, daß wir auch eine Absorptionseinsenkung im Infraroten beobachten, die von Diamantstaub herzurühren scheint. Irgendwie wurden bis zu

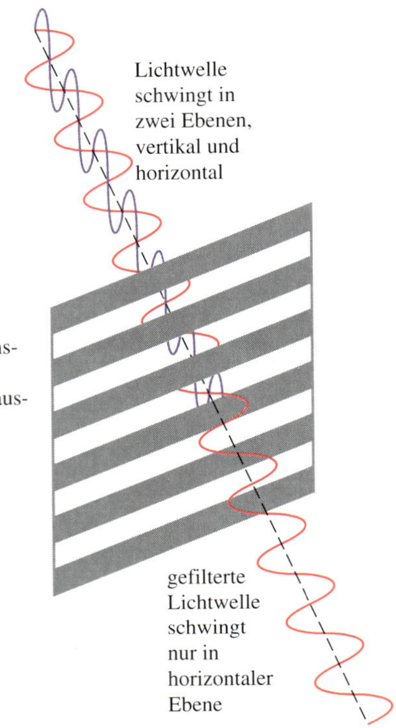

3.16 Ungerichtet schwingendes Licht fällt durch ein Filter, das eine Schwingungsebene auswählt; dadurch wird das Licht polarisiert, das heißt, die Wellen schwingen alle in derselben Richtung.

etwa 30 Prozent des Kohlenstoffs kristallisiert. Der enorme Druck, der dazu notwendig ist, kommt höchstwahrscheinlich von Stoßwellen explodierender Sterne. Die Diamanten eignen sich jedoch kaum für einen interstellaren Abbau, da sie kleiner als ein tausendstel Millimeter sind. Die hohen Albedos der Körner deuten auch auf einen Überzug aus Eis hin.

1949 entdeckten J. S. Hall und W. A. Hiltner unabhängig voneinander noch eine weitere Eigenschaft des interstellaren Mediums: seine Fähigkeit, Licht zu polarisieren. Stellen Sie sich einen Lichtstrahl vor, der in Ihre Richtung fällt. Wenn Sie tatsächlich die elektromagnetischen Wellen selbst sehen könnten, nicht nur ihre Auswirkungen, dann würden Sie normalerweise die Wellen der Myriaden von Photonen sehen, die in alle Richtungen senkrecht zur Sichtlinie schwingen: auf und ab, nach beiden Seiten und in alle Richtungen dazwischen. Es gibt jedoch eine Reihe von natürlichen Prozessen, die einige Schwingungsrichtungen eliminieren können, so daß bevorzugte Richtungen übrigbleiben und die Strahlung damit „polarisiert" ist. Schwingen die Wellen nur noch in einer einzigen Richtung, nennt man das Licht vollständig polarisiert.

Bei der Reflexion unter einem Winkel wird Licht stets bevorzugt in der Richtung polarisiert, die parallel zur Reflexionsoberfläche liegt. Das heißt, der Wirkungsgrad der Reflexion ist für Strahlen, die parallel zur Oberfläche schwingen, größer als für Strahlen, die senkrecht zu ihr schwingen. Ist der Einfallswinkel sehr klein, ist das Licht fast vollständig polarisiert. Ein Filter, in dem die Moleküle in einer Vorzugsrichtung angeordnet sind, polarisiert ebenfalls Licht. Stellen Sie sich vor, Sie fahren auf der Autobahn und werden durch den an der Fahrbahnoberfläche gespiegelten Glanz der untergehenden Sonne geblendet. Wenn Sie nun eine Sonnenbrille mit Polarisationsgläsern aufsetzen, bei denen das Polaroidfilter senkrecht zur bevorzugt reflektierten Schwingungsebene ausgerichtet ist, verschwindet der blendende Glanz plötzlich, und Sie können wieder sehen.

Die Erdatmosphäre liefert ein weiteres Beispiel, da durch die Streuung an Luftmolekülen Licht ebenfalls polarisiert wird. Betrachten Sie den Himmel durch das Glas einer Polaroidsonnenbrille. Wenn Sie das Glas drehen, sehen Sie, daß sich die Helligkeit des Himmels verändert. Das beweist, daß sein Licht teilweise polarisiert ist. Die größte Änderung beobachtet man in Richtung senkrecht zu der zur Sonne. (Polarisationsfilter sind bei der Landschaftsphotographie von Nutzen, weil sie den Kontrast zwischen Himmel und Szenerie verstärken können.) Kumuluswolken zeigen ein ähnliches Phänomen. Trägt man eine Polaroidsonnenbrille, stellt man fest, daß Wolken in

Richtungen, bei denen die Sonnenstrahlen im rechten Winkel auf einen zu gestreut werden, dunkel gegen den Himmel erscheinen, während die in anderen Richtungen hell aussehen.

Sternlicht ist nur wenige Prozent polarisiert, weit unterhalb dessen, was mit einfachen Polaroidsonnenbrillen nachweisbar wäre. Die Messungen sind schwierig, weil Reflexion in der Teleskopoptik zu einer unerwünschten zusätzlichen Polarisation führen kann. Der Polarisationsgrad ist grob mit der Extinktion korreliert, was darauf hindeutet, daß interstellare Körner für das Phänomen verantwortlich sind. Um Licht zu polarisieren, müssen der Theorie zufolge die Körner ähnlich wie ein Polarisationsfilter wirken, – das heißt, sie müssen länglich und irgendwie gleichmäßig ausgerichtet sein. Aber wie kann ein Korn wissen, was das andere tut? Die wahrscheinlichste Antwort ist, daß die Körner Metallatome enthalten, die von einem Magnetfeld beeinflußt werden, welches das interstellare Medium durchzieht. Die Ausrichtung teilt uns nichts über die Feldstärke mit, aber zahlreiche Beobachtungen zeigen, daß das Feld mehr oder weniger entlang der galaktischen Ebene verläuft. Die rotierende Galaxis selbst, gekoppelt mit der elektrischen Leitfähigkeit ihrer turbulenten ionisierten Gase, scheint als riesiger Dynamo zu wirken, der das Feld erzeugt, während das Feld wiederum durch den Staub sichtbar gemacht wird – ein weiterer Beweis für die enge Beziehung zwischen Gas und Körnern. Die interstellare Polarisation verrät uns auch mehr über die Zusammensetzung der Körner. Bei den Silikaten, die vermutlich zumindest einige der Metallatome enthalten, könnte es sich um ganz ähnliche Mineralien handeln wie die, welche die Gesteine der Erde bilden – ein Hinweis auf die Verbindung der Erde mit interstellarem Material.

Sehen mit dem Infrarot-Auge

Wenn interstellare Körner Strahlung – Strahlungsenergie – absorbieren, müssen sie sich aufheizen. Aber als Schwarze Körper müssen sie auch Strahlung aussenden, wobei sich ihre Temperatur so einstellt, daß die Aufheizrate gleich der Abkühlrate ist. Die endgültige Temperatur eines im thermischen Gleichgewicht befindlichen Korns hängt daher von der Intensität der Strahlungsenergie, von der Größe der abstrahlenden Oberfläche des Korns und von seiner chemischen Zusammensetzung ab. Körner in den Nebeln sind weit von ihren beleuchtenden Sternen entfernt, manchmal einige Parsec, so daß die Strahlungsintensität gering ist. Die Aufheizrate im interstellaren Raum, selbst innerhalb von Reflexionsnebeln, ist daher ebenfalls

3.17 Der *Infrared Astronomical Satellite* erblickte einen Orion, der mit kühlem, leuchtendem Staub erfüllt ist. Der Orion-Nebel liegt innerhalb des hellen Bogens nahe am unteren Rand. Der Staub, der den Pferdekopf-Nebel formt, bildet den Bogen über ihm. Ein riesiger Ring oben im Bild umgibt den hellen O-Stern λ Orionis. Im Hintergrund ist der fedrige „Infrarot-Zirrus“ zu sehen.

gering. Deshalb sind die Körner im allgemeinen kalt, mit Temperaturen, die weit unter denen liegen, die nötig wären, um die Körner im Optischen leuchten zu lassen.

Trotz ihrer geringen Temperatur sind die Körner jedoch warm genug, um im Infraroten zu strahlen, und Teleskope mit Infrarotdetektoren können ihr Leuchten beobachten – allerdings nur zum Teil, weil die Erdatmosphäre ein großes Problem darstellt. Außer einigen durchlässigen Wellenlängenbändern ist die Luft im allgemeinen ziemlich undurchsichtig für Infrarotstrahlung. Verantwortlich dafür sind die Treibhausgase – Kohlendioxid und Wasserdampf –, die uns warm halten. Folglich haben die Infrarotastronomen Observatorien in sehr großen Höhen errichtet, die hoch über soviel Luft wie möglich liegen. Sie haben sogar hochfliegende Flugzeuge mit Teleskopen ausgerüstet. Bis zu seiner Stillegung flog das *Kuiper Airborne Observatory* an Bord eines C141 Starlifter, und ein Nachfolger, der in eine Boeing 747 eingebaut werden soll, ist in der Entwicklung.

Die besten Ergebnisse erhält man jedoch mit Teleskopen auf Satelliten. Pionier hierbei war der 1983 gestartete *Infrared Astronomical Satellite* (*IRAS*). Mit flüssigem Helium auf nur drei Kelvin gekühlt (bei einer höheren Temperatur hätte die vom Teleskop ausgehende Strahlung die der beobachteten Himmelsobjekte völlig überdeckt), kartierte *IRAS* den gesamten Himmel bei Wellenlängen von 12, 25, 60 und 100 Mikrometern. Diese Wellenlängen entsprechen dem Strahlungsmaximum Schwarzer Körper mit Temperaturen von 240, 115, 50 beziehungsweise 30 Kelvin, entsprechend den kalten Bedingungen des interstellaren Raumes. Als ein Jahr nach dem Start das Helium verbraucht war, hatte man genug Daten gesammelt, um ein ganzes Institut zu unterhalten (das Image Processing and Analysis Center am Caltech), das Ende der neunziger Jahre noch immer Informationen verarbeitet und den Astronomen hilft, Entdeckungen am eiskalten Infrarothimmel zu machen.

Die *IRAS*-Ansicht, für das Auge völlig unsichtbar, ermöglicht es uns, das Glühen roter Sterne, der Emissionsnebel und des allgegenwärtigen erwärmten Staubs zu beobachten. Statt als dunkle Gebilde vor einem hellen Himmel sah *IRAS* den Staub hell, wobei die Intensität von der Temperatur abhängt. Die Temperaturen der strahlenden Quellen erhält man leicht, indem man die Verhältnisse der Intensitäten (I) bei den verschiedenen Wellenlängen – zum Beispiel $I(60\ \mu m)/I(100\ \mu m)$ – mit denen vergleicht, die man von Schwarzen Körpern erwartet. Die überraschendsten staubhaltigen Gebilde waren nicht die Globulen und Spalten – die im Inneren so kalt sind, daß sie selbst im Infraroten nur sehr wenig strahlen, weil der Staub sich selbst von der wärmeerzeugenden Sternstrahlung abschirmt –, sondern der Infrarot-Zirrus, der wie die fasrigen „Federwolken“ an einem blauen Sommerhimmel aussieht. Aus dem 60 µm/100 µm-Intensitätsverhältnis ergibt sich eine Temperatur für den Zirrus von nur 20 bis 30 Kelvin – in der Tat sehr kalt.

Bemerkenswerterweise zeigte jedoch das 12 µm/25 µm-Intensitätsverhältnis ein ganz anderes Bild. Bei diesen Wellenlängen sehen wir Körner, die auf Hunderte Kelvin erhitzt sind, wärmer als die Erde (auf der die Durchschnittstemperatur 288 Kelvin beträgt). Es ist aber nicht genug stellare Ultraviolettenergie vorhanden, um ein Gleichgewicht bei einer so hohen Temperatur aufrechtzuerhalten. Daher wird die Wärme der Körner als weiterer Hinweis dafür angesehen, daß sie sehr klein sind, so wie die, die den Extinktions-„Buckel“ bei 2200 Ångström erzeugen. Sie sind so klein, daß sie sich plötzlich erhitzen, wenn sie von einzelnen stellaren Photonen getroffen werden. Dabei schnellen sie kurzfristig auf hohe Temperaturen empor, kühlen sich aber sofort wieder ab. Diese Ergebnisse zeigen sowohl die Existenz einer bemerkenswerten Vielfalt an Körnern als auch die Komplexität des interstellaren Mediums.

Aber die „Infrarotastronomen“ (die selbst recht gut im Optischen sichtbar sind) geben sich keineswegs mit ihren bisherigen Erfolgen zufrieden. Das Infrarot bietet uns die Möglichkeit, den Weltraum tiefgründig zu erkunden. In den nächsten Jahren sind wichtige Ergebnisse vom 1995 gestarteten *Infrared Space Observatory* (*ISO*) zu erwarten und, so hoffen wir, auch von der langgeplanten *Space Infrared Telescope Facility* (*SIRTF*), die zur NASA-Serie der „Großen Observatorien“ gehört. Wir werden zweifellos Dinge sehen, die wir uns niemals erträumt hätten – so wie vor fast einem Jahrhundert der deutsche Astronom Johannes Hartmann, dessen Arbeit unsere Geschichte fortsetzt.

Die Erschließung des Spektrums

4

4.1 Eine Ansammlung heißer Sterne in der galaktischen Scheibe (markiert durch die Xe) bläst einen „Schornstein“ in das interstellare Medium, durch den Gas in den galaktischen Halo vordringt.

Wir lernen in der Schule, daß Wissenschaft nach der „wissenschaftlichen Methode" funktioniert: Experimente oder Beobachtungen führen zu einer Theorie; diese sagt Erscheinungen vorher, die experimentell überprüft werden können, und diese Experimente führen wiederum zu einer Verbesserung der Theorie. Doch die Wissenschaftler sind gleichermaßen im Märchenland „Serendip" zu Hause, dessen drei Prinzen auszogen, um nach einem Ding zu suchen und dabei durch einen glücklichen Zufall ein anderes fanden. So glaubte Herschel, durch die Untersuchung enger Sternpaare Parallaxen nachweisen zu können. Statt dessen entdeckte er Doppelsterne, Sternpaare, deren Mitglieder einander umkreisen, und öffnete damit ein Fenster zur stellaren und – was noch überraschender ist – zur *interstellaren* Astronomie.

Interstellare Geister

Die Komponenten klassischer „visueller" Doppelsterne stehen am Himmel weit genug auseinander, um mit optischen Teleskopen aufgelöst zu werden. Solch große Winkelabstände bedeuten auch große physikalische Abstände, so daß die Bahnperioden entsprechend lang sind: Jahre, Jahrzehnte, Jahrhunderte, ja sogar Jahrtausende. Gewöhnlich stehen die Komponenten von Doppelsternen jedoch so dicht beieinander, daß sie visuell nicht getrennt werden können und im Teleskop als ein Stern erscheinen. Da (nach Kepler) das Quadrat einer Bahnperiode proportional zur dritten Potenz des Bahndurchmessers ist, sind die Perioden dieser Sterne kurz – Wochen, Tage, oder gar nur Stunden. Jeder der beiden Sterne erzeugt sein eigenes Spektrum, die sich zu einem überlagern. Ist die Bahnebene irgendwie zur Sichtlinie geneigt und haben die Sterne vergleichbare Helligkeiten, dann können wir wegen der hohen Geschwindigkeiten jedes einzelne Spektrum aufgrund der periodischen Dopplerverschiebungen in Wellenlänge hin und her schwingen sehen. Selbst wenn die eine Komponente die andere völlig überstrahlt, wissen wir, daß es sich um einen Doppelstern handelt, weil das Spektrum des helleren Sterns hin und her schwingt.

δ Orionis, das rechte Juwel im Gürtel des Orion, ist ein Beispiel für solch einen „spektroskopischen Doppelstern". Er besteht aus einem B0-Riesen und einem O9-Zwerg, deren jeweilige Absorptionslinien sich ständig mit einer Periode von 5,7 Tagen in der Wellenlänge hin und her verschieben. Als jedoch Johannes Hartmann das Paar im Jahre 1904 untersuchte, entdeckte er eine schmale Absorptionslinie des ionisierten Calciums, deren Wellenlänge unveränderlich fest

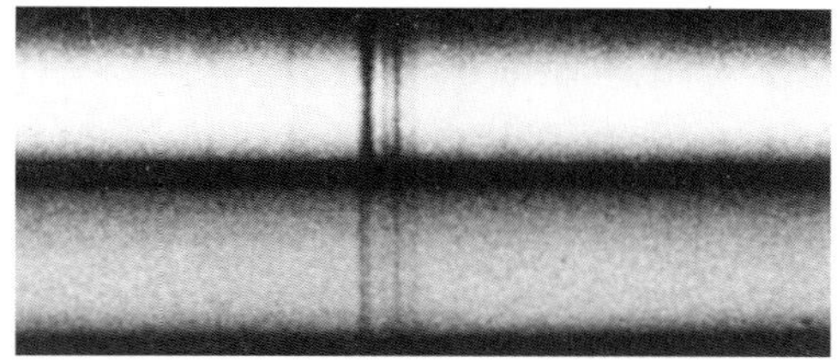

4.2 Gegen das Spektrum von ε Orionis, dem mittleren Stern im Gürtel des Orion, beobachtet man interstellare Mehrfachlinien des ionisierten Calciums und neutralen Natriums.

blieb. Da die Linie stationär war, konnte sie nicht in den Atmosphären der einander umkreisenden Sterne erzeugt worden sein. „Sie weist", so schrieb er, „auf das Vorhandensein einer absorbierenden Gasschicht hin, die nicht unmittelbar mit dem Stern verbunden ist", und er schloß, daß „es nicht unwahrscheinlich ist, daß die Wolke in irgendeiner Beziehung zu den ausgedehnten nebligen [hellen] Massen steht, die, wie Barnard zeigte, in der Nachbarschaft vorhanden sind." In der langen Tradition zufälliger astronomischer Entdeckungen hatte Hartmann – wenn er es auch nicht wußte – das gasförmige interstellare Medium entdeckt, das *nicht* auf Emissionsnebel beschränkt ist.

Calcium ist kein sehr häufiges Element; es stellt nur etwa ein Hundertmillionstel (10^{-8}) aller Atome in der Sonne. Die interstellaren Linien des Ca^+ bei 3934 und 3968 Ångström (gerade an der Empfindlichkeitsgrenze des menschlichen Auges) sind nur erkennbar, weil sie direkt vom Grundzustand ausgehen und weil alle Ca^+-Ionen bei diesen Wellenlängen absorbieren können. Vesto Slipher erkannte, daß wenn die Grundzustand-„Resonanzlinien" – die von einem Atom oder Ion erzeugten Linien, die beim Übergang zwischen den beiden niedrigsten Energieniveaus entstehen – des Ca^+ zu sehen sind, auch die ähnlichen Resonanzlinien des neutralen Natriums (im Gelb-Orange bei 5890 und 5896 Ångström) sichtbar sein sollten. In der Tat wurden 1919 auch diese Linien im Spektrum von δ Orionis gefunden.

Danach fand man ähnliche Absorptionslinien in den Spektren heißer Einzelsterne, wo sie als interstellare Eindringlinge erkennbar waren, weil ihre Radialgeschwindigkeiten (Geschwindigkeiten längs der Sichtlinie), die aus ihren eigenen Dopplerverschiebungen bestimmt wurden, nicht mit den Radialgeschwindigkeiten der Sterne übereinstimmten. In den Spektren kühler Sterne sind die interstellaren Linien schwer zu beobachten, weil die Sternspektren mit abnehmender Temperatur immer komplexer werden. Die Eigenspektren der relativ seltenen heißen O- und B-Sterne sind jedoch höchst einfach, so daß sie einen fruchtbaren Boden für interstellare Untersuchungen bieten. Bis Mitte der zwanziger Jahre hatte sich aufgrund der Anzahl und der Eigenschaften der schmalen Linien herausgestellt, daß diese nicht einfach durch ein Medium in der Nachbarschaft von Sternen verursacht werden, sondern auf ein allgemeines interstellares Gas hindeuten. Im Laufe der nächsten 40 Jahre fügten die Astronomen ihrer Bestandsliste die roten Resonanzlinien des neutralen Kaliums (bei 7665 und 7699 Ångström) und des neutralen Calciums (4226 Ångström) sowie Linien des neutralen Eisens und ionisierten Titans hinzu. Als Hinweis auf große Dinge, die noch kommen sollten, fanden sie sogar interstellare Absorptionslinien, die von den einfachen Molekülen CH, CH^+ und CN (Cyan) erzeugt werden.

Von gleicher Bedeutung wie die Linien selbst war die 1936 gemachte Entdeckung, daß viele der Linien doppelt sind, die meisten sogar *vielfach*, wie nachfolgende Beobachtungen mit sehr hoher spektraler Auflösung zeigten, wobei jede Komponente eine etwas andere Wellenlänge hat, also jede aufgrund einer anderen konstanten Geschwindigkeit dopplerverschoben ist. Das absorbierende Medium ist daher nicht gleichförmig verteilt, sondern in geisterhaften Gas*wolken* angeordnet, die sich unabhängig voneinander bewegen. Dies sind nicht die Globulen, die Dunkelwolken aus dem letzten Kapitel – es ist nichts zu erkennen, was die Sterne verdeckt oder deutlich abschwächt. Die Analyse Hunderter Sternspektren zeigt, daß diese Wolken, wie der Großteil des interstellaren Mediums, auf die galaktische Ebene beschränkt sind und daß es ganz grob etwa fünf pro Kiloparsec gibt, die sehr unregelmäßig verteilt sind und typischerweise einige Parsec Durchmesser haben.

Wir können jedoch aus Spektren, die sozusagen nur Spurenelemente zeigen, nur begrenzte Informationen über die Wolken erhalten. Wie in den Emissionsnebeln sollte Wasserstoff das bei weitem häufigste Element sein. Leider können wir Wasserstoff nicht in Absorption gegen optische Sternspektren sehen, weil die Temperaturen in den Wolken zu niedrig sind, um die Elektronen durch Stöße auf das zweite Energieniveau anzuheben, von dem die im Sichtbaren liegende Balmer-Serie ausgeht. Darüber hinaus können auf diese Weise nur Wolken untersucht werden, die gegen helle O- und B-Sterne zu sehen sind. Wir müssen also unseren räumlichen und spektralen Blickwinkel erweitern.

Rettung durch Radio

Das in einem früheren Kapitel beschriebene „Elektronenbahnen“-Modell des Wasserstoffs ist sehr stark vereinfacht. Im „klassischen“ Bild des Atoms (dem Bohrschen Modell, das nicht wirklich exakt ist, aber ein gut verständliches Schema darstellt) kann jedes Energieniveau außer dem ersten in Unterniveaus aufgespalten werden, in eine „Feinstruktur“, bei der die Elektronenbahnen elliptisch sind und deren Exzentrizitäten unterschiedliche, spezifische gequantelte Werte annehmen können. Für jedes Energieniveau (jede Bahn) mit der Nummer n (von innen nach außen zählend) gibt es n dieser Unterniveaus, die sich alle sehr geringfügig in der Energie unterscheiden. Erlaubt sind nur Übergänge zwischen benachbarten Unterniveaus. Alle Wasserstofflinien außer denen der Lyman-Serie (die vom ersten Niveau, dem Grundzustand, ausgehen) sind daher mehrfach. Aber da die Feinstrukturniveaus so nahe beieinander liegen, ist die daraus resultierende Feinstruktur einer Balmer- oder einer anderen Wasserstofflinie gewöhnlich nicht erkennbar. Bei Atomen schwerer als Wasserstoff trägt diese Art von Struktur jedoch zur Komplexität der Spektren bei: Die Wechselwirkungen zwischen der wachsenden Anzahl von Elektronen ziehen gewissermaßen die Unterniveaus auseinander und erzeugen so eine Vielzahl von Linien.

Elektronen und Protonen haben eine Eigenschaft, die Spin (Rotation) genannt wird. Wie die Bahnenergien kann auch der Spin nur bestimmte Werte annehmen, das heißt, er ist gequantelt. Bewegte

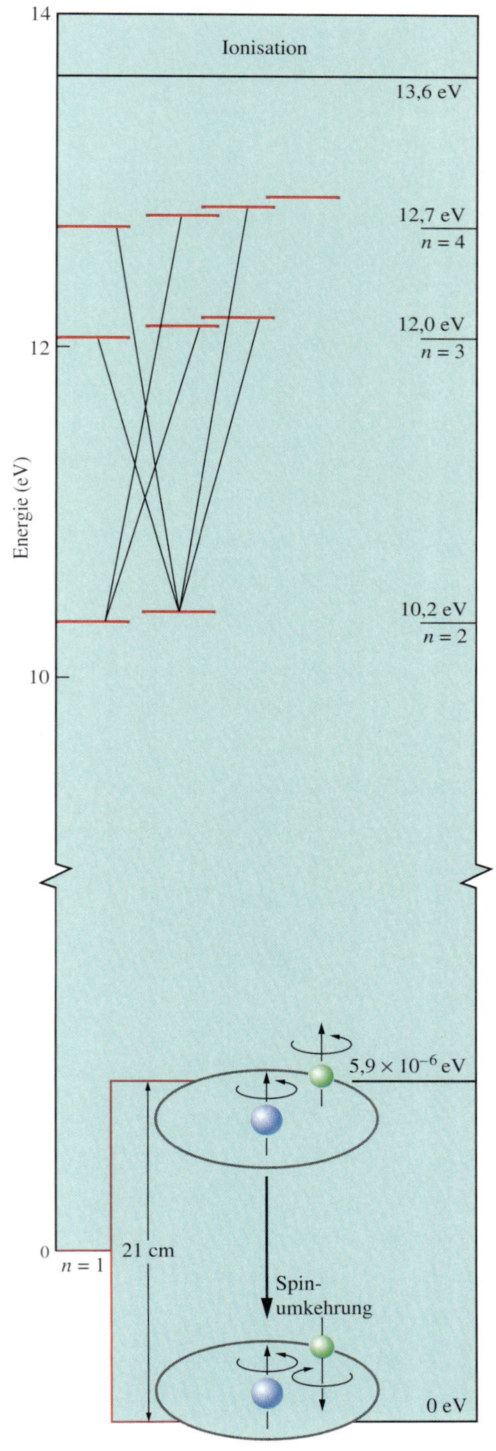

4.3 Die oberen Energieniveaus des Wasserstoffs sind durch unterschiedliche Bahnexzentrizitäten aufgespalten. Niveau 1 spaltet durch magnetische Kräfte auf: Im oberen Zustand rotieren das Elektron und das Proton gleichsinnig, im unteren gegensinnig. Der Übergang zwischen den beiden Zuständen erzeugt die 21-cm-Linie.

elektrische Ladungen erzeugen Magnetfelder. Da Protonen und Elektronen solche Ladungen tragen, erzeugen sowohl ihre Spins wie auch die Bahnbewegung des Elektrons winzige Felder. Das durch den Spin erzeugte Magnetfeld des Protons wechselwirkt mit dem Spin-Bahn-Feld des Elektrons. Dabei gibt es zwei Möglichkeiten. Das Elektron in einem Wasserstoffatom kann in derselben Richtung rotieren wie sein Proton, wobei die Achsen gleichgerichtet oder „parallel“ sind, oder es kann in entgegengesetzter Richtung – „antiparallel“ – rotieren. Sind die Spins parallel, addieren sich die magnetischen Energien, und die Gesamtenergie des Atoms ist ein wenig höher als bei antiparallelen Spins. Daher ist der Grundzustand (und auch andere Niveaus) in zwei „Hyperfeinstruktur“-Niveaus aufgespalten.

Die Hyperfeinstrukturaufspaltung des Grundzustands ist sehr klein. Die Energie, die nötig ist, um ein Wasserstoffatom zu ionisieren, beträgt 13,6 Elektronenvolt (zum Vergleich: eine 100-Watt-Birne verbraucht eine Energie von $1{,}6 \times 10^{21}$ Elektronenvolt pro Sekunde). Ein Photon dieser Energie hat eine Wellenlänge von 912 Ångström (die Lyman-Grenze). Ultraviolettphotonen mit kürzeren Wellenlängen (höheren Energien) können Wasserstoff ionisieren und sind daher für das Leuchten der Emissionsnebel verantwortlich. Das obere Hyperfeinstrukturniveau des Grundzustands liegt nur ganze $5{,}9 \times 10^{-6}$ Elektronenvolt über dem unteren Niveau, eine Energie, die einem Radiophoton mit einer Wellenlänge von 21,049 Zentimetern entspricht.

Der holländische Astronom Hendrick van de Hulst sagte 1944 vorher, daß diese 21-cm-Emissionslinie des neutralen interstellaren Wasserstoffs möglicherweise nachgewiesen werden kann. Während Sie dies lesen, stoßen die Atome in dem Zimmer, in dem Sie sich befinden, ungeheuer oft zusammen: Etwa alle milliardstel Sekunde prallt ein bestimmtes Atom auf ein anderes. Doch wenn die Temperatur sinkt, bewegen sich die Atome langsamer, und wenn die Dichte abnimmt, gibt es weniger Gelegenheiten für einen Zusammenstoß, so daß die Kollisionsrate abnimmt. Im kalten, dünnen Gas des staubhaltigen interstellaren Raumes, wo die Dichten nur einige hundert oder gar nur einige Dutzend Atome pro Kubikzentimeter betragen (im Gegensatz zu den 10^{19} pro Kubikzentimeter in Ihrem Zimmer), muß ein einsames Wasserstoffatom typischerweise Hunderte von Jahren warten, bis es auf ein anderes trifft.

Doch ein Atom hat viel Zeit, und schließlich wird es auch einmal kollidieren. Wenn sich das Wasserstoffatom im unteren Hyperfeinstrukturzustand befindet, mit antiparallelem Protonen- und Elektronenspin, kann die Kollision den Spin umkehren und das Elektron nach oben in den parallelen Zustand versetzen. Dann gibt es zwei Möglichkeiten: Das Elektron kann wieder nach unten springen, indem es seinen Spin spontan umkehrt und die Energie als ein 21-cm-Photon abstrahlt, oder es kann einige hundert Jahre auf einen weiteren Zusammenstoß warten, der es wieder nach unten stößt (wobei kein Photon ausgesandt wird). Der abwärts gerichtete Strahlungsübergang ist jedoch „verboten". Ein Elektron auf Energieniveau 2 (der Stufe, die zu den Balmer-Linien gehört) springt in 10^{-8} Sekunden auf Energieniveau 1; ein Elektron im parallelen Hyperfeinstrukturzustand wartet dagegen typischerweise *elf Millionen Jahre*, bis es auf antiparallel umspringt. Offensichtlich dominieren also die Kollisionen, und wegen der Quantenstatistik des Atoms gibt es dreimal mehr Elektronen im oberen Hyperfeinstrukturzustand als im unteren. Doch innerhalb der jahrhundertelangen Wartezeit auf eine Abwärts-Kollision besteht eine Chance von etwa 1:20000, daß der Strahlungsübergang zuerst auftritt (die Chancen beim Lotto sind sehr viel schlechter). Und da es im interstellaren Raum so viel Wasserstoff gibt, sollte die 21-cm-Linie recht stark sein: Selbst bei einer Dichte von nur einem Atom pro Kubikzentimeter enthält eine ein Kiloparsec lange Säule mit einem Quadratzentimeter Querschnittsfläche mehr als 3×10^{21} Wasserstoffatome!

Die 21-cm-Linie wurde 1951 von Harold Ewan und Edward Purcell entdeckt. Sie ist die bei weitem stärkste interstellare Emissionslinie, stark genug, um von einem erfahrenen Radioamateur problemlos empfangen zu werden. Die Beobachtung und Analyse dieser Linie revolutionierte die Untersuchung des interstellaren Mediums und der Galaxis selbst. Nun mußten wir uns nicht länger auf das beschränken, was aus den Spektren von Metallen zu erfahren war, die nur mit viel Glück gegen den spektralen Hintergrund seltener Sterne oder durch Emission von ionisiertem Gas beobachtet werden können. Nun konnten wir die gesamte Verteilung des neutralen Wasserstoffs ausmachen und untersuchen.

Die beobachtete 21-cm-Emissionslinie hat eine komplizierte Gestalt mit vielen Maxima, die zeigt, daß die Linie aus der überlagerten Emission vieler verschiedener Wolken und Gasregionen besteht, die sich mit unterschiedlichen Radialgeschwindigkeiten bewegen. Logischerweise scheinen dies dieselben Wolken zu sein, die auch für die interstellaren Absorptionslinien des Calciums und Natriums verantwortlich sind. Gelegentlich wird eine Wolke auch einmal vor einer hellen, fernen Radioquelle liegen. In diesem Falle *absorbiert* der Wasserstoff im Vordergrund die 21-cm-Linie, so wie er auch die optischen Spektrallinien absorbiert. Die interstellaren Strukturen, die die Absorptions- und Emissionslinien des neutralen Wasserstoffs erzeugen, sind gemeinhin als HI-Regionen bekannt, in Analogie zu der allgemeinen Praxis, nach der ionisierte Emissionsnebel als HII-Regionen bezeichnet werden.

Die Stärke einer Linie – die Strahlungsenergie in einer Emissionslinie oder die Strahlungsmenge, die von einer Absorptionslinie aus dem Hintergrundkontinuum absorbiert wird – hängt von zwei Dingen ab: von der Anzahl der Atome, die längs der Sichtlinie liegen (der Säulendichte, das heißt, der Anzahl der Atome in einer Säule mit einer Querschnittsfläche von einem Quadratzentimeter) und von der Wahrscheinlichkeit, theoretisch berechnet oder im Labor gemessen, mit der ein einzelnes Atom das relevante Photon emittieren oder absorbieren wird. Das Problem wird durch die Tatsache erschwert, daß eine Emissionswolke einige ihrer eigenen Photonen wieder absorbiert und daß jede Absorptionslinie durch emittierte Photonen teilweise wieder aufgefüllt wird. Hinzu kommt, daß eine absorbierende Wolke, die alle einfallenden Photonen auffängt, offensichtlich keine weiteren absorbieren kann und daher vollkommen schwarz erscheint, das heißt, gesättigt ist. Solche Wolken, in denen die Strahlung, aus welchem Wellenlängenbereich auch immer, merklich re-absorbiert oder re-emittiert wird, nennt man optisch dick.

Das Wechselspiel zwischen Absorption und Emission ermöglicht es, die Bedingungen innerhalb der Wolken zu bestimmen. Komplexe

4.4 Eine mit Hilfe von 21-cm-Beobachtungen erstellte galaktische Karte von HI bei einer Radialgeschwindigkeit von 0 Kilometer pro Sekunde zeigt nicht so sehr Wolken, sondern eher ein komplexes Nest aus untereinander verbundenen Flächen, Blasen und Filamenten.

mathematische Analysen der relativen Stärken der von neutralen Wasserstoffwolken erzeugten Absorptions- und Emissionslinien ergeben durchschnittliche Temperaturen von etwa 100 Kelvin, wobei die Bandbreite von rund 40 Kelvin bis zu etwa 200 Kelvin reicht. Die HI-Wolken sind kalt, aber nicht *so* kalt, und folglich betrachtet man sie als die „kühle" Komponente des interstellaren Mediums. Aus den Säulendichten und der geschätzten Größe der Wolken von einem bis einigen Parsec erhalten wir Dichten von einigen Dutzend bis zu einigen hundert Atomen pro Kubikzentimeter. Damit liegen diese Dichtewerte im allgemeinen unter denen der klassischen Emissionsnebel. Die Massen der Wolken (berechnet aus der bekannten Masse des Protons) liegen daher typischerweise in dem Bereich von einigen Dutzend bis vielleicht hundert Sonnenmassen.

Wesentlich für ein vollständigeres Verständnis der Wolken ist die Kenntnis ihrer chemischen Zusammensetzungen. Hierfür kehren wir zu den Absorptionslinien zurück, die von anderen Elementen als Wasserstoff in den Spektren stellarer Hintergrundquellen erzeugt werden. Das optische Spektrum liefert uns einzelne wertvolle interstellare „Nuggets", aber die „Hauptader" liegt im Ultraviolettbereich. Als erster „ausgebeutet" hat sie der 1972 gestartete *Copernicus*-Satellit, der einen Ultraviolettspektrographen der Princeton

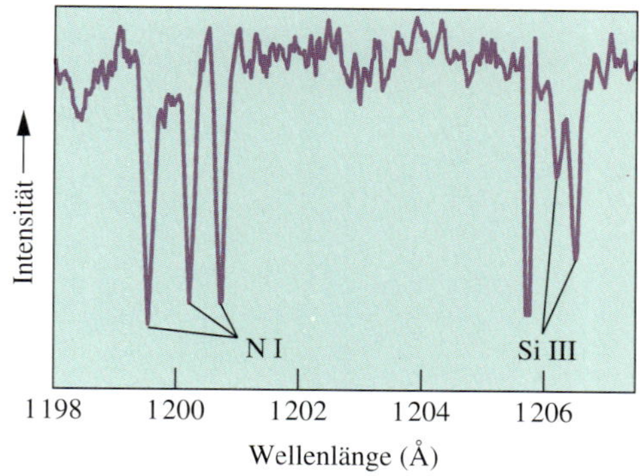

4.5 Dieses mit dem *IUE*-Satelliten aufgenommene Spektrum zeigt eine Vielzahl von interstellaren Absorptionslinien im Ultraviolettbereich.

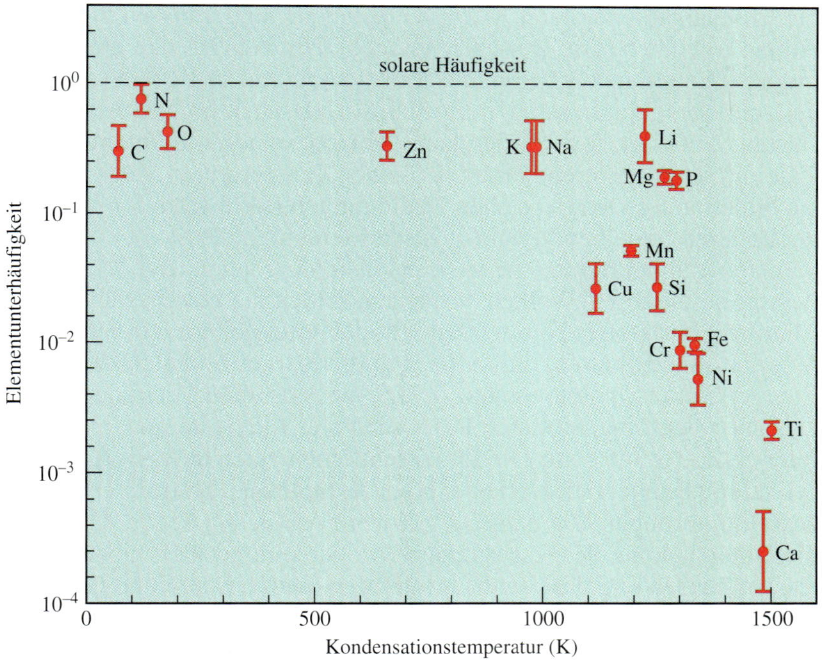

4.6 Die Unterhäufigkeiten interstellarer Elemente relativ zu den solaren Häufigkeiten sind mit den Kondensationstemperaturen korreliert. Dies deutet stark darauf hin, daß sich die entsprechenden Elemente aus der Gasphase verfestigen und an Staubkörnern anlagern, wodurch es im Gas zu den beobachteten Unterhäufigkeiten kommt.

University an Bord hatte. Ihm folgte 1975 der sagenhaft erfolgreiche *International Ultraviolet Explorer* und dann das 1990 gestartete und 1993 erfolgreich reparierte *Hubble*-Weltraumteleskop. Es ist der UV-Bereich, in dem wir Linien von Zink, Magnesium, Silicium, Mangan und zahlreichen anderen Elementen beobachten.

Messungen der Säulendichten, verbunden mit denen des Wasserstoffs, ermöglichen es, in den Wolken das Anzahlverhältnis eines bestimmten Elements zu Wasserstoff zu bestimmen. Der Vergleich der Ergebnisse mit der Zusammensetzung der Sonne liefert ein entschieden merkwürdiges Muster, bei dem fast alle beobachteten Elemente schwerer als Wasserstoff unterhäufig sind – das heißt, ihre relativen Häufigkeiten sind niedriger als in der Sonne. Die Häufigkeit von Stickstoff (also das N/H-Verhältnis) ist gerade etwa „normal", das heißt, sie ähnelt der auf der Sonne (wie auch auf der Erde und in Meteoriten) gefundenen. Aber Sauerstoff und Kohlenstoff sind um einen Faktor 2 oder 3 vermindert, möglicherweise zum Teil wegen Inhomogenitäten in der Zusammensetzung innerhalb der Galaxis. Die Unterhäufigkeiten einiger Element sind jedoch außergewöhnlich groß: Eisen ist um den Faktor 100 vermindert und Titan und Calcium um den Faktor 1000. Darüber hinaus sind diese Unterhäufigkeiten um so größer, je dichter eine Wolke ist.

Wo sind die fehlenden Atome? Da wir wissen, daß die Sonne und die Erde aus interstellarer Materie entstanden sind, müssen die Atome irgendwo sein. Der entscheidende Hinweis ist, daß die Unterhäufigkeiten mit der Kondensationstemperatur in Beziehung stehen, der Temperatur, bei der ein Element, das sich im gasförmigen Zustand befindet, fest werden kann. Hitzebeständige Elemente, wie Calcium, kondensieren bereits bei hohen Temperaturen – das heißt, sie bilden unter energiereichen Bedingungen leicht feste Stoffe. Auf der anderen Seite benötigen flüchtige Elemente, wie Stickstoff, *niedrige* Temperaturen, ehe sie kondensieren können. Bei den Temperaturen, die in HI-Wolken herrschen, bilden die hitzebeständigen Elemente Feststoffe. Nun wissen wir, daß interstellare Körner Metallatome enthalten, durch die sich die Körner im galaktischen Magnetfeld ausrichten können, so daß sie Sternlicht polarisieren. Der Dieb beim interstellaren Raub schwerer Elemente muß also der interstellare Staub sein! Die im wesentlichen aus Kohlenstoff und Silikaten bestehenden Körner müssen komplexen chemischen Prozessen unterliegen, die dem Gas schwere Atome entziehen. Durch die Untersuchung des Gases haben wir also einiges mehr über die Zusammensetzung des Staubs erfahren, wodurch Staub und Gas stärker denn je zu einer unzertrennlichen Partnerschaft verbunden werden.

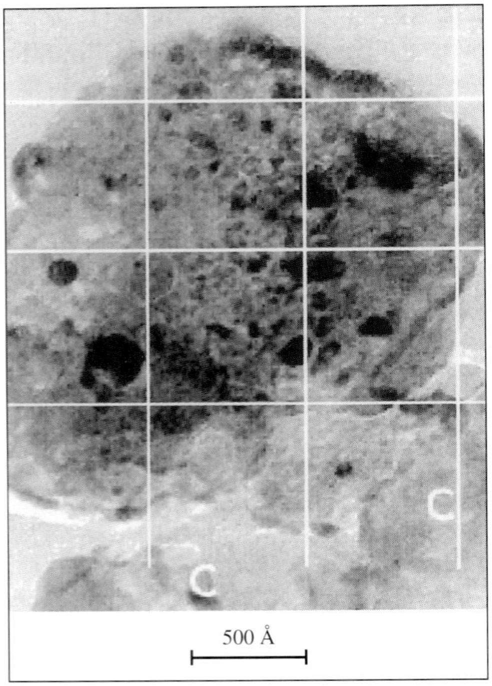

4.7 Im Inneren von kohligen interplanetarischen Staubteilchen (der mit „C" bezeichnete Teil) kann man gut erhaltene interstellare Silikatkörner finden. Die Körner enthalten dunkle metallische Einschlüsse, die offenbar für die Ausrichtung der Körner im Magnetfeld der Galaxis verantwortlich sind und damit für die interstellare Polarisation.

Das große Bild

Wir können die Wolken, ihren Ursprung und ihre Strukturen, nicht verstehen, wenn wir ihre Lage innerhalb der Galaxis nicht kennen. Allein schon das Vorhandensein des Lichtbands, das wir Milchstraße nennen, zeigt uns, daß der Großteil der Sterne unserer Galaxis in einer Scheibe angeordnet ist. Die Wolken – neutrale HI-Wolken, Dunkelwolken, Emissionsnebel und Reflexionsnebel – sind ebenfalls in dieser galaktischen Ebene konzentriert. Unser Wissen über den Aufbau dieser Scheibe und die Verteilung der Wolken darin stammt zum großen Teil aus Untersuchungen der Wolken selbst.

Schon 1794 begann William Herschel, den Aufbau der Galaxis zu untersuchen. Er machte die – wie wir heute wissen naive – Annahme, daß alle Sterne dieselbe Leuchtkraft besitzen und die scheinbaren Helligkeiten daher ihre Entfernungen widerspiegeln. Er zählte in unterschiedlichen Richtungen am Himmel die Anzahl der Sterne pro Größenklassenintervall und erstellte so eine Karte der Galaxis. Sein Milchstraßenmodell ähnelte einem Mühlstein, einer dicken Scheibe, mit der Sonne nahe am Zentrum.

Herschel hatte die abgeflachte Form der Galaxis richtig erkannt. Völlig im Irrtum befand er sich jedoch (wie auch weitere Generationen von Astronomen nach ihm) hinsichtlich der Lage der Sonne. Die interstellare Extinktion, ein ihm unbekanntes Phänomen, verurteilt jegliche optische Untersuchung der großräumigen Struktur der Galaxis, die sich auf die Scheibe beschränkt, zum Scheitern. Selbst mit einer mittleren lokalen Extinktion innerhalb der galaktischen Scheibe von nur etwa einer Größenklasse pro Kiloparsec ist unsere

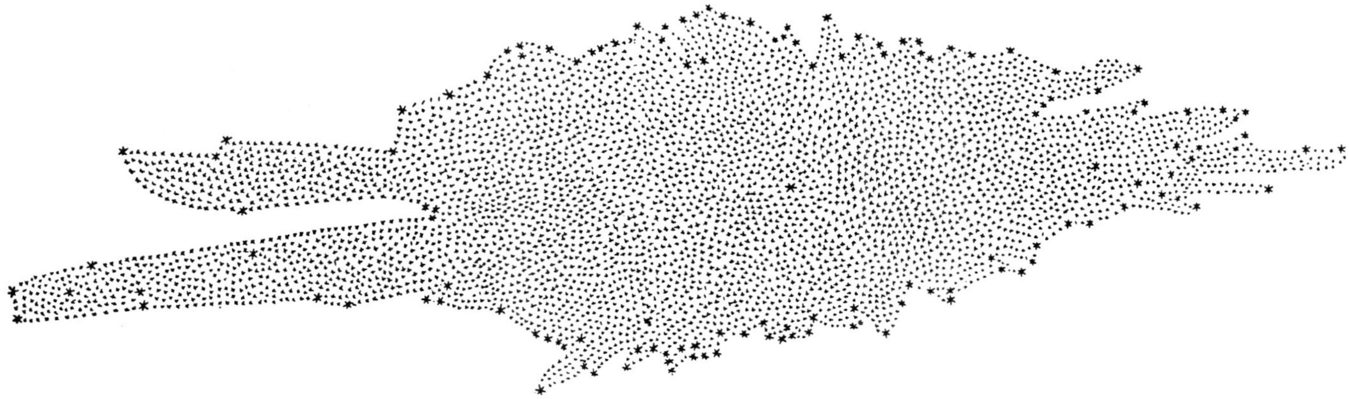

4.8 Die Karte, die William Herschel von der Galaxis anfertigte, zeigt diese als abgeflachtes Gebilde mit der Sonne in der Nähe des Zentrums. Die Auswirkungen der interstellaren Extinktion waren Herschel unbekannt.

Sicht im Optischen in Richtung auf das Innere der Galaxis auf wenige Kiloparsec beschränkt. Näher zum galaktischen Zentrum hin nimmt die Extinktion enorm zu – der galaktische Kern ist hinter 30 Größenklassen Extinktion verborgen (nur eins von einer Billion Photonen kommt durch). Folglich sehen wir praktisch nur die lokale Umgebung der Scheibe auf unserer Seite der Galaxis – ein wichtiger Anblick, aber nicht annähernd ausreichend, um herauszufinden, wie die Galaxis aufgebaut ist.

Um das Jahr 1918 konstruierte Harlow Shapley mit Hilfe der Kugelhaufen ein anderes Bild der Galaxis. Da die Kugelhaufen im galaktischen Halo liegen – viele bei hohen Winkeln zur galaktischen Ebene, wo nur wenig Staub vorhanden ist –, können sie fast über die gesamte Galaxis hinweg beobachtet werden. Shapley schätzte die Entfernungen der Haufen mit Hilfe veränderlicher Sterne in ihnen ab, wobei die Perioden der Helligkeitsschwankungen der Sterne deren Leuchtkräfte angeben. Er machte die damals kühne Annahme, daß der Schwerpunkt der Verteilung der Haufen identisch ist mit dem der Sterne in der Scheibe. Shapley bestimmte ursprünglich den Abstand der Sonne zum galaktischen Zentrum mit 13 Kiloparsec. Aber seine Eichung der veränderlichen Sterne, die die Entfernungen lieferten, war fehlerhaft, und er hatte die verdunkelnde Wirkung des Staubs nicht berücksichtigt. Moderne Analysen, die die Untersuchungen vieler weiterer Arten von Halo-Objekten mit in Rechnung stellen, setzen die Sonne in etwa acht Kiloparsec Entfernung zum Zentrum.

Radiowellen, die den Dunst des interstellaren Staubs problemlos durchdringen, und speziell die 21-cm-Linie, die eine Wellenlängenreferenz und damit (über den Dopplereffekt) einen Hinweis auf die Geschwindigkeit liefert, ermöglichen es uns, innerhalb der galaktischen Scheibe zu navigieren. Als erstes stellen wir ein Koordinatensystem mit galaktischer Breite und Länge auf, das auf dem galaktischen Äquator basiert, der Mittellinie der Milchstraße. Als Zentrum, bei 0° Länge, wird eine helle Radioquelle in Sagittarius angenommen, Sagittarius A, die wegen ihrer Helligkeit und Kompaktheit schon vor langer Zeit als das exakte Zentrum unserer Galaxis betrachtet wurde. (Die meisten Astronomen glauben heute, daß ihr Kern, Sagittarius A*, ein massereiches Schwarzes Loch ist und die Strahlung von komprimierter, aufgeheizter Materie stammt, die in das Schwarze Loch stürzt.) Die galaktische Länge wird entlang des Äquators gemessen, von Sagittarius A nach Norden in Richtung Cygnus; die galaktische Breite mißt man senkrecht zum galaktischen Äquator in Richtung zum galaktischen Nord- beziehungsweise Südpol, die im Sternbild Coma Berenices beziehungsweise Sculptor liegen.

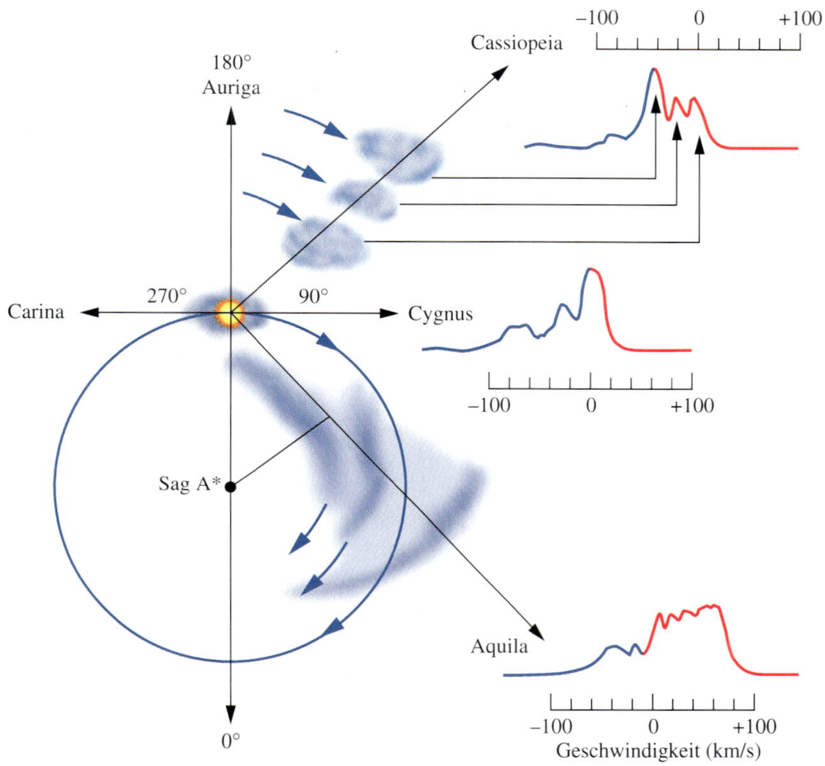

4.9 Galaktische Länge wird vom galaktischen Zentrum in Sagittarius aus gegen den Uhrzeigersinn gemessen. Ein Radioteleskop schaut in drei Richtungen in die galaktische Scheibe und beobachtet komplexe 21-cm-Linien (hier in Geschwindigkeitseinheiten angegeben statt in Wellenlängen). Die Linien entstehen durch die Überlagerung von Wolken, die sich mit unterschiedlichen Geschwindigkeiten bewegen. In Richtung der inneren Galaxis, hier in Richtung Aquila, tritt die maximale Radialgeschwindigkeit relativ zur Sonne an dem Punkt auf, der am nächsten zum galaktischen Zentrum liegt; dieser Abstand kann leicht aus dem rechtwinkligen Dreieck bestimmt werden. Korrigiert man noch hinsichtlich der Geschwindigkeit der Sonne, erhält man die Rotationsgeschwindigkeit der Galaxis in jenem Abstand.

Die Sonne und die anderen nahegelegenen Sterne umkreisen die Galaxis unter dem Einfluß der gemeinsamen Gravitation aller Sterne, die innerhalb ihrer Umlaufbahnen liegen. Um herauszufinden, wie sich die Sonne bewegt, betrachten wir Objekte – entfernte Sterne und nahe Galaxien –, die nicht an der Rotation um das Zentrum unserer Galaxis teilnehmen und regellose, zufällig verteilte Bewegungen relativ zu uns besitzen. Ihre mittleren Radialgeschwindigkeiten sollten daher die Bahngeschwindigkeit der Sonne um das galaktische Zentrum widerspiegeln. Stellen Sie sich vor, Sie wandeln durch eine Menschenmenge auf einer Party, wo jeder eine andere, beliebige Bewegungsrichtung hat. Diejenigen, die von vorn *direkt auf Sie zukommen*, haben die größte mittlere Annäherungsgeschwindigkeit, diejenigen, die sich hinter Ihnen in derselben Richtung von Ihnen wegbewegen, die größte Zurückweichgeschwindigkeit. Die größte mittlere Annäherungsgeschwindigkeit an die Sonne, 240 Kilometer pro Sekunde, finden wir in Richtung Cygnus, nahe 90° Länge; entsprechend liegt die höchste Zurückweichgeschwindigkeit nahe 270°. Die Sonne scheint sich also mit etwa 240 Kilometer pro Sekunde um das galaktische Zentrum zu bewegen. Indem wir die Bewegung der Sonne relativ zu den lokalen Sternen beob-

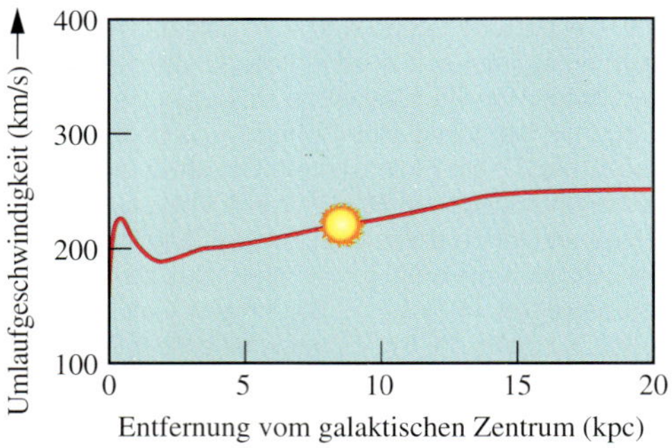

4.10 Die beobachtete Rotationsgeschwindigkeit der Galaxis bleibt mit wachsender Entfernung zum galaktischen Zentrum fast konstant.

achten, können wir die Exzentrizitäten der lokalen Bahnen bestimmen. Daraus ergibt sich, daß die Geschwindigkeit einer Kreisbahn im Abstand der Sonne vom galaktischen Zentrum etwa 220 Kilometer pro Sekunde beträgt.

Damit haben wir jetzt einen Punkt auf der galaktischen Rotationskurve, der Kurve, bei der Rotationsgeschwindigkeit gegen Entfernung zum galaktischen Zentrum aufgetragen ist. Als nächstes richten wir unser Radioteleskop, den Empfänger auf 21 Zentimeter eingestellt, auf die Scheibe, 0° galaktische Breite. Dann wählen wir irgendeine Länge; haben wir uns zum Beispiel für 35° entschieden, schauen wir mitten ins Herz des Großen Spaltes in Aquila. Die beobachtete Spektrallinie ist eine komplexe Mischung der Strahlungen aller Wolken entlang der Sichtlinie, von denen wir annehmen, daß sie sich auf Kreisbahnen bewegen. Die Radialgeschwindigkeiten, die wir beobachten, sind die Differenzen zwischen den Projektionen der Rotationsgeschwindigkeiten auf die Sichtlinie und der entsprechenden Projektion der Sonnengeschwindigkeit. Die maximale Radialgeschwindigkeit tritt bei jenen Wolken auf, deren gesamte Bahngeschwindigkeiten entlang der Sichtlinie liegen, also bei den Wolken, die auf der Tangente an einen Kreis um das galaktische Zentrum und damit diesem am nächsten liegen. Die Strecken Sonne–Wolke, Sonne–Zentrum und Wolke–Zentrum bilden ein rechtwinkliges Dreieck. Da wir den Abstand Sonne–Zentrum kennen, können wir den Abstand Wolke–Zentrum mit einfacher Trigonometrie aus der galaktischen Länge bestimmen (in unserem Beispiel 4,6 Kiloparsec). Wir haben die Radialgeschwindigkeit dieses Punktes aber nur relativ zur Sonne gemessen; fügen wir die auf die Sichtlinie projizierte Geschwindigkeit der Sonne hinzu, erhalten wir einen weiteren Punkt auf der Rotationskurve.

Ein Schwenk durch die galaktische Ebene in einem Halbkreis um das galaktische Zentrum, von 270° Länge über 0° im Zentrum bis zu 90° Länge, ermöglicht die Bestimmung der gesamten Rotationskurve innerhalb der Sonnenumlaufbahn. Es ist offensichtlich, daß diese Tangenten-Methode außerhalb der Sonnenumlaufbahn nicht funktioniert. Aber dort ist der Staub dünner, so daß wir Sterne innerhalb verschiedener interstellarer Wolken beobachten können, deren Entfernungen über die Spektren dieser Sterne mittels der spektroskopischen Entfernungsmethode bestimmt werden können. Damit können wir die Rotationskurve auf über 20 Kiloparsec Abstand vom Zentrum nach außen erweitern. Innerhalb recht großer Fehlergrenzen bleibt die Rotationsgeschwindigkeit in dem Bereich von rund drei Kiloparsec Abstand vom Zentrum bis hinaus zum äußersten Radius, bis zu dem wir schauen können, relativ konstant bei rund 200 bis 250 Kilometer pro Sekunde.

4.11 Die nahe Galaxie M 100 stellt eine wunderschöne Spiralstruktur zur Schau, die der in unserer eigenen Galaxis ähnelt.

Die aus diesen relativ einfachen, aber zeitraubenden Beobachtungen gewonnenen Erkenntnisse sind sehr weitreichend. Wenn wir die Positionen lokaler junger Sterne in einem Diagramm aufzeichnen – die heißen O- und B-Sterne, die wir innerhalb einiger Kiloparsec sehen können –, stellen wir fest, daß sie in breiten Bändern angeordnet sind, die die nahegelegenen Abschnitte von Spiralarmen darstellen, so wie wir sie auch in anderen Galaxien beobachten. Die 21-cm-Strahlung, die von weiter entfernten Quellen ausgeht, läßt über die gesamte Galaxis hinweg Spiralarme erkennen. Solange die Bahnen kreisförmig sind, hängen die Radialgeschwindigkeiten der Wolken entlang jeder Sichtlinie in der galaktischen Ebene strikt von der Entfernung zur Erde und folglich von der Entfernung zum galaktischen Zentrum ab. Sobald wir die Rotationskurve kennen, können wir die Wolken lokalisieren und ihre Positionen auftragen, sogar außerhalb der Sonnenumlaufbahn. Das Ergebnis ist eine Karte dünner Spiralarme aus neutralem Wasserstoff, die das optische Bild dramatisch erweitern. Daß die jungen O- und B-Sterne in Spiralarmen liegen, zeigt, daß die Arme ihre Geburtsstätten sind; daß interstellare Wolken ebenfalls die Spiralarme deutlich hervorheben, liefert eine weitere Verbindung zwischen den Wolken und Sternentstehung.

Die Arme werden in Richtung der galaktischen Rotation nachgeschleppt, als ob sie sich aufwickelten, und können daher keine dauerhaften Gebilde sein. Wenn sich auch die Theorie der Spiralarme als recht schwierig erwiesen hat und noch nicht vollständig ist, so scheinen doch die Arme Dichtewellen zu sein, die durch das System hindurchlaufen. Eine Störung innerhalb einer Scheibengalaxie, die entweder von innen oder von außen hervorgerufen wird, erzeugt eine Anhäufung von Materie, deren Gravitation zu weiteren Anhäufungen führt, die sich durch die Materie hindurchbewegen, wobei die Rotation der Galaxie die Wellen zu einer Spiralform auseinanderzieht. Die Materie in den Armen kommt und geht, während die Galaxie rotiert, wobei auch die Arme langfristig ständig ihr Muster verändern.

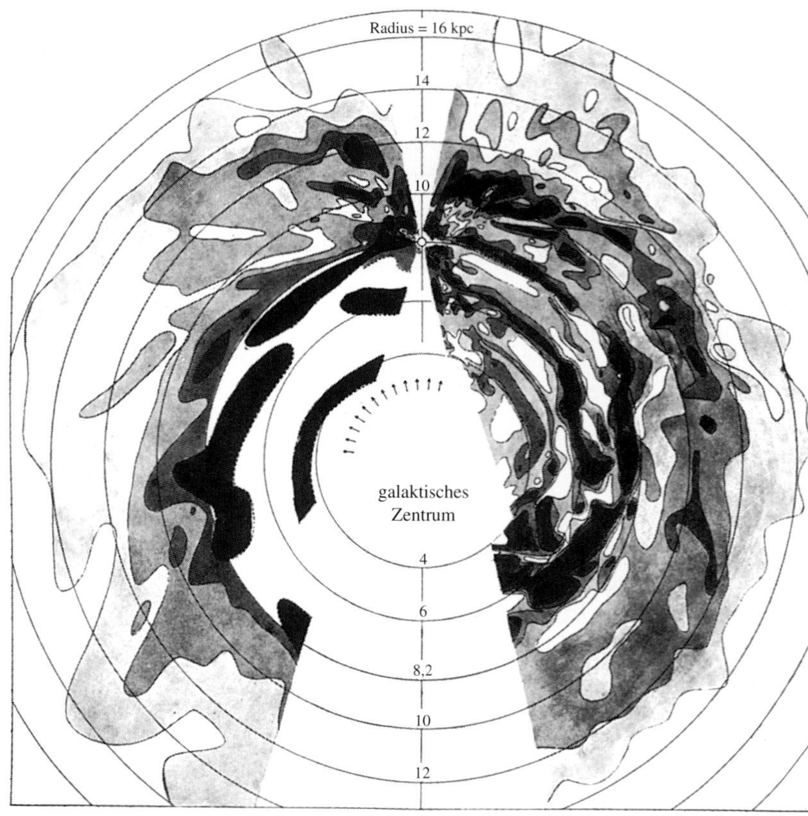

4.12 Die HI-Wolken der Galaxis zeichnen dünne Spiralarme nach.

Die Rotationskurve ermöglicht es auch, die Masse der Galaxis zu bestimmen. Newton zeigte, daß sich jeder gravitierende Körper mit einer sphärischen Materieverteilung so verhält, als ob seine gesamte Masse im Zentrum konzentriert sei. Wäre die Masse der Erde in ihrem Zentrum zusammengeballt und Sie stünden auf einer Plattform in 6500 Kilometer Höhe (dem Radius der Erde), dann würden Sie genauso viel wiegen wie jetzt. Die Sonnenbahn reagiert auf die innerhalb von ihr liegende Masse der Galaxis. Während die Galaxis kaum sphärisch symmetrisch zu nennen ist, so bilden Sonne und innere Galaxis doch in einfacher Näherung ein Zweikörpersystem, in welchem sich die Sonne so verhält, als ob die innerhalb von acht Kiloparsec liegende Masse der Galaxis in einer Kugel im Zentrum konzentriert wäre. Daher können wir das von Newton umgewandelte Keplersche Gesetz der Planetenbewegung anwenden, um die Masse der inneren Galaxis grob abzuschätzen, so wie wir es auch bei Doppelsternen tun.

Die Sonne umrundet das galaktische Zentrum auf einer ungefähren Kreisbahn mit einem Radius von acht Kiloparsec, mit einer (auf die Kreisbahn reduzierten) Geschwindigkeit von 220 Kilometer pro Sekunde. Die sich daraus ergebende Umlaufperiode beträgt 225 Millionen Jahre. Die Umrechnung der Einheiten in Sekunden und Meter ergibt eine Masse innerhalb der Sonnenbahn von etwas unter 2×10^{41} Kilogramm oder etwa 90 Milliarden Sonnenmassen. Unter der Annahme, daß der Großteil dieser Masse in Sternen vorliegt, stellen wir aufgrund von Sternzählungen fest, daß wir nur etwa 20 Prozent mehr hinzufügen müssen, um die ganze stellare Masse der gesamten Galaxis zu erhalten. Die meisten Sterne in der Galaxis sind massearme Zwerge mit im Mittel rund einer halben Sonnenmasse. Eine galaktische Masse von 100 Milliarden Sonnenmassen bedeutet daher, daß in der Galaxis rund 200 Milliarden Sterne vorhanden sind. Radio- und optische Beobachtungen zeigen, daß etwa zehn Prozent dieser Masse als Gas und Staub der interstellaren Materie vorliegen, ein reichlicher Vorrat für die Bildung neuer Sterne.

Zwischen den Wolken

Wie unsere Erkundung bisher gezeigt hat, scheint das interstellare Medium größtenteils aus Gas- und Staubwolken zu bestehen, die mehr oder weniger auf die Spiralarme beschränkt sind. Eine dichte Wolke kann uns als irgendeine Form von Dunkelnebel erscheinen; liegt sie in der Nähe eines Sterns, als Reflexionsnebel; liegt sie nahe oder rings um einen hinreichend heißen Stern, als Emissionsnebel; hat sie eine geringere Dichte, als Quelle von 21-cm-Strahlung oder als Absorber interstellarer Linien. Was hält all diese Wolken zusammen? Warum gibt es so etwas wie Wolken? Sind sie relativ dauerhaft und bleiben auf ein Volumen begrenzt, oder expandieren sie und lösen sich auf? Wenn sie zusammengehalten werden, welche Kraft bewirkt das? Wenn sie sich auflösen, warum gibt es dann überhaupt Wolken? Verschmelzen, zerbrechen und bilden sie sich neu? Wenn ja, warum? Solche Fragen zwingen uns, tiefer einzudringen und nicht nur das inter*stellare*, sondern auch das Medium zwischen *den Wolken* zu untersuchen, das durch Trumplers Entdeckung der allgemeinen interstellaren Absorption bereits vorangekündigt worden war.

Die Existenz so vieler Wolken und die in etwa kugelförmige Gestalt so vieler Globulen deutet auf eine gewisse Dauerhaftigkeit hin. Jeder gasförmige Körper übt einen nach außen gerichteten Druck (P) aus, der proportional ist zum Produkt aus Dichte (ausgedrückt durch die Anzahl der Teilchen pro Volumeneinheit, N) und Temperatur (T), also $P = N\mathrm{k}T$, wobei k eine Konstante ist. Stabilität erfordert eine nach innen gerichtete Kraft, die dem auswärts gerichteten Druck entgegenwirkt. Bei einem Stern, der sich im sogenannten hydrostatischen Gleichgewicht befindet, gleicht der nach innen gerichtete Zug der Gravitation exakt den auswärts gerichteten Gasdruck aus. Wir wissen, daß bei einigen Wolken die Gravitation die volumenbegrenzende Kraft sein *muß*, weil es die Gravitation ist, die die Kontraktion der Wolken zu neuen Sternen bewirkt.

Eine selbstgravitierende Wolke muß jedoch genügend Masse und eine bestimmte Dichte haben, um den nach außen gerichteten Druck zu überwinden. Bei diffuseren Wolken ist die Gravitation zu schwach, um einen Zusammenhalt zu bewirken. Diese Wolken müssen durch ein umgebendes Gas zusammengehalten werden, ein Zwischenwolken-Medium, dessen eigener entgegenwirkender Druck die Wolken bestehen bleiben läßt. Ein solches Medium muß noch dünner sein als die Wolken, weil es sonst ebenso gut sichtbar wäre wie die Wolken selbst. Da der Druck mit der Temperatur ansteigt, muß das begrenzende Medium warm, ja sogar heiß sein. Die Existenz eines solchen Gases zeigt sich durch eine Vielzahl verschiedener Beobachtungen und Messungen.

Wir beobachten drei Komponenten. Die 21-cm-Strahlung läßt ein *warmes neutrales Medium* erkennen. Eine Emissionslinie, die von einer interstellaren Wolke stammt, stellt in Wirklichkeit eine Mischung aus Photonen dar, die von den einzelnen Atomen erzeugt werden. Wegen der Temperatur der Wolke bewegt sich jedes Atom mit einer etwas anderen Geschwindigkeit. Einige Atome kommen auf uns zu, während sie ein Photon aussenden, andere entfernen sich. Infolgedessen ist jedes Photon relativ zum entsprechenden Mittelwert der Wolke ein wenig dopplerverschoben und die sich ergebende Linie thermisch verbreitert. Sie kann noch mehr verbreitert werden, wenn es turbulente Bewegungen innerhalb der Wolke gibt. Die kühlen HI-Wolken zeigen eine geringe Verbreiterung, was mit einer niedrigen Temperatur in Einklang steht. Die Radioastronomen beobachten jedoch eine den Spektren der einzelnen Wolken überlagerte, sehr viel breitere Linie, die auf Temperaturen von rund 8000 Kelvin hinweist. Diese breite Linie ist gegen helle Quellen nicht in Absorption zu sehen, und daher rührt sie nicht von kleinen, einzelnen Wolken her, sondern von sehr viel größeren Volumen sehr geringer Dichte, die im Mittel bei etwa 0,5 Atomen pro Kubikzentimeter liegt.

In Gebieten des Weltraums, die nicht von jenem Teil der Strahlung heißer O-Sterne abgeschirmt sind, der aus den Emissionsnebeln entweicht, finden wir ein *warmes ionisiertes Medium*, das durch seine schwache, ausgedehnte Hα-Strahlung sichtbar ist. Es gleicht eher einem dünnen, aber riesigen Emissionsnebel, der ein Großteil der Galaxis durchzieht. Schwache verbotene Strahlung deutet wiederum auf Temperaturen von etwa 8000 Kelvin hin. Auch hier zeigt sich wieder die wunderbare Synergie in der Astronomie: Dieses Medium läßt sich am besten mit Hilfe jener dichten Rückstände der Sternentwicklung erforschen, die man Neutronensterne nennt. O-Sterne, die aus Dunkelwolken Emissionsnebel erzeugen, bilden letztlich durch fortgesetzte thermonukleare Fusion in ihrem Inneren eine aus Eisen

4.13 Niederfrequente Radiostrahlung von einem typischen Pulsar, einem rotierenden Neutronenstern, trifft wegen der Brechung durch Elektronen im warmen ionisierten interstellaren Medium später bei uns ein als hochfrequente.

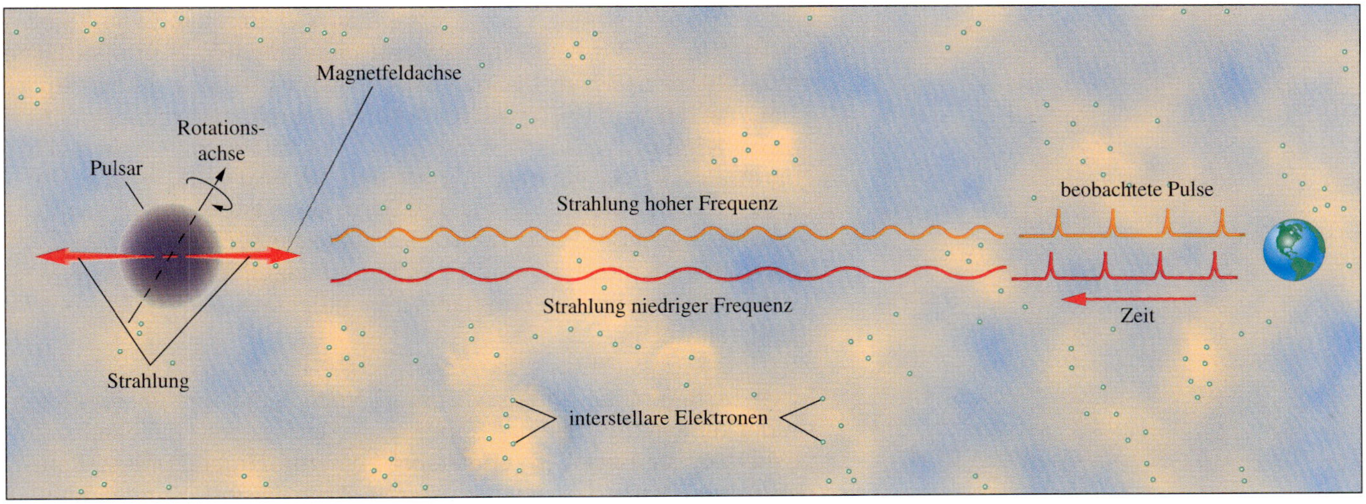

bestehende Kernregion. Wenn am Ende der Fusionskette die Kernregion kollabiert, explodieren diese Sterne als großartige, hell strahlende „Supernovae". Die expandierenden Trümmer der explodierten Sterne werden zu „Supernova-Überresten" (die wir in Kapitel 9 besprechen). Man nimmt an, daß ihre Stoßwellen aus gewöhnlichem Kohlenstoffstaub die interstellaren Diamanten bilden. Die ehemaligen Eisenkernregionen sind jedoch so dicht, daß sie nicht auseinanderfliegen können: Ihre Protonen und Elektronen verschmelzen, so daß die stellaren Überreste zu Neutronensternen von nicht mehr als etwa 30 Kilometer Durchmesser werden. Diese haben außerordentlich hohe Dichten von 10^{14} Teilchen pro Kubikzentimeter sowie Magnetfelder, die auf die billionenfache Stärke des Erdfeldes zusammengepreßt sind.

Frisch geschmiedete Neutronensterne rotieren sehr schnell, bis zu 30mal pro Sekunde. Das Magnetfeld bewirkt, daß Strahlung längs einer gegen die Rotationsachse geneigten magnetischen Achse gebündelt nach außen geleitet wird. Aufgrund der Neigung der Achse kreiseln die beiden Strahlungsbündel wie ein Rasensprenger. Überstreichen sie die Erde, beobachten wir einen Stahlungspuls; dann bezeichnen wir das andernfalls unsichtbare Objekt als Pulsar. Mehr als 600 sind uns bekannt, von denen die meisten langsamer und nur im Radiobereich pulsen.

Alle von der Quelle ausgesandten Radiofrequenzen werden etwa zur gleichen Zeit erzeugt. Auf der Erde empfangen wir jedoch die hochfrequenten Pulse *zuerst*. Licht, Radio- und die übrigen Strahlungen des elektromagnetischen Spektrums pflanzen sich nur im Vakuum mit der „Lichtgeschwindigkeit" *c* fort. Wenn sich elektromagnetische Wellen durch eine Substanz bewegen, werden sie abgebremst. Die Abbremsung bewirkt die Refraktion oder Brechung von Licht, ein Effekt, den wir beobachten, wenn Licht durch Wasser oder Glas hindurchfällt und zum Beispiel die Form der Fische in einem Aquarium verzerrt wird. Radiowellen werden gebrochen, wenn sie ein ionisiertes Gas durchqueren. Bei Brechung tritt auch Dispersion auf, eine Änderung der Geschwindigkeit mit der Frequenz, wobei niederfrequente Wellen stärker abgebremst werden. Die Änderung der Ankunftszeiten der Pulse je nach Frequenz deutet daher auf freie Elektronen im interstellaren Raum hin und damit auf ein warmes ionisiertes Medium mit einer Elektronendichte von etwa 0,15 pro Kubikzentimeter.

Neue Technologien führen unweigerlich zu neuen und unerwarteten Entdeckungen. So fand der *Copernicus*-Satellit, der eine genaue Untersuchung stellarer Ultraviolettspektren ermöglichte, interstellare Absorptionslinien von hochionisierten Atomen, insbesondere die

OVI-Resonanzlinie (von O^{+5}) bei 1035 Ångström. Für eine so hohe Ionisationsstufe sind enorme Temperaturen nötig, Hunderttausende von Kelvin. Bei noch früheren Missionen in der Erdumlaufbahn war eine diffuse Röntgenstrahlung aus dem Weltall entdeckt worden, das heißt, Röntgenstrahlung, die von keiner Einzelquelle ausgeht und die nur von einem diffusen Gas mit einer Temperatur in der Gegend von einer *Million* Kelvin erzeugt werden kann. Der interstellare Raum enthält daher auch eine *heiße ionisierte Komponente*, die in Analogie zur heißen Korona der Sonne koronales Gas oder koronale Komponente genannt wird. Die Temperatur des koronalen Gases ist viel zu hoch, um durch Absorption von Strahlung heißer Sterne erzeugt zu werden (das Gas kann keine Temperatur haben, die höher ist als die der heißesten Sterne). Die einzig bekannte verfügbare Quelle für eine solche Hitze sind Stoßwellen von explodierenden Sternen, von Supernovae. Damit erzeugen die Supernovae – deren Rückstände, die Neutronensterne, die Untersuchung des warmen ionisierten Gases ermöglichen – ihrerseits noch eine weitere Komponente des interstellaren Mediums. Wie wir noch sehen werden, haben Supernovae auch noch andere tiefgehende Auswirkungen, die möglicherweise sogar zur Bildung der Erde selbst beigetragen haben.

Die gegenseitigen Beziehungen zwischen all diesen Komponenten sind sehr komplex und noch nicht gut verstanden. Der Druck der wärmeren Komponenten scheint dazu beizutragen, die diffusen neutralen Wolken in Form zu halten, die nicht durch Gravitation zusammengehalten werden. Doch wahrscheinlich wird dabei kaum ein echtes „Druckgleichgewicht" erreicht, so daß es zu ständigen Veränderungen in der Struktur des interstellaren Mediums kommt. Bestimmt werden müssen auch noch das Raumvolumen und der Bruchteil der interstellaren Masse, die jeder Bestandteil für sich beansprucht. Ein Teil des Problems besteht darin, daß die interstellaren Komponenten räumlich nicht zusammenfallen, das heißt, daß sie innerhalb der Struktur der Galaxis nicht dieselben Orte bevölkern. Die kühlen neutralen Wolken nehmen, wie die dichten Globulen, eine dünne Scheibe von nur rund 200 Parsec Dicke ein, die sich bis etwa 100 Parsec über und unter die galaktische Ebene erstreckt. Es gibt jedoch keine scharfen Grenzen. Der sogenannte Rand wird durch eine Skalenhöhe angegeben, bei der die räumliche Dichte der Wolken (die Anzahl pro Volumeneinheit) auf $1/e$ ihres zentralen Wertes abfällt (wobei e, die Basis der natürlichen Logarithmen, gleich 2,714... ist). Einige neutrale Wasserstoffwolken verletzen jedoch sogar diese einfache Vorgabe, so daß wir auch bei sehr hohen galaktischen Breiten, einige tausend Parsec von der Mittelebene entfernt, noch Abtrünnige finden, von denen einige anomal hohe Radialgeschwindigkeiten haben. Erwärmte Luft dehnt sich aus: Man

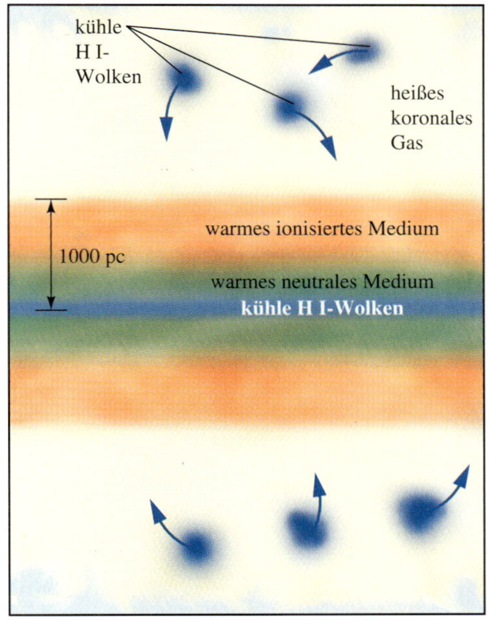

4.14 Je wärmer die Komponente des interstellaren Mediums ist, desto weiter expandiert sie von der Mittelebene der Galaxis weg. Die kühlen HI-Wolken sind im allgemeinen auf eine sehr dünne Schicht begrenzt, doch einige wenige sind auch in großen Höhen über (und unter) der Scheibe zu sehen. Das warme neutrale Medium und das warme ionisierte Medium nehmen sehr viel dickere Schichten ein, während sich das koronale Gas bis in große Höhen erstreckt. Möglicherweise steigt die heiße Komponente zum Teil infolge von Supernovaexplosionen fontänenartig in den Halo auf, kühlt sich ab und strömt dann zurück in die Scheibe.

erwärme langsam einen Ballon und schaue zu, wie er dicker wird. Die wärmeren Komponenten des interstellaren Mediums dehnen sich daher deutlich über die Mittelebene hinaus aus. Die Skalenhöhen des warmen neutralen und des warmen ionisierten Mediums betragen 500 Parsec beziehungsweise 1000 Parsec und die des koronalen Gases 3000 Parsec, wodurch das heiße interstellare Medium deutlich in den galaktischen Halo hineinreicht.

Die kühlen HI-Wolken enthalten – *sehr* grob – etwa ein Viertel der Masse des interstellaren Mediums, aber da sie relativ dicht sind, nehmen sie nur rund zwei Prozent des Volumens ein. Die beiden warmen Komponenten enthalten mehr Masse, vielleicht die Hälfte der Gesamtmasse, zwei Drittel davon in der neutralen Phase; und zusammen nehmen sie auch die Hälfte des Volumens ein. Das koronale Gas erfüllt vielleicht in etwa die Hälfte des restlichen Volumens, aber wegen seiner extrem geringen Dichte – nur 10^{-3} Atome pro Kubikzentimeter, in Einklang mit seiner hohen Temperatur – enthält es nur wenige Prozent der Masse.

Das gesamte System ist sehr viel komplexer, als diese einfache Beschreibung andeutet. Das interstellare Medium ist eine dynamische, sich ständig verändernde Struktur. Die Dichtewellen, die die Spiralarme erzeugen, wirken wie riesige Kolben, die das interstellare Gas zusammenpressen und dazu beitragen, die Wolken zu bilden, die ständig miteinander zusammenstoßen, zerbrechen und sich neu bilden. Die kühlen „Wolken" sind wahrscheinlich in Wirklichkeit überhaupt keine richtigen Wolken, sondern Flächen und Filamente, von denen viele an den Rändern expandierender heißer Blasen liegen, die von den Druckwellen explodierender Supernovae gebildet werden. Das interstellare Medium hat möglicherweise eine schaumartige Struktur, wie ein Schwamm, in der sich heiße expandierende Supernovablasen durch das kühlere Gas schlängeln. Eine ganzheitliche Sicht vergleicht das interstellare Medium sogar mit einer Fontäne, in der heißes, bei Supernovaexplosionen erzeugtes Gas hoch in den galaktischen Halo emporgehoben wird, wo es zu dichteren neutralen Wolken hoher Geschwindigkeiten abkühlt, die wieder hinab in die Scheibe regnen, um in einem ewigen Kreislauf erneut hinaufgeschleudert zu werden.

In diesem immer komplexeren Bild ist nicht die Energie des galaktischen Magnetfelds berücksichtigt, das möglicherweise von entscheidender Bedeutung bei der Stützung des heißen Gases in großen galaktischen Höhen ist (und damit die Supernovae von dieser Rolle entbinden würde). Auch kosmische Strahlung, auf hohe Geschwindigkeiten beschleunigte Atomkerne, kann beträchtliche Mengen zusätzlicher Energie liefern. Obwohl die Astronomen in den letzten paar Jahrzehnten verblüffende Fortschritte beim Studium des interstellaren Mediums erzielt haben, herrscht, alles in allem, noch immer ziemliche Ungewißheit.

Das lokale Medium

Wir neigen vielleicht dazu, das interstellare Medium als etwas „da draußen" anzusehen, das nicht viel mit uns zu tun hat. Doch die Sonne umkreist die Galaxis innerhalb dieses Mediums; es ist Teil unserer Umwelt. Die diffuse Röntgenstrahlung wird leicht durch interstellares Gas absorbiert; sie muß also in unserer Nähe erzeugt werden. Die interstellaren OVI-Absorptionslinien werden ebenfalls in Sternen beobachtet, die recht nahe bei uns liegen. Unser System scheint daher hauptsächlich innerhalb einer Blase aus heißem koronalem Gas zu liegen, der Lokalen Blase, die wahrscheinlich vor relativ kurzer Zeit durch eine Supernova gebildet wurde. Radiobeobachtungen bei 21 Zentimeter deuten auf wenig neutrales Gas hin, obwohl optische Beobachtungen interstellarer Linien einige wenige neutrale Wolken in einem Umkreis von 200 Parsec um uns herum erkennen lassen. Interstellare Ultraviolettabsorptionen deuten darauf hin, daß wir uns tatsächlich innerhalb oder nahe am Rand einer dünnen neutralen Wolke befinden, die sich vielleicht über zehn Parsec innerhalb der Lokalen Blase erstreckt. Diese und die anderen Wolken scheinen mit einer Geschwindigkeit von einigen Kilometern pro Sekunde aus Richtung Scorpio und Centaurus zu blasen, Regionen, die eine große Zahl massereicher junger O- und B-Sterne enthalten, wobei die Wolken vielleicht durch die Explosionen von Supernovae angetrieben werden.

Bemerkenswerterweise sind wir – die Menschheit – im Begriff, in das lokale interstellare Medium vorzudringen. Die Sonne verliert ständig Masse, allerdings mit einer sehr geringen Rate, etwa 10^{-13} Sonnenmassen pro Jahr. Dieser Sonnenwind, der mit einer Geschwindigkeit von einigen hundert Kilometern pro Sekunde an uns vorüber bläst, ist letztlich verantwortlich für die Nordlichter und die gasförmigen Kometenschweife, die immer von der Sonne wegzeigen. Der Sonnenwind hält das lokale interstellare Medium auf Abstand, indem er eine kleine Blase (ungemein viel kleiner als die Lokale Blase) darin freibläst. Vier Raumfahrzeuge – die beiden *Pioneer*-Sonden, die Anfang der siebziger Jahre Jupiter und Saturn beobachtet haben, und die berühmten *Voyager*-Sonden – haben das Planetensystem inzwischen verlassen. Die *Voyagers* müßten noch genug Energie an Bord haben, um solange zu überdauern, bis sie, irgendwann zu Beginn des 21. Jahrhunderts, die Grenze der vom Sonnenwind erzeugten Blase überschreiten, eine Stoßwelle, die Heliopause genannt wird.

Einen ersten Hinweis auf die Heliopause haben wir bereits erhalten: einen neun Monate anhaltenden Ausbruch von Radiostrahlung, den die *Voyager*-Sonden 1992 und 1993 empfangen haben. Eingesetzt hat er etwa ein Jahr nach einer intensiven Periode von Eruptionen und koronalen Ausbrüchen auf der Sonne, die durch die Freisetzung solarer magnetischer Energie im Zusammenhang mit dem elfjährigen Aktivitätszyklus der Sonne verursacht wurden. Wir vermuten, daß die dabei entstandene Stoßwelle den Sonnenwind entlanggerast und schließlich auf die Heliopause getroffen ist, wodurch diese angeregt wurde und die beobachtete Strahlung erzeugt hat. Aufgrund der bekannten Geschwindigkeit solcher Störungen schätzen wir, daß die Heliopause irgendwo zwischen 100 und 150 AE von der Sonne entfernt liegt. Wir stehen also kurz davor, die „große Wasserscheide" zu überqueren und in den wahren interstellaren Raum einzudringen.

Betrachten wir noch einmal das große Bild, den Hintergrund der Lokalen Blase. Die Massenbruchteile des bisher von uns untersuchten interstellaren Mediums – etwa ein Viertel für die HI-Wolken und die Hälfte für das Zwischenwolken-Medium – summieren sich nicht zu Eins. Etwas Wesentliches fehlt. Ein Hinweis auf diese entscheidende Lücke fand sich Ende der dreißiger Jahre in den interstellaren Absorptionslinien der einfachen Moleküle CH und CN. Sie waren die Vorhut von Daten aus dem vielleicht wichtigsten Teil des interstellaren Raumes, sicherlich dem für uns unmittelbar wichtigsten: den kalten Molekülwolken, von denen eine uns hervorgebracht hat.

5

Moleküle!

5.1 Buckyballs, C_{60}-Moleküle, sind der Inbegriff für die Komplexität der interstellaren Chemie.

Ein Wolkenbruch beginnt mit einem einzelnen Tropfen, dann noch einem, dann immer mehr, bis eine wahre Sturzflut niedergeht. Nach ihrer Entdeckung ruhten die interstellaren Molekülabsorptionslinien von CH, CH^+ und CN rund 25 Jahre lang allein und in aller Stille. Die meisten Astronomen waren ziemlich überzeugt, daß interstellare Moleküle nicht sehr wichtig seien – bei den niedrigen Dichten und Temperaturen im Weltraum schwer herzustellen und durch energiereiche Sternstrahlung leicht zu zerstören. Ein paar vorausschauende Theoretiker zählten die Linien einiger Moleküle auf, die möglicherweise im Radiobereich beobachtet werden könnten. 1963 entdeckte dann ein auf Cassiopeia A gerichtetes Radioteleskop gegen den hellen Hintergrund dieser Quelle vier Absorptionslinien, die mit Hydroxyl (OH) identifiziert wurden. Fünf Jahre danach beobachtete man Ammoniak-Emissionslinien (NH_3) in Richtung des galaktischen Zentrums. Wasser wurde ein Jahr später gefunden, und bald folgte die atemberaubende Entdeckung von Formaldehyd (H_2CO), eines *organischen* (kohlenstoffhaltigen) Moleküls. Neue Moleküle trudelten ein, darunter Kohlenmonoxid (CO), molekularer Wasserstoff (H_2, tatsächlich zuerst im Ultravioletten beobachtet), Blausäure (HCN) und – von den Zapfhähnen der himmlischen Taverne fließend – Ethylalkohol (CH_3CH_2OH).

Bis in die siebziger Jahre unseres Jahrhunderts hatte sich die Astronomie, der Tradition und ihren Bedürfnissen folgend, auf die Physik konzentriert und nicht auf die Chemie – schließlich sind Sterne meistens zu heiß, um viel Molekülartiges zu enthalten. Das interstellare Medium hat uns jedoch etwas anderes gelehrt. Obwohl inzwischen 90 interstellare Moleküle und Molekülionen bekannt sind, stehen die Astronomen gerade erst am Beginn der Erforschung einer Chemie, die so reichhaltig ist, daß sie sogar die Keime des Lebens in sich tragen könnte.

Das Verknüpfen von Atomen

Das gesamte Universum besteht aus ein paar einfachen Teilchen normaler Materie – den Protonen, Neutronen und Elektronen, die Atome bilden. In unterschiedlicher Weise angeordnet, bauen sie die chemischen Elemente auf. Nur einige wenige Elemente trifft man gewöhnlich in ihrem Reinzustand an: Kohlenstoff in einem Diamantring, Eisen in einem Zaun, Blei in einem Senkgewicht an der Angelleine, Zink auf einer galvanisierten Mülltonne. Doch die große Mehrheit aller Substanzen sind Kombinationen von Atomen, die eine fast unendliche Vielzahl von Molekülen bilden. Diese besitzen nicht die Eigenschaften der Atome, aus denen sie bestehen, sondern sind ganz neue Stoffe mit völlig anderen Merkmalen. Chlor (Ordnungszahl 17) ist hochgiftig, aber verbindet man es mit Natrium (Ordnungszahl 11), kann man sein Essen damit salzen.

Um zu erkennen, wie Moleküle aufgebaut sind, müssen wir zurück zu den Atomen gehen. Normaler neutraler Wasserstoff besitzt ein negatives Elektron, das die positive elektrische Ladung des einzelnen Protons im Kern ausgleicht. Helium, Ordnungszahl 2, hat normalerweise (wenn es nicht ionisiert ist) zwei Elektronen. Im Grundzustand – das heißt, wenn kein Elektron auf eine höhere Bahn, ein höheres Energieniveau angehoben ist – haben beide Elektronen denselben Bahnradius. Wir gehen weiter zum Lithium und fügen ein drittes Elektron hinzu – doch dieses ist von der Gemeinschaft der ersten Bahn ausgeschlossen.

Atomare Teilchen – hier speziell die Elektronen im Atomverband – werden in der Quantenmechanik durch vier Quanteneigenschaften

5.2 Das Periodensystem ordnet die bekannten chemischen Elemente. Farbige Kästchen bezeichnen diejenigen, die nur instabile – radioaktive – Isotope besitzen; Elemente in den roten Kästchen sind nicht stabil genug, um natürlicherweise auf der Erde vorzukommen. Jede Zeile zeigt eine weitere Elektronenschale an, jede Spalte enthält Elemente mit ähnlichen chemischen Eigenschaften.

14	Ordnungszahl
Si	Symbol
Silicium	Name
28	Atommasse des häufigsten Isotops

1 H Wasserstoff 1																	2 He Helium 4
3 Li Lithium 7	4 Be Beryllium 9											5 B Bor 11	6 C Kohlenstoff 12	7 N Stickstoff 14	8 O Sauerstoff 16	9 F Fluor 19	10 Ne Neon 20
11 Na Natrium 23	12 Mg Magnesium 24											13 Al Aluminum 27	14 Si Silicium 28	15 P Phosphor 31	16 S Schwefel 32	17 Cl Chlor 35	18 Ar Argon 40
19 K Kalium 39	20 Ca Calcium 40	21 Sc Scandium 45	22 Ti Titan 48	23 V Vanadium 51	24 Cr Chrom 52	25 Mn Mangan 55	26 Fe Eisen 56	27 Co Cobalt 59	28 Ni Nickel 58	29 Cu Kupfer 63	30 Zn Zink 64	31 Ga Gallium 69	32 Ge Germanium 74	33 As Arsen 75	34 Se Selen 80	35 Br Brom 79	36 Kr Krypton 84
37 Rb Rubidium 85	38 Sr Strontium 88	39 Y Yttrium 89	40 Zr Zirconium 90	41 Nb Niob 93	42 Mo Molybdän 98	43 Tc Technetium 99	44 Ru Ruthenium 102	45 Rh Rhodium 103	76 Pd Palladium 106	47 Ag Silber 107	48 Cd Cadmium 114	49 In Indium 115	50 Sn Zinn 120	51 Sb Antimon 121	52 Te Tellur 130	53 I Jod 127	54 Xe Xenon 132
55 Cs Cäsium 133	56 Ba Barium 138	57 La Lanthan 139	72 Hf Hafnium 180	73 Ta Tantal 181	74 W Wolfram 184	75 Re Rhenium 187	76 Os Osmium 192	77 Ir Iridium 193	78 Pt Platin 195	79 Au Gold 197	80 Hg Quecksilber 202	81 Tl Thallium 205	82 Pb Blei 208	83 Bi Bismut 209	84 Po Polonium 210	85 At Astat 210	86 Rn Radon 222
87 Fr Francium 223	88 Ra Radium 226	89 Ac Actinium 227	104 261	105 262	106 263	107 262	108	109	110								

Metalle | Nichtmetalle

Lanthaniden

58 Ce Cer 140	59 Pr Praseodym 141	60 Nd Neodym 142	61 Pm Promethium 145	62 Sm Samarium 152	63 Eu Europium 153	64 Gd Gadolinium 158	65 Tb Terbium 159	66 Dy Dysprosium 164	67 Ho Holmium 165	68 Er Erbium 166	69 Tm Thulium 169	70 Yb Ytterbium 174	71 Lu Lutetium 175
90 Th Thorium 232	91 Pa Protactinium 231	92 U Uran 238	93 Np Neptunium 237	94 Pu Plutonium 242	95 Am Americium 243	96 Cm Curium 247	97 Bk Berkelium 249	98 Cf Californium 251	99 Es Einsteinium 254	100 Fm Fermium 253	101 Md Mendelevium 256	102 No Nobelium 254	103 Lr Lawrencium 257

Actiniden

beschrieben, die jeweils mit einem Wert, einer Quantenzahl, verknüpft sind. Zwei davon trifft man bei der Beschreibung des einfachen Bohrschen Atoms an: die Hauptquantenzahl, die die Bahngröße beschreibt, sowie die Drehimpulszahl, die mit den Bahnexzentrizitäten zusammenhängt. Die dritte, die mit dem Spin verknüpft ist, braucht man bei der Erklärung der 21-cm-Radiolinie; sie kann nur zwei Werte annehmen: +1/2 und −1/2. Die vierte ist eine „magnetische" Quantenzahl, die mit der Drehimpulsquantenzahl in Beziehung steht. Das Paulische Ausschließungsprinzip (benannt nach Wolfgang Pauli, einem so „reinen" Theoretiker, daß es hieß, allein schon seine Anwesenheit in einer Stadt würde Experimente zum Scheitern bringen) besagt, daß zwei Elektronen (oder ähnliche Teilchen, wie Protonen und Neutronen) nicht identische Quantenzahlen haben können. Da die beiden Elektronen des Heliums entgegengesetzten Spin haben, sind sie nicht identisch. Daher können sie gemeinsam existieren und eine „Schale" besetzen, die anderen Elektronen nun verschlossen ist. Um identische Quantenzahlen zu vermeiden, nimmt das dritte Elektron des Lithiums eine neue Hauptquantenzahl an: Das heißt, es hat einen größeren Bahnradius und bildet eine neue Schale.

Der Aufbau des Periodensystems, der systematischen Anordnung der Atome, beruht auf dem Abschluß von Schalen. Helium, dessen beide Elektronen die erste Schale (mit der Hauptquantenzahl 1) füllen, beendet die erste Zeile der Tabelle. Größere Schalen haben ein größeres Fassungsvermögen (jede Bahn n hat n Exzentrizitätszustände); sie können mehr Elektronen aufnehmen, ohne daß es zu identischen Quantenzahlen kommt. Während wir die Reihe der Elemente entlanggehen und Protonen hinzufügen – über Beryllium (Ordnungszahl 4), Bor (5), Kohlenstoff (6), Stickstoff (7), Sauerstoff (8) und Fluor (9) –, füllen wir die zweite Schale auf, die bei Neon (10) abschließt, am Ende der zweiten Reihe des Periodensystems. Das nächste Element, Natrium (Ordnungszahl 11), fügt sein elftes Elektron auf einer *dritten* Schale hinzu, die noch weitere sieben Elektronen aufnehmen kann. Diese Schale ist bei Argon aufgefüllt und beendet die dritte Reihe des Periodensystems. Obwohl höhere Ordnungszahlen zu Komplikationen führen, wobei neue Schalen eröffnet werden, bevor darunterliegende abgeschlossen sind (was zu den Außenseiterreihen der „Lanthaniden" und „Actiniden" im Periodensystem führt), liegt dem Ganzen eine strenge Ordnung zugrunde.

Elektronen in ungefüllten äußeren Schalen, die sogenannten Valenzelektronen, können von Atomen gemeinsam genutzt werden, wodurch diese aneinander gebunden werden – mit anderen Worten, Atome können sich verbinden und Moleküle bilden. In dieser einfachen Aussage liegt all der Reichtum der Natur. Im einfachsten Fall verbinden sich zwei identische Atome zu ihrer zweiatomigen Form: Zwei Wasserstoffatome bilden molekularen Wasserstoff, H_2, zwei Sauerstoffatome molekularen Sauerstoff, O_2. Trotz der Ähnlichkeit der Namen unterscheiden sich die molekularen Formen sehr von den atomaren. Die Luft, die wir atmen, enthält molekularen Stickstoff, N_2, unter den lebensspendender Sauerstoff O_2 gemischt ist; atomarer Sauerstoff dagegen ist giftig. Zweiatomige Moleküle können auch aus ungleichen Atomen bestehen – bekannte Beispiele sind CO (Kohlenmonoxid), HCl (Chlorwasserstoff) und NaCl (Kochsalz).

Atome verbinden sich am besten zu Molekülen, wenn die Valenzelektronen zueinander passen. Lithium hat ein einzelnes äußeres Elektron. Fluor braucht ein Elektron, um eine Schale aufzufüllen, das heißt, es hat ein einzelnes „Loch" in seiner äußeren Elektronenschale. Daher verbinden sich die beiden Atome sehr stürmisch zu LiF, Lithiumfluorid (versuchen Sie nicht, dieses Experiment zu Hause durchzuführen). Die Spalten des Periodensystems enthalten Atome mit derselben Anzahl von Valenzelektronen: Die Atome am linken Rand der Tabelle besitzen ein Valenzelektron (der Beginn einer neuen Schale); die am rechten Rand haben keine Valenzelektronen – diese Schalen enthalten gerade die maximale Anzahl Elektronen, das heißt, es gibt keine Löcher, die aufgefüllt werden könnten. Die Atome ein und derselben Spalte haben daher ähnliche chemische Eigenschaften und bilden auf ähnliche (wenn auch sicherlich nicht auf identische) Weise Moleküle. Natrium und Chlor verbinden sich auf dieselbe Weise wie Lithium und Fluor, nur nicht ganz so explosiv (versuchen Sie bitte auch dies nicht). Atome verbinden sich am schlechtesten, wenn ihre äußeren Schalen gefüllt sind. Helium, am Ende einer Reihe im Periodensystem, benötigt keinen Partner und nimmt sich in der Tat auch keinen. Ebensowenig tun dies Neon, Argon, Xenon oder Radon, die Edelgase genannt werden, weil sie stets allein bleiben (tatsächlich *sind* Moleküle aus ihnen erzeugt worden, aber nicht so ohne weiteres).

Unausgeglichene Elektronenpaarungen führen zu instabilen Molekülen, die man Radikale nennt. Sauerstoff benötigt zwei Elektronen für eine gefüllte Schale, aber ein einzelnes Wasserstoffatom kann nur eines liefern. Hydroxyl (OH), eines der wichtigsten Beispiele für ein Radikal, sucht daher nach einem weiteren H-Atom, um ein dreiatomiges Molekül zu bilden – H_2O, Wasser –, das höchst stabil ist. Obwohl sie auf der Erde schwer herzustellen sind, können Radikale im interstellaren Medium in Hülle und Fülle existieren, weil es wegen der extrem geringen Dichten und niedrigen Temperaturen sehr unwahrscheinlich ist, daß sie auf ein anderes Atom treffen oder durch einen Zusammenstoß zerstört werden.

Kombinationen aus drei Atomen wie Wasser, Kohlendioxid (CO_2) und Stickstoffoxid (N_2O) erhöhen die Zahl der Möglichkeiten enorm. Mit vier (Ammoniak, NH_3), fünf (Methan, CH_4), sechs, sieben und mehr Atomen wachsen gleichzeitig die Kombinationsmöglichkeiten noch weiter an. Kohlenstoff hat eine besondere Stellung inne: Mit vier Valenzelektronen stehen ihm ungemein viele Wege für Verbindung offen, und es kann sich mit einer Vielzahl anderer Atome zu unzähligen, enorm komplizierten Molekülen verbinden – Seife zum Beispiel hat Dutzende von Atomen und Desoxyribonukleinsäure (DNS) Hunderttausende. (Silicium, in der nächsten Reihe des Periodensystems, spielt eine ähnliche, wenn auch sehr viel unbedeutendere Rolle.) Kohlenstoffmoleküle bilden die Grundlage für Leben und werden daher *organisch* genannt, ob sie nun mit Leben zu tun haben oder nicht (trotz der Anweisung Ihrer Mutter, sich vor dem Essen die Hände mit Seife zu waschen, ist Seife zum Leben nicht nötig). Entsprechend heißen Moleküle ohne Kohlenstoff *anorganisch*, selbst wenn sie, wie Wasser, lebensnotwendig *sind* (was zeigt, daß nicht nur die Astronomie ein eigentümliches Vokabular verwendet). Die chemischen Formeln organischer Stoffe spiegeln häufig die Reihenfolge wider, in der die Atome längs des Moleküls angeordnet sind. So wird zum Beispiel Methylformiat als $HCOOCH_3$ geschrieben und nicht als $HC_2O_2H_3$. Wie Atome können auch Moleküle ionisiert sein: Wenn CH (ein Radikal wie auch CN) ein Elektron fehlt, wird es zu CH^+, das ebenfalls im interstellaren Raum beobachtet wird. Da die Ionen andere chemische Eigenschaften haben, werden sie, astronomisch sowieso, als unterschiedliche Arten angesehen.

Die Bindungen, die Atome zu Molekülen verknüpfen, sind im allgemeinen schwächer als jene, die die Elektronen an die Atomkerne binden. Energiebeträge (Kollisions- oder Strahlungsenergie), die Elektronen nur auf höhere Energieniveaus anheben würden, können Moleküle leicht zerstören, sie auseinanderreißen. Infolgedessen können Moleküle nicht bei hohen Temperaturen existieren. In der Sonnenatmosphäre können zum Beispiel nur Moleküle überleben, die, wie CH, fest genug gebunden sind, um den ständigen Kollisionen in einem 6000 Kelvin heißen Gas zu widerstehen. Bei 9000 Kelvin, der Oberflächentemperatur des hellen Sterns Wega, sind überhaupt keine Moleküle mehr vorhanden. In den unteren stellaren Temperaturbereichen wird jedoch die Molekülastronomie recht wichtig. Die Spektren kühler Sterne werden von leicht zerstörbarem Titanoxid (TiO) beherrscht. Kohlenstoffsterne (solche, die aufgrund ihrer Entwicklung mehr Kohlenstoff als Sauerstoff besitzen, genau umgekehrt wie normal) enthalten eine Menge C_2, CN

und viele andere Verbindungen. In den kühlsten Sternen beobachten wir auch Oxide anderer Metalle und sogar Wasserdampf.

5.3 Die großen Staubstreifen in Ophiuchus, die sich oberhalb und links der hellen Sterne in Scorpius (etwa in der Mitte des Bildes) erstrecken, sind kalte chemische Fabriken, in denen unzählige Moleküle entstanden sind. Außerdem sind sie Brutstätten für neue Sterne.

Trotz der frühen Beobachtung von CH und CN glaubte niemand, daß Weltraumchemie von großer Bedeutung sein könnte. Man nahm an, daß die niedrigen Dichten und Temperaturen des interstellaren Mediums die Bildung von Molekülen verhindern und energiereiche Photonen von heißen Sternen jene, die doch erzeugt werden konnten, rasch wieder zerstören würden. Betrachten wir den interstellaren Eisschrank aber einmal näher. Energiereiche Sternstrahlung kann in die Staubwolken nicht eindringen, so daß diese – ohne eine äußere Quelle – kalt sind. Kollisionen erfolgen daher nur mit niedrigen Energien und sind auch, wegen der geringen Dichten, selten. Und da es keine energiereichen Photonen gibt, die die Moleküle direkt zerstören könnten, können einmal gebildete Moleküle in großer Zahl überleben.

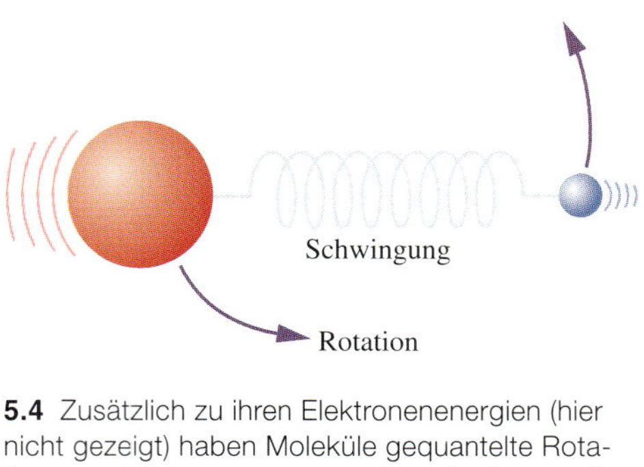

5.4 Zusätzlich zu ihren Elektronenenergien (hier nicht gezeigt) haben Moleküle gequantelte Rotations- und Schwingungsenergien; die Rotation findet um den gemeinsamen Schwerpunkt der Atome statt, die quantenmechanische Version federartiger Schwingungen erfolgt längs einer Achse.

Das wahre Hindernis für die Molekülastronomie stellten jedoch die fehlenden Beobachtungsmöglichkeiten dar. Niedrige Temperaturen sind mit niederenergetischer Strahlung verbunden, nicht mit optischer. Die Astronomen brauchten also eine neue Beobachtungsmethode, und 1963 schalteten sie das Radio ein.

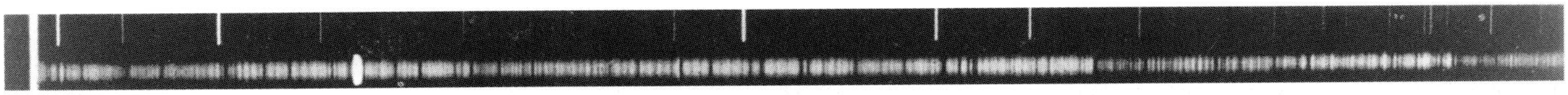

5.5 Das Spektrum des Sterns *o* Ceti – Mira – erscheint fast hoffnungslos komplex; es ist so von Molekülbanden durchschnitten, hauptsächlich von TiO, daß das Kontinuum verschwindet und die Linien sich stark überlappen.

Die Erweiterung des Spektrums

Zur Entdeckung sind jedoch Spektren nötig, und in Bezug auf spektrale Vielfalt und Komplexität sind Moleküle unschlagbar. Verglichen mit ihnen, sind selbst die Spektren der schwersten Atome einfach. Alle atomaren Spektren entstehen durch Elektronenübergänge zwischen verschiedenen Energieniveaus. Moleküle haben jedoch sehr viel mehr Freiheitsgrade und können Energie auch in Form von Rotation und Schwingung enthalten. Ein einfaches zweiatomiges Molekül verhält sich klassischerweise wie eine Art Hantel, die um eine Achse senkrecht zur Verbindungslinie der Atome rotiert, wobei jedes „Gewicht" auch noch schwingt, als ob es am Ende einer Feder säße. Wie Elektronenübergänge sind Rotation und Schwingung ebenfalls gequantelt – das heißt, Rotation und Schwingung können nur bestimmte Energiewerte annehmen. Werden diese gequantelten Energien den Elektronenenergien hinzugefügt, ist die daraus entstehende Komplexität der Spektren geradezu furchterregend.

Man nehme ein einfaches zweiatomiges Molekül, das sich in seinem Grundzustand befindet, wo die Elektronen ihre niedrigste Energie haben und das Molekül ganz in Ruhe ist, nicht schwingt und nicht rotiert. Nun versetze man es in Rotation. Die niedrigsten Energien über dem Grundzustand werden erreicht, indem das Molekül mit immer höheren, aber gequantelten Geschwindigkeiten rotiert. Die Energieniveaus liegen zunächst dicht beieinander, werden jedoch bei höheren Energien weiter auseinandergezogen, weil durch die Zentrifugalkraft die Bindung zwischen den beiden Atomen gedehnt wird. Übergänge sind nur zwischen benachbarten Zuständen erlaubt; sie haben sehr geringe Energien und liegen gewöhnlich im sehr kurzwelligen Radio-, das heißt, im Mikrowellenbereich. Die Wellenlängen ihrer Photonen werden typischerweise in Millimetern gemessen (daher ist ein Radioteleskop nötig), oder sie liegen am langwelligen Ende des Infraroten, im „fernen" Infrarot. Erlaubte Rotationsspektren treten jedoch nur auf, wenn die beiden Atome eines zweiatomigen Moleküls unterschiedlich sind, wie bei CN oder CO. Wenn sie gleich sind, wie bei H_2 oder C_2, sind die Übergänge verboten (im gleichen Sinne wie die „Nebulium"-Linien) und die Linien relativ schwach.

Nun halte man die Rotation an und erlaube dem Molekül nur zu schwingen. Die Schwingungs-Energieniveaus steigen eher wie die des Wasserstoffatoms an, liegen also mit zunehmender Energie immer dichter beieinander. Bei niedrigen Energien ist die Schwingung fast linear – das heißt, die Atome werden gleich weit nach innen und außen aus ihrer Ruhestellung ausgelenkt. Aber mit zunehmender Energie ist die Auslenkung nach außen größer als die nach innen: Nach innen ist die Schwingung räumlich begrenzt, nach außen nicht. Schließlich schwingen die Atome so weit auseinander, daß die Bindung bricht und das Molekül auf eine der Ionisation analogen Weise dissoziiert. Bei niedrigen Energien sind Übergänge zwischen benachbarten Schwingungszuständen die weitaus wahrscheinlichsten, doch bei höheren Energien sind auch größere Sprünge möglich. Da Schwingungsenergien größer sind als die der Rotation und die Energieniveaus weiter auseinander liegen, emittieren oder absorbieren die Übergänge zwischen den Schwingungszuständen Strahlung bei höheren Frequenzen (und kleineren Wellenlängen), so daß sie im gesamten Infrarot bis in den Millimeter-Radiobereich hinein zu finden sind.

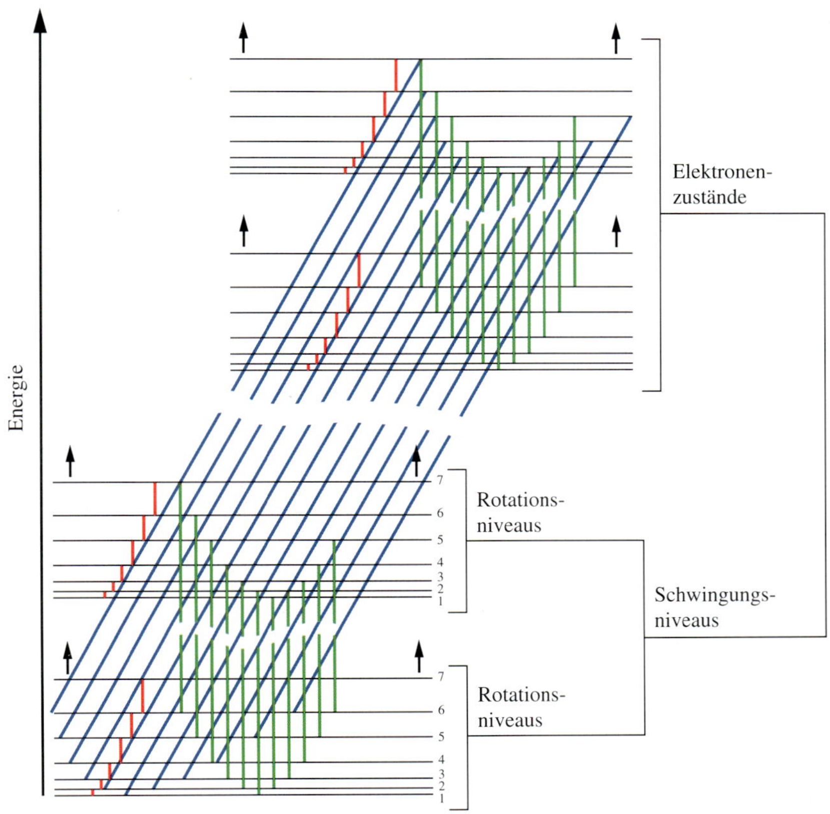

5.6 Die Elektronenzustände von Molekülen spalten in Schwingungsniveaus auf (von denen nur zwei hier gezeigt sind), die wiederum in Rotationsniveaus unterteilt sind (von denen nur sieben abgebildet sind). Möglich sind reine Rotationsübergänge (geringe Energie), Rotations-Schwingungs-Übergänge (mittlere Energie) sowie Elektronen-Rotations-Schwingungs-Übergänge (hohe Energie). Jeder Elektronenzustand hat sehr viel mehr Schwingungsniveaus und jedes Schwingungsniveau sehr viel mehr Rotationsniveaus, als hier dargestellt sind. Übergänge finden gewöhnlich zwischen benachbarten Rotationsniveaus statt, aber andere Übergänge sind ebenfalls möglich.

Als nächstes kombiniere man beides und lasse das Molekül gleichzeitig rotieren und schwingen. Jedes Schwingungsniveau ist nun in Rotations-Unterniveaus aufgespalten. Übergänge von einem Rotations-Schwingungs-Zustand in einen anderen sind möglich, solange die Änderung der Rotation eine Quanteneinheit beträgt. Nun gibt es eine ungeheure Vielzahl von Möglichkeiten, wobei die Summe aller Übergänge in zwei Banden angeordnet ist, von denen jede eine riesige Anzahl von Linien hat, die zu einem „Bandenkopf" konvergieren.

Schließlich füge man noch die Elektronenzustände hinzu. Jeder besitzt einen Satz Schwingungszustände, von denen jeder wiederum weiter in Rotationszustände aufspaltet. Elektronenübergänge erzeugen jetzt nicht einfach nur eine einzelne Linie, sondern ein ganzes Bandensystem. Elektronenenergien sind höher als Rotations- oder Schwingungsenergie allein, und angeregte Elektronenbanden treten im gesamten optischen bis in den Ultraviolettbereich hinein auf. Im Spektrum eines kühlen Sterns können sich mehrere Bandensysteme überlappen, von denen jedes durch einen anderen Übergang oder ein anderes Molekül erzeugt wird.

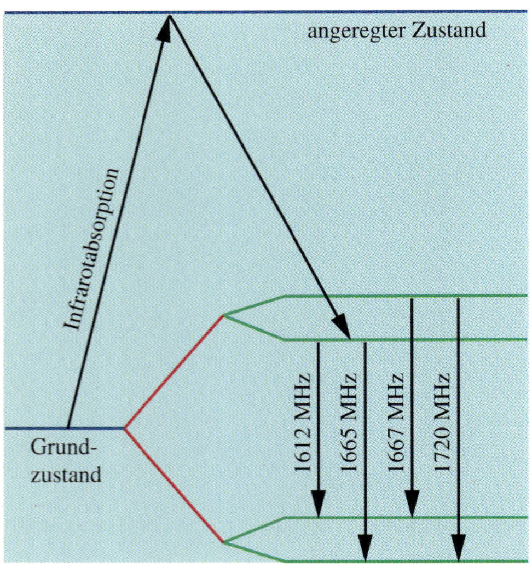

5.7 Der Grundzustand von OH ist doppelt (rot) und jedes Niveau noch in eine Hyperfeinstruktur aufgespalten (grün); das Ergebnis sind vier Mikrowellenlinien. Der dritte Hyperfeinzustand erhält Elektronen von einem höheren Zustand, der durch Infrarotstrahlung angeregt wurde. Infolgedessen hat er relativ zum Gleichgewichtszustand viel zu viele Elektronen – die Voraussetzung für einen natürlichen Maser. Die Linien bei 1612 und 1655 Megahertz werden zu außergewöhnlich hohen Leuchtkräften „aufgepumpt".

Und all diese Komplexität rührt von Molekülen her, die aus nur *zwei Atomen* bestehen. Mehratomige Moleküle sind noch komplexer, weil sie mehrere Achsen mit verschiedenen Rotations- und Schwingungszuständen haben; außerdem können sie noch asymmetrisch sein, was die Komplexität weiter erhöht. Bei aller Kompliziertheit der Molekülspektren haben es die Astronomen zum Glück normalerweise nur mit einigen wenigen wohldefinierten und gut verstandenen Banden oder einzelnen Schwingungs- oder Rotationslinien zu tun. Deren Untersuchung öffnet uns die Tür zum interstellaren Raum und zur Sternentstehung.

Eine Schau erstaunlicher Vielfalt

Interstellare Atomlinien halten kaum Überraschungen bereit; die größte ist wohl die Unterhäufigkeit bestimmter Elemente im Gaszustand und deren mutmaßliche Akkretion auf Staubkörner. Nicht so die Moleküllinien. Die ersten Radio-Moleküllinien, die des OH-Radikals, wurden im 2-cm-Band entdeckt, wobei die beobachteten Frequenzen von 1612 bis 1720 Megahertz mit der Hyperfeinstruktur des untersten Rotations-Schwingungs-Niveau identifiziert wurden. Zwei Jahre später, 1965, fand man OH-Linien in der Strahlung von Regionen, die reich an kleinen Emissionsnebeln sind. Die Linien wiesen jedoch nicht die Intensitätsverhältnisse auf, die man von einem „thermischen“ Gas erwarten würde, einem Gas im Gleichgewicht, dessen Moleküle und Atome durch Stöße mit Teilchen angeregt werden, die sich mit einer Maxwellschen Geschwindigkeitsverteilung bewegen. Die Intensitäten eines OH-Linienpaares waren außergewöhnlich stark und hätten eine Temperatur von 10^{18} Kelvin erfordert – im interstellaren Raum absolut unmöglich, ja *überall* absolut unmöglich. Solche Linien mußten verstärkt worden sein: Sie konnten nur durch einen natürlichen interstellaren Maser erzeugt worden sein. Der kalte interstellare Raum war im Begriff, zu einem der heißesten Themen der Astronomie zu werden.

Der Maser – *m*icrowave *a*mplification by the *s*timulated *e*mission of *r*adiation (Mikrowellenverstärkung durch induzierte Strahlungsemission) – war im Laboratorium bereits entdeckt worden und wurde auch schon von Radioastronomen zur Verstärkung schwacher Himmelssignale verwendet. Sein optisches Gegenstück, der Laser – *l*ight *a*mplification by the *s*timulated *e*mission of *r*adiation (Lichtverstärkung durch induzierte Strahlungsemission) –, ist heute etwas ganz Alltägliches und findet zum Beispiel bei Türöffnern, Supermarktkassen, Waffen und chirurgischen Instrumenten Verwendung. Doch die Entdeckung von Maser-Aktivität *in der Natur* war verblüffend.

Der Prozeß, der die Erzeugung eines Masers oder Lasers ermöglicht, war seit Jahrzehnten bekannt. Es gibt drei Arten von Wechselwirkung zwischen Strahlung und Atomen (und natürlich Molekülen): Absorption, *spontane* Emission und *induzierte* Emission. Bei der spontanen Emission springt ein Elektron ganz von allein von einer höheren Energiestufe auf eine niedrigere. Bei der induzierten Emission bekommt das Elektron Hilfe. Wie bei der Absorption muß das einfallende Photon eine Energie haben, die gleich der Energiedifferenz zwischen den beiden Energieniveaus ist. Statt ein Elektron von der unteren auf die höhere Stufe anzuheben und dabei zu verschwinden veranlaßt das Photon ein Elektron auf dem höheren Niveau, *nach unten* zu springen, wobei das ursprüngliche Photon selbst unversehrt bleibt. Die Folge ist, daß zwei Photonen in derselben Richtung davonfliegen, die in Phase miteinander sind, deren Wellen also im Gleichtakt schwingen. Mit der induzierten Emission hat es nichts Merkwürdiges auf sich. In jedem thermischen Gas, das mit Strahlung wechselwirkt, treten alle drei Prozesse gleichzeitig auf, und alle drei sind, zusammen mit Stößen, für die Besetzung der Energieniveaus (die Anzahl der Elektronen auf den gegebenen Niveaus) verantwortlich, die normalerweise mit steigender Energie stark abnimmt.

Ein Maser oder Laser entsteht, wenn die Besetzungszahlen verzerrt sind und ein oberes Niveau stärker bevölkert ist, als dies in einem

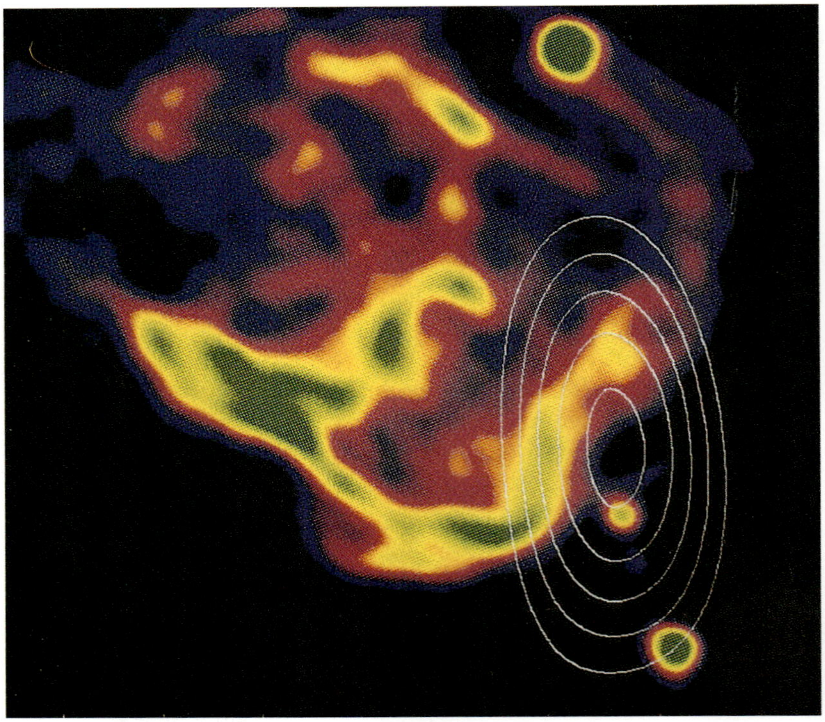

5.8 Sagittarius B2 Nord ist Teil eines Molekülwolkenkomplexes in der Nähe des galaktischen Zentrums; er enthält eine kleine Strahlungsquelle, die so außergewöhnlich reich an komplexen Molekülen ist, daß sie „Große Molekül-Heimatquelle" genannt wird. Die farbige Region zeigt kontinuierliche Radiostrahlung (Frei-frei-Strahlung) von dazugehörigen Emissionsnebeln; die Konturen geben die Lage von Aceton $(CH_3)_2CO$ im Molekülgas an.

gewöhnlichen thermischen Gas der Fall wäre. Das heißt, es müssen Elektronen nach oben „gepumpt" werden, die Besetzungszahlen sogar umgekehrt werden, so daß sich mehr Elektronen auf einem *höheren* Niveau befinden als auf einem *niedrigeren*. Da die Besetzungszahlen der Niveaus umgekehrt sind, dominieren induzierte Emissionen über die unvermeidlichen Absorptionen. Ein Photon der richtigen Wellenlänge, das entweder spontan emittiert wurde oder von außen kommt, läßt dann ein weiteres Elektron nach unten springen; die resultierenden zwei Photonen erzeugen zwei weitere, jedes davon wieder zwei weitere, bis es zu einer Kettenreaktion hinabspringender Elektronen und emittierter Photonen kommt, zu einer Kaskade, einer wahren Sturzflut. Das Endergebnis ist eine erhebliche Verstärkung des Strahls und ein energiereiches, enges, extrem intensives Strahlungsbündel. Die OH-Maser sind kleine, dichte Wolken, in denen die Moleküle durch Infrarotstrahlung, die von Staub um eingebettete neu entstehende Sterne ausgesandt wird, energetisch angeregt oder „hochgepumpt" werden. Dies ist ein weiterer Prozeß auf der wachsenden Liste von Phänomenen, die das interstellare Medium und dichte Wolken mit der Sternentstehung in Verbindung bringen.

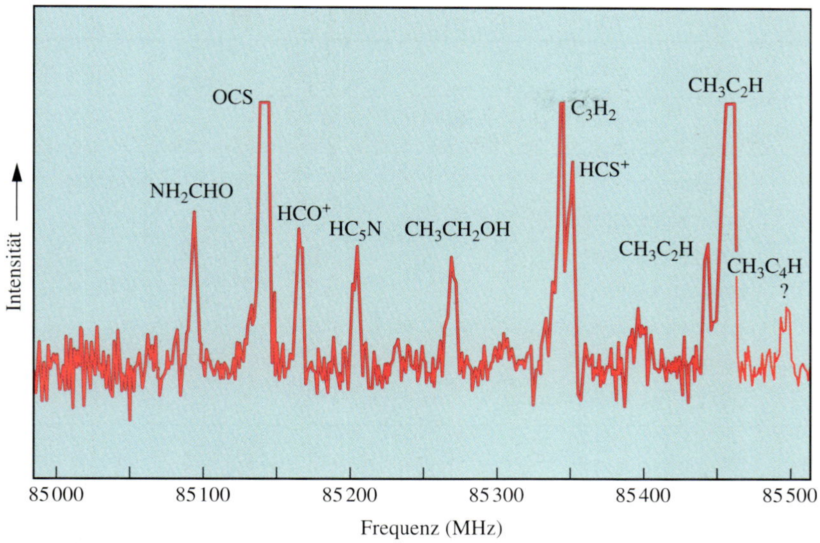

5.9 Das Radiospektrum von Sagittarius B2 läßt den Reichtum der Wolke an organischen Molekülen erkennen.

Trotz seiner bemerkenswerten Maser-Eigenschaften ist OH nur ein einfaches zweiatomiges Molekül wie CN, CH und CH^+. Interstellare Chemie schien selbst im besten Falle noch immer relativ langweilig zu sein. Trotz des herrschenden Skeptizismus bezüglich der möglichen Existenz polyatomarer Moleküle sagte C. H. Townes von der University of California die Frequenzen von Ammoniaklinien (NH_3) vorher und fand 1968 mit seiner Arbeitsgruppe tatsächlich Ammoniak-Emission in Richtung des galaktischen Zentrums. (Heute wird eine große Zahl von Ammoniaklinien sowohl in Emission als auch in Absorption beobachtet.) Dann folgte die Entdeckung von Wasser, Formaldehyd (H_2CO), Kohlenmonoxid (CO), molekularem Wasserstoff (H_2, entdeckt durch seine Ultraviolettlinien), Blausäure (Cyanwasserstoff, HCN) sowie von weiteren zweiatomigen Molekülen (Kohlenmonosulfid, CS; Siliciummonoxid, SiO; und Schwefelmonoxid, SO). Außerdem fand man Dimethylether (CH_3CH_3O), den stets allgemein beliebten Ethylalkohol wie auch die nicht so beliebte Methyl-Version (CH_3OH).

Neunzig interstellare Moleküle und Molekülionen sind heute bekannt; ein weiteres Dutzend oder mehr werden nur in zirkumstellarer Umgebung gefunden, das heißt, in den gasförmigen Hüllen um Sterne. Ziemlich viele sind einfache Ionen (zum Beispiel das Formyl-Ion, HCO^+; das Schwefelmonoxid-Ion, SO^+, das Hydronium-Ion, H_3O^+; und das bekannte CH^+). Ein paar andere, wie HCN (Cyanwasserstoff) und HNC (Isocyanwasserstoff) oder Dimethylether und Ethylalkohol sind Isomere, unterscheiden sich also nur

Tabelle 5.1: Interstellare Moleküle

Stabile anorganische Moleküle

zweiatomig		dreiatomig		vieratomig	
H_2	Wasserstoff	H_2O	Wasser	NH_3	Ammoniak
CO	Kohlenmonoxid	H_2S	Schwefelwasserstoff		
CS	Kohlenmonosulfid	SO_2	Schwefeldioxid		
NO	Stickstoffmonoxid	OCS	Carbonylsulfid		
NS	Stickstoffsulfid	HNO	Nitrosylwasserstoffsäure		
SiO	Siliciummonoxid	C_2O	Dikohlenstoffmonoxid		
SiS	Siliciummonosulfid	C_2S	Dikohlenstoffmonosulfid		

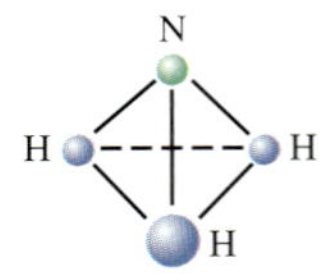

Ammoniak

Stabile organische Moleküle

Alkohole		Aldehyde und Ketone		Säuren		Kohlenwasserstoffe	
CH_3OH	Methanol	H_2CO	Formaldehyd	HCN	Blausäure	C_2H_2	Ethin (Acetylen)
CH_3CH_2OH	Ethanol	CH_3CHO	Acetaldehyd	HCOOH	Ameisensäure	CH_4	Methan
		CH_2CO	Keten	HNCO	Isocyansäure		
				CH_3COOH	Essigsäure		

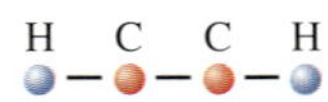

Ethin

Amide		Ester und Ether		Organoschwefel		Biomoleküle	
NH_2CHO	Formamid	$HCOOCH_3$	Methylformiat	H_2CS	Thio-Formaldehyd	NH_2CH_2COOH	Glycin[a]
NH_2CN	Cyanamid	CH_3CH_3O	Dimethylether	HNCS	Isothiocyansäure		
NH_2CH_3	Methylamin			CH_3SH	Methylmercaptan		

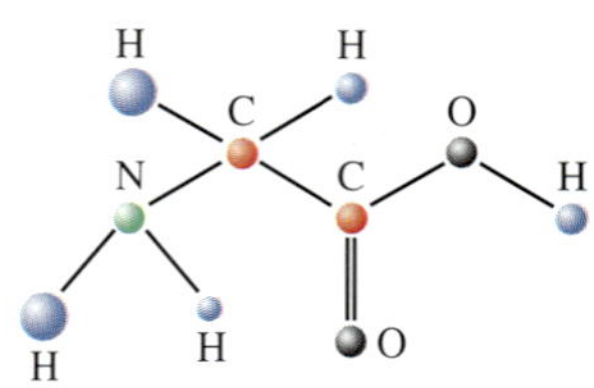

Glycin

Paraffin-Derivate		Ethin-Derivate		andere	
CH_3CN	Methylcyanid	HC_3N	Cyanethin	CH_2NH	Methylenimin
CH_3CH_2CN	Ethylcyanid	CH_3C_2H	Propin	CH_2CHCN	Vinylcyanid

[a] Vorläufige Identifikation.

Quelle: Übernommen aus B. Turner, „Interstellar Medium, Molecules" in *The Astronomy and Astrophysics Encyclopedia*, Stephen P. Maran (Hrsg.) (New York: Van Nostrand Reinhold, 1992; abgeändert aus E. F. van Dishoek et al., *Protostars and Planets III*, Eugene H. Levy and John I. Lunine (Hrsg.) [Tucson: University of Arizona Press, 1993]). Nur bestätigte echte *interstellare* Moleküle sind hier aufgenommen; eine Reihe von Molekülen, die in Hüllen um Sterne auftreten, *zirkumstellare* Moleküle, sind nicht aufgenommen. Diese Tabelle enthält keine möglichen großen Kohlenstoffmoleküle wie PAH und Buckminsterfullerene.

Tabelle 5.1: (Fortsetzung)

Instabile Moleküle

Radikale				Ionen	
CH	Methylidin	C_3N	Propinnitril	CH^+	Methylidin-Ion
CN	Cyan	C_3O	Trikohlenstoffmonoxid	HCO^+	Formyl-Ion
OH	Hydroxyl	C_4H	Butadinyl	HOC^+	Isoformyl-Ion
SO	Schwefelmonoxid	C_5H	Pentatetraentriyl	$HOCO^+$	proton. Kohlendioxid
HCO	Formyl	C_6H	Hexatrinyl	HCS^+	Thioformyl
C_2H	Ethinyl	C_2S	Dikohlenstoffmonosulfid	H_3O^+	Hydronium-Ion
C_3H	Propadientriyl (linear)	CH_2CN	Methancyanid	$HCNH^+$	proton. Cyanwasserstoff

Ringe		Kohlenstoffketten		Isomere	
C_3H_2	Cyclopropenylidene	C_3S	Trikohlenstoffmonosulfid	HNC	Isocyanwasserstoff
C_3H	Propadientriyl	HC_5N	Cyandiacetylen	CH_3NC	Methylisocyanid
		HC_7N	Cyanhexatriin	HCCNC	Isocyanethin
		HC_9N	Cyanoctatetrain		
		CH_3C_3N	Methylcyanoacetylen		
		CH_3C_4H	Methyldiacetylen		
		CH_3C_5N	–		

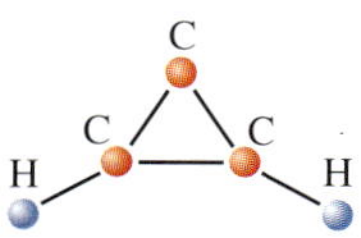

Cyclopropenylidene

in ihrer Struktur voneinander. Viele Moleküle haben zahlreiche beobachtbare Linien, und mit modernen empfindlichen Radioempfängern erkennen wir, daß das Mikrowellenspektrum voll ist von ihnen.

Jetzt gibt es wirklich eine interstellare Chemie. Sie ist das Ergebnis einer leistungsstarken Verbindung aus Elektro- und Radiotechnik, Astronomie, chemischer Theorie und Chemielabor-Spektroskopie, die die Frequenzen der Molekküllinien bestimmen kann. Auf der Liste der interstellaren Entdeckungen stehen jedoch auch einige Moleküle und Radikale, die in irdischen Laboratorien nicht beobachtet – und nicht hergestellt – werden können. Daher mußten ihre Frequenzen näherungsweise von Quantentheoretikern berechnet werden. Die Radioastronomen konnten dann die exakten Frequenzen bestimmen (was ihren Kollegen im Labor nicht möglich war) und darüber hinaus weitere Linien finden. All diese Daten tragen dann dazu bei, den Aufbau der Moleküle zu bestimmen. Dieses Vorgehen ist ein weiteres schönes Beispiel für das Zusammenspiel zwischen den Naturwissenschaften, ein Beweis, daß es nicht „Naturwissenschaften", sondern eigentlich nur eine „Naturwissenschaft" gibt. Es zeigt auch, daß es ein Trugschluß ist, die Astronomie (und andere Zweige der Naturwissenschaft) als „reine Wissenschaft" einzuordnen, als geistige Disziplin ohne praktische Anwendungen.

Zur Gruppe der interstellaren Moleküle gehören auch hochinteressante stickstoffhaltige Kohlenstoffketten mit ungeraden Zahlen von Kohlenstoffatomen. Sie beginnen mit den stabilen HCN und HC_3N (Cyanethin, strukturell HCCCN) und gehen dann weiter zu den instabilen (und auf der Erde nicht existierenden) HC_5N bis HC_9N – Cyanoctatetrain, einem elfatomigen Molekül! Solche Molekülarten können nur unter Bedingungen niedriger Temperatur und Dichte überleben. Obwohl ringförmige Kohlenwasserstoffe (C_3H_2, Cyclopropenylidene, zum Beispiel) wahrscheinlich häufiger sind, beobachtet man weniger derartige Moleküle, weil ihre Strahlung über mehr Linien verteilt ist und diese daher schwächer sind. Dieser Gegensatz veranschaulicht eines der schwerwiegendsten Probleme in der Astronomie: beobachtungsbedingte Auswahleffekte. Wir beobachten Dinge, die am ehesten zu beobachten sind, nicht die, die am häufigsten sind; und gelegentlich müssen wir das Unbeobachtete theoretisch mit in Rechnung stellen. In der Stellarastronomie führt so ein Auswahleffekt dazu, daß der mit bloßem Auge betrachtete Nachthimmel mit heißen, hellen B- und A-Sternen erfüllt zu sein scheint, während in Wirklichkeit die weitaus häufigsten Sterne die schwachen M-Zwerge sind, von denen kein einziger ohne optisches Hilfsmittel zu sehen ist.

Eine weitere ungewöhnliche Kollektion von Molekülen mit einer gemeinsamen Eigenschaft sind die „protonisierten" Moleküle, Moleküle, denen ein Proton – ein Wasserstoffion – zugefügt ist und die so zu Molekülionen werden: Beispiele sind HCO^+ und N_2H^+. Obwohl sie sehr instabil sind, können sie unter Bedingungen niedriger Dichten lange Zeit existieren. Noch eine andere Form sind die „deuterierten" Moleküle, in denen ein oder mehrere normale ^{1}H-Atome durch das schwere Wasserstoffisotop Deuterium (^{2}H) ersetzt sind, wodurch Moleküle wie zum Beispiel ^{2}HCN (also DCN) entstehen. Die höhere Masse des schwereren Isotops ändert die Schwingungs- und Rotationseigenschaften des Moleküls und verschiebt deutlich die Frequenz der Linie. Dadurch kann das deuterierte Molekül von der normalen Form unterschieden werden. (Dasselbe Phänomen erlaubt es den Stellarastronomen, in kühlen Sternen Isotopenverhältnisse aus Molekülllinien abzuleiten.) Solche Isotop-Substitutionen werden bei anderen Molekülarten ebenfalls beobachtet (zum Beispiel läßt sich ^{13}CO leicht von dem gewöhnlicheren ^{12}CO trennen). Damit können Isotopenverhältnisse mit stellaren oder irdischen Werten verglichen werden.

Während Isotopenvariationen in der irdischen Chemie keine große Bedeutung haben, sind sie in der Astronomie sehr wichtig: Unterschiedliche Isotope werden in Sternen bei einer großen Vielzahl von Kernreaktionen hergestellt und dann durch starke Sternwinde (abströmende Materie wie der Sonnenwind) oder Supernovae, explodierende Sterne, in den interstellaren Raum ausgestoßen. Die Untersuchung interstellarer Isotope bietet uns damit die Möglichkeit, die Geschichte des interstellaren Mediums zu erforschen und sogar die Theorien der Sternentwicklung und des Todes von Sternen zu überprüfen.

Das vielleicht faszinierendste interstellare Molekül – möglicherweise der Vorbote einer ungewöhnlichen Gruppe – ist interstellares Glycin (NH_2CH_2COOH), das 1994 vorläufig identifiziert wurde. Wenn es auch nicht das komplizierteste Molekül ist, so ist es mit Sicherheit eines der meistgesuchten, weil es die einfachste Aminosäure ist. Aminosäuren sind die Bausteine der Proteine, die wiederum die Bausteine des Lebens bilden. Die potentielle Existenz von interstellarem Glycin wurde 1996 durch den sicheren Nachweis von CH_3COOH (Essigsäure) bekräftigt, von der man annimmt, daß sie sich mit Ammoniak zu Glycin verbindet. Die siebziger Jahre brachten den Beginn der Astrochemie; werden die Neunziger dereinst als wahrer Anfang der Astrobiologie angesehen werden?

Fester Stoff

Interstellare Atom- und Moleküllinien, die im gasförmigen Zustand entstehen, sind scharfe, schmale Gebilde, die entweder in Emission oder in Absorption zu sehen sind. Selbst die 21-cm-Linie ist schmal, wenn wir einzelne Wolken betrachten und Dopplereffekte entlang der Sichtlinie berücksichtigen. Doch seit den zwanziger Jahren unseres Jahrhunderts wiesen die Astronomen in den Spektren ferner Sterne immer wieder eine Reihe von breiten, flachen Liniengebilden nach. Diese sind eindeutig interstellarer Natur, weil ihre Stärke mit dem Grad der interstellaren Extinktion zusammenhängt, die die Hintergrundsterne erfahren. Wir kennen mehr als 100 dieser „diffusen interstellaren Banden" oder kurz „DIB", die das Spektrum vom Ultravioletten über das nahe Infrarot bis hin zu Wellenlängen von 13200 Ångström (1,32 Mikrometer) durchziehen; die bekannteste und auffälligste liegt bei 4430 Ångström.

Keine der DIB ist bislang identifiziert worden, obwohl es mehrere Kandidaten gibt. Ihr breites, verwaschenes Aussehen deutet darauf

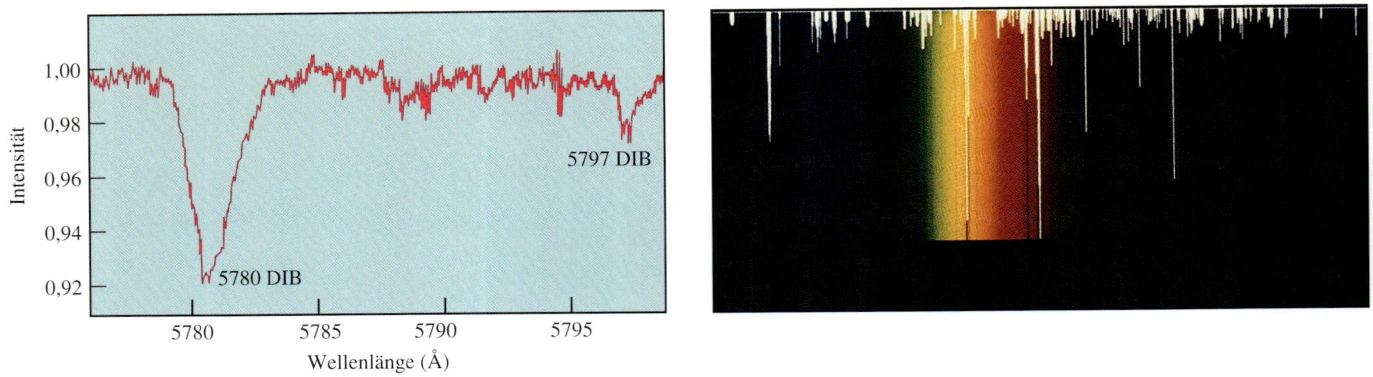

5.10 Die diffusen interstellaren Banden (DIB), breite unidentifizierte Absorptionen in Sternspektren (links), werden vom Ultravioletten bis zum nahen Infrarot beobachtet (rechts).

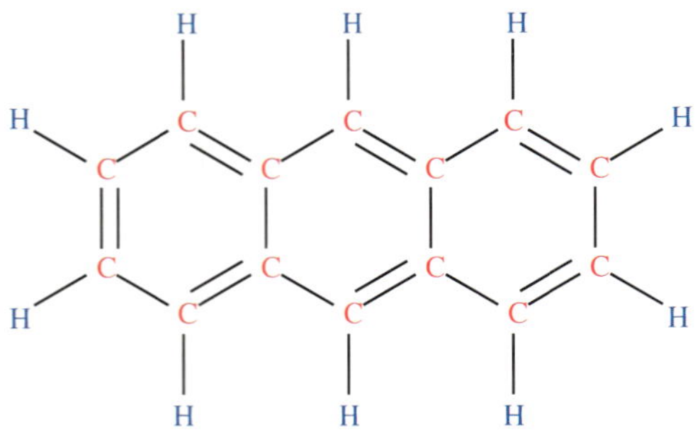

5.11 Benzolringe können sich zu einer großen Zahl verschiedenartiger polycyclischer aromatischer Kohlenwasserstoffe (PAH) verbinden – hier zu Anthracen.

hin, daß sie durch Absorption an einer Art fester Oberfläche entstehen könnten, wo Wechselwirkungen zwischen nahe beieinanderliegenden Atomen die Energieniveaus stark verbreitern. Eine faszinierende Möglichkeit ist, daß sie von sehr großen kohlenstoffhaltigen Molekülen stammen. So könnten sie von „polycyclischen aromatischen Kohlenwasserstoffen" (nach ihrer englischen Bezeichnung „polycyclic aromatic hydrocarbons" kurz „PAH" genannt) erzeugt werden, Molekülen, die aus verknüpften Benzolringen bestehen (daher „polycyclisch") und wegen ihres starken Geruchs aromatisch genannt werden. PAH werden möglicherweise so groß, daß man sie als kleine Staubkörner ansehen kann. Merkwürdigerweise wird Benzol selbst nicht beobachtet, wahrscheinlich aus dem gleichen Grund, warum auch andere ringförmige Kohlenwasserstoffe fehlen: Die Linien sind einfach zu schwach. Wie man glaubt, sind PAH auch für eine Gruppe von Emissionslinien verantwortlich, die im Infraroten zwischen 3,3 und 11 Mikrometer vor dem Hintergrund sowohl von Emissions- als auch von Reflexionsnebeln beobachtet werden. Eine weitere, weniger wahrscheinliche Möglichkeit für die Emissionen ist der „Buckyball", das Buckminsterfulleren (C_{60}). Es ist nach dem Architekt der geodätischen Kuppel benannt, der die Struktur des Moleküls ähnelt. Abwandlungen dieser Strukturen könnten ebenfalls die DIB erzeugen, ebenso wie eine Vielzahl anderer Verbindungen, darunter (einer jüngsten Untersuchung zufolge) einfaches H_2.

Die DIB und die großen Moleküle stellen eine Brücke zum festen Zustand dar. Genauso wie freie Moleküle im gasförmigen Zustand rotieren und schwingen können, so können sich chemische Bindungen in Feststoffen mit gequantelten Energieniveaus strecken und biegen. Im Infrarot beobachten wir bei 3,08, 13,5 und 45 Mikrometer Absorptionslinien, die eindeutig mit dem Laborspektrum von Eis verknüpft sind (genau richtig, um den interstellaren Ethylalkohol zu kühlen). Die interstellare Linie liegt nicht exakt bei der Laborwellenlänge, wahrscheinlich weil das Eis verunreinigt und nicht kristallin, sondern amorph ist – einfaches festes Wasser von einer Art, die in irdischen Kühlschränken unbekannt ist. Weitere sicher identifizierte Feststoffe sind Kohlenmonoxid und überraschenderweise Methanol, CH_3OH, das auch in der gasförmigen Phase beobachtet wird. Trockeneis (gefrorenes CO_2) ist möglicherweise ebenfalls identifiziert; unsicherer sind Methan (CH_4), Schwefelwasserstoff (H_2S, der sich dem Duft der PAH hinzugesellt) und einige andere Kohlenstoff-Stickstoff-Sauerstoff-Verbindungen. Diese flüchtigen Feststoffe haben sich mit ziemlicher Sicherheit an interstellaren Körnern abgelagert und einen Überzug um sie gebildet.

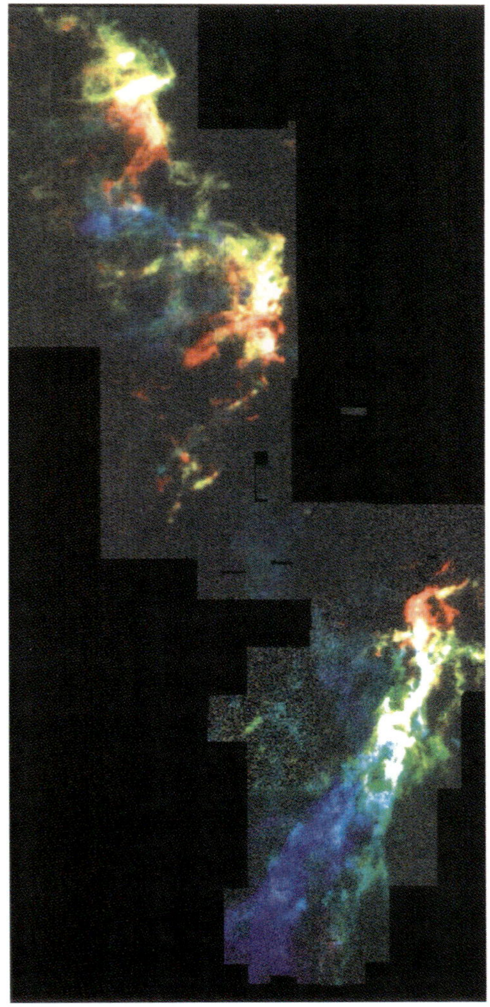

5.12 Molekülwolken in Orion, hier durch Strahlung von ^{13}CO aufgespürt, stehen mit den Dunkelwolken Lynds 1641 (das nach rechts unten verlaufende Band) und Lynds 1630 (das nach oben verlaufende Band) in Verbindung. Der Orion-Nebel liegt dicht am oberen Rand des unteren hellen Bandes, der Pferdekopf-Nebel nahe am unteren Rand des oberen Bandes. Infrarotstrahlung vom Staub der Wolke ist auf der unteren Bildhälfte in Abbildung 3.17 zu sehen.

Wir kommen daher auf die Körner selbst zurück, auf das Staubmaterial, das Sternlicht trübt und für die Globulen und die dunklen Himmelsbilder der Inkas verantwortlich ist. Der Extinktionsbuckel bei 2200 Ångström im Ultravioletten scheint durch amorphen Kohlenstoff verursacht zu werden, vielleicht Graphit, einem fernen Verwandten der Buckyballs. Wir beobachten auch Hinweise auf eine Absorption, die durch die gequantelte Streckung einer CH-Bindung entsteht und von hydriertem amorphem Kohlenstoff stammen könnte, einem Vetter der PAH. Und schließlich kehren wir zu einer 9,7-Mikrometer-Bande des SiO zurück, die durch Bindungsstreckung entsteht, sowie zu einer noch „röteren" Bindungs-Biegungs-Bande, die das Vorhandensein von Silikaten im interstellaren Raum anzeigt. Die Unterhäufigkeit von gasförmigen Metallen deutet auf metallreiche Silikate im interstellaren Medium hin, die vielleicht sogar in Form von Olivin vorliegen, einem sehr häufigen Mineral auf der Erde.

Molekülwolken

Der interstellare Raum ist erfüllt von Ultraviolettphotonen heißer Sterne, wie die Existenz des warmen ionisierten Mediums geringer Dichte sowie der schwache Hintergrund des Hα-emittierenden Gases in der gesamten Galaxis beweist. Eine solche energiereiche Strahlung ist tödlich für Moleküle, weil sie die schwachen Bindungen zwischen den Atomen leicht aufbricht. Daher finden wir innerhalb des warmen ionisierten Mediums keine Moleküle, noch nicht einmal innerhalb des warmen neutralen Mediums. Selbst die dichteren HI-Wolken sind noch zu dünn, um Moleküle zu bilden – und zu schützen.

Das Gas innerhalb der verschiedenartigen Dunkelwolken – von den riesigen Komplexen und Spalten bis zu den winzigen Globulen – wird jedoch durch Staub vor der zerstörerischen Strahlung abgeschirmt. Abgeschnitten von einer der Hauptwärmequellen des interstellaren Raumes, kühlt das Gas auf niedrige Temperaturen ab, in manchen Fällen bis auf wenige Kelvin über dem absoluten Nullpunkt. Willkommen also nun im letzten Teil des interstellaren Mediums, den fehlenden 25 Prozent – der *kalten* Komponente, die eine Temperatur von 15 bis 20 Kelvin hat, wie Messungen der Linienverhältnisse von Molekülemissionslinien zeigen.

Die Globulen, die reich an Molekülen wie CO sind, müssen zu Recht als Molekülwolken bezeichnet werden, wenn auch als kleine. Größere, die sogenannten „Riesen-Molekülwolken" oder „GMC" (nach ihrer englischen Bezeichnung *giant molecular clouds*), sind überall vorhanden, aber nicht immer so deutlich sichtbar. All die komplexen Moleküle des interstellaren Raumes werden in Riesen-Molekülwolken gefunden. Einige GMC sind mit optischen Gebilden verbunden wie den großen Sternlücken in Taurus und Auriga und denen in Ophiuchus, die zu Beginn des 20. Jahrhunderts von E. E. Barnard erstmals bemerkt worden waren. Schwerer erkennbar sind GMC wie die im südlichen Orion, die mit dem Orion-Nebel verknüpft ist. Wir wissen nur aufgrund der starken Strahlung von molekularem Gas, insbesondere von CO, daß sie da ist. Viele GMC sind hinter Vordergrundstaub verborgen und nur im Radiospektrum zu beobachten. Das herausragende Beispiel hierfür ist die Sagittarius-B2-Wolke, die reichste Quelle interstellarer Moleküle, die wir kennen. Sie enthält fast alle Molekülarten, die bislang gefunden wurden. Sie und Orion sind die ersten Orte, an denen die Astronomen nach neuen Molekülen suchen.

Der Hauptbestandteil der Sterne ist Wasserstoff. In den Globulen und Riesen-Molekülwolken, aus denen die Sterne entstehen, muß daher ebenfalls der Wasserstoff vorherrschen. Die Abschirmung vor Ultraviolettstrahlung und eiskalte Temperaturen führen jedoch dazu, daß der Wasserstoff in seiner molekularen Form vorliegt, als H_2. Molekularer Wasserstoff ist sehr schwer zu beobachten, weil er homonuklear ist – das heißt, aus identischen Atomen besteht – und folglich keine erlaubten Rotations-Schwingungs-Banden und keine Radiolinien hat. Er kann in Absorption und Emission durch ultraviolette Elektronenlinien nachgewiesen werden, aber nur wenn Sternlicht durch das Gas dringt. Damit ist seine generelle Beobachtung in dichten, molekülhaltigen Wolken ausgeschlossen. Es gibt auch verbotene Rotations-Schwingungs-Banden im Infraroten, aber sie sind schwach und schwer zu beobachten. Doch wo diese Messungen möglich sind, da herrscht auch H_2 vor. Das zeigt, daß in den kalten Wolken praktisch der gesamte Wasserstoff tatsächlich in seiner molekularen Form vorliegt.

Die Menge an H_2, ausgedrückt in seiner Säulendichte, wird gewöhnlich mit Hilfe eines leicht zu beobachtenden Indikatorstoffes abgeschätzt, von dem man annimmt, daß er in einem konstanten Mengenverhältnis zu H_2 vorliegt; am üblichsten ist CO, das starke Emissionslinien hat. Das Problem ist, den „*X*-Faktor" zu finden, das Verhältnis der Säulendichte des H_2 zur Intensität der ^{12}CO-Emissionslinie, integriert entlang der Sichtlinie. Die Menge des schwer faßbaren H_2 ist schwierig zu messen, und es können sich beträchtliche Fehler dabei einschleichen. Sie kann anhand seiner schwachen Linien direkt oder auch durch indirekte Methoden abgeschätzt werden. Unter der Annahme, daß der Großteil des Gases einer ausgewählten Wolke in Form von H_2 vorliegt, können wir die Masse des Staubes über seine Infrarotstrahlung bestimmen und ein wahrscheinliches Verhältnis von Gas zu Staub annehmen; oder wir können die Dichte des Gases aus der Rate bestimmen, mit der es andere Molekülemissionslinien durch Stöße anregt. Das Problem ist dann, diese Messungen der Wolkenmasse oder Wolkendichte mit den CO-Säulendichten in Beziehung zu setzen. Wenn er auch sehr umstritten ist, so ist der *X*-Faktor doch gut genug bekannt, um bei der Abschätzung von Wolkenmassen nützlich zu sein. Die CO-Strahlung ermöglicht eine problemlose Kartierung der Wolken und die Messung ihrer Winkelausdehnung. Entfernungen können mit Hilfe der galaktischen Rotationskurve und der Radialgeschwindigkeiten abgeschätzt werden, die man durch die Emissionslinien oder aus Sternen in den Wolken erhält. Damit kann man die wahre Ausdehnung, Massen und mittlere Dichten der Wolken ableiten. Massen kann man auch abschätzen, indem man über Dopplerverschiebungen interne Geschwindigkeitsstreuungen mißt und die Masse bestimmt, die nötig ist, um die Wolke durch ihre Eigengravitation zusammenzuhalten.

Die Eigenschaften der kalten Wolken überdecken einen enorm weiten Bereich. Die kleineren Wolken und Globulen sind einige Parsec groß, mit Massen von vielleicht zehn bis 1 000 Sonnenmassen und Dichten von 100 bis 1 000 Molekülen pro Kubikzentimeter; Komplexe aus kleineren Wolken können bis zu 10^5 Sonnenmassen enthalten. Die Riesen, die GMC, erstrecken sich über einige Dutzend Parsec und haben Massen von einigen tausend bis 10^5 Sonnenmassen; Komplexe aus GMC können 100 Parsec groß sein und über eine Million Sonnenmassen enthalten. Die Dichten liegen zwischen einigen hundert und einigen tausend Molekülen pro Kubikzentimeter, aber die Wolken sind sehr inhomogen und können Klumpen enthalten, deren Dichte bis zu einigen hundert Millionen reicht. Die

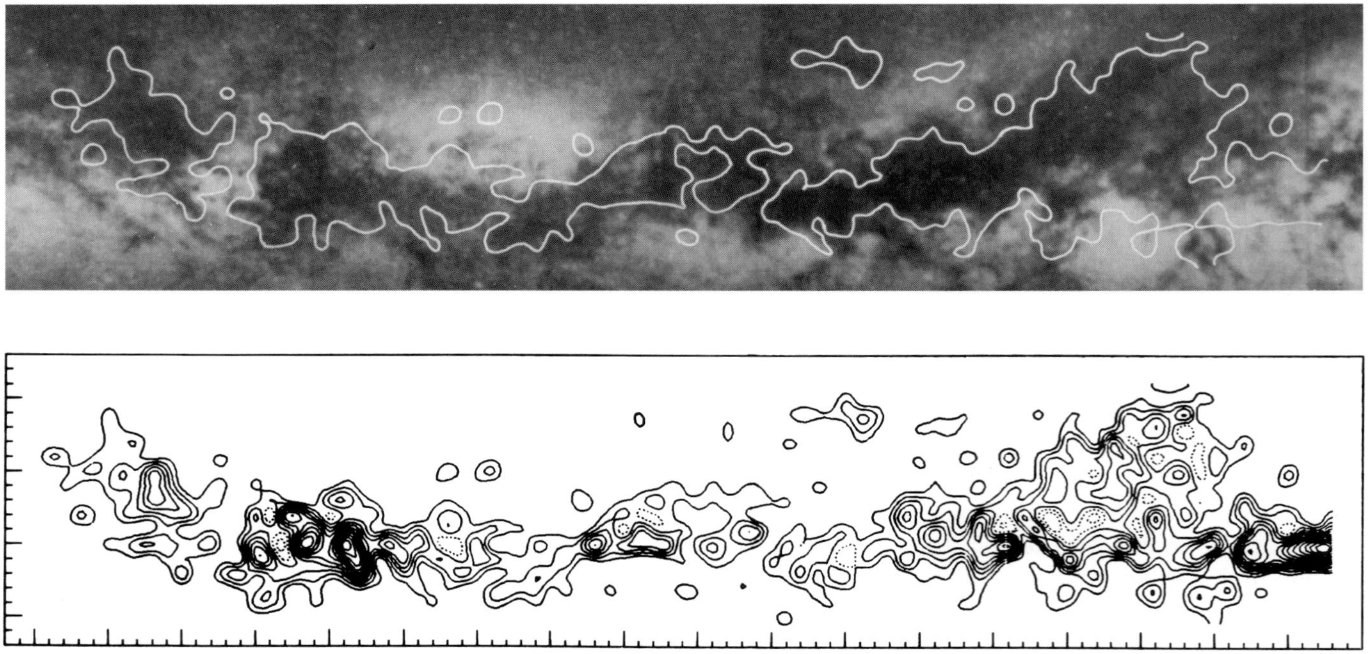

5.13 Riesen-Molekülwolken, deren Konturen durch CO-Strahlung sichtbar werden (unten), drängen sich in der Milchstraße. Die Wolken liegen ganz klar entlang der dunklen, staubhaltigen, kalten Spalte (oberes Photo).

GMC sind die massereichsten Objekte in der Galaxis. Man kennt mehr als 2000 von ihnen, die über die gesamte Milchstraße verteilt sind. Zusammen stellen sie das fehlende Viertel der bekannten Masse des interstellaren Mediums.

Wie HII-Regionen und HI-Wolken zeichnen GMC die Spiralarme nach. Aber im übrigen herrscht ein sehr auffälliger Unterschied zwischen der Verteilung von molekularem und neutralem atomarem Wasserstoff. Mit Ausnahme eines „Loches" um das galaktische Zentrum ist HI ziemlich gleichförmig in der gesamten Galaxis verteilt, bis über 15 Kiloparsec hinaus. Der molekulare Wasserstoff dagegen ist stark auf das Zentrum konzentriert, wo er sich in einem Zustand der Expansion zu befinden scheint, sowie auf einen Ring – vielleicht ein massereicher Spiralarm – zwischen drei und sieben Kiloparsec Abstand vom Zentrum der Galaxis, der etwa zwei Milliarden Sonnenmassen enthält. Jenseits der Sonnenbahn nimmt die H_2-Häufigkeit dann steil ab. Teilweise beruht dieser Unterschied auf einem Druckanstieg des interstellaren Mediums nach innen auf das Zentrum der Galaxis zu. Höherer Druck bedeutet eine höhere Dichte und eine stärkere Abschirmung der Wolken gegen das Vordringen hochenergetischer Sternstrahlung und damit eine vermehrte Bildung von Molekülen.

Stufe für Stufe

Den ersten Anhaltspunkt für den Bau interstellarer Moleküle aus den Atomen des interstellaren Raumes liefern ihre relativen Häufigkeiten. Die Astronomen leiten die chemischen Zusammensetzungen der Wolken – die Verhältnisse verschiedener Moleküle zu H_2 – aus den gemessenen Säulendichten ab. Dabei treten jedoch Unsicherheiten auf, die auf dem Problem mit dem *X*-Faktor, auf Schwierigkeiten bei der Bestimmung optischer Tiefen, auf gelegentlichen mangelhaften Kenntnissen von Absorptions- oder Emissionswahrscheinlichkeiten sowie auf den starken Inhomogenitäten der Wolken, den Dichteschwankungen längs der Sichtlinie, beruhen.

Nach H_2 selbst ist CO die am häufigsten beobachtete Molekülart, wobei auf je 10^4 oder 10^5 H_2-Moleküle rund ein CO-Molekül kommt. Allgemein gilt: je komplexer die Molekülart, desto weniger gibt es davon. Methylalkohol ist vielleicht um einen Faktor 10^8 weniger häufig als H_2 und die langen Kettenstrukturen um einen Faktor 10^{13} – es ist ein Wunder, daß diese Moleküle überhaupt nachgewiesen werden können. Die Ergebnisse sind sehr unvollständig, weil mehrere Moleküle, die häufig vorkommen sollten, wie O_2, nicht beobachtet werden. Darüber hinaus gibt es nicht nur *einen* Satz von Häufigkeiten. Jede beobachtete Wolke hat eine andere Zusammensetzung, und da die Astronomen bevorzugt die Wolken beobachten, in denen die meisten Moleküle gefunden werden – die reichsten –, kann es gut sein, daß das, was beobachtet wird, noch nicht einmal typisch ist – ein weiteres Beispiel für einen beobachtungsbedingten Auswahleffekt.

Die große theoretische Herausforderung besteht darin zu verstehen, wie diese Moleküle bei den niedrigen Dichten und Temperaturen, die in der Umgebung des interstellaren Raumes herrschen, gebildet werden können. Bestenfalls möchten wir die Häufigkeiten aus bekannten Prozessen reproduzieren, über Reaktionsnetzwerke, die aus Tausenden von Schritten bestehen und auch Moleküle enthalten müssen, die nicht beobachtet werden. Die Häufigkeit einer bestimmten Art ergibt sich aus dem Gleichgewicht zwischen Erschaffung und Zerstörung, einschließlich der Reaktionen, die eine Molekülsorte aus einer anderen erzeugen. Interstellare Moleküle können sich nur leicht bilden, wenn die Prozesse exotherm sind – das heißt, wenn dabei Energie freigesetzt wird –, weil in den kalten Wolken nicht genügend treibende Energie für endotherme (Energie absorbierende) Prozesse vorhanden ist. Bei den Prozessen müssen daher Photonen emittiert oder Energie an die allgegenwärtigen Körner übertragen werden. An den schnellsten Gasphasen-Reaktionen

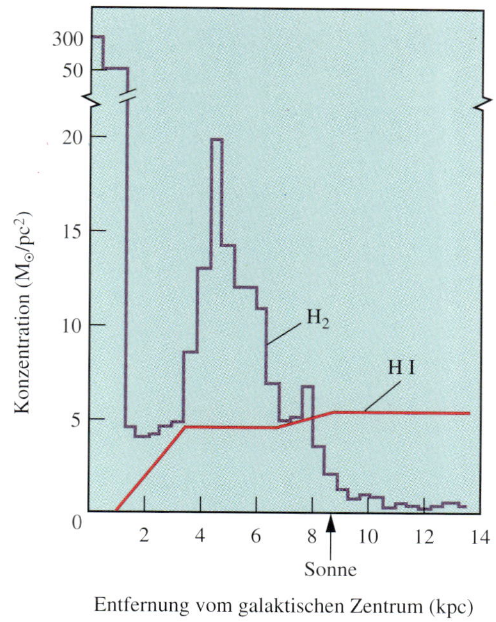

5.14 Wie neutraler Wasserstoff (HI) liegen Riesen-Molekülwolken entlang der Spiralarme. Anders als HI ist der molekulare Wasserstoff (H_2) jedoch im galaktischen Zentrum und in einem Ring mit einem Radius von etwa fünf Kiloparsec konzentriert.

sind Ionen beteiligt; es muß also einen Weg geben, diese zu erzeugen.

Interstellare Chemie beginnt mit dem vorherrschenden Molekül, H_2 Im Gaszustand kann es gebildet werden, indem ein freies Elektron an ein Wasserstoffatom angefügt wird, wodurch H^- und ein Photon entstehen; auf diese Reaktion folgt dann ein Zusammenstoß mit einem neutralen Atom, wobei H_2 gebildet wird (welches das dritte Elektron abstößt). Es mag einen überraschen, daß ein Wasserstoffkern, ein Proton, zwei Elektronen tragen kann, ohne instabil zu werden. Stellen Sie sich vor, Sie seien ein Elektron in einem Bohrschen Atom: Wenn Sie sich dicht am Proton befinden und das angefügte Elektron weit entfernt auf der anderen Seite sitzt, dann spüren Sie eine restliche positive elektrische Ladung, die Sie locker binden kann. Das H^--Ion ist hauptverantwortlich für die hohe Opazität der Sonnenatmosphäre und der Grund dafür, daß die gasförmige Sonne einen scharfen Rand zu haben scheint: Das zweite Elektron wird durch Absorption von Licht leicht aus dem Ion herausgebrochen. Molekularer Wasserstoff läßt sich auch bilden, indem zunächst ein positives Ion – ein Proton – mit einem neutralen Wasserstoffatom kollidiert, wobei H_2^+ und ein Photon entstehen, und dann eine Kollision mit einem neutralen Atom erfolgt, das sein Elektron hergibt.

Bei niedrigen Temperaturen laufen jedoch Gasphasen-Reaktionen zwischen Wasserstoffatomen sehr langsam ab und reichen nicht aus, die außergewöhnlich großen Mengen von H_2 zu produzieren, die man beobachtet. Statt dessen müssen sich die Moleküle auf Kornoberflächen bilden, wenn ein Wasserstoffatom mit einem Korn zusammenstößt, an dem bereits Wasserstoffatome abgelagert sind. Die dabei freigesetzte Energie kann von dem Korn absorbiert werden, und diese Energie kann (zusammen mit Kollisionen zwischen Körnern) das neugebildete H_2-Molekül zurück in den Raum, in die Gasphase schleudern.

Von hier ab ist der lange Prozeß einigermaßen gut verstanden, zumindest in seiner elementaren Form. Es gibt kein chemisches Gleichgewicht der Art, wie es in einem irdischen Laboratorium herrscht. Statt dessen treten die Reaktionen einzeln nacheinander auf, Stufe für Stufe, und bilden immer schwerere Verbindungen. Sie beginnen mit der Ionisation von H_2. Um aber überhaupt existieren zu können, müssen die Moleküle vor der zerstörenden Ultraviolettstrahlung geschützt werden, und zwar von denselben Körnern, auf denen sie sich auch bilden. Somit stehen keine Photonen für eine Ionisation zur Verfügung. Aber wie kann der Prozeß dann beginnen?

Es gibt eine Alternative zur Photoionisation. Der interstellare Raum ist voller kosmischer Strahlung, Atomkerne, die fast mit Lichtgeschwindigkeit fliegen. Sie entstehen anscheinend durch die energiereichen Vorgänge bei Supernovaexplosionen. Kosmische Strahlungsteilchen schlagen ständig in die Erdatmosphäre ein, wo sie Atome zerbrechen und Schauer von Sekundärteilchen erzeugen, die am Boden leicht nachzuweisen sind. Sie sind eine wahre Plage für optische Beobachter, da sie auf CCDs Bildfehler produzieren können. Es ist sogar vorgekommen, daß schlafende Astronauten durch kosmische Strahlen geweckt wurden, die auf ihrer Netzhaut aufschlugen und scheinbare Lichtblitze hervorriefen. Obwohl Wasserstoffkerne die häufigsten kosmischen Strahlungsteilchen sind, wurden auch Kerne schwerer als Eisen beobachtet. Die Energien können sehr spektakulär sein. Die höchste bislang beobachtete war vergleichbar mit der eines professionell geworfenen Baseballs – bei *einem Atomkern*, der sich mit nahezu Lichtgeschwindigkeit bewegt.

Mit ihren gewaltigen Energien können kosmische Strahlungsteilchen dunkle, staubhaltige Wolken durchdringen, die für Photonen undurchlässig sind, und die nötige Ionisation des molekularen Wasserstoffs bewirken. Danach wird der ionisierte molekulare Wasserstoff von einem neutralen H_2-Molekül getroffen, wobei (nicht beobachtetes) ionisiertes „Trionium", H_3^+, entsteht und ein neutrales Atom freigesetzt wird. Dann kollidieren Trionium und ein neutrales Sauerstoffatom und bilden OH^+ und H_2. Das ionisierte Hydroxyl *nimmt* nun H_2 *auf* und bildet ionisiertes Wasser (plus H), welches wiederum ein weiteres H_2-Molekül aufnimmt, um das merkwürdige H_3O^+ (plus H) zu erzeugen. Das ionisierte Wasser und H_3O^+ kollidieren mit freien Elektronen und bilden neutrales Wasser und OH (plus Nebenprodukte). Diese Kette vermittelt zumindest einen Eindruck von dem Prozeß; es folgen noch zahlreiche weitere Reaktionen mit Sauerstoff, Wasserstoff und Kohlenstoff, die CO, HCO^+, CO_2 und andere Moleküle aufbauen können. Weitere Reaktionsnetzwerke, die vermutlich auf Kornoberflächen in dichten Klumpen (wie der Heimatquelle von Sagittarius B2 Nord) stattfinden, scheinen die großen hydrierten organischen Moleküle zu erzeugen.

Bemerkenswerterweise ist es den Theoretikern gelungen, die beobachteten Zusammensetzungen recht gut zu reproduzieren. Das zeigt, daß die Grundidee der ionengetriebenen Reaktionen richtig ist. Doch es gibt auch einige ebenso bemerkenswerte Diskrepanzen, zum Beispiel die Häufigkeiten von Molekülen wie C_3H_2 und HC_5N und anderen, die um mehrere Größenordnungen danebenliegen. Wir beginnen wirklich gerade erst, einen *sehr* komplexen Satz verschiedener Reaktionssysteme zu verstehen, die jede Wolke zu einem Unikat machen können. Die Theoretiker müssen eine Vielzahl anderer

5.15 Dieses theoretische Reaktionsnetzwerk zeigt die Entstehung sauerstoffhaltiger Moleküle: Reaktionen, die mit Hilfe kosmischer Strahlung ablaufen, sind durch violette Pfeile dargestellt; die Mitwirkung von Elektronen ist mit grünen, die von Photonen mit orangen Pfeilen gekennzeichnet.

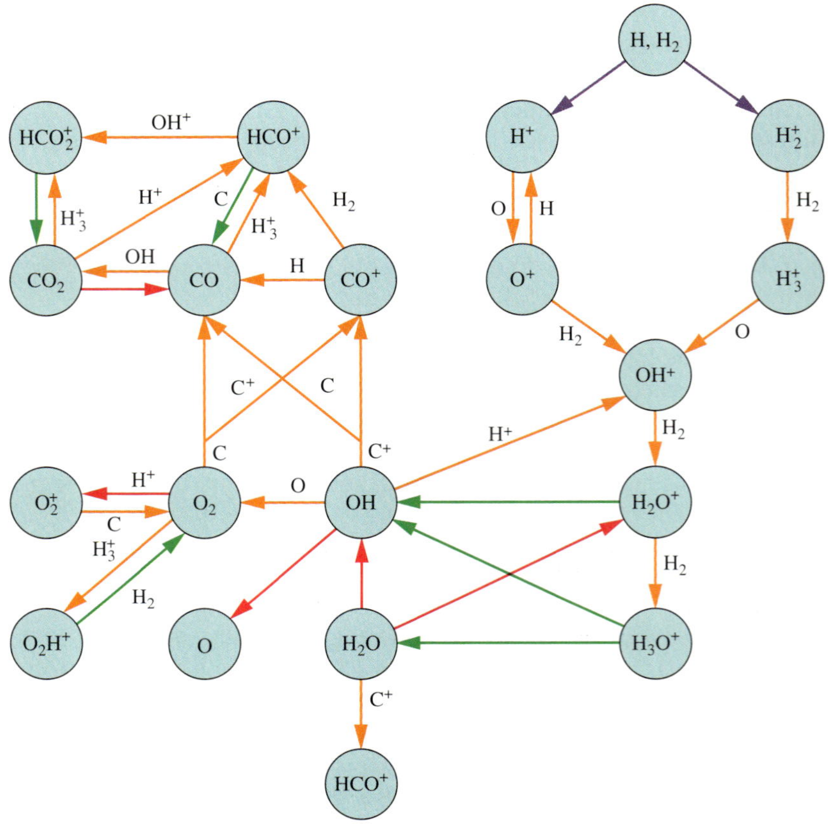

Faktoren berücksichtigen, die die Reaktionen verändern können, wie zum Beispiel Klumpen hoher Dichte, die von Ort zu Ort zu erheblichen Unterschieden in der Zusammensetzung führen können; Aufheizung durch Photonen eingebetteter Sterne; Aufheizung durch Stoßwellen von Winden massereicher Sterne und Supernovae; chemische Reaktionen, die auf Kornoberflächen weiterlaufen; Entzug von Atomen aus der Gasphase durch Ablagerung an Körnern; oder große Moleküle, von denen viele, vielleicht sogar die *meisten*, noch gar nicht identifiziert sind.

Das letzte Ziel ist, die unterschiedlichen Molekülwolken in einer Entwicklungssequenz aneinanderzureihen. Während sich die Wolken entwickeln, muß sich ihre Zusammensetzung ständig verändern – wenn sie von der Gravitationskraft komprimiert werden, wenn sie zusammenstoßen, wenn sie von energiereichen Photonen getroffen werden, wenn sie von Winden heißer Sterne aufgelöst werden.

Möglicherweise sind wir dann schließlich einmal in der Lage, anhand der beobachteten Zusammensetzungen den Entwicklungszustand der verschiedenen dunklen Molekülwolken anzugeben und zu erkennen, wo sie sich in den allgemeinen Lebenslauf von Wolken einfügen lassen.

Ein steter Kampf

Nun wollen wir unseren Blick erweitern und das gesamte interstellare Medium betrachten. Keine der unterschiedlichen Wolkenarten – HI-, HII- und Molekülwolken – existiert isoliert von den anderen. Tatsächlich sind sie alle in einen ständigen Kampf um die Vorherrschaft verwickelt, indem Wolken kollidieren, Wolken mit hohem Druck gegen das druckarme Zwischenwolken-Medium drängen, welches dann seinerseits zurückdrückt, und Stoßwellen von Supernovae das Ganze durchpflügen. Wechselwirkungen zwischen den Wolken sind am besten an den Grenzen zu beobachten, wo helle Materie auf dunkle prallt. Das deutlichste Beispiel ist die klassische Strömgren-Sphäre, in der ionisierende Photonen heißer, anregender Sterne innerhalb eines neutralen Mediums einen Emissionsnebel erzeugen – schauen Sie sich noch einmal den Rosetta-Nebel in Abbildung 2.14 an.

Mit Hilfe von Infrarot- und Radioteleskopen wissen wir jetzt, daß die neutrale Wolke, die eine solche Blase umgibt, nicht aus einfachem neutralem Wasserstoff besteht, sondern aus Wasserstoff in Molekülform, daß also die Emissionsnebel gewöhnlich Blasen innerhalb oder „Brandblasen" an den Rändern von Molekülwolken sind. Diese komplexe Wechselwirkung wird besonders schön vom Orion-Nebel veranschaulicht. Der helle Orion-„Balken" ist eine Ionisationsfront, ein verzerrtes Exemplar einer Strömgren-Sphäre, die wir von der Kante her sehen. Der sichtbare Balken ist jedoch nur die Front einer gleichmäßigen Übergangszone in die Dunkelwolke hinein. Hochenergetische, Wasserstoff ionisierende Photonen jenseits der Lyman-Grenze werden schließlich an der optisch sichtbaren Zone gestoppt. Aber weniger energiereiche Ultraviolettstrahlung, die nicht in der Lage ist, Wasserstoff zu ionisieren, kann über sie hinaus in den Staub vordringen, wo sie Kohlenstoff und andere Atome ionisieren und auch Moleküle anregen und aufbrechen kann. Solche „Photodissoziations-Regionen", kurz „PDR", zählen zur Zeit zu den interessantesten Themen in der Molekülastronomie, weil sie uns immer mehr über die Entstehung und Entwicklung der verschiedenen Wolkenarten verraten.

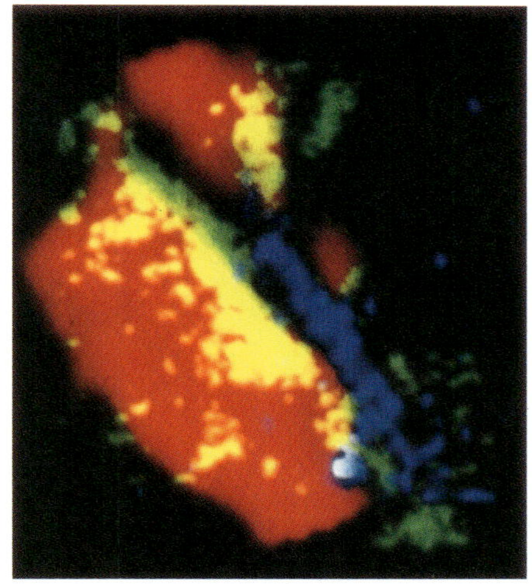

5.16 Der helle Balken des Orion-Nebels, im Optischen in Abbildung 2.1 zu sehen, ist hier auf drei Wellenlängenregionen ausgedehnt, um den Übergang zwischen den ionisierten und den Molekülwolken zu zeigen. (Die ionisierte Zone selbst ist nicht abgebildet; sie liegt oben rechts außerhalb des Bildes.) Am äußeren Rand der ionisierten Zone liegen angeregte PAH (blau), sichtbar gemacht durch die Infrarotemissionslinie bei 3,3 Mikrometer; in der Mitte und tiefer im Staub befindet sich ein Band von angeregtem H_2 (grün), das im Ultravioletten strahlt, und noch tiefer im Staub sendet CO Radiostrahlung (rot) aus. Links unten ist die staubhaltige Molekülwolke mit H_2, CO und allen möglichen anderen Molekülen angefüllt.

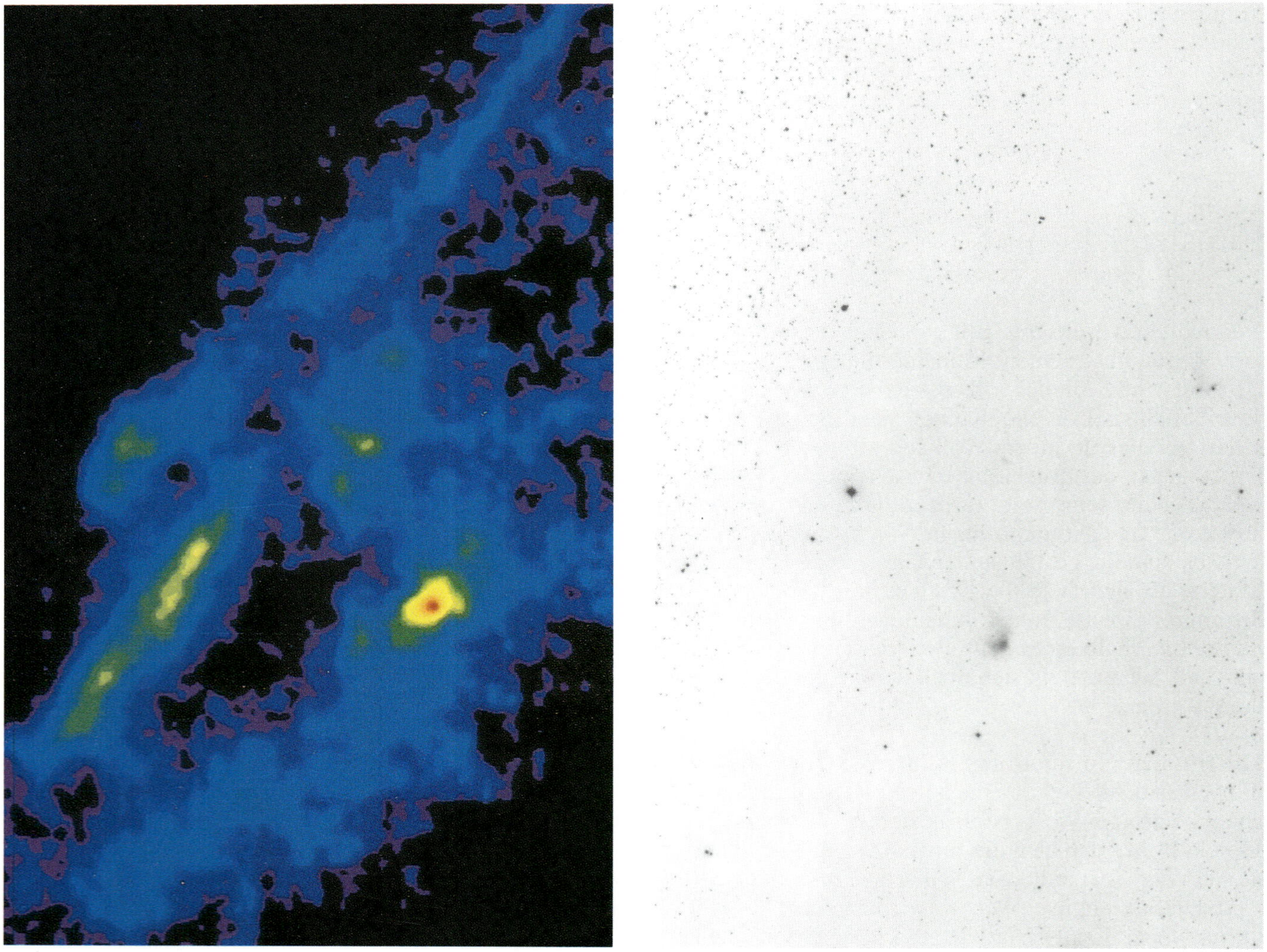

5.17 Links, in einem Gesichtsfeld von etwa 1,5 Grad Seitenlänge, ist $C^{18}O$-Strahlung von den nahegelegenen Taurus-Molekülwolken zu sehen, Brutstätten für neue Sterne, denen wir in Kürze begegnen werden. Rechts ist dasselbe Feld im optischen Bereich abgebildet; die Wolkenbänder sind durch den dicken Staub und das Fehlen von Sternen erkennbar.

Eine PDR ist das molekulare Analogon zur Strömgren-Sphäre, eine Wolkenregion, in der sich Dissoziation und Bildung von Molekülen im Gleichgewicht befinden, genau wie in einem Emissionsnebel Ionisation und Rekombination von Wasserstoff im Gleichgewicht sind. Daher haben wir in einer PDR weitere Möglichkeiten für die Astrochemie. Die Struktur einer PDR hängt von der Fähigkeit der Photonen ab, den allgegenwärtigen Staub zu durchdringen. Am inneren Rand, wo die Staubextinktion nicht allzu groß ist, finden wir angeregte und widerstandsfähige PAH; weiter draußen im Dunklen wandelt sich neutraler atomarer Wasserstoff in molekularen Wasserstoff um und noch weiter draußen Kohlenstoff in CO. Die PDR erlauben es uns, den Kreis räumlich und zeitlich zu schließen, indem sie die auffälligen HII-Regionen, die vor 200 Jahren erstmals untersucht wurden, mit den Molekülwolken verbinden, die erst durch Fortschritte in unserer Zeit entdeckt worden sind.

Indem wir auf diese Weise unterschiedliche Aspekte des interstellaren Mediums verknüpfen, indem wir ihre Beziehungen und Entwicklung untersuchen, beginnen wir – Stufe für Stufe –, die Geschichte unserer eigenen Entstehung aus den Weiten des interstellaren Raumes zu rekonstruieren.

6

Sternentstehung

6.1 Das *Hubble*-Weltraumteleskop zeigt dramatische Details von Elefantenrüssel-Strukturen im Adler-Nebel, die einige Lichtjahre lang sind. Ihre Spitzen, die unter der Strahlung heißer Sterne oberhalb des Bildes verdampfen, enthalten neue Sterne, die sich in ihnen gebildet haben.

Mit großer Sorgfalt langte der Schwarze Gott der Navajo von der Hütte der Schöpfung aus hinauf an den Himmel und setzte die hellen Sterne und Sternbilder an ihren Platz. Doch der große Unruhestifter Coyote, der beleidigt war, weil er nicht zu Rate gezogen wurde, stahl dem Schwarzen Gott den Beutel mit den Kristallen und verstreute die restlichen über das gesamte Antlitz des Himmels. Nun drehen sich die Sterne Nacht für Nacht um uns, „ewig singend, während sie scheinen", wie Addison schrieb.

Doch was geschah wirklich? Gibt es die Sterne tatsächlich schon „ewig"? Wenn nicht, dann muß es Orte geben, an denen sie geboren wurden, und irgendein himmlischer Mechanismus muß sie an den Himmel gesetzt haben. Wenn dem so ist, dann entstehen möglicherweise auch heute noch Sterne. Indem wir verfolgen, wie sich heute neue Sterne bilden, können wir vielleicht – widergespiegelt am dunklen Himmel des Schwarzen Gottes – die Geburt unserer eigenen Sonne beobachten.

Erste Hinweise auf die Entstehung

Der erste Hinweis auf die Art und Weise, wie Sterne entstehen, findet sich in unserem eigenen Sonnensystem. Die alles beherrschende Sonne, ein gewöhnlicher gelblicher G2-Zwerg mit einer Oberflächentemperatur von 6000 Kelvin und einer Masse von 4×10^{33} Gramm, ist umgeben von den verschiedenartigsten Trümmerstücken, wobei die Planeten die bedeutendsten sind. Vier kleinere Planeten – Merkur, Venus, Erde und Mars – umkreisen innerhalb von 1,5 AE die Sonne. Vier größere – Jupiter, Saturn, Uranus und Neptun – liegen weiter außen, in Entfernungen zwischen 5 und 30 AE. Selbst der größte Planet, Jupiter, hat nur 1/1000 der Masse der Sonne und unsere Erde (der größte der vier inneren Planeten) sogar nur 1/300000.

Die Sonnenfamilie ist durch eine umfassende Ordnung gekennzeichnet. Die Planeten umkreisen die Sonne alle in derselben Richtung – gegen den Uhrzeiger, wenn man das System von oben betrachtet – und liegen nahezu in derselben Bahnebene. Nur der innerste (Merkur) und der äußerste (Pluto) weichen mit einer Bahnneigung von 7° beziehungsweise 17° gegen die Erdbahn stark davon ab (wobei große Zweifel herrschen, wie wir noch sehen werden, ob Pluto überhaupt ein Planet genannt werden kann). Alle außer Venus, Uranus und Pluto rotieren auch in derselben Richtung, in der sie die Sonne umkreisen. Von größter Bedeutung ist, daß die Planeten in derselben

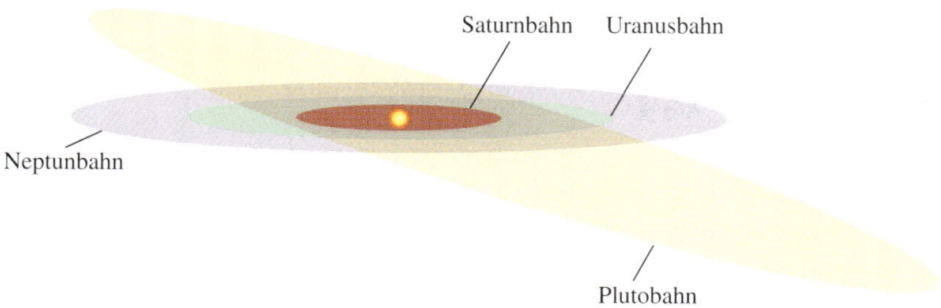

6.2 Die Planeten umkreisen die Sonne auf fast kreisförmigen Bahnen in nahezu derselben Ebene und definieren so eine Scheibe um die Sonne.

Richtung rotieren und umlaufen, in der auch die Sonne rotiert, wobei ihre Bahnebenen nahezu mit dem Sonnenäquator zusammenfallen. Dies alles führt uns unweigerlich zu der Überzeugung, daß die Planeten ein Nebenprodukt bei der Geburt der Sonne sind.

Diese Schlußfolgerung ist fast 250 Jahre alt. Bevor Immanuel Kant 1781 seine *Kritik der reinen Vernunft* veröffentlichte, hatte er eine ganze Reihe naturwissenschaftlicher Fragen untersucht, darunter die Ursache für Erdbeben, die durch Gezeiten bedingte Abbremsung der Erde und die Bildung der Sonne und Planeten. Er schlug 1755 vor, daß die Sonne als zentraler Kern einer riesigen Gasmasse geboren wurde, die sich, während sie unter dem Einfluß der Gravitation kontrahierte, zu einer Scheibe abflachte, aus der die Planeten auskondensierten. Fünfzig Jahre später versicherte der französische Mathematiker und Astronom Pierre-Simon de Laplace den Lesern seiner *Traité de mécanique céleste*, daß die Planetenbahnen langfristig stabil seien. Ohne die brillante Herleitung Kants zu kennen, führte er in einer Fußnote zu seiner populären Abhandlung *Exposition du système du monde* erneut die „Nebelhypothese“ ein. Die Sonne und die Planeten sind offenbar gemeinsam aus einer rotierenden, abgeflachten Scheibe, einem „solaren Urnebel“, entstanden. Um die Geburt der Sonne – und in Analogie die der Sterne – zu verstehen, müssen wir also das Sonnensystem als Ganzes betrachten.

Die geordneten Planeten enthalten rund 98 Prozent der Masse der Sonnenfamilie. Der Rest liefert weitere wichtige Hinweise auf die Entstehung. Der Raum zwischen Mars und Jupiter ist erfüllt von zahllosen Körpern, deren Größe von kleinen Steinchen bis hin zu riesigen Felsbrocken mit 1000 Kilometer Durchmesser reicht: Dies sind die Asteroiden, die Reste eines mißlungenen Planeten. Einige wenige gelangen ins innere Sonnensystem, wo ein paar von ihnen als Meteore durch unsere Atmosphäre zischen oder als Meteorite auf dem Erdboden aufschlagen.

6.3 Asteroiden – Trümmerstücke, die zwischen der Mars- und der Jupiterbahn konzentriert sind – fallen noch immer als Meteorite auf die Erde. Meteorite sind die ältesten Objekte, die wir kennen. Sie stammen aus der Zeit, als das Sonnensystem entstand.

Die zu Beginn des 20. Jahrhunderts von Marie Curie entdeckte Radioaktivität ermöglicht es, das Alter von Meteoriten zu bestimmen. Alle Isotope des schwersten natürlichen Elements auf der Erde, des 92 Protonen enthaltenden Urans, sind instabil. Die Atome von ^{238}U, des weitaus häufigsten Isotops, senden Heliumkerne und Gammastrahlung aus, wobei sie das Periodensystem abwärts zerfallen und nacheinander eine Vielzahl von Elementen bilden – von Protactinium (Ordnungszahl 91) über Radium (Ordnungszahl 88) bis hin zum stabilen Blei (^{206}Pb, Ordnungszahl 82), wo schließlich die Zerfallsreihe endet. Die Zerfallsrate ist gleichbleibend und vorhersagbar: Von einem Kilogramm ^{238}U ist nach 4,5 Milliarden Jahren noch ein halbes Kilogramm und nach 9 Milliarden Jahren noch ein viertel Kilogramm übrig. Viele Gesteine enthalten kleine Mengen Uran, so daß das Verhältnis ^{206}Pb/^{238}U das Alter des Gesteins angibt, die Zeit seit seiner Verfestigung. (Der ursprünglich vorhandene Bruchteil von ^{206}Pb ist aus Gesteinen bekannt, die kein Uran enthalten.) Das Alter von irdischen Gesteinen reicht von Null (bei abkühlender Lava) bis zu erstaunlichen 4,2 Milliarden Jahren. Steine, die vom Mond zurückgebracht wurden, sind fast 4,5 Milliarden Jahre alt, und die ältesten bekannten Steine, die Meteorite, haben ein Alter von 4,6 Milliarden Jahren. Das Sonnensystem muß mindestens so alt sein wie seine ältesten Gesteine. Das ähnliche Alter von Erde, Mond und Meteoriten sowie die planetare Natur der Meteorite deuten darauf hin, daß alle Bestandteile des Sonnensystems gleich alt sind – 4,6 Milliarden Jahre – und daß irgendwelche Abweichungen auf spezifischen Entstehungszeiten beruhen. Kants rotierende Scheibe ist in der Tat sehr alt, und Laplace hatte bezüglich der Stabilität des Systems ebenfalls Recht.

Kometen ermöglichen eine Untersuchung des Sonnensystems jenseits der Planetenbahnen. Sie umkreisen ebenfalls die Sonne, aber auf langgestreckten elliptischen Bahnen, die sie weit über den Bereich der Planeten hinaus führen können. Der berühmteste Komet, Komet Halley, kreuzt alle 76 Jahre die Erdbahn. Sein äußerer Umkehrpunkt liegt in der Nähe der Plutobahn. Anders als Asteroiden enthalten Kometen große Mengen Eis (aus Wasser und anderen Stoffen), die sublimieren, wenn sich die Körper der heißen Sonne nähern. Die Gase werden durch das Sonnenlicht ionisiert und dann, umhüllt vom solaren Magnetfeld, vom Sonnenwind davongeblasen, so daß ein heller Ionenschweif entsteht. Staub und lockeres Gestein, die im Eis eingebettet waren, werden freigesetzt und vom Sonnenlicht davongetrieben. Sie bilden einen Staubschweif, der im reflektierten Sonnenlicht leuchtet. Einige der festen Trümmerstücke treffen auf der Erdatmosphäre auf und sind als helle Meteorspuren am Himmel zu sehen.

Kometen sind zerbrechliche Strukturen, die leicht durch die Sonnenhitze zerstört werden (Komet Halley wird in etwa 10000 Jahren ver-

6.4 Komet Hyakutake stellt einen 40 Millionen Kilometer langen Schweif aus ionisiertem Gas und Staub zur Schau, der durch die Einwirkung von Sonnenlicht auf einen „schmutzigen Schneeball" von nur zwei Kilometern Durchmesser entstanden ist.

schwunden sein). Aber man findet ständig neue. Es muß also ein riesiges Reservoir von ihnen geben; tatsächlich gibt es sogar zwei. Man unterscheidet Kometen anhand ihrer Bahnen. Diese können bestimmt werden, indem man die Positionen der Kometen beobachtet, wenn sie sich in der Nähe der Erde befinden. Die langperiodischen Kometen, solche mit Perioden länger als 200 Jahre, bewegen sich auf zufällig verteilten Bahnen, die nicht auf die Ebene des Sonnensystems beschränkt sind. Die meisten von ihnen haben Perioden von mehr als 100000 Jahren und müssen also von sehr weit her kommen. Doch alle haben sie geschlossene elliptische Bahnen, so daß sie noch zum Sonnensystem gehören. Ihr Reservoir ist die große Oortsche Kometenwolke. Sie ist nach dem holländischen Astronomen Jan Oort benannt, der als erster ihre Existenz vermutet hatte. Die Wolke erstreckt sich über ein Gutteil der Entfernung bis zum nächsten Stern. Die meisten Kometen in ihr werden nie in die Nähe der Erde gelangen, aber die Gravitationswirkung vorüberziehender Sterne und interstellarer Wolken lenkt einige von ihnen um, so daß sie auf uns zustürzen. Die kurzperiodischen Kometen sind eher auf die allgemeine Ebene und Bahnrichtungen des Sonnensystems beschränkt. Ihre Heimat ist der von dem holländisch-amerikanischen Astronomen Gerard Kuiper entdeckte Kuiper-Gürtel, der die planetare Scheibe bis in große Entfernungen von der Sonne ausweitet.

Von den heute erkennbaren Hinweisen führt uns ein logischer Weg zurück in die Vergangenheit. Betrachten wir das uralte Antlitz des Mondes, das durch ein ungeheures Meteoritenbombardement von Kratern übersät und fast völlig zerstört wurde. Noch immer schlagen

6.5 Der Mond ist ungemein dicht mit Kratern übersät, Löchern, die durch Meteorite in die Kruste geschlagen wurden. Die riesigen dunklen Flächen sind Einschlagbecken, die mit ausgetretener Lava gefüllt sind.

Kometen und Asteroiden auf dem Mond (und auf der Erde) auf. Doch früher müssen sie ungemein viel zahlreicher gewesen sein, und dies deutet darauf hin, daß es sich bei ihnen um „Planetesimale" handelt, jene Körper, die sich zu den Planeten zusammengeballt haben. Die Kometen bestehen aus Eis und Staub, wie ihre Schweife und Meteore zeigen. Eis ist gefrorenen Gas. Also haben sich die Kometen und Planeten aus einer staubhaltigen Gasscheibe gebildet. Die Kometen des Kuiper-Gürtels sehen aus wie Überreste der ursprünglichen Planetesimale, die die äußeren Planeten gebildet haben, während die steinigeren Asteroiden (ebenfalls in der Scheibe) die Vorläufer der inneren Planeten wie der Erde sind.

Der Aufbau des Sonnensystems vermittelt uns also eine gewisse Vorstellung, nach was wir suchen müssen. Können wir hinaus in den Kosmos schauen und Sterne und Systeme wie das unsrige entdecken, die gerade im Entstehen begriffen sind? Können wir unsere Beobachtungen benutzen um herauszufinden, was vor 4,6 Milliarden Jahren hier bei uns geschah? Schauen wir einmal.

Jugend

Der erste Schritt besteht darin, junge Sterne zu identifizieren, da ihre Lage die Orte angeben sollten, an denen Sterne entstehen. Heiße O- und B-Sterne, die erst vor kurzem aus ihren schwach gebundenen Assoziationen entwichen sind, erfüllen diese Bedingung. Ihre enge Verknüpfung mit den Emissionsnebeln, die durch sie zum Leuchten angeregt werden, deutet stark darauf hin, daß es sich bei diesen wunderschönen Gaswolken um die Überreste von Sternentstehung handelt. Selbst Herschel konnte bereits die Beziehungen zwischen den hellen und dunklen Wolken erkennen, und daher kehren wir zum Vorschlag Russells zurück, daß die Globulen stellare Kinderstuben sind. Wenn die dunklen Molekülwolken heiße Sterne hervorbringen, können wir davon ausgehen, daß sie auch kühlere wie unsere Sonne produzieren. Da O-Sterne und Molekülwolken die Spiralarme der Galaxis kennzeichnen, müssen die Arme ebenfalls mit der Sternentstehung in Zusammenhang stehen, wobei die leuchtkräftigen Sterne die Geburtsorte von Sternen sowohl in unserer Galaxis als auch in anderen Galaxien markieren.

Um die masseärmeren jungen Sterne zu lokalisieren, müssen wir nur ein wenig tiefer schauen. In und um dunkle Wolkenkomplexe herum drängen sich dichte Ansammlungen seltsamer „veränderlicher Sterne", Sterne, deren Helligkeit zeitlich schwankt. Man kennt Dutzende verschiedener Arten von Veränderlichen, von denen die meisten Sterne in fortgeschrittenem stellarem Alter sind. Die unterschiedlichen Klassen der Veränderlichen werden gewöhnlich nach ihrem Prototyp benannt, dem ersten seiner Art, den man gefunden hat. Die T Tauri-Sterne (Veränderliche werden meistens mit lateinischen Buchstaben bezeichnet) heißen nach dem Stern T Tauri, der vor einer Dunkelwolke im Sternbild Taurus liegt. Sie wurden 1945 von A. H. Joy vom Mount Wilson Observatory erstmals als eigene Gruppe identifiziert. In den Jahren seit ihrer Entdeckung haben sie uns wichtige Hinweise nicht auf den Tod von Sternen, sondern auf deren Geburt geliefert.

Die meisten T Tauri-Sterne – man kennt Hunderte von ihnen – gehören zu den Spektralklassen F, G, K und sogar M. Das heißt, ihre Oberflächentemperaturen liegen zwischen etwa 7500 und 3000 Kel-

vin. Sie sind unregelmäßig veränderlich, wobei ihre Leuchtkräfte über Zeiträume von Tagen und Monaten um einige Zehntel einer Größenklasse bis zu einigen Größenklassen schwanken. Ihre Spektren enthalten starke Emissionslinien von Wasserstoff ($H\alpha$, $H\beta$, und so weiter). Verbotene Linien von Sauerstoff und Schwefel ([OI] und [SII]) treten ebenfalls häufig auf. Derartige Emissionslinien entstehen in einem heißen Gas bei geringem Druck, wie in einem Emissionsnebel, und deuten daher auf zirkumstellare Gaswolken hin.
T Tauri-Sterne sind auch mit Reflexionsnebeln verknüpft und zeigen anomal starke Infrarotkontinua, die stärker sind, als man von einem Schwarzen Körper mit der Temperatur des Sterns erwartet, und die höchstwahrscheinlich von aufgeheiztem zirkumstellarem Staub stammen. All diese Merkmale – besonders, wenn man sie alle zusammennimmt – verknüpfen diese Sterne noch fester mit dem umgebenden interstellaren Medium.

T Tauri-Sterne rotten sich zu expandierenden T-Assoziationen zusammen, die, wie die OB-Assoziationen, ein Indikator für Jugend

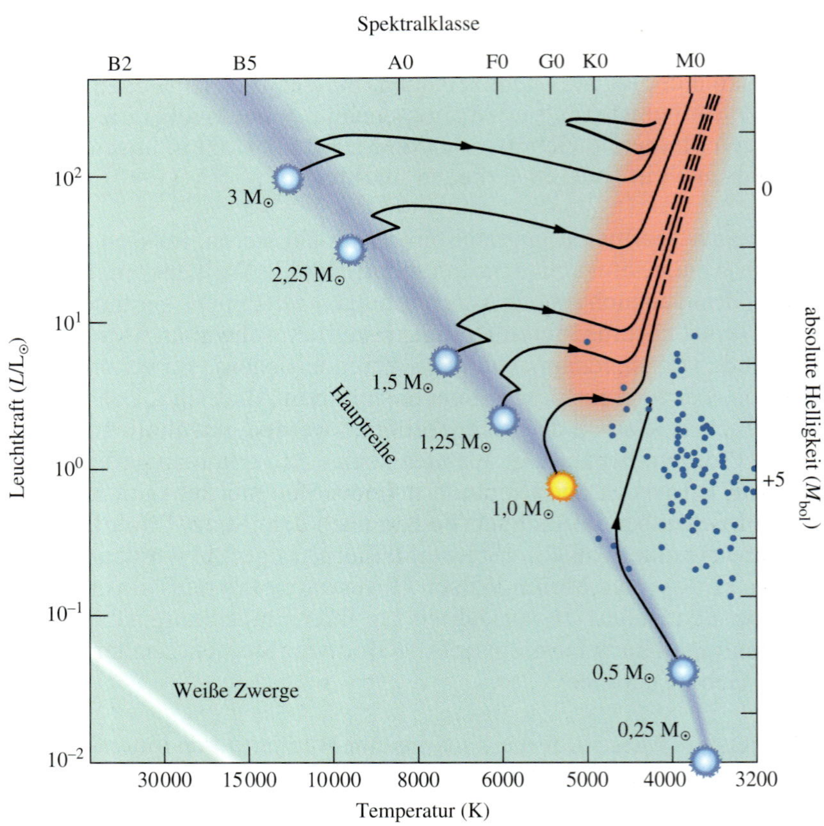

6.6 Der Bereich der Riesensterne (rosa eingefärbt) liegt oberhalb der Hauptreihe entlang von Entwicklungswegen, die für alternde sonnenähnliche Sterne, das heißt, für Sterne, die ihren inneren Wasserstoffvorrat verbraucht haben, theoretisch berechnet wurden. Die bolometrische Helligkeit – M_{bol} – ist die absolute Helligkeit, korrigiert bezüglich Strahlung außerhalb des sichtbaren Spektralbereichs. T Tauri-Sterne (blaue Punkte) liegen ebenfalls oberhalb der Hauptreihe, aber außerhalb des durch die Entwicklungswege gekennzeichneten Gebiets. Ihre Jugend deutet darauf hin, daß sie sich *auf* die Hauptreihe *zubewegen*.

6.7 Diese optische Aufnahme von NGC 2024, der direkt oberhalb von ζ Orionis im Gürtel des Orion liegt, zeigt ein dunkles Band, das den Emissionsnebel zerteilt. Ein Blick im Infraroten läßt Hunderte eingebetteter Sterne erkennen, die offenbar erst vor kurzem in den Wolken geboren wurden.

sind. Ebenso bezeichnend ist, daß diese Sterne starke Absorptionslinien von Lithium aufweisen, einem Element, das bei hohen Temperaturen leicht durch Kernreaktionen zerstört wird. Sterne wie die Sonne haben konvektive äußere Schichten, durch die ihre Atmosphären umgewälzt und tief hinunter in heiße Schichten transportiert werden, wo solche Reaktionen stattfinden können. Infolgedessen enthalten die Sonne und andere ältere Sterne nur noch sehr wenig von diesem Element. Ein hoher Lithiumgehalt ist daher ein weiteres Anzeichen extremer Unreife.

Wir kennen die Entfernungen der T Tauri-Sterne aus den Entfernungen der mit ihnen verknüpften Wolken und damit auch die Leuchtkräfte dieser Sterne. Zeichnet man T Tauri-Sterne in ein HR-Diagramm ein, so stellt man fest, daß sie deutlich oberhalb der Hauptreihe liegen, also leuchtkräftiger sind als bei ihrer Spektralklasse erwartet. Aber das gilt auch für Riesen und Überriesen. Die verschiedenen Sternarten, die in unterschiedlichen Bereichen des HR-Diagramms liegen, werden mit Hilfe von theoretisch berechneten Entwicklungswegen miteinander verbunden, die Änderungen in der Leuchtkraft (oder der absoluten Helligkeit) und der Oberflächentemperatur (oder der Spektralklasse) graphisch darstellen. Astronomen lassen Sterne in Computern „altern", indem sie mathematische Modelle von ihnen berechnen und dabei im Inneren thermonukleare Prozesse weiter voranschreiten lassen, um zu sehen, wie sich die Sterne entwickeln. Wir wissen seit langem, daß Sterne die meiste Zeit ihres Lebens auf der Hauptreihe verbringen, bis ihr Wasserstoffvorrat im Inneren erschöpft ist. Dann werden sie heller, dehnen sich aus und kühlen sich entlang eines bestimmten graphischen Entwicklungsweges ab, das heißt, sie werden zu Roten Riesen. Die T Tauri-Sterne liegen jedoch außerhalb des graphischen Bereichs der Riesen. Überdies sind sie eindeutig viel zu jung, um Riesen zu sein. Statt von der Hauptreihe *weg*, müssen sie sich auf sie *zu* bewegen. Wir haben nicht einfach nur junge Sterne gefunden, sondern „Protosterne", genauer gesagt, Vor-Hauptreihensterne, die gerade den Entwicklungsprozeß hin zu ihrem langen Leben auf der Hauptreihe durchlaufen.

Seltener und leuchtkräftiger als T Tauri-Sterne sind die ihnen ähnelnden Ae/Be-Sterne, Sterne der Spektralklassen A und B, die ebenfalls Emissionslinien aussenden (daher der Index „e"). Eine Reihe von Merkmalen – ihre Lage oberhalb der Hauptreihe, ihre Emissionslinien, mit ihnen assoziierte Reflexionsnebel sowie Infrarotstrahlung von erhitztem Staub – deutet darauf hin, daß auch sie Protosterne sind. Damit beobachten wir eine kontinuierliche Sequenz von Vor-Hauptreihensternen, wobei die weniger leuchtkräftigen T Tauri-Sterne logischerweise zu Sternen auf der unteren Hauptreihe wie die Sonne werden, während die Ae/Be-Sterne schließlich die massereicheren Zwerge bilden.

Optische Strahlung kann den dichten Staub der Molekülwolken nicht durchdringen, aber langwellige Infrarotstrahlung passiert das staubhaltige Gas problemlos. Mit Infrarotdetektoren können wir Hunderte optisch unsichtbarer Sterne erkennen. Sie müssen neu sein, Produkte der Vor-Hauptreihenentwicklung, sonst hätten sie aufgrund ihrer Bewegung die Wolken schon längst verlassen.

Wir hätten gern eine Theorie, die uns zeigt, wie sich die Protosterne entwickeln und wie sie reifen. Aber eine vollständige Theorie kann nicht allein aus Grundprinzipien aufgestellt werden: Wissenschaftliche Theorien werden von Experimenten oder Beobachtungen angetrieben. Um zu erkennen, wie Sterne geboren werden, müssen wir noch frühere Kindheitsstadien identifizieren und alle Stadien zusammen betrachten. Da die schwarzen interstellaren Wolken die Geburtsstätten sind, wollen wir sie näher betrachten und schauen, was wir noch finden können. Und finden werden wir etwas.

Stellare Spritzer

In gewöhnlichen Sternen sieht man die Hα-Spektrallinie in Absorption, wobei die Elektronen von Energiestufe 2 hinauf auf Stufe 3 angehoben werden. Joy fand in den T Tauri-Sternen Hα jedoch umgekehrt, in *Emission*. Die Elektronen springen also nach unten, was auf eine zirkumstellare Gaswolke hindeutet. Genauere Untersuchungen in den sechziger und siebziger Jahren ließen eine komplexere Struktur erkennen: Viele der stellaren Hα-Linien zeigen *beide* Merkmale, wobei auf der blauen, also der kurzwelligen Seite der starken Emissionslinie eine schwache Absorptionslinie liegt. Derartige Linien sind im Spektrum von P Cygni sehr deutlich zu erkennen, einem mit bloßem Auge gerade noch sichtbaren Überriesen, der mit hoher Rate Masse verliert. Das abströmende Gas strahlt starke Emissionslinien ab. Aber das Gas, das vor dem Stern direkt auf den Beobachter zu kommt, muß so dicht (und damit undurchlässig) sein, daß es eine Absorptionslinie erzeugt, die wegen der Annäherungsgeschwindigkeit des Gases zum Blauen hin dopplerverschoben ist. Solche „P Cygni-Linien" bedeuten stets starken Massenverlust und dichte Sternwinde. Die Winde von T Tauri-Sternen blasen mit einer Rate von rund 10^{-7} Sonnenmassen pro Jahr, fast eine Million mal stärker als der Sonnenwind.

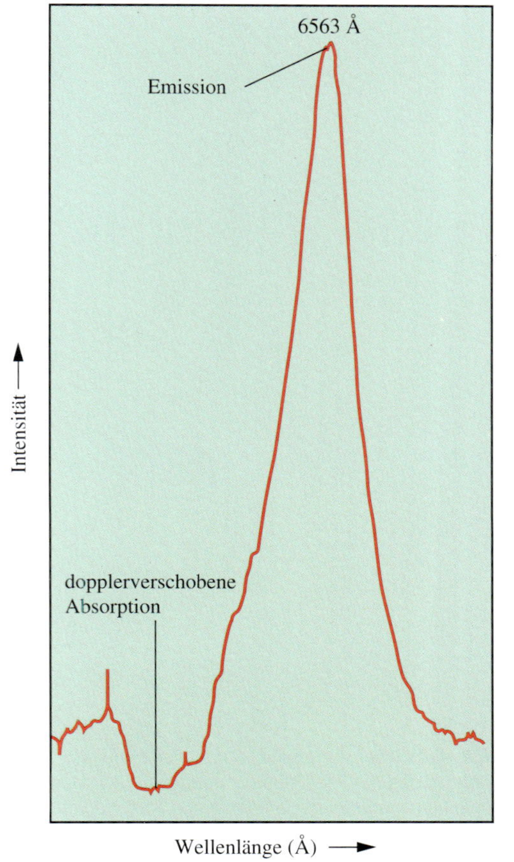

6.8 Die bei 6563 Ångström liegende Hα-Emissionslinie des Sterns DR Tauri, die von einem langsamen, von dem Stern abströmenden Wind erzeugt wird, ist auf der kurzwelligen Seite von einer dopplerverschobenen Hα-Absorptionslinie flankiert. Diese stammt von dem Gas, das direkt auf den Beobachter zuströmt.

Die Jugend der T Tauri-Sterne zeigt, daß sie erst kürzlich aus dem interstellaren Medium entstanden sein können. Damit sie überhaupt entstehen, muß irgend etwas das staubhaltige, dünne interstellare Gas dazu gebracht haben, zu dichten Sternen zu kondensieren. Man sollte daher annehmen, daß diese jungen Sterne entweder noch immer Masse aus dem interstellaren Medium aufnehmen und größer werden oder zumindest zur Ruhe gekommen und eher wie die Sonne geworden sind, allenfalls mit einem ruhigen, mäßigen sonnenähnlichen Wind. Aber hier beobachten wir Sterne, die heftig Masse *verlieren* – eine vollkommene Überraschung.

Eine Untergruppe der T Tauri-Sterne zeigt jedoch *inverse* P Cygni-Linien, bei denen die Absorption auf der langwelligen, also der roten Seite der Emissionslinie liegt. Diese Linien zeigen ganz klar, daß Materie auf den Stern hinabfällt und akkretiert, wie man es bei einem wachsenden Stern erwartet. T Tauri-Sterne senden im allgemeinen auch Ultraviolettstrahlung aus, die weit stärker ist als die eines thermischen Gases bei der beobachteten Oberflächentemperatur. Diese Beobachtung ist vereinbar mit Materie, die mit hoher Energie auf die Sternoberfläche regnet, Materie, die so dicht ist, daß sie gelegentlich die inversen P Cygni-Linien erzeugt. Zur Überraschung der Theoretiker nehmen diese neuen Sterne also *gleichzeitig* Masse auf und verlieren welche. Massenverlust muß daher irgendwie mit dem Kondensationsprozeß verknüpft sein und damit von entscheidender Bedeutung für die Theorie der Sternentstehung. Warum? Und – ebenso wichtig – wie?

Die ersten Hinweise waren Anfang der fünfziger Jahre von George Herbig vom Lick Observatory und Guillermo Haro von der University of Mexico geliefert worden. Sie fanden unabhängig voneinander in Orion schwache, verwaschene Klumpen heller Materie, die keine erkennbare Leuchtquelle hatten, keine eingebetteten nahen Sterne, die sie beleuchteten. Diese Herbig-Haro-Objekte (HH-Objekte) waren komplexe Strukturen mit einzelnen leuchtenden Knoten, deren Helligkeit sich änderte. Im Extremfall beobachtete man, wie sich neue Knoten entwickelten, wo zuvor keine gewesen waren. In den folgenden 30 Jahren fand man in den Dunkelwolken in Taurus, Ophiuchus und Orion einige weitere HH-Objekte, aber sie blieben nach wie vor ein Rätsel. Eine Zeitlang glaubte man, daß sie tatsächlich neue, in der Entstehung begriffene Sterne seien.

Dann folgte Schlag auf Schlag eine Reihe von Entdeckungen, die schließlich den ungewöhnlichen Ursprung der HH-Objekte offenlegten. Ihre Emissionslinien, die denen von Nebeln ähneln, bestätigen ihre gasförmige Beschaffenheit. Doch ihre Spektren unterscheiden

6.9 Auf dieser ungewöhnlich detailreichen Aufnahme des *Hubble*-Weltraumteleskops strömen zwei Jets von einem gemeinsamen Ausgangspunkt ab, an dem ein T Tauri-Stern verborgen liegt, und bilden die Herbig-Haro-Objekte HH-1 (rechts) und HH-2 (links).

sich insofern von denen der Emissions- oder planetarischen Nebel, als sie stärkere Linien niedriger Ionisationsstufen aufweisen, wie [SII]. Solche Linien findet man eher bei Supernova-Überresten – den Trümmern explodierender Sterne –, die durch Stoßwellen aufgeheizt werden. Stoßwellen lassen auf Bewegung mit Überschallgeschwindigkeit schließen. Aber woher stammt die Energie?

Die Messung der Positionen zweier benachbarter HH-Objekte (HH-1 und HH-2) relativ zu weit entfernten Hintergrundsternen zeigte, daß sie sich in entgegengesetzten Richtungen bewegen, weg von einer gemeinsamen Quelle: Sie *stehen miteinander in Zusammenhang*. Und zwischen ihnen liegt ein T Tauri-Stern, so tief in interstellarem Staub vergraben, daß er optisch nicht sichtbar ist. Die Gesamtstruktur ist riesig: Die HH-Objekte liegen etwa ein Parsec vom Stern entfernt. Die Theoretiker schlugen sehr schnell vor, daß es sich bei HH-Objekten um die Enden diametral entgegengesetzter Gasabströmungen handelt, die aus dem Stern herausschießen und beim Aufprall auf das lokale interstellare Medium eine Stoßwelle erzeugen. In der Tat lassen detaillierte Aufnahmen erkennen, daß die Enden von HH-Objekten wie eine Bugwelle geformt sind, ähnlich der Bugwelle eines fahrenden Bootes. Innerhalb eines Jahres nach dieser Entdeckung fand man die ersten Jets, und damit waren die T Tauri-Winde direkt als eng gebündelte Strahlen ionisierter Materie identifiziert.

Wie können solche Abströmungen erzeugt werden? Einen Hinweis liefert die starke Infrarotstrahlung, die so gar nicht mit den Temperaturen der Sterne in Einklang steht. Die daraus abgeleitete Menge von aufgeheiztem Staub ist so groß, daß bei einer sphärischen Verteilung des Staubs der Stern nicht zu sehen wäre. T Tauri-Sterne sollten optisch also nicht sichtbar sein. Daß sie es gewöhnlich aber doch sind, sagt uns, daß der Staub – und das Gas, in das er mit Sicherheit eingebettet ist – zu einer Scheibe auseinandergezogen ist. Ist die Scheibe gegen unsere Sichtlinie geneigt, kann uns das an den Polen der Scheibe austretende Licht erreichen. Der Sternwind wird offenbar in derselben Richtung (senkrecht zur Scheibe) ausgestoßen, dort wo das staubhaltige Gas am dünnsten ist, vermutlich entlang der Rotationsachse des Systems, und erzeugt so die entgegengesetzten bipolaren Jets.

Die Sterne sind weit von uns entfernt und die Winkeldurchmesser der Scheiben dementsprechend klein, so daß sie nur schwer direkt beobachtet werden können. Dennoch zeigen Radiobeobachtungen der CO-Emissionslinie des Sterns HL Tauri, daß das Gas in einer riesigen Scheibe von 2000 AE Radius liegt. Die aus dem Dopplereffekt abgeleiteten Geschwindigkeiten gehorchen dem Keplerschen

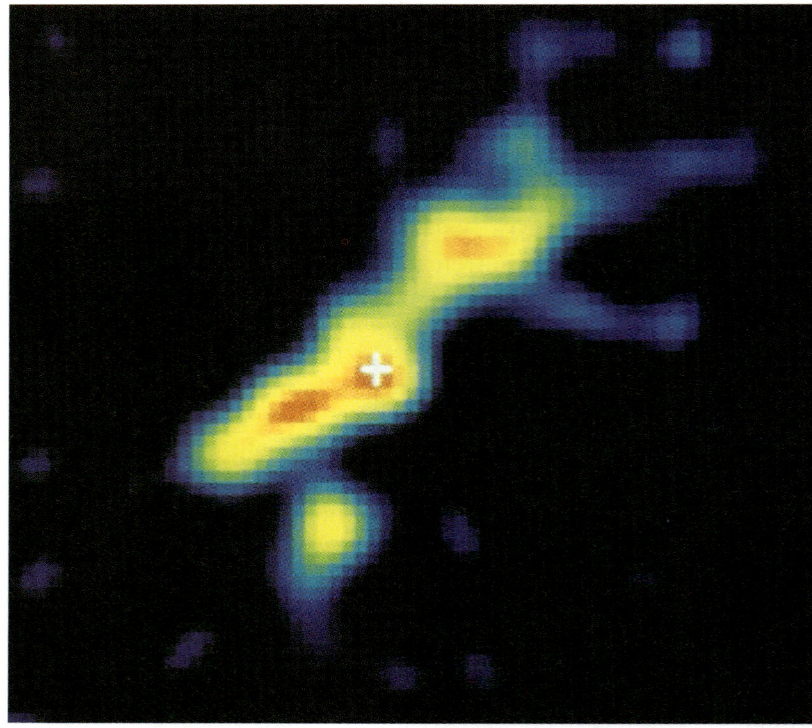

6.10 Eine Radiokarte von HL Tauri, aufgenommen in der Strahlung des ^{13}CO-Moleküls, zeigt eine den Stern umgebende Materiescheibe von 2000 AE Durchmesser.

Gesetz. Das Gas umkreist offensichtlich den Stern. Darüber hinaus deuten interferometrische Beobachtungen im Infraroten – die die Interferenzeigenschaften von Licht nutzen, um eine hohe räumliche Auflösung zu erhalten – auf das Vorhandensein einer kleineren inneren Scheibe aus streuendem Staub hin, deren Größe mit dem Kuiper-Gürtel des Sonnensystems vergleichbar ist. Besser noch, optische Beobachtungen mit dem *Hubble*-Weltraumteleskop zeigen, daß die Quelle von HH-30 in Taurus eine von der Kante her gesehene dunkle Scheibe ist, die innerhalb einer helleren liegt: Der Stern selbst ist vollständig verdeckt. Die Helligkeit der Scheibenränder rührt von Sternlicht her, das vom Staub nach außen gestreut wird. Das innere dunkle Band ist die Scheibe selbst; sie ist optisch dick und hat einen Radius von nur 150 AE, viermal so groß wie unser Planetensystem. Wie erwartet, tritt der Jet, der HH-30 erzeugt, exakt senkrecht zur Scheibe aus. Diese Sterne geben uns einen Eindruck, wie die Sonne einst ausgesehen hat, vielleicht sogar noch bevor die Planeten entstanden waren.

Das Gas, das von den T Tauri-Sternen akkretiert wird, muß aus den Scheiben stammen. Diese sind keine passiven Strukturen, sondern aktive „Akkretionsscheiben". Modellrechnungen ihrer Spektren ergeben Akkretionsraten, die vergleichbar sind mit den geschätzten Massenverlustraten von etwa 10^{-7} Sonnenmassen pro Jahr. Auf eine noch ungeklärte Weise (obwohl kein Mangel an theoretischen Spekulationen herrscht) führt Akkretion also zu Massenverlust und zu den bipolaren Jets, die letztlich die Herbig-Haro-Objekte erzeugen. Die Beobachtungen von HH-30 zeigen, daß die Jets dicht am Stern entstehen. Gäbe es in unserem eigenen Planetensystem welche, würden sie innerhalb der Jupiterbahn, nur fünf AE von der Sonnen entfernt, beginnen, wahrscheinlich sogar noch viel weiter innen. Etwa alle 20 Jahre schießt Materie wie Gewehrkugeln aus dem Stern hervor, im Einklang mit den Knotenstrukturen, die man in den meisten Jets beobachtet. Je mehr Gas auf dem Stern abgeladen wurde, desto mehr stößt er ab. Der Stern wächst nur, weil über seinen kurzen Entstehungszeitraum die Materieaufnahme größer ist als die Abgabe.

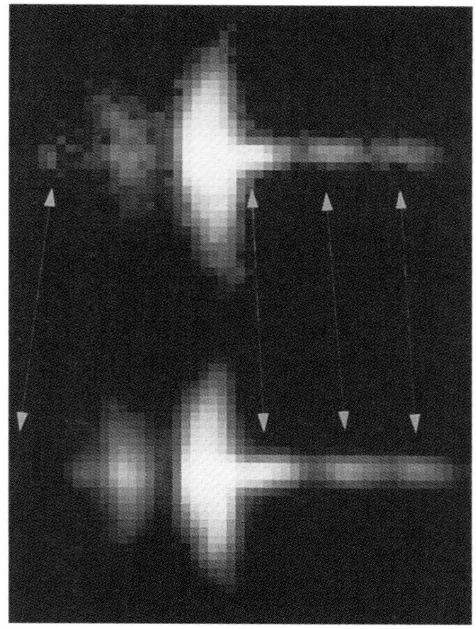

6.11 Diese beiden *Hubble*-Aufnahmen von HH-30, aufgenommen im Abstand von einem Jahr, zeigen eine dunkle, nach außen hin etwas dicker werdende Scheibe, die etwas verbirgt, das mit ziemlicher Sicherheit ein T Tauri-Stern ist. Da die Scheibe von der Kante her zu sehen ist, werden ihre etwas aufgeblähten Außenbereiche durch reflektiertes Sonnenlicht sichtbar und sind als helle Ränder zu sehen. Aus einem Gebiet, das kleiner ist als der Durchmesser der Jupiterbahn, kommen bipolare Jets hervor. Knoten, die die unregelmäßige Akkretionsrate widerspiegeln, bewegen sich mit etwa 200 Kilometern pro Sekunde nach außen und legen pro Jahr rund 50 AE – etwa den Radius unseres Planetensystems – zurück.

Die bipolaren Jets sind dünn, und obwohl sie sich mit einigen hundert Kilometern pro Sekunde bewegen, scheinen sie nicht genügend Schubkraft zu haben, um all das Gas aufzufegen, das man in den HH-Objekten beobachtet. Theoretiker haben daher die Hypothese aufgestellt, daß die hellen ionisierten Abströmungen die Zentren massereicherer, aber schwer erkennbarer *neutraler* bipolarer Abströmungen sind, die in einigen wenigen Spezialfällen direkt durch 21-cm-Strahlung beobachtet werden können, wobei die ionisierten Jets in ihren Inneren als Tracer dienen.

Natürliche Experimente

Astronomie ist keine experimentelle Wissenschaft. Zum Glück können wir die innere Temperatur der Sonne nicht verändern, um zu sehen, was passiert. Statt dessen erfahren die Astronomen entweder durch Computersimulationen oder durch Beobachten der ganzen Bandbreite einer Objektklasse etwas über das Verhalten von Himmelskörpern, wobei sie die Laborarbeit der Natur selbst überlassen. Wir können also mehr über die Natur der T Tauri- und Herbig-Haro-Phänomene lernen, indem wir Variationen über ihr Thema beobachten.

Das Ultraviolettlicht eines T Tauri-Sterns und ein Großteil seiner optischen Strahlung stammt von Gas aus seiner Akkretionsscheibe, das auf die Sternoberfläche stürzt. Die Helligkeitsschwankungen, die überhaupt erst dazu geführt hatten, daß T Tauri-Sterne als eine eigene Klasse angesehen wurden, müssen daher durch entsprechende Schwankungen in den Akkretionsraten der Sterne verursacht werden. Dies zeigt, daß der Akkretionsprozeß instabil ist. Die Massen der Akkretionsscheiben sowie die Akkretionsraten müssen sich auch von Stern zu Stern erheblich unterscheiden, um der beobachteten Individualität der T Tauri-Sterne gerecht zu werden.

T Tauri-Sterne liefern uns Informationen über den Ursprung der Sonne, und die Sonne ihrerseits lehrt uns etwas über das Verhalten der T Tauri. Die Sonne ist von einem riesigen Halo umgeben, der Korona, die während einer Sonnenfinsternis sichtbar ist. Das Gas der Korona ist größtenteils in großen Magnetfeldschleifen eingeschlossen, deren Ursprung unter der Sonnenoberfläche liegt. Energie, die durch diesen Magnetismus transportiert wird, heizt die Korona auf rund zwei Millionen Kelvin auf. Wie ein Emissionsnebel ist die Korona jedoch zu dünn, um ein Schwarzer Körper zu sein. Infolgedessen ist ihre Leuchtkraft recht gering (und wir Erdlinge werden nicht geröstet); die Temperatur ist nur eine kinetische. Die koronale Röntgenstrahlung, die die Erdatmosphäre nicht durchdringt, ist jedoch immer noch recht stark. Sie wird zuweilen durch dramatische solare Strahlungsausbrüche (Flares) enorm verstärkt, die von wechselwirkenden und kollabierenden solaren Magnetfeldern verursacht werden. Zwischen der Korona und der Sonnenober-

6.12 Dieses Bild ist eine Komposition aus einer optischen Aufnahme der magnetisch auf zwei Millionen Kelvin aufgeheizten Sonnenkorona (sichtbar während einer Sonnenfinsternis) und einer Röntgenaufnahme der Sonnenoberfläche. Die Chromosphäre, eine dünne Übergangsschicht zwischen Sonnenoberfläche und Korona, strahlt eine Reihe von Emissionslinien aus.

fläche – der sichtbaren Photosphäre – liegt eine dünne, kühlere Übergangsschicht, die Chromosphäre. Ihr Licht stammt von Emissionslinien, insbesondere denen von Wasserstoff und ionisiertem Calcium, und sie leuchtet hell im Ultravioletten.

Magnetfelder entstehen durch die Bewegung elektrischer Ladungen. Das bekannteste Beispiel ist der Strom in einem Leiter. Die äußeren Schichten der Sonne sind ionisiert und enthalten daher freie elektrische Ladungen. Außerdem sind sie konvektiv, das heißt, heiße Gase steigen auf und kühle sinken ab (Konvektion ist der Grund, warum es in der Nähe der Decke eines Raumes wärmer ist als am Boden). Konvektion und Rotation der Sonne wirken zusammen wie ein riesiger natürlicher Dynamo, der letztendlich für die verschiedenen Erscheinungen des solaren Magnetismus verantwortlich ist. (Die Erde verhält sich ähnlich; ihr wohlbekanntes Magnetfeld wird durch Konvektions- und Rotationsbewegungen in ihrem elektrisch leitenden flüssigen Eisenkern erzeugt.) T Tauri-Sterne zeigen sonnenähnliche Aktivität auf einer sehr viel größeren Skala. Sie senden eine entsprechende Strahlung aus wie die Sonnenchromosphäre und brechen in Röntgen- und Ultraviolett-Flares aus, die mehrere tausendmal stärker sind als auf der Sonne. In Analogie zur Sonne weist diese Aktivität auf starke Magnetfelder hin, die durch einen Rotationsdynamo erzeugt werden.

Außer den bisher beschriebenen T Tauri-Sternen, der „klassischen“ Variante, gibt es noch eine herabgeminderte Version, die nur schwache Emissionslinien und wenig oder gar keine überschüssige Infrarotstrahlung (über die eines Schwarzen Körpers hinaus) zeigt. Dennoch erzeugen diese sogenannten „weak-line“ T Tauri-Sterne (T Tauri-Sterne mit schwachen Linien) starke Röntgen-Flares. Anscheinend sind sie magnetisch aktive Sterne, bei denen die Akkretion fast zum Stillstand gekommen ist, wahrscheinlich, weil der innere Teil der Scheibe irgendwie freigeräumt wurde. Die sich daraus ergebende Struktur ähnelt einem Schmalzkringel, einem „Doughnut“, mit einem Loch in der Mitte. Könnte sich aus dem staubhaltigen Gas gerade ein Planetensystem bilden?

Das andere Extrem ist FU Orionis. Vor 60 Jahren war er ein bescheidener Stern 16. Größe – 10000mal schwächer als mit bloßem Auge sichtbar –, der dann plötzlich in weniger als einem Jahr um den Faktor 250 heller wurde. Man kennt nur wenige Sterne dieses seltsamen Typs. Einer, V1057 Cygni, war vor seinem Ausbruch (seinem plötzlichen Helligkeitsanstieg) jedoch ein gewöhnlicher T Tauri-Stern, und alle sind sie mit Reflexionsnebeln und Herbig-Haro-Objekten verknüpft. Vermutlich waren alle FU Orionis-Sterne einst T Tauri-Sterne und werden es wieder sein. Aus der Anzahl der bekannten Ausbrüche läßt sich schließen, daß eine T Tauri-Akkretionsscheibe anscheinend alle paar hundert bis tausend Jahre zerbirst, wobei der Stern enorm viel heller wird, weil die Akkretionsrate um etwa einen Faktor 1 000 oder mehr zunimmt. Die Massenverlustrate steigt dann etwa auf zehn Prozent der Akkretionsrate an, und große Gasklumpen strömen nach außen. Diese Gasklumpen sind vermutlich der eigentliche Ursprung der durch Stoßwellen geschockten Herbig-Haro-Objekte. In manchen Fällen können wir Bugstoßwellen innerhalb von Bugstoßwellen erkennen, Erinnerungen an aufeinanderfolgende FU Orionis-Ausbrüche. Da die Akkretionsrate zehnmal größer ist als die Abströmrate, kann der Stern während des Ausbruchs etwa ein hundertstel Sonnenmasse akkretieren.

Obwohl die Herbig-Haro-Objekte durch bipolare Strömungen sehr schön erklärt werden können, ist die Theorie, wie die Jets und neutralen Abströmungen tatsächlich ausgestoßen werden, schwierig, unsicher und stark umstritten. Die Sterne sind magnetisch aktiv, und wahrscheinlich durchdringen Magnetfelder auch die Scheiben. Einer Theorie zufolge ist der Stern durch einfallende Materie auf eine hohe Rotationsgeschwindigkeit gebracht worden und hat nun Probleme, mehr Masse aufzunehmen. Ein Teil der einfallenden Materie, die auf die Sternoberfläche trifft, wird dann über und unter der Akkretionsscheibe entlang von Magnetfeldlinien in einem dichten Wind äquatorial nach außen geschleudert, der die Jets wie beobachtet zu einer Strömung entlang der Rotationsachse bündeln kann. Rotation der Scheibe kann auch das Magnetfeld der Scheibe verdrehen. Dann wird das Gas entlang einer magnetischen Achse beschleunigt, die längs der Rotationsachse senkrecht zur Scheibe liegt. Massenverlust und Jets gehen daher wahrscheinlich nicht vom Stern selbst, sondern mehr vom inneren Teil der Akkretionsscheibe aus. Das Problem liegt natürlich darin, daß sich das Ganze zu dicht am Stern abspielt, als daß wir es tatsächlich beobachten könnten.

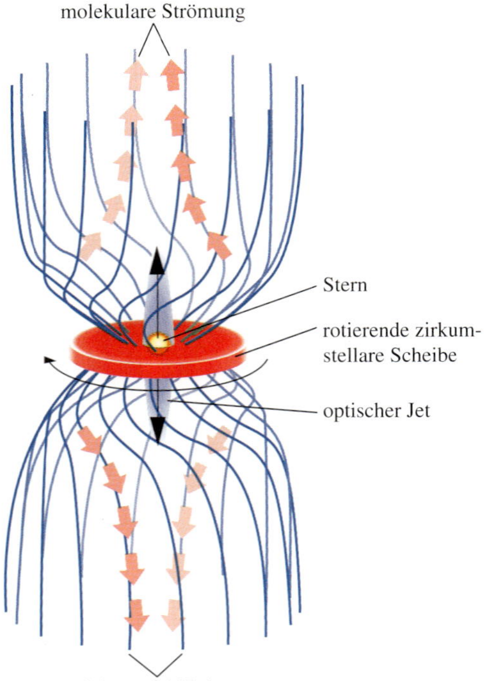

6.13 Dieses hypothetische Modell eines entstehenden Sterns zeigt eine rotierende zirkumstellare Scheibe und ein begleitendes verdrehtes Magnetfeld, die einen schnellen neutralen Jet mit einer ionisierten zentralen Röhre ausstoßen. Der Jet zieht eine langsamere molekulare Strömung mit sich.

Strömungen und Kerne

Etwa zur selben Zeit als man begann, die Herbig-Haro-Objekte durch bipolare Jets zu erklären, entdeckten Radioastronomen tief im Inneren staubhaltiger Molekülwolken kalte Molekülströmungen. Karten von CO-Emission innerhalb der Wolken ließen paarweise angeordnete Klumpen aus kaltem Gas erkennen. Bei einem Paarpartner war die CO-Linie zum Blauen hin dopplerverschoben (das heißt, zu kürzeren Wellenlängen), beim anderen zum Roten: Die Klumpen gehen von einem gemeinsamen Zentrum aus. Im klassischen Fall L 1551 weisen die Strömungen von einer verborgenen Infrarotquelle mit Namen IRS 5 weg, wobei die blauverschobene (die, die in unsere Richtung weist) Herbig-Haro-Objekte enthält. Infrarotbeobachtungen von IRS 5 selbst zeigen einen Jet, der aus der unsichtbaren Quelle in derselben Richtung hervorschießt wie die Strömungen und sich auf die HH-Objekte zubewegt. Hochaufgelöste Beobachtungen des Radiokontinuums zeigen, daß sich der Jet nach innen bis zu einem Abstand von nur wenigen hundert AE von der erzeugenden Quelle erstreckt.

Unterschiedliche Moleküle liefern unterschiedliche Informationen. Kohlenmonoxid (CO) ist ein Tracer für molekularen Wasserstoff (H_2), der die Hauptmasse des abströmenden Gases geringer Dichte stellt. Andere Moleküllinien, wie die von Ammoniak (NH_3) und Kohlenmonosulfid (CS), sind Indikatoren für molekulares Gas *hoher* Dichte. Radiobeobachtungen von CS zeigen eine Scheibe quer durch IRS 5, die senkrecht zu den Strömungen liegt. IRS 5

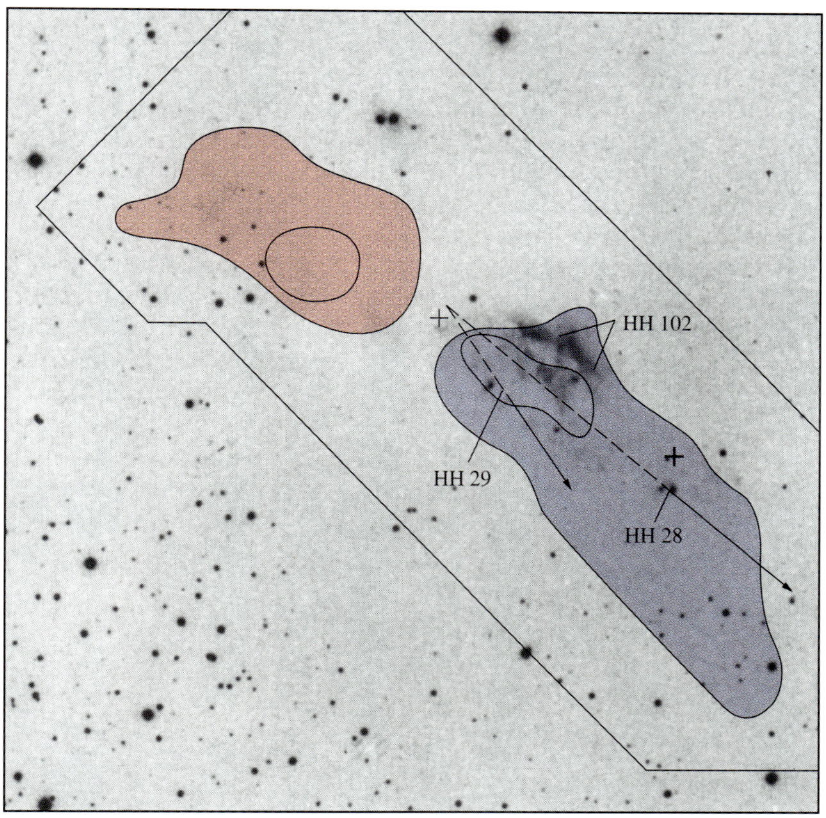

6.14 Von L 1551-IRS 5 in Taurus gehen zwei CO-Strömungen aus: Die eine bewegt sich von der Erde weg und ist daher rotverschoben, die andere kommt nach vorn auf uns zu. Ein Jet im Zentrum der auf uns zukommenden Strömung ist „stromabwärts" mit HH-Objekten verknüpft (deren Bewegungsrichtungen hier durch Pfeile angegeben sind). Der rückwärtige Jet ist durch Staub verborgen. Senkrecht zur Strömung liegt eine dicke Scheibe, die in der Strahlung des CS-Moleküls sichtbar ist.

sieht einem tief im Staub verborgenen T Tauri-Stern oder einem Protostern unmittelbar vor diesem Zustand sehr ähnlich.

Diese bipolaren Molekülströmungen sind sehr viel massereicher als T Tauri-Jets, aber mit Geschwindigkeiten von nur zehn bis 20 Kilometern pro Sekunde deutlich langsamer. In einigen wenigen Fällen werden Jets in den Zentren von Molekülströmungen beobachtet. Die von Protosternen ausgehenden Strömungen sind anscheinend ineinander verschachtelt – eine Art liegt innerhalb der anderen. Angetrieben werden sie möglicherweise von den bei 21 Zentimetern beobachteten magnetisch fokussierten neutralen Abströmungen, die durch die optisch hellen ionisierten Jets in ihren Kernen deutlich hervorgehoben werden und die das umgebende molekülreiche neutrale Gas einfangen und mit sich ziehen. Jüngste Beobachtungen des HH-47-Komplexes mit dem *Hubble*-Weltraumteleskop deuten darauf hin, daß die Stoßwellen innerhalb der ionisierten Strömung die treibende Kraft sind; beim Abblasen vom Stern schlagen sie auf dem umgebenden Gas auf und reißen es mit. Man findet sehr viele dieser molekularen Strömungen, die in Molekülwolken eingebettet sind.

Es muß aber noch frühere Stadien geben. Beobachtungen von Molekülwolken in der Strahlung von Ammoniak ermöglichen es uns, „dichte Kerne" zu identifizieren, besonders dichte Knoten aus molekularem Gas, die bis zu einige Dutzend Sonnenmassen mit Dichten von einigen 10000 Molekülen pro Kubikzentimeter enthalten. Aber diese Wolken sind kalt und zeigen keine mit ihnen assoziierten Strömungen. Ihre räumliche Beziehung zu T Tauri-Sternen – beide Objektarten werden in denselben Molekülwolken gefunden – deutet darauf hin, daß sie sich zu Protosternen entwickeln werden (oder gar zu Gruppen von Protosternen), aber noch nicht einmal damit begonnen haben, sich aufzuheizen oder Scheiben zu bilden. Größere dichte Klumpen könnten ganze Haufen oder Assoziationen bilden; das Gesamtbild ist also recht komplex.

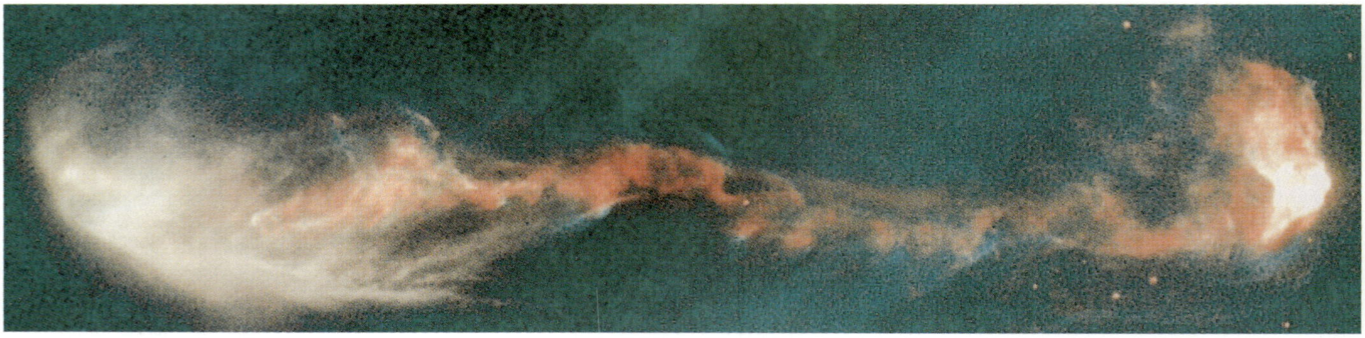

6.15 Diese spektakuläre *Hubble*-Aufnahme des HH-47-Jets zeigt zahlreiche Stoßwellen, die sich von einer in dem hellen Nebel ganz links verborgenen Infrarotquelle wegbewegen. Die Stoßwellen nehmen anscheinend umgebende neutrale Materie mit und treiben so eine molekulare Strömung mit an.

Die verschiedenen Erscheinungen liegen nun offen vor uns: Junge Sterne treten in vielfältigen Formen auf, Akkretion von Materie führt zum Abstoßen von Materie. Der nächste Schritt ist, diese Phänomene in einer zusammenhängenden Theorie zu verbinden, einer Theorie, die uns – obwohl sie derzeit noch unvollständig und umstritten ist – von Molekülwolken zur Sonne führen wird.

Rezept für einen Stern

Man nehme 10^4 Sonnenmassen molekulares Gas und bestreue sie reichlich mit Kohlenstoff- und Silikatstaub, gewürzt mit Metallen. Auf 10 Kelvin abkühlen und gut verrühren, bis die Mischung schaumig ist. Schlagen, bis sich Klumpen bilden. Ofen ist nicht nötig – Sterne bilden und backen sich selbsttätig. Vorsicht vor heißen Blasen, die aus dem Topf spritzen.

Diese Anweisungen lassen nur ein paar der Details aus. Doch die Theoretiker sind dabei, diese rasch zu ergänzen und ein Bild der Sternentstehung zu entwerfen, das logisch und zwingend, wenn auch komplex und manchmal chaotisch ist – und das genügend Lücken hat, um die Astronomen noch jahrelang zu beschäftigen.

Wir haben noch immer erst eine verschwommene Vorstellung davon, wie sich Molekülwolken bilden. Doch der Schlüssel scheint in der Spiralstruktur der Galaxis zu liegen. Die Theorie der Spiralarme befindet sich noch immer im Stadium des argumentativen Flusses. Die Arme scheinen riesige Dichtewellen zu sein, so etwas Ähnliches wie Schallwellen mit einer Wellenlänge von 2000 Parsec, die durch irgendeine nicht näher spezifizierte Störung hervorgerufen werden, vielleicht durch die Gravitation naher Begleitgalaxien wie der Magellanschen Wolken oder durch einen „Balken“ im Zentrum der Galaxis. (Solche Balken werden von zwei Spiralarmen gebildet, die zunächst radial vom zentralen Kern nach außen laufen, bevor sie abknicken und sich dann um den Kern winden. Sie können über ein Kiloparsec lang sein und sind in anderen Galaxien häufig zu finden.) Aufgrund der Rotation der Galaxis wickeln sich diese Wellen zu Spiralen auf.

Eine Dichtewelle ist wie eine Wasserwelle ein Strom von Energie, nicht von Materie: Die vorüberlaufende Welle komprimiert das interstellare Medium auf unregelmäßige, chaotische Weise zu einzelnen Fragmenten. Die Bildung von Wolken und die nachfolgende Umstrukturierung sind jedoch nicht gut verstanden. Molekülwolken verdichten sich möglicherweise aus neutralen Wasserstoffwolken, und neutraler Wasserstoff könnte durch heiße Sterne von den Rän-

6.16 Bei vielen Spiralgalaxien gehen die Arme von auffälligen, dicken Balken aus, hier illustriert durch NGC 1365 im Sternbild Fornax.

dern der Molekülwolken losgekocht werden; die Lage ist recht verworren. Einige Wolken sind nicht gravitativ gebunden und können zerbrechen und sich auflösen, während andere dicht genug sind, um gebunden zu sein. Wieder andere können kollidieren, ihre Bewegungsenergie durch Reibung dissipieren und sich zusammenballen. Das Ergebnis ist ein weiter Bereich von Wolkenmassen, der von riesigen Komplexen bis zu kleinen Globulen reicht.

Die Sternarten, die in einer gegebenen Wolke entstehen, scheinen in hohem Maße von der Masse der Wolke (oder des Wolkenkomplexes) abzuhängen – was durchaus nicht unlogisch ist. Masseärmere Molekülwolken wie das Taurus-Auriga-System bringen hauptsächlich Sterne niedrigerer Masse hervor, begleitet von nur ganz wenigen oder gar keinen O- und B-Sternen. Bei Wolken höherer Masse besteht jedoch eine größere Wahrscheinlichkeit, daß sie massereichere Klumpen enthalten, so daß sie die „Monster-Sterne" der Galaxis erzeugen können. Aber die massereichen Wolken sind selten, und damit sind es auch die O- und B-Sterne.

Sterne scheinen sich auf zwei deutlich unterschiedliche Weisen zu bilden, die ebenfalls mit der Wolkenmasse zusammenhängen. In Taurus-Auriga und zu einem Großteil auch in der Ophiuchus-Dunkelwolke entwickeln sie sich mehr oder weniger einzeln aus kleinen Verdichtungen. Daher beobachten wir verstreute dichte Kerne, von denen sich einige zu losen, ungebundenen Haufen sammeln können, die schließlich als T-Assoziationen sichtbar werden. In diesem Modell endet nur wenig des interstellaren Gases tatsächlich in Sternen. In massereichen Wolken beobachten wir außerdem noch einen „dichtgedrängten Modus", der durch massereiche Klumpen ermöglicht wird, die zu OB-Assoziationen zerfallen, wobei die masseärmeren Sterne in den äußeren Bereichen der Wolken nachfolgen. Einige dieser Gruppen sind dicht genug zusammengedrängt, daß ihre Sterne gravitativ gebunden sind. Aus ihnen entstehen offene Haufen wie die Plejaden und Hyaden. Doch diese bimodale Form könnte ein Beobachtungsartefakt sein, wobei die beiden beschriebenen Arten der Sternentstehung nur die Extreme eines Kontinuums darstellen.

Die nahegelegenen Orion-Molekülwolken, die den unteren Bereich des himmlischen Riesen einnehmen – die Größe seiner Wolken ist in der Tat seinem Charakter angemessen –, liefern überzeugende Hinweise für eine sequentielle Sternentstehung, bei der eine Sterngeneration die nächste erzeugt. Von den O- und B-Sternen gehen mächtige, Stoßwellen bildende Sternwinde aus, die Blasen in den Raum blasen. Die massereicheren Sterne explodieren als Supernovae, wobei sie noch heftigere Stoßwellen aussenden, die letztendlich für die heiße Komponente des interstellaren Mediums verantwortlich sind. Die expandierenden Wellen pressen die umgebenden Wolken zusammen, und das führt zu einer weiteren Runde Sternentstehung, die ihrerseits wieder zu einer weiteren führt, bis die Masse der Wolke aufgebraucht ist oder sich zerstreut. In Orion scheint eine Gruppe von Sternen nordwestlich des Gürtels der Überrest der ersten Generation zu sein. Ihre schon längst verschwundenen O-Sterne trugen dazu bei, die nächste Generation zu erzeugen, die der „Orion OB1-Assoziation" (OB-Assoziationen werden pro Sternbild mit Nummern bezeichnet; eine zweite Assoziation in einem Sternbild bekäme den Namen OB2). Orion OB1 umfaßt den Großteil des Sternbilds, einschließlich des Gürtels. Eine weitere von dieser Gruppe hervorgerufenen Kompression führte zur Bildung der Trapez-Sterne, die den Orion-Nebel leuchten lassen. Ihre Jugend läßt sich an dem massereichen O6-Hauptreihenstern θ^1 Orionis C erkennen.

Das Trapez liegt mitten in einem fruchtbaren Sternentstehungsgebiet. Infrarotaufnahmen zeigen Hunderte dicht gedrängter schwacher junger Sterne, die auf der Hauptreihe liegen oder – da die Region so jung ist – sich ihr nähern. In unserem Teil der Galaxis beträgt die Sterndichte grob ein Stern pro fünf Kubikparsec, wobei die Sterne einige Parsec voneinander entfernt liegen. In der stellaren Brutstätte des Orion sind Sterne mit einer Dichte von rund *10000* pro Kubikparsec zusammengepackt und liegen nur 0,05 Parsec oder etwa 10000 AE auseinander, eine Strecke, die nicht viel größer ist als die Scheibe um HL Tauri. Der „gedrängte Modus" scheint außergewöhnlich effektiv zu sein und möglicherweise den Großteil des interstellaren Gases und Staubs aufzubrauchen. Die meisten auf diese Weise gebildeten Sterne liegen wahrscheinlich zu weit auseinander, um gravitativ gebunden zu sein, und werden sich schließlich in der Galaxis verteilen. Vielleicht sehen sie eines Tages so aus wie unsere einsame Sonne.

Aber wie hat sich denn nun unser eigener Stern tatsächlich gebildet? Der dichte Kern, aus dem er hervorging, könnte durch gravitative Fragmentation entstanden sein, bei der die Gravitation kleine Dichteschwankungen mit Hilfe der fragmentierenden Wirkung von Wolkenzusammenstößen oder mit Hilfe von Kompression durch Sternwinde oder Supernovaexplosionen anwachsen läßt. Die letzte Triebkraft bei der Entstehung der Sonne und anderer Sterne muß jedoch die Gravitation sein. Sobald ein Kern dicht genug ist, daß der nach innen gerichtete gravitative Zug seiner Atome den nach außen gerichteten Druck übersteigt, der ihn zerreißen möchte, kontrahiert der Kern, heizt sich schließlich auf und erzeugt in seinem Inneren einen Stern.

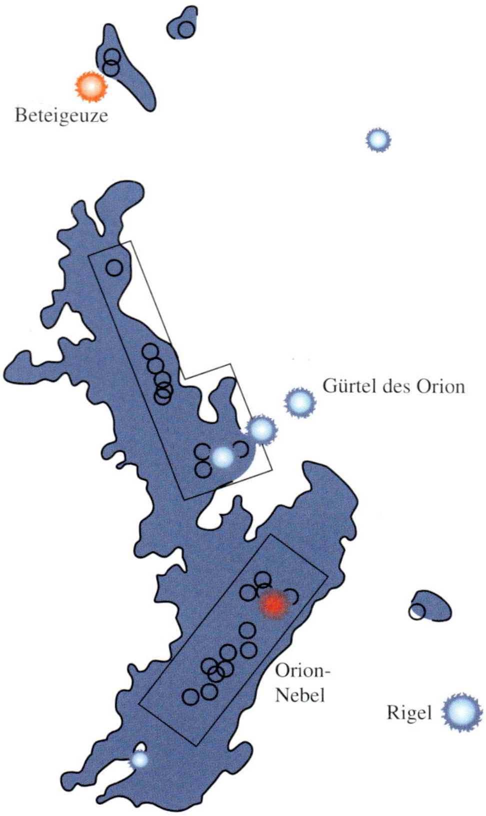

6.17 Eine Radioübersicht über die Molekülwolken in Orion zeigt eine Reihe molekularer Strömungen (Kreise innerhalb der Kästen), die mit ziemlicher Sicherheit von Protosternen ausgestoßen werden. Zur Verdeutlichung der Lage der Wolken ist das Sternbild Orion eingezeichnet. Vergleiche die Aufnahmen in Abbildung 3.17 und 5.12.

Der sich entwickelte Stern sieht sich einem großen Problem gegenüber. Jede gravitativ gebundene interstellare Wolke und alles, was sich in ihr befindet, muß mehr oder weniger rotieren, und sei es nur infolge von Zusammenstößen oder nahen Gravitationswechselwirkungen. Ohne einen äußeren Einfluß bleibt der Drehimpuls (die Summe der Produkte aus Masse, Rotationsgeschwindigkeit und Rotationsradius aller Massenelemente des Körpers) erhalten: das heißt, er darf sich nicht verändern. Da der mittlere Radius bei der Kontraktion kleiner wird, nimmt die mittlere Geschwindigkeit zu. Infolgedessen rotiert ein kontrahierender Kern immer schneller. (Das klassische Beispiel ist die Eisläuferin, die bei einer Pirouette die Arme anzieht und sich dadurch schneller dreht.) Der Kern würde schließlich so schnell rotieren, daß er auseinanderflöge und sich kein Stern bilden könnte.

Ohne die Beseitigung von Drehimpuls ist daher Sternentstehung nicht möglich. Deshalb kann man die Sternentstehung nur verstehen, wenn man die Mechanismen erkennt, die eine solche Beseitigung ermöglichen. Der Hauptfaktor scheint das Magnetfeld der Galaxis zu sein, das höchstwahrscheinlich durch die Dynamowirkung der Rotation ihrer elektrisch leitenden Gase erzeugt wird. Da die Molekülwolken durch kosmische Strahlung leicht ionisiert sind (ein wesentlicher Faktor bei der Chemie der Wolken), wird das Feld bei der Kompression des interstellaren Mediums zu dichteren Wolken gezwungenermaßen ebenfalls zusammengedrückt. Obwohl das Feld schwach ist, können wir seine Stärke innerhalb der Wolken mit Hilfe des Zeeman-Effekts messen. Dieser besagt, daß die Energieniveaus der Atome und damit die Spektrallinien aufspalten, wenn Strahlung in Gegenwart eines Magnetfelds ausgesandt (oder absorbiert) wird. Die Feldstärken sind gering, typischerweise das 10^{-5}- bis 10^{-6}-fache des Erdfeldes. Aber über das Volumen einer Wolke integriert, ist die Energie enorm.

Das Feld muß sich auch durch den dichten Kern hindurchschlängeln. Die neutrale Komponente hat wenig Verwendung für das Magnetfeld, aber die Ionen klammern sich an ihm fest. Während die Gravitation versucht, den Kern zusammenzuziehen, zerren die Ionen das Magnetfeld mit nach innen, wobei die steigende magnetische Feldstärke einen gewaltigen, auswärts gerichteten Druck erzeugt, der der Gravitation entgegenwirkt. Da die Ionen und neutralen Teilchen ständig zusammenstoßen, wird dieser Druck auf die neutralen Teilchen übertragen und damit auf die Wolke als Ganzes. Die Wolke wird dann eine Zeitlang am Kontrahieren gehindert, weil der auswärts gerichtete magnetische Druck zusammen mit dem natürlichen Gasdruck den nach innen gerichteten Zug der Gravitation ausgleicht. Die Magnetkraft ist so stark, daß der Kern gezwungen wird, um eine Achse parallel zur Feldrichtung zu rotieren.

Aber letztlich gewinnt die gnadenlose Gravitation doch. Die Ionen und neutralen Teilchen sind nicht vollkommen gekoppelt und ziehen, wie langsam auch immer, aneinander vorüber, wobei die Ionen nach außen und die neutralen Teilchen nach innen gleiten. Das Magnetfeld verliert daher allmählich seinen Zugriff auf den kontrahierenden Stern. Aber die Feldlinien, die noch immer mit dem Gas außerhalb des Kerns verknüpft sind, wirken wie Halteseile und bremsen die Rotation ab, wobei sie Drehimpuls freisetzen. Nun bildet sich im Zentrum des Kerns aktiv ein Protostern.

Es wird allgemein angenommen, daß Protostern und Scheibe durch allmähliche Akkretion von innen nach außen entstehen, wobei die Materie mit immer höherer Geschwindigkeit auf das Innere des Kerns hinabregnet. In der Nähe der Pole, wo die Rotationsgeschwindigkeit niedrig ist, fällt das staubhaltige Gas direkt auf den Stern zu. Aber das Gas nahe am Äquator, das schneller rotiert, bildet eine Scheibe – praktisch als Folge der Drehimpulserhaltung eines kontrahierenden Körpers, der sich immer schneller dreht. Eine alternative Sichtweise schlägt vor, daß das Magnetfeld den Stern sehr viel länger im Griff behält. Das einfallende Gas gleitet am leichtesten die Feldlinien entlang und erzeugt schließlich eine Scheibe, die mit dem Feld parallel zur Rotationsachse des Kerns rotiert. Nur ein Bruchteil der Masse des Kerns wird tatsächlich zur Bildung des inneren Sterns verwendet.

Die Scheibe wächst mit der Zeit auf Radien von einigen Dutzend AE an. Sie rotiert differentiell, wobei die äußeren Teile langsamer rotieren als die inneren. Eine Reihe von Prozessen innerhalb der Scheibe – Konvektion, Turbulenz, Instabilitäten durch die Eigengravitation der Scheibe – dissipieren Energie, so daß Materie allmählich nach innen gleitet, um von der inneren Scheibe auf den wachsenden Protostern zu stürzen. Der rasche Materieeinfall auf den Stern heizt diesen auf Temperaturen auf, die hoch genug sind, um ihn im Optischen stark strahlen zu lassen. Diese Strahlung dient jedoch nur dazu, die äußeren Überreste des staubhaltigen Kerns auf einige hundert Kelvin aufzuheizen, was dazu führt, daß wir von der Erde aus eine Infrarotquelle tief verborgen im Inneren der Muttermolekülwolke beobachten. Die Hitze zerstört auch die Moleküle innerhalb der Scheibe und verändert die Form der Staubkörner, indem sie die flüchtigen Stoffe verdampfen läßt. Die differentiell rotierende Scheibe wirkt möglicherweise wie ein Dynamo, der ein verdrehtes Magnetfeld erzeugt. Dieses schleudert gemeinsam mit dem ungeordneten Materieeinfall die uns inzwischen wohlbekannten Jets

6.18 Die Zeichnungen stellen drei verschiedene mutmaßliche Stadien der Sternentstehung dar, die sich möglicherweise auch überlappen können. (a) Ein kollabierender dichter Kern wird teilweise durch ein Magnetfeld gegen die Gravitation gestützt. (b) Während das Feld seine Herrschaft über den Kern verliert, kollabiert die Wolke von innen nach außen und beginnt einen Protostern zu bilden, der von einer Akkretionsscheibe umgeben ist. (c) Die Scheibe und der Stern stoßen nun in einer bipolaren Strömung entlang der Rotationsachse Materie aus und erzeugen ein Paar von Herbig-Haro-Objekten.

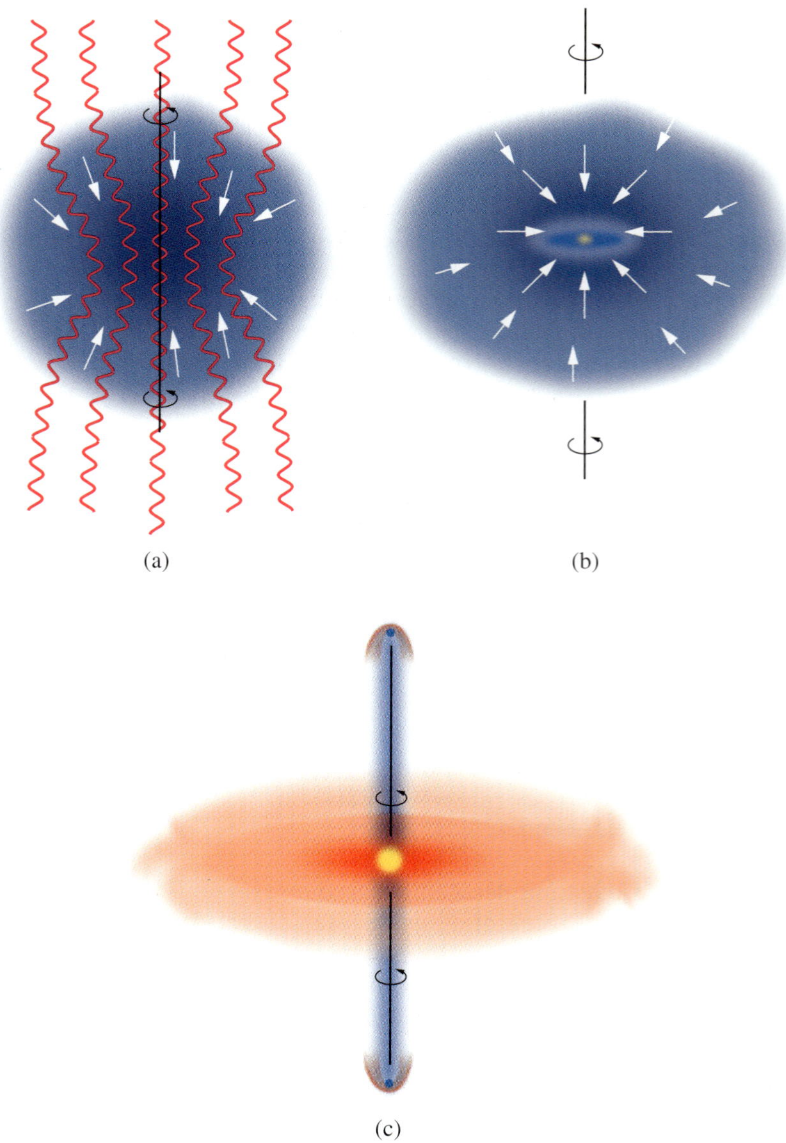

und molekularen Strömungen aus, die schließlich die Herbig-Haro-Objekte erzeugen.

Die meisten Sterne sind jedoch keine Einzelsterne wie die Sonne, sondern Doppelsterne. Berechnungen zeigen, daß sich der Kern während der Kontraktion in zwei Teile aufspalten kann, wobei der überschüssige Rotationsdrehimpuls durch Bahndrehimpuls abgeführt wird. Die so entstehenden kleineren Kerne kontrahieren dann und bilden einen Doppelstern. Jeder Unterkern kann sich sogar noch einmal teilen und einen doppelten Doppelstern bilden, eine verbreitete Form. In diesem Fall hängt die Bildung einer Scheibe davon ab, wie eng das Paar beieinander steht.

Wie auch immer ein Protostern entsteht, sein Inneres heizt sich weiter auf, während er weiterhin Materie akkretiert und unter der Gravitationskraft kontrahiert. Etwa eins von hunderttausend Wasserstoffatomen ist ein Deuteriumatom (D oder ^{2}H). Deuterium wurde hauptsächlich im Urknall produziert. Für die volle thermonukleare Fusion – die Umwandlung von vier Wasserstoffatomen in ein Heliumatom, die die Energie der Sonne liefert – ist eine Temperatur von etwa zehn Millionen Kelvin nötig. Doch schon bei einer Million Kelvin beginnt im Inneren des entstehenden Protosterns die Fusion des Deuteriums. Diese neue Energiequelle übernimmt die Aufgabe, das Innere aufzuheizen und die Kontraktion aufzuhalten (tatsächlich bewirkt sie sogar eine Expansion).

In einem Stern muß ein Gleichgewicht herrschen zwischen der Rate, mit der Energie erzeugt wird, der Rate, mit der sie transportiert wird, und der Rate, mit der sie die Sternoberfläche verläßt. Innerhalb der undurchsichtigen inneren Gase des Sterns gibt es eine Grenze für den Energietransport durch Strahlung. Ist die Erzeugungsrate im Innern höher als dieser Grenzwert, beginnen die Sterngase zu zirkulieren, wobei sie Wärme mit sich führen: Es kommt zù Konvektion, bei der heiße Gase aufsteigen, ihre Hitze durch Strahlung abgeben, wieder absinken und weitere Wärme aufnehmen. Konvektion versorgt den stellaren Ofen ständig mit frisch akkretiertem Deuterium und verlängert so die Dauer dieses relativ stabilen Zustands. Dies ist der wahre Augenblick der Geburt: Der Stern ist nicht länger ein sich zusammenziehender Gasklumpen, sondern ein entwicklungsfähiges, selbstleuchtendes Vor-Hauptreihenobjekt. Die durch das Deuteriumbrennen gegebene Stabilität hält die Temperatur im Inneren bei etwa einer Million Kelvin. Käme noch deutlich mehr Masse hinzu, würde der Stern auf noch größere Ausmaße anschwellen und leuchtkräftiger werden. Diese brandneuen Sterne definieren daher einen Bereich im HR-Diagramm, der oberhalb und parallel zur Hauptreihe liegt und die „Geburtslinie" genannt wird.

Die neugeborenen Sterne sind noch immer von staubhaltigen Akkretionsscheiben umgeben, die weiterhin Materie auf den Sternoberflächen abladen. Gleichzeitig können die Sterne durch Konvektion und Rotation aktive stellare Dynamos und Flare-Aktivität entwickeln, die sie zusammen mit unregelmäßigen Schwankungen der Akkretionsrate zu T Tauri-Sternen machen, von denen viele noch

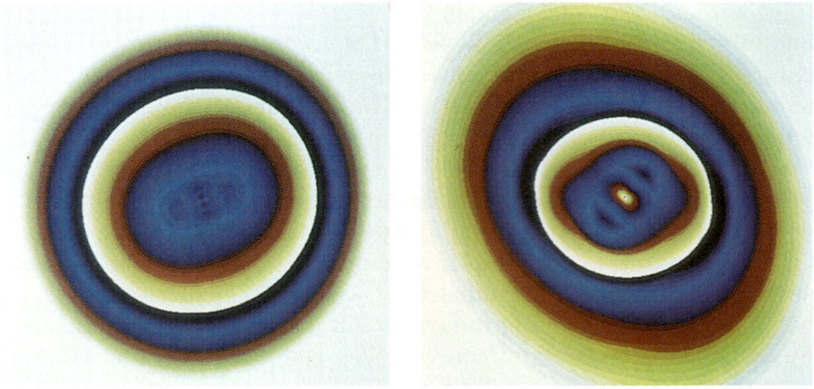

6.19 Diese im Computer durchgeführte Modellrechnung einer kontrahierenden Molekülwolke zeigt, wie diese in zwei Teile zerbricht, die sich ihrerseits nochmals teilen. Der aus vier Wolkenteilen bestehende Kern wird zu einem Vierfachsternsystem werden, einem Paar aus zwei engen Doppelsternen.

mächtige bipolare Strömungen und Herbig-Haro-Objekte produzieren. Etwa zur gleichen Zeit, zu der diese Sterne die Geburtslinie erreichen, klären sich die Staubhüllen und lassen unsere neuen T Tauri-Sterne sichtbar werden.

Wie diese Klärung tatsächlich stattfindet, ist jedoch nicht bekannt. Sternwinde scheinen dafür nicht genügend Kraft zu besitzen. Darüber hinaus scheinen die bipolaren Strömungen schon lange bevor die Sterne die Geburtslinie erreichen einzusetzen, so daß die Korrelation zwischen der Klärung von Staub und der Beobachtung von Sternen auf der Geburtslinie weitgehend ungeklärt ist. Es gibt mehrere alternative Theorien hierzu, die alle plausibel und logisch klingen, aber komplex und schwierig sind und bei weitem noch nicht vollständig. Zweifellos werden sie sich schneller verändern als ein T Tauri-Stern.

Die Nachwirkungen

Von der Geburtslinie aus wandern die Sterne auf senkrechten Entwicklungswegen nach unten, da sie bei fast konstanter Oberflächentemperatur kontrahieren. Aus den klassischen T Tauri-Sternen mit den starken Linien sollten sich nach Klärung der Scheiben die weak-line T Tauris entwickeln. Aber obwohl die weak-line Sterne im Mittel tatsächlich zu niedrigeren Leuchtkräften hin verschoben sind, findet man auch einige nahe der Geburtslinie. Dies deutet darauf hin, daß chaotische Prozesse in den Akkretionsscheiben den Materieeinfall stoppen können. Auf jeden Fall kommt an einem Punkt die Deuteriumfusion zum Erliegen, und das Innere des Sterns kann

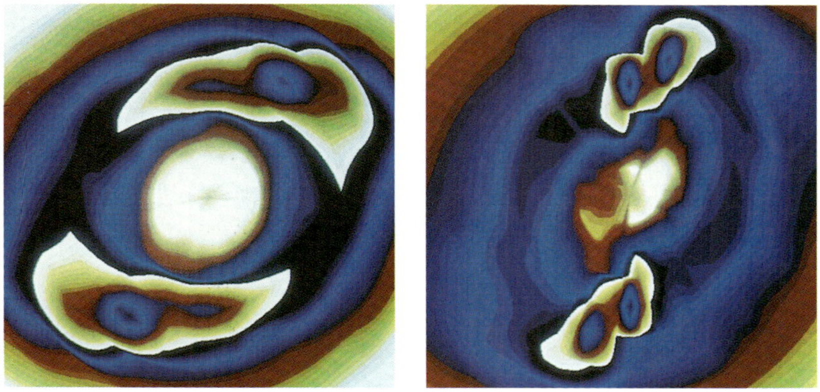

seine Energie nun durch Strahlung transportieren. Für Sterne oberhalb etwa einer halben Sonnenmasse biegen die Entwicklungswege im HR-Diagramm nach links um, da die Sterne nun ihre Oberfläche aufheizen, während die Leuchtkraft ungefähr konstant bleibt. Wenn das Innere, das sich durch gravitative Kompression weiter aufheizt, die kritische Marke von zehn Millionen Kelvin überschreitet, setzt das echte Wasserstoffbrennen ein (das mit ^1H statt Deuterium beginnt), und die Sterne erreichen rasch die Hauptreihe. Bei vollem Brennstoffvorrat werden die stellaren Uhren nun auf „Alter Null" gesetzt. Die Sterne definieren eine Null- oder Anfangshauptreihe und beginnen für eine fest zugeteilte Lebensdauer mit einer fest zugeteilten Leuchtkraft zu brennen – wobei beide Größen von der Masse abhängen. Die T Tauri-Sterne werden somit Hauptreihensterne der Klassen M bis F, ihre Ae/Be-Gegenstücke A- beziehungsweise etwas kühlere B-Sterne. Für einen sonnenähnlichen Stern dauert der gesamte Prozeß etwa 10^7 Jahre, wobei die Zeitdauer mit zunehmender Masse kürzer wird.

Sterne unterhalb etwa 0,5 Sonnenmassen kontrahieren im HR-Diagramm direkt senkrecht auf die Anfangshauptreihe. Bei etwa 0,08 Sonnenmassen kann die Kernregion die erforderliche Fusionstemperatur nicht mehr erreichen. Diese Sterne erscheinen am unteren Ende der Hauptreihe. Es ist denkbar, daß unterhalb dieser Grenze Quasi-Sterne, Braune Zwerge, existieren können, die eine Zeitlang Deuterium verbrennen und Gravitationsenergie verbrauchen. Aber obwohl wir Hauptreihensterne bis hinunter zu dieser Grenze beobachten, scheint bislang nur die Entdeckung eines einzigen Braunen Zwergs gesichert (eine Zahl, die sich aber schlagartig ändern kann).

Die O-Sterne sind, wie üblich, anders. Ihre Massen sind so groß, und die Bildungsprozesse laufen so schnell ab, daß sie praktisch

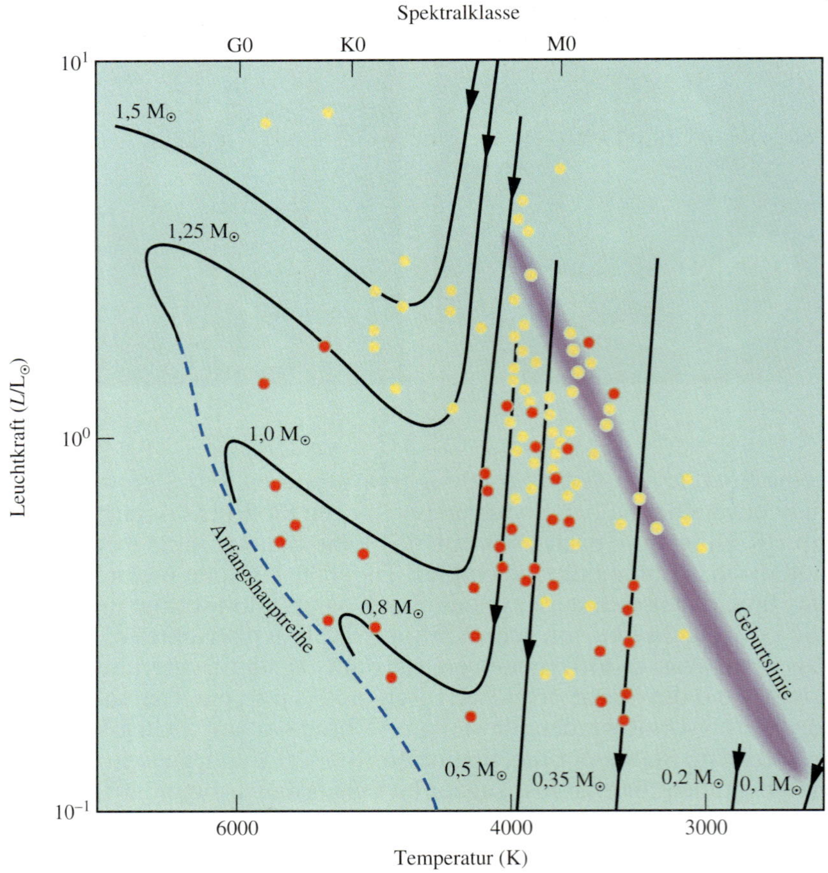

6.20 Entwicklungswege führen von der Geburtslinie, auf der T Tauri-Sterne optisch sichtbar werden, hinunter zur Hauptreihe, wo volles Wasserstoffbrennen einsetzt. T Tauri-Sterne folgen diesen Linien, während sie sich langsam zu gewöhnlichen sonnenähnlichen Zwergen entwickeln. Hier sind die klassischen Vertreter, jene mit allen typischen Merkmalen, als gelbe und die ruhigeren „weak-line" T Tauris als rote Punkte dargestellt.

keine leicht zu identifizierenden Vorläufer haben. Bei ihnen setzt die volle thermonukleare Fusion ein, bevor sich die umgebenden Wolken geklärt haben. Die maximale Masse für Sterne ist umstritten: Nach der vorherrschenden Meinung liegt sie bei rund 100 oder 120 Sonnenmassen. Noch massereichere Sterne sind, obwohl sie physikalisch vermutlich möglich wären, so unwahrscheinlich, daß es selbst in einer Galaxie mit 200 Milliarden Sterne keine gibt; die Wahrscheinlichkeit, daß sie sich bilden, ist einfach zu gering. Wie auch immer, der Druck der ungeheuer starken Strahlung solch massereicher Sterne würde diese ohnehin sehr bald zerreißen. Die Grenzen für die Sternmassen können wir zwar verstehen, doch die Einzelheiten der Massenverteilung sind uns bislang noch unverständlich – warum zum Beispiel 70 Prozent aller Sterne M-Zwerge sind, und warum es andererseits kaum Braune Zwerge zu geben scheint.

Trotz der noch bestehenden Probleme scheint unser Grundverständnis der Sternentstehung korrekt zu sein. Doch was ist mit den umgebenden protostellaren Scheiben? In der Aufregung, Sternen beim Wachsen zuschauen zu können, scheinen wir sie einfach links liegengelassen zu haben. Wie sieht ihr weiteres Schicksal aus? Kant und Laplace wußten es bereits.

7

Die Destillation der Planeten

7.1 Komet West, 1976 von der Erde aus zu sehen, war ein staubhaltiger langperiodischer Komet aus der Oortschen Wolke.

Die Astronomen hatten zwar schon lange vermutet, daß Sterne aus den undurchdringlichen Nebelschwaden des interstellaren Raums geboren werden, doch keiner hatte die bipolaren Abströmungen und Jets vorhergesehen, eines der größten Wunder im Zusammenhang mit neuentstandenen Sternen. Sie spielen eine entscheidende Rolle bei der Sternentstehung, weil sie, oder auch die Magnetfelder, mit denen sie eng verknüpft sind, dazu beitragen, den Drehimpuls abzuführen, der einen sich bildenden Stern sonst zerreißen könnte. Die Abströmungen sind sehr wirksam mit den zirkumstellaren Scheiben verbunden, die selbst wiederum Produkte ebenjenes Drehimpulses sind, den die Sterne loswerden müssen, so daß die Systeme selbstregulierend sind. Unser eigenes Planetensystem scheint sich aus einer solchen Scheibe gebildet zu haben, und wir könnten somit weiter spekulieren, daß, weil Scheiben Nebenprodukte der Sternentstehung sind, dies auch für Planeten gilt (zumindest im Falle von Einzelsternen).

Wir haben jedoch nur recht wenige Daten über Planeten. Das meiste, was wir über Planetensysteme wissen, stammt von unserem eigenen Sonnensystem, welches die Astronomen als „Vorlage“ benutzen, um zu verstehen, wie sich andere Systeme gebildet haben könnten. Das Problem ist, daß das unsrige vor mehr als 4,5 Milliarden Jahren entstanden ist. Wie ein kurzsichtiger Sherlock Holmes, der einen Mord aufklären will, der vor 20 Jahren in einem Moor begangen wurde, müssen wir das Endprodukt und seine verstreuten Reste aus der Ferne untersuchen und so versuchen herauszufinden, was geschah. Und genau das tun wir, unter großzügiger Anwendung der Theorie, wenn wir auch am Ende möglicherweise feststellen, daß unser Planetensystem vielleicht gar nicht so typisch ist, da die kosmischen Wolken weiterhin Überraschungen für uns bereithalten.

Die Anatomie der Planeten

Die acht Hauptplaneten liefern entscheidende Anhaltspunkte über ihre eigene Entstehung und damit über die Bildung des Sonnensystems insgesamt. Sie und die reichlich vorhandenen Trümmer, die mit ihnen in Zusammenhang stehen, bilden die Brücke, die die protostellaren Scheiben der Galaxis mit dem solaren Urnebel, unserer eigenen Mutterwolke, verbindet. Um die größere Struktur zu verstehen, müssen wir daher zunächst ihre Einzelheiten untersuchen. Wenn wir sie erklären können, dann können wir sicher sein, daß das große Bild vom Prozeß unserer Entstehung richtig ist.

Die Astronomen untersuchen das Sonnensystem immer intensiver, sowohl mit erdgebundenen Instrumenten als auch mit Raumfahrzeugen. In den letzten paar Jahren ist unser Wissen exponentiell angewachsen, und es hat sich das folgende allgemeine Bild ergeben, von dem einige Details schon lange bekannt, andere dagegen ganz neu sind. Neptun, in 30 AE Entfernung, definiert die Grenze des Planetensystems; Pluto scheint etwas anderes zu sein. Die acht Hauptplaneten fallen in drei große Gruppen, wobei sich ihre allgemeinen Eigenschaften mit der Entfernung zur Sonne ändern – ein wichtiger Hinweis auf ihre Entstehung.

Innerhalb 1,5 AE Abstand von der Sonne zusammengedrängt, liegen die terrestrischen Planeten – Merkur, Venus, Erde und Mars –, die einander im großen und ganzen ähneln. Sie sind klein – die Erde ist

7.2 Die Erde, der natürliche Prototyp der terrestrischen Planeten, hat eine feste Gesteinskruste, einen heißen, plastischen Mantel und einen noch heißeren, teilweise geschmolzenen Nickel-Eisen-Kern. (Merkur, Venus und Mars sind ähnlich aufgebaut, wenn auch mit unterschiedlichen Proportionen der Schichten.) Die Erde ist insofern einzigartig, als sie flüssiges Wasser hat sowie Kontinente, die durch Konvektion im Mantel hin und her verschoben werden können. Oben links ist der steinige, trockene Mond der Erde zu sehen.

mit einem Durchmesser von rund 13000 Kilometern der größte von ihnen –, und sie besitzen kalte, feste Silikatkrusten, bedeckt von dünnen Atmosphären. Die mittleren Dichten der Planeten sind deutlich größer als die von Oberflächengestein. Das deutet auf dichte Metallkerne hin, die mit ziemlicher Sicherheit aus Eisen und Nickel bestehen, den am häufigsten vorkommenden Metallen. Vulkanische Aktivität (auf allen außer Merkur) läßt auf ein heißes Inneres und einen dicken Silikatmantel schließen, der zwischen Kern und Kruste liegt. Die terrestrischen Planeten haben sich hauptsächlich aus Eisen, Nickel, Silicium und Sauerstoff gebildet. Durch einen globalen Prozeß sind dann anschließend die Elemente in einem „planetaren Hochofen" voneinander getrennt worden, wobei das Eisen ins Zentrum sank und die Schlacke nach oben stieg. Relativ zur Häufigkeit dieser Elemente sind fast kein Wasserstoff und Helium vorhanden, die auf der Sonne vorherrschenden Elemente. Trotz der scheinbar endlosen Mengen von Wasser auf der Erde sind die terrestrischen Planeten außergewöhnlich trocken, was in Einklang mit ihrem Mangel an Wasserstoff steht.

Innerhalb dieses allgemeinen Rahmens gibt es jedoch verblüffende Abweichungen. Die Erde kann durch Messungen ihrer Gravitation und tief eindringender Erdbebenwellen direkt und genau untersucht werden. Ihr Nickel-Eisen-Kern nimmt die Hälfte des Planetenradius und ein Drittel der Masse ein. Die Kruste ist nur wenige Dutzend Kilometer dick, so daß fast die gesamte restliche Planetenmasse im Mantel steckt. Venus scheint ähnlich aufgebaut zu sein. Merkur, der kleinste Hauptplanet, hat einen relativ riesigen Eisenkern, bedeckt von einem dünnen Mantel; er ist nicht viel mehr als eine Eisenkugel mit etwas Schmutz darauf. Mars, der zweitkleinste, hat dagegen einen kleinen Kern, der nur fünf Prozent der Masse einnimmt. Somit finden wir selbst innerhalb der terrestrischen Gruppe Merkmale, die von der Entfernung zur Sonnen abhängen: Planetare Radien werden von Merkur zur Erde größer und nehmen dann zum Mars ab (dessen Radius nur halb so groß ist wie der der Erde), während die relativen Abmessungen der Kerne nach außen kleiner werden. Diesen vier terrestrischen Körpern könnten wir auch noch den Erdmond hinzufügen. Wenn er auch kleiner ist als Merkur (sein Durchmesser beträgt etwa ein Viertel des Erddurchmessers), so hat er dennoch eine recht beträchtliche Größe; im Unterschied zu den anderen besitzt er aber, wenn überhaupt, nur einen winzig kleinen Kern.

Einige weitere Eigenschaften zeigt einzig und allein die Erde. So hat sie ein starkes Magnetfeld, das durch Zirkulation in einem flüssigen, elektrisch leitenden äußeren Metallkern entsteht. Von den anderen terrestrischen Planeten besitzt nur noch der eiserne Merkur ein globales Feld, und auch nur ein sehr schwaches. Die Kerne der anderen sind wahrscheinlich alle fest. Die Erde enthält die meiste Wärme, zum Teil, weil sie der größte terrestrische Planet ist. Konvektion in dem festen aber plastischen Mantel hat die Kruste in mehrere getrennte Platten aufgebrochen und treibt sie über die Oberfläche. Dadurch verschieben sich die Kontinente gegeneinander. Wo die Platten zusammenstoßen, finden wir Szenen der Gewalt: aufgetürmte Gebirge, Vulkane und Erdbeben. Keiner der anderen Planeten zeigt eine solche Kontinentalverschiebung. Die Erde enthält auch das meiste Wasser, ein Großteil davon in flüssiger Form, das hauptsächlich in Ozeanen versammelt ist. Mit einer mittleren Tiefe von nur zwei Kilometern stellen sie aber nicht viel mehr als einen feuchten Überzug dar. Mars hat etwas Wasser, das gefroren im Boden und in den Polkappen liegt, aber Venus, Merkur und der Mond sind arid. Die Atmosphäre der Erde ist einzigartig reich an Sauerstoff (ein Fünftel O_2, vier Fünftel N_2); die Atmosphären von Venus und Mars bestehen fast vollständig aus Kohlendioxid. (Der kleine Merkur und der Mond haben praktisch überhaupt keine Atmosphäre.) Und als letztes: Allein auf der Erde gibt es Leben (obwohl möglicherweise einst auf dem Mars welches existiert haben könnte), ein Merkmal, das eng mit ihren anderen einzigartigen Eigenschaften verknüpft ist.

Die anderen terrestrischen Planeten haben ihre eigenen charakteristischen Eigenschaften. Der atmosphärische Druck auf der Venus ist hundertmal größer als der auf der Erde. Dies führt zu einem Treibhauseffekt, bei dem CO_2 infolge seiner Infrarot-Absorptionsbanden Sonnenwärme gefangenhält. Dieser Prozeß hat die Oberflächentemperatur auf 740 Kelvin ansteigen lassen, was aber verglichen mit dem Mantel noch immer kalt ist. Die Nähe des Planeten zur Sonne führte zu einem positiven Rückkopplungskreislauf, bei dem durch die hohe Temperatur Wasser verdampfte und Kohlenstoff aus den Gesteinen ausgebacken wurde, wodurch sich die Temperatur noch mehr erhöhte und so weiter. Aus der Oberfläche ausgetriebener Schwefel ließ eine optisch undurchdringliche Wolkendecke entstehen, die hauptsächlich aus Schwefelsäuretröpfchen besteht. Die Hitze weichte die Gesteine auf und ermöglichte einen verstärkten Vulkanismus, der vermutlich den Kern kühlte. Relativ zur Erde rotiert die Venus rückwärts, mit einer recht langsamen Periode von 117 Erdentagen (auf die Sonne bezogen).

Wegen seiner geringen Größe und schwachen Gravitation hat Mars einen hundertmal geringeren Luftdruck als die Erde. Daher ist der Planet kalt, und sein Wasser und sogar ein Teil seines CO_2 sind gefroren. Obwohl die Marskruste aus einer einzigen Platte besteht, zeugen ein enormer Riß in der Kruste sowie riesige Vulkane von alter geologischer Aktivität. Und dennoch ähnelt Mars in gewisser

Weise der Erde, mit einer 24-stündigen Rotationsperiode und einer Achsenneigung von 24°, durch die er ganz ähnliche Jahreszeiten erfährt wie wir. Obgleich der Planet heute trocken ist, zeigen leere Flußbetten, daß einst Wasser floß und die Atmosphäre dichter war.

Alle terrestrischen Planeten tragen die Narben von Meteoriteneinschlägen. Die Größenskala der Einschlagskrater reicht von kleinen Löchern im Boden über Einsenkungen von mehreren hundert Kilometern Durchmesser bis hin zu riesigen Becken, die Tausende von Kilometern groß sind. Die Einschlagstellen auf der Erde sind größtenteils durch Erosion und geologische Aktivität unkenntlich gemacht worden, aber auf Merkur und dem Mond sind sie erhalten geblieben, weil dort weder Aktivität noch erodierendes Wasser und Luft vorhanden sind. Radioaktive Altersbestimmung der Mondoberfläche zeigt, daß die meisten Krater und Riesenbecken mindestens vier Milliarden Jahre alt sind und in einer Zeit schwersten Bombardements entstanden, das auf furchterregende, gewaltsame Ereignisse im Zusammenhang mit der Geburt des Sonnensystems hindeutet.

Die zweite Planetengruppe, die Jupiterähnlichen, besteht aus zwei Mitgliedern, die beinahe Zwillinge sind. Jupiter und Saturn sind beide weit – fünf beziehungsweise zehn AE – von der Sonne entfernt und riesig groß. Jupiter hat einen elfmal größeren Durchmesser und eine 300mal größere Masse als die Erde. Seine Masse ist größer als die aller anderen Planeten zusammengenommen und beträgt 1/1000 der Sonnenmasse. Saturn ist mit „nur" 100 Erdmassen kleiner. Beide Planeten bestehen hauptsächlich aus Wasserstoff und Helium, so daß sie in ihrer Zusammensetzung sehr viel mehr der Sonne als der Erde ähneln. Ihre dichten Gasatmosphären sind erfüllt von Ammoniakwolken, vermischt mit verschiedenen Kohlenwasserstoffen. Das Innere der jupiterähnlichen Planeten kann aus ihrer Gestalt abgeleitet werden, die von der Rotationsgeschwindigkeit und der inneren Massenverteilung abhängt, sowie aus theoretischen Modellrechnungen. Etwa 1000 Kilometer unter der Wolkenoberfläche des Jupiter wird der molekulare Wasserstoff der Atmosphäre mit ziemlicher Sicherheit flüssig. Diese Schicht erstreckt sich rund 10000 Kilometer weit nach unten. An diesem Punkt ist der Druck so ungeheuer groß, daß H_2 vermutlich eine flüssige, metallische Form annimmt und ein ungemein starkes Magnetfeld erzeugt. Tief im Inneren liegt ein Kern von vielleicht 15 Erdmassen, der aus „Eis" und „Gestein" besteht – wobei hier „Eis" eine generelle Bezeichnung für Wasser, Methan und Ammoniak sowohl in festem als auch in flüssigem Zustand ist und „Gestein" ein ähnlicher Begriff für Silikate und Eisen. Saturn ist ähnlich aufgebaut. Die enorme Größe der jupiterähnlichen Planeten ermöglicht es ihnen, ihre eigene Energie zu erzeugen, so daß sie aus eigener Kraft fast soviel Wärme abstrahlen, wie sie von der Sonne erhalten. Diese Energie stammt aus gravitativer Kontraktion und im Falle von Saturn auch aus der Kondensation von Helium aus dem gasförmigen in den flüssigen Zustand.

Jenseits des Saturn liegt die letzte Gruppe der Hauptplaneten. Uranus und Neptun unterscheiden sich deutlich von Jupiter und Saturn. Ihre Massen, jede etwa das 15-fache der Erdmasse, würden sich fast auf die Größe von Saturn ausdehnen, wenn sie aus leichtem H_2 und He bestünden. Ihre Radien, die nur viermal so groß sind wie der Erdradius, deuten jedoch darauf hin, daß Uranus und Neptun hauptsächlich aus Gestein und flüchtigem Eis aufgebaut sind. Sie ähneln eher den Kernen von Jupiter und Saturn, ohne zuviel zusätzliches „Wasserstoffgepäck". Obwohl sie Zwillinge sind, unterscheiden sie sich doch in zweierlei Hinsicht: Uranus ist um 98° gegen seine Bahnsenkrechte gekippt, während Neptun eher wie die Erde geneigt ist; und Neptun erzeugt Wärme wie Jupiter, Uranus dagegen nicht.

Die drei Gruppen unterscheiden sich auch durch ihre Monde. Planetare Monde sind entweder „regulär" (zusammen mit dem Mutterplaneten entstanden) oder „irregulär" (vom Planeten eingefangen). Die

7.3 Jupiter, Prototyp der jupiterähnlichen Planeten, zeigt komplexe Ammoniakwolken und den wirbelsturmähnlichen Großen Roten Fleck, hier am unteren Rand zu sehen.

7.4 Neptun ist von einem dichten Methandunst umgeben, der ihm (und seinem Beinahe-Zwilling Uranus) eine wunderschöne blau-grüne Farbe verleiht. Der Große Dunkle Fleck, hier in einer Aufnahme von *Voyager 2* aus dem Jahre 1981, ist inzwischen verschwunden.

terrestrischen Planeten haben keine regulären Monde. Die beiden Marsmonde sind anscheinend eingefangene Asteroiden, und der Mond der Erde ist wahrscheinlich durch eine gewaltige Kollision entstanden. Jupiter hat jedoch ein wundervoll reguläres System, das sich wie ein Miniatursonnensystem verhält, indem Io, Europa, Ganymed und Kallisto (sowie fünf weitere Monde nahe am Planeten) in der Äquatorebene des Planeten kreisen. Die vier großen sind vom Durchmesser her vergleichbar mit dem Mond und Merkur und zeigen dieselbe Beziehung zwischen Gehalt an flüchtigen Stoffen und Entfernung zum Mutterkörper wie die Planeten bezüglich der Sonne. Der innerste, Io, hat nur wenig flüchtige Stoffe (und einen Eisenkern), Europa hat schon mehr, und die beiden äußeren bestehen sogar zur Hälfte aus Wassereis. Jenseits von ihnen liegen ferne, eingefangene irreguläre Monde. Saturn besitzt ebenfalls ein schönes reguläres System, das von Titan beherrscht wird, der, wie Ganymed, größer ist als Merkur. Hier finden wir einen noch größeren Prozentsatz an Eis. Saturn hat auch zahllose Begleiter in Form prächtiger Ringe, die aus Milliarden eishaltiger Steine bestehen und wie durchgehende Flächen erscheinen. Uranus hat fünf mittelgroße reguläre Monde und einige kleine, aber keine großen. Neptun dagegen hat den großen Mond Triton, aber dieser kreist rückwärts und muß daher irregulär sein.

Die Umlaufbahn des Pluto ist entschieden merkwürdig. Sie ist um 17° gegen die Bahnebene der Erde geneigt, und der Planet wechselt zwischen 30 und 50 AE Entfernung zur Sonne hin und her. Überdies ist er in einer gravitativen Resonanz mit Neptun gefangen, wobei seine Umlaufperiode 1,5mal so groß ist wie die des Neptun. Außerdem ist Pluto, herkömmlich der neunte Planet, sehr klein, nur halb so groß wie der Erdmond, und physikalisch nahezu ein Zwilling von Triton, dem großen Mond Neptuns. Neptun hat beide Körper, die felsiger sind als die Jupiter- und Uranusmonde, eingefangen. Sie scheinen irgendeine andere Art Kleinplaneten darzustellen, und es gibt möglicherweise noch mehr von ihnen.

Weltraumabfall

Eine Vielzahl weiterer kleiner Körper tummelt sich im Sonnensystem und liefert zusätzliche Hinweise auf dessen Entstehung. Die Asteroiden sind die größten, obwohl der größte von ihnen, Ceres, nur 1 000 Kilometer Durchmesser hat und kleiner noch als Pluto ist. Obwohl sie zwischen der Mars- und der Jupiterbahn bei einem mittleren Abstand von 2,3 AE zur Sonne konzentriert sind, reicht ihre

Verteilung bis in die Erdbahn hinein. Winzige Asteroiden schlagen regelmäßig als Meteorite auf der Erde auf (wobei größere gelegentlich ziemlichen Schaden anrichten) und liefern so extraterrestrisches Material, das im Laboratorium untersucht werden kann.

Meteorite – und damit ihre Mutterasteroiden – weisen eine große Vielfalt auf. Während 80 Prozent von ihnen verschiedenartige Steine sind, nicht unähnlich denen auf dem Acker eines Bauern, besteht ein kleiner Prozentsatz aus fast reinem Nickel-Eisen, und einige wenige, sogenannte Stein-Eisen-Meteorite, stellen eine Mischung dar. Asteroiden stammen von einer Reihe größerer Körper her, von denen einige wie die Erde durch Differentiation in einen Eisenkern und einen Gesteinsmantel aufgetrennt und dann durch wiederholte Zusammenstöße zerbrochen wurden. Die Gesamtmasse aller Asteroiden beträgt jedoch nur einen Bruchteil der Erdmasse, viel zu wenig, um einen ansehnlichen Hauptplaneten zu bilden.

7.5 Ida, ein 55 Kilometer langer, felsiger Asteroid, umkreist die Sonne in einem Abstand von 2,9 AE. Durch Zusammenstöße ist er zerbrochen und mit Kratern übersät. Rechts neben ihm hat die *Galileo*-Sonde auf ihrem Weg zum Jupiter auch einen winzigen Mond aufgenommen.

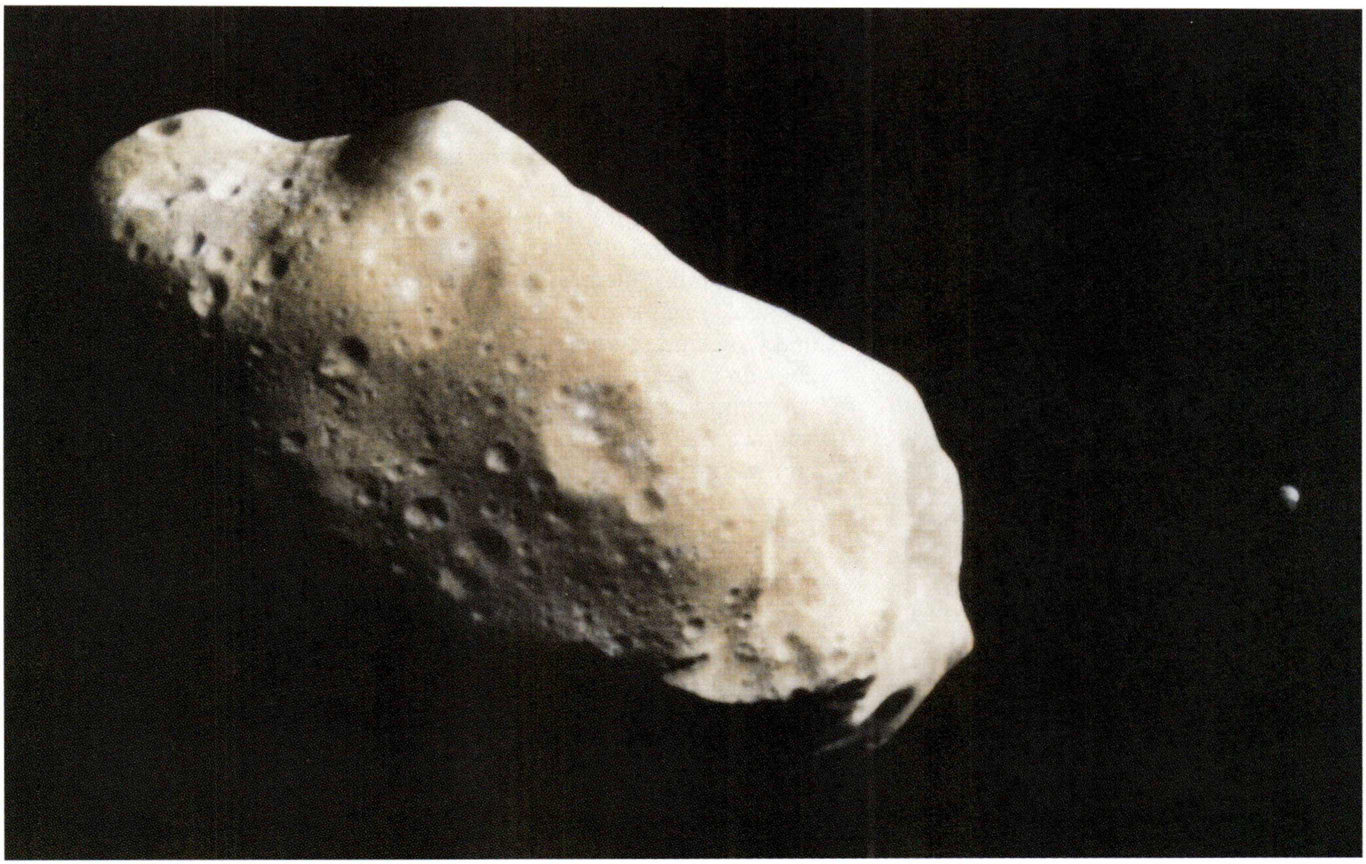

Die Steinmeteorite bestehen im wesentlichen aus Silikaten, die verschiedene Metalle enthalten. Es gibt viele Arten, die in einer mehr oder weniger kontinuierlichen Reihenfolge der chemischen Zusammensetzung angeordnet werden können, in welcher der Gehalt an flüchtigen Stoffen von solar an abnimmt und dabei eine Vielfalt unterschiedlicher Entstehungsorte und -temperaturen sowie unterschiedliche Grade der Weiterverarbeitung anzeigt. Etwa 90 Prozent der Meteorite sind nicht sehr verändert oder weiterverarbeitet worden. Diese sogenannten Chondrite enthalten millimetergroße, kugelförmige steinige Einschlüsse, die Chondrulen genannt werden und aussehen, als ob sie blitzartig aufgeschmolzen wurden und dann wieder erstarrt wären, bevor sie in die umgebende Matrix eingebaut wurden. Eine Untergruppe der chondritischen Meteorite enthält Wasser und hat einen hohen Kohlenstoffgehalt; diese kohligen Chondrite scheinen die primitivsten Körper im Sonnensystem zu sein. Ihr Gehalt an flüchtigen Stoffen deutet darauf hin, daß sie sich bei Temperaturen von 1200 bis 1450 Kelvin aus dem solaren Urnebel gebildet haben. Die Chondrulen zeigen jedoch die Auswirkung einer plötzlichen Erhitzung auf höhere Temperaturen, die innerhalb von Sekunden stattgefunden hat, wobei sie zu Tröpfchen wurden, die im Verlauf von nur einigen Stunden bereits wieder erstarrten. Danach wurden sie in die Silikatmatrizen eingelagert. Einige Chondrite enthalten auch zentimetergroße calcium-aluminium-reiche Einschlüsse (CAI, nach ihrer englischen Bezeichnung *calcium-aluminum-rich inclusions*), die sehr reich an hitzebeständigen Elementen sind. Diese sind über einen Zeitraum von vielleicht Tagen oder sogar Monaten erhitzt und wieder abgekühlt worden. Die CAI sind von mikrometerdicken Rändern umgeben, die wie die Chondrulen schlagartig auf etwa 1600 Kelvin erhitzt wurden. Chondrulen und CAI sind mit einem Alter von bis zu 4,57 Milliarden Jahren die ältesten Objekte, die wir kennen. Meteorite zeigen somit, daß das frühe, im Entstehen begriffene Sonnensystem ein Ort ständiger Neubildung war, wobei die eine Art Körper in eine andere aufgenommen wurde, unterbrochen durch eine Vielzahl plötzlicher Ereignisse. Dieses Muster ist keine Überraschung, bedenkt man die chaotischen, hochenergetischen Jets und Strömungen, die aus den Scheiben entstehender Protosterne hervorbrechen.

7.6 In diesem Schnitt durch einen Stein-Chondrit sind die kleinen Chondrulen zu erkennen. Meteorite enthalten eine komplexe Stoffmischung, darunter auch Diamanten, die möglicherweise direkt aus dem interstellaren Raum stammen.

Meteorite enthalten eine überraschende Vielfalt merkwürdiger Spurenbestandteile, die weitergehende Hinweise auf ihre Herkunft darstellen. So finden wir zum Beispiel etwas, das rohe winzige interstellare Körner zu sein scheinen. Im Einklang damit enthält „unverarbeitete“ meteoritische Materie winzige Diamanten, Billionen pro Gramm. Da möglicherweise dreißig Prozent der interstellaren Kohlenstoffkörner in Form dieser winzigen Kristalle vorliegen, verknüpfen sie das Sonnensystem noch fester mit seinen frühsten

Ursprüngen in dunklen, staubhaltigen Molekülwolken. Meteorite enthalten auch Tochterprodukte radioaktiver Isotope mit so kurzen Halbwertszeiten, daß es sie im Sonnensystem nicht mehr gibt. Kleine Mengen des Magnesiumisotops ^{26}Mg zeigen, daß die Körner früher einmal Aluminium in der hochradioaktiven Form ^{26}Al enthalten haben, und Xenonisotope weisen auf das frühere Vorhandensein von Plutonium hin. Einige dieser seit langem verschwundenen Isotope sind vielleicht innerhalb des gerade entstehenden Sonnensystems durch starke Teilchenstrahlung erzeugt worden, die von der jungen, sehr aktiven Sonne ausging. Andere aber, wie Plutonium, können nur in den Schmelzöfen explodierender Sterne erschaffen worden sein, und dies führt uns zurück in die Umgebung, in der unsere Sonne entstand. Darüber hinaus enthalten primitive Meteorite mehr als 40 verschiedene Arten von Aminosäuren – Biomoleküle. Komplexe organische Moleküle, darunter eine Aminosäure, nämlich Glycin, schweben auch in den sternerzeugenden Riesen-Molekülwolken umher. Zwar sind die ursprünglichen – interstellaren – Biomoleküle mit ziemlicher Sicherheit durch die bei der Sternentstehung auftretende Hitze zerstört worden, aber die interstellare Version liefert uns einen deutlichen Hinweis, auf welche Weise unsere meteoritischen Biomoleküle entstanden sein könnten.

Die Meteorite – und daher auch die Asteroiden – stehen in einer engen Beziehung zu den terrestrischen Planeten und verknüpfen diese somit auch mit dem interstellaren Medium. Sie bestehen aus demselben Stoff wie die terrestrischen Planeten, und einige sind auf ganz ähnliche Weise bei ähnlichen Temperaturen verändert und durch Differentiation innerlich umgeformt worden. Sie verraten uns eine ganze Menge darüber, wie die terrestrischen Planeten zusammengefügt wurden. Die Kometen stehen stärker mit den äußeren Riesenplaneten in Verbindung. Die Eisarten, aus denen die Kometen größtenteils bestehen, sind komplex. Dazu gehören Wasser (das den größten Anteil stellt), Kohlendioxid, Formaldehyd, Methanol, Acetylen, Methan, Ammoniak und viele andere chemische Stoffe. Infrarotspektroskopie läßt komplexe Körner erkennen, die aus Kohlenstoff, Wasserstoff, Sauerstoff und Stickstoff bestehen. Flüchtige Stoffe sind in ähnlichen Verhältnissen vorhanden wie in Molekülwolken. Kometen müssen bei niedrigen Temperaturen entstanden sein, zwischen 20 und 60 Kelvin, und sind seit ihrer Bildung nicht sehr verändert worden. Solche Temperaturen dürften nur in den äußeren Randbereichen des solaren Urnebels geherrscht haben, von jenseits des Jupiter, vielleicht sogar erst von jenseits des Saturn bis weit in die Nachbarschaft der uranusähnlichen Planeten hinein. Aber heute sind innerhalb des Planetensystems nicht mehr viele Kometen zu finden. Als Geschöpfe aus den äußeren Bereichen der Sonnenfamilie umreißen sie heute die Konturen des scheibenförmi-

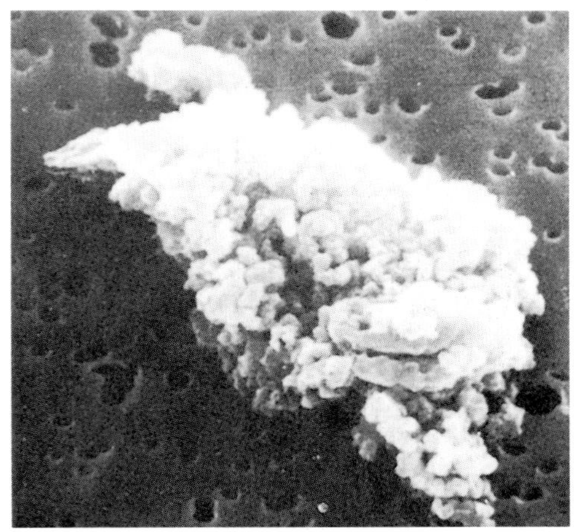

7.7 Dieses „Brownlee-Teilchen“, das von einem Flugzeug in der Erdatmosphäre aufgesammelt wurde, ist wahrscheinlich ein winziges Stückchen vom Kern irgendeines anonymen Kometen.

gen Kuiper-Gürtels und erfüllen die riesige Oortsche Wolke. Dies sind die Hinweise, aus denen wir versuchen den heutigen Zustand des Sonnensystems und die Geschichte unserer Geburt zu verstehen.

Von Staub zu Planeten

Vom staubhaltigen Gas des interstellaren Raumes führt ein Weg zu den Planeten von heute. Einzelne Abschnitte davon haben wir gefunden, schmale, gangbare Pfade in der Wildnis, aber wir haben sie noch nicht miteinander verbunden. Entlang der Strecke gibt es Schlaglöcher und, schlimmer noch, Weggabelungen. Wir folgen hier der wahrscheinlichsten Route – aber wir dürfen keinesfalls vergessen, daß einige der Abzweigungen falsch sein können und daß Teile der Straße einen neuen Belag benötigen werden oder gar völlig neu gebaut werden müssen, wenn neue Entdeckungen zur Theorie passen sollen.

Kehren wir nun zur jungen Sonne zurück, einem T Tauri-Stern, der von einer rotierenden Gasscheibe mit einem Radius von vielleicht einigen hundert AE umgeben ist, dem solaren Urnebel. Der Nebel ist angefüllt mit metallhaltigem Silikat- und Kohlenstoffstaub aus der Muttermolekülwolke. Wenn all dies wieder zu Atomen aufgebrochen würde, hätte die Scheibe dieselbe chemische Zusammensetzung wie die Sonne. Die bei der Bildung des Protosterns erzeugte Wärme hat wahrscheinlich einen Großteil des molekularen Gases zerstört, aber in der nun abgekühlten Scheibe können die Moleküle durch ziemlich dieselben Prozesse wieder neu erzeugt werden, durch die sie auch im interstellaren Medium entstanden waren. Das

7.8 Temperatur und Chemie der Scheibe um die junge Sonne, die gegen den Uhrzeiger kreiste, änderten sich radial nach außen. In der Nähe der Sonne, innerhalb von 1 AE, betrug die Temperatur 1 200 Kelvin oder mehr, so daß sich keine leicht verdampfenden Verbindungen oder Elemente in oder auf den winzigen eingebetteten Staubteilchen niederschlagen konnten. Weiter nach außen nahm die Temperatur ab, so daß immer mehr flüchtige Substanzen aufgenommen werden konnten. Dort wo die Temperatur unter etwa 150 Kelvin sank, jenseits von 5 AE, konnten Wasser und andere flüchtige Stoffe als Eise kondensieren, wodurch der Wassergehalt der Körner nach außen hin zunahm.

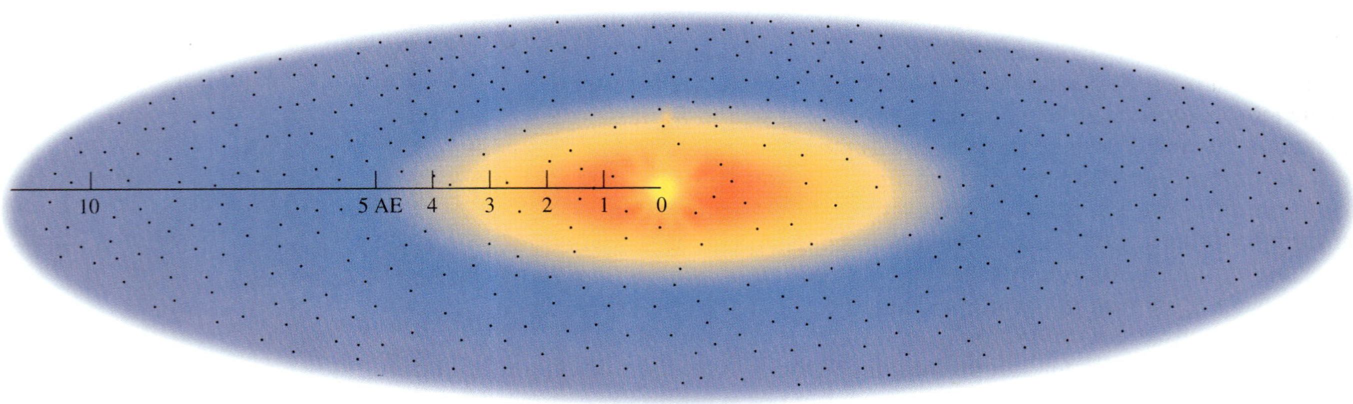

Ergebnis ist eine staubhaltige Scheibe mit einer komplizierten Chemie. Gas und Staub befinden sich in einer Art chemischem Gleichgewicht, das von der lokalen Temperatur der Mischung und von den Drücken der reaktionsfreudigen Elemente Sauerstoff und Wasserstoff abhängt. Aus dem Gas können neue Körner auskondensieren, die, wie auch die umgebenden alten interstellaren Körner, durch die Akkretion freier Atome und Moleküle weiter anwachsen. Fern ab von der Sonne, in einigen zig AE Entfernung, wo die Temperatur niedrig ist, das heißt unter etwa 150 Kelvin, können flüchtige Elemente und Moleküle – Kohlenstoff, Wasser, Alkohole und viele mehr – in die Körner eingebaut werden. Aber innerhalb von etwa fünf AE steigt die Temperatur der aufgeheizten Scheibe stark an und erreicht in der Nähe der Sonne bis zu 1400 Kelvin. Flüchtige Stoffe werden zunehmend zerstört oder bleiben gasförmig, so daß die Körner im inneren Bereich der Scheibe immer reicher an hitzebeständigen Elementen und Verbindungen werden.

In einfacher Näherung befinden sich die Körner auf Keplerschen Umlaufbahnen um die Sonne. Sie spüren aber auch starke dynamische Kräfte durch den Widerstand des Gases und Absorption von Sonnenstrahlung, die beide die Teilchen weiter nach innen befördern. Körner in ähnlichen Entfernungen zur Sonne bewegen sich relativ langsam aneinander vorbei; da sie so zahlreich sind, berühren sie sich und bleiben wegen ihrer atomaren elektrischen Kräfte manchmal aneinander haften. So wachsen kleinere Teilchen zu größeren an, von Mikrometer- zu Millimetergröße. Fern ab von der Sonne, jenseits des Jupiter, sind sie wäßrig (eishaltig) und in Sonnennähe wasserlos (eisfrei). Die Scheibentemperatur im inneren Sonnensystem, innerhalb der Jupiterbahn, ist gerade recht, um die Rohmaterialien der chondritischen Meteorite entstehen zu lassen.

Meteoriteneinschlüsse deuten darauf hin, daß die Scheibe in der Nähe der Sonne, also wieder jener Bereich innerhalb etwa fünf AE, Schauplatz gewaltsamer Ereignisse gewesen sein könnte. Die Gravitation müßte größere Teilchen zum Zentrum der Scheibe ziehen, und Teilchentrennung führt vielleicht zu Ladungstrennung. Eine dramatische (wenn auch sicherlich umstrittene) Folge hiervon könnten riesige elektrische Entladungen sein – Blitze im Urnebel –, die möglicherweise einen Bruchteil einer AE lang sind. Wachsende Teilchen, die in den Blitzschlag geraten, würden schmelzen und ihre flüchtigen Stoffe davongetrieben; doch wegen ihrer geringen Größe könnten die Tröpfchen sehr schnell wieder erstarren. Eine alternative Theorie besagt, daß starke magnetische Ausbrüche auf der jungen Sonne die plötzliche Hitzequelle gewesen sein könnten. Während die Teilchen durch Akkumulation von Staub weiter anwachsen, werden die verfestigten Schmelzen – wie auch immer sie entstanden sind – von anderem Material überdeckt, um in heutigen Meteoriten als Chondrulen zu erscheinen. Die Ursprünge der CAI sind unbekannt, aber für ihre Bildung scheinen lokale Temperaturanstiege auf 1800 Kelvin nötig gewesen zu sein, so daß sie wohl relativ nahe bei der Sonne entstanden sind. Die schlagartig erhitzten Ränder an den CAI deuten ebenfalls darauf hin, daß gewaltsame Prozesse am Werk waren. Weiter von der Sonne entfernt, jenseits etwa fünf AE, wo die Temperatur niedrig ist, gibt es nicht genügend Energie, um Chondrulen zu bilden, so daß der im Entstehen begriffene eishaltige Staub, der die Kometen bilden wird, frei von Einschlüssen ist.

Die Teilchen wachsen durch ständige Zusammenstöße und Akkumulation weiter an, während ihre Zahl abnimmt. Aber Gaswiderstand und Turbulenzen innerhalb der Scheibe führen dazu, daß sich die Bahnen der nun größeren Teilchen nach wie vor kreuzen und so die Wachstums- und Kollisionsraten aufrechterhalten werden. Aus diesen einfachen Anfängen heraus wachsen die Teilchen auf Zentimeter, dann auf Meter an und bilden schließlich Billionen echter Planetesimale mit Durchmessern von einem Kilometer oder mehr. Wie die Koagulation im einzelnen voranschritt, insbesondere im Zentimeter- bis Meterbereich, ist noch immer ungeklärt, da die Kollisionsenergien groß genug gewesen wären, um die Teilchen wieder zu Staubkörnern zu zertrümmern. Doch sie müssen sich irgendwie zusammengeballt haben, sonst würden die größeren Körper heute nicht existieren.

An diesem Punkt wird Gravitation wichtig. Größere Körper ziehen kleinere an, und der größere gewinnt (wie so oft). Bei immer heftigeren Zusammenstößen schlagen die kleineren Teilchen auf den größeren auf und dringen in sie ein. Innerhalb weniger hunderttausend Jahre sind die zahllosen Staubteilchen der ursprünglichen Wolke zunächst zu Planetesimalen von einigen wenigen bis zu einigen Dutzend Kilometern Durchmesser und dann weiter zu einer neuen Kategorie, den Protoplaneten, angewachsen. Es gab Hunderte von ihnen; sie waren vielleicht tausend Kilometer groß, etwa so groß wie Ceres, der größte Asteroid. Diese Körper stießen weiterhin zusammen, wobei die größeren in einer Art galoppierendem Wachstum wiederum gewannen, da ihre Gravitation nahe Protoplaneten auf Kollisionsbahnen ablenkte und die kleineren so geschluckt wurden.

Wie zahlreiche Computersimulationen zeigen, führen Teilchenakkumulation und ständige Kollisionen im inneren Sonnensystem letztlich zur Bildung einiger weniger – vielleicht drei bis sechs – sich schnell entwickelnder terrestrischer Planeten ohne flüchtige Stoffe, die innerhalb weniger AE von der neuen Sonne liegen. Übriggeblie-

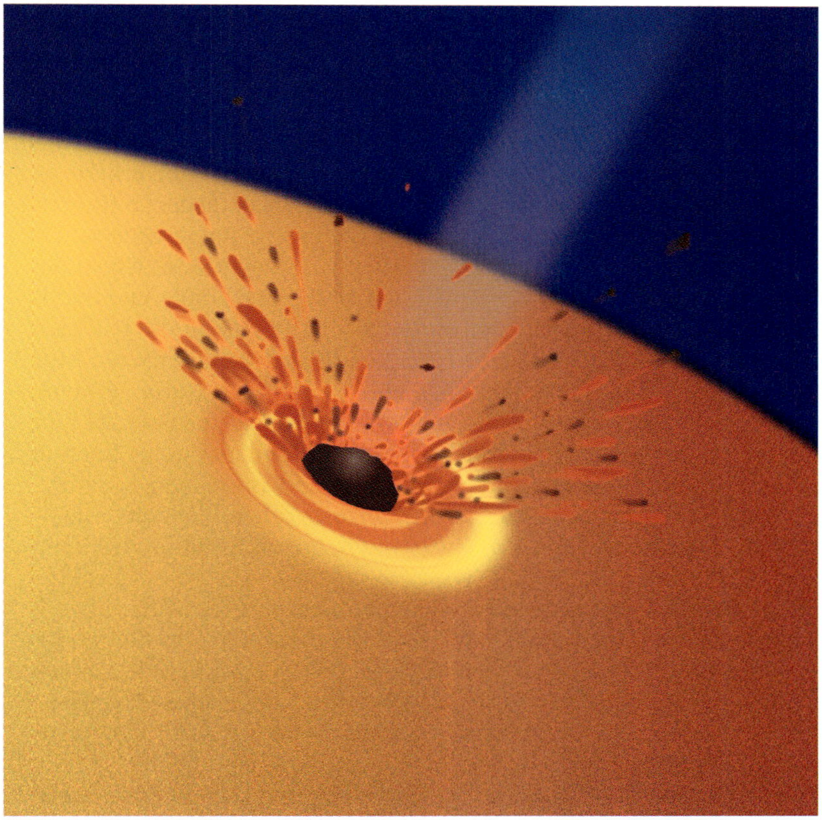

7.9 Riesige Körper, die auf der jungen Erde und den anderen neuentstandenen terrestrischen Planeten aufschlugen, ließen deren Temperaturen so stark ansteigen, daß sie schmolzen und einen Differentiationsprozeß durchliefen.

bene Protoplaneten geraten durch gegenseitige Störungen und restlichen Gaswiderstand fortlaufend in die gravitativen „Einspeis-Zonen" der größeren Planeten und werden von diesen mit großer Heftigkeit an sich gerissen. Dabei sind die Aufschlaggeschwindigkeiten mindestens so groß wie die Entweichgeschwindigkeiten der neuen Planeten. Durch ständige Bahnüberschneidungen wird das innere Sonnensystem ziemlich stark homogenisiert, so daß die Auswirkungen des ursprünglichen Temperaturgradienten – der Änderung der Temperatur mit dem Abstand – im solaren protoplanetaren Nebels inzwischen längst verschwunden sind. Die einschlagenden Körper graben sich beim Verdampfen tief ein und geben tief unter der Planetenoberfläche enorme Mengen Hitze ab, was dazu führt, daß die Planeten zu schmelzen beginnen. Bei der Differentiation der Planeten sinken das schwerere Eisen und Nickel nach innen, während die leichteren Silikate nach oben steigen. Wie es bei den primitiven Asteroiden zu einer solchen Differentiation kam, ist weiterhin nicht ganz geklärt: Sie scheinen zu klein, um durch Kollisionswärme aufgeschmolzen worden zu sein. Möglicherweise haben die

Hitze von radioaktivem ^{26}Al und starke magnetische Aktivität auf der Sonne eine wichtige Rolle gespielt.

Wahrhaft gewaltige Zusammenstöße finden zwischen den größten Protoplaneten statt, deren Bahnen sich überschneiden. Merkurs dünner Mantel kann nicht allein durch seine Nähe zur Sonne erklärt werden. Eine Kollision, bei der ein Großteil der Gesteinsdecke fortgerissen wurde, scheint unumgänglich. Unsere eigene junge Erde scheint von einem marsgroßen Körper getroffen worden zu sein, wobei der Eisenkern des Geschosses mit dem der Erde verschmolz und durch die Kollision eine riesige gasförmige Silikatfontäne in die Umlaufbahn geschleudert wurde, die später kondensierte und unseren Mond bildete. Diese Theorie erklärt das Fehlen flüchtiger Stoffe auf dem Mond verglichen mit der Erde, den Mangel an Eisen sowie die Umlaufbahn des Mondes, die in der Ebene des Sonnensystems liegt und nicht in der Rotationsebene der Erde. Solche Kollisionen erklären auch die Rotationseigenschaften der terrestrischen Planeten, einschließlich der langsamen rückwärts gerichteten Rotation der Venus.

Die jupiterähnlichen Planeten begannen auf dieselbe Weise zu wachsen. Im inneren Sonnensystem hatte die Sonne das Gas weggeblasen. Aber jenseits von etwa fünf AE gab es reichlich davon, und die eisigen Kerne der zukünftigen Planeten Jupiter und Saturn begannen, das Gas gravitativ aufzusammeln und sich mit riesigen gebundenen Wolken aus Wasserstoff und Helium zu umgeben. In dieser Entfernung konnte die Sonnenstrahlung das Gas nicht genügend aufheizen, um es fort zu treiben. Die beiden Riesenplaneten wuchsen, bis sie alles verfügbare Gas in der Scheibe aufgefegt und der Sonnenwind und die Sonnenstrahlung den Rest hinausgeblasen hatten. Die geringere Masse des Saturn spiegelt wahrscheinlich eine niedrigere Dichte im Ausgangsmedium wider, eine einfache Verringerung des Rohmaterials. In diesen entfernten planetaren Bereichen ist unsere Vorstellung jedoch weniger klar.

Jupiter wuchs genauso schnell, wenn nicht schneller, wie ein neuer terrestrischer Planet, der sich außerhalb der Marsbahn zu bilden versuchte. Doch Jupiters ungeheure Gravitation feuerte ständig Planetesimale in diese Region und wühlte sie so auf, daß keine Akkumulation möglich war und viele Körper auf gestörte Umlaufbahnen gerieten und verlorengingen. Die Folge waren einige wenige übriggebliebene Planetesimale, die miteinander zusammenstießen und sich gegenseitig zu den Asteroiden und Meteoriten zermalmten, die zusammen einen zerbrochenen, gescheiterten terrestrischen Planeten darstellen. Mars, der weiter von Jupiter entfernt ist, entwickelte sich zu einem richtigen Planeten, blieb aber wegen eines ähnlichen Mangels an Rohmaterial recht klein.

Jenseits des Saturn wuchsen die Kerne von Neptun und Uranus langsamer an, da die Dichte der eisigen Planetesimale geringer war, und als sie endlich mit Hilfe ihrer Gravitation viel Gas hätten aufsammeln können, hatte die Sonne es irgendwie zerstreut. Folglich wurden die beiden uranusähnlichen Planeten nicht so groß wie Jupiter und Saturn. Durch einen heftigen Zusammenprall mit einem anderen uranusähnlichen Protoplanet wurde Uranus „umgestoßen", so daß seine Rotationsachse nun fast in seiner Bahnebene liegt. Innerhalb von zehn Millionen Jahren müßte der Großteil des Staubs aus der Scheibe verschwunden gewesen sein, während die Planeten ihre endgültige Masse wohl innerhalb etwa 100 Millionen Jahren erreichten. Dies steht in Einklang mit dem Altersunterschied zwischen dem ältesten Gestein der Mondoberfläche und den Meteoriteneinschlüssen und wird außerdem durch die Geschwindigkeit bestätigt, mit der dichte Scheiben um junge Sterne verschwinden.

Die Monde der Riesenplaneten haben sich vermutlich auf recht ähnliche Weise gebildet – aus zirkum*planetaren* Scheiben, die durch Akkretion oder durch Gas entstanden sind, das vom Mutterplaneten durch Rotation ausgeschleudert wurde. Diese Scheiben waren mit ziemlicher Sicherheit viel dichter und heißer als der solare Nebel. Diese Bedingungen veränderten die Chemie des Gases und ermög-

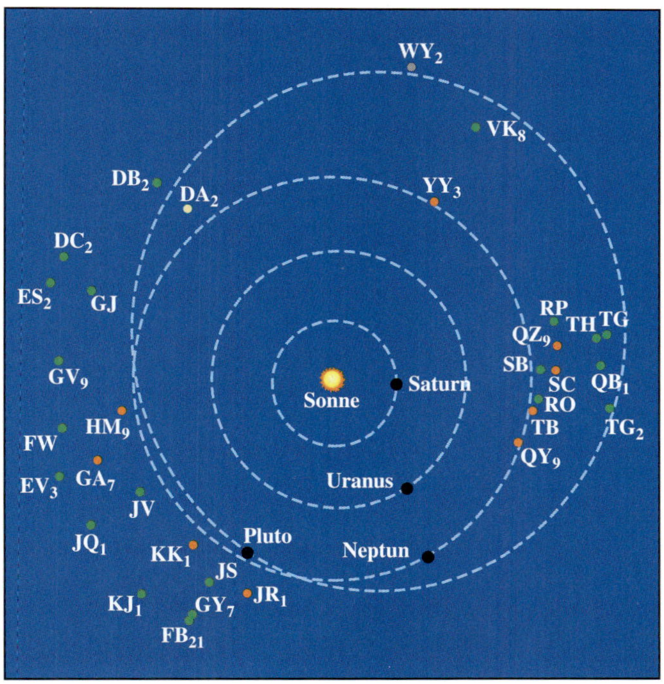

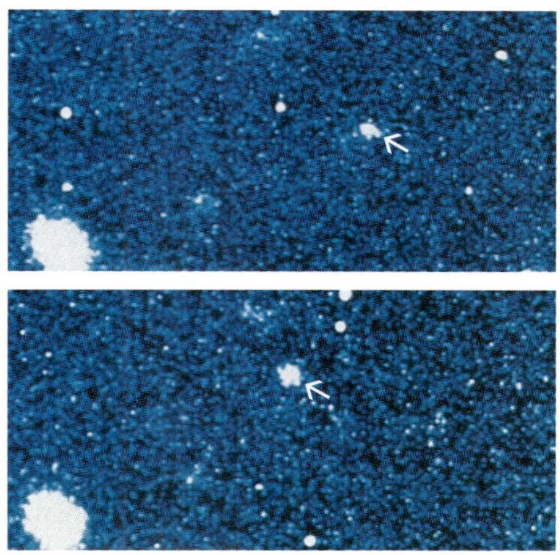

7.10 Das erste Objekt, das im Kuiper-Gürtel entdeckt wurde, 1992 QB1 (oben), hat einen Durchmesser von etwa 200 Kilometern und bewegt sich in der Nähe der Plutobahn. Das Diagramm links zeigt die Positionen vieler solcher Körper; man beachte die Ähnlichkeit ihrer Verteilung mit der Bahn des Pluto.

lichten die Umwandlung von molekularem Stickstoff und Kohlenmonoxid in Methan und Ammoniak, so daß die Monde reich an diesen Verbindungen wie auch an dem allgegenwärtigen Wassereis wurden.

Jenseits des Neptun war die Dichte der eisigen Planetesimale so gering, daß keine Planetenkerne akkumulieren konnten. Wir finden daher nur einen dünn bevölkerten Kuiper-Gürtel vor, der sich möglicherweise mehr als hundert AE nach außen erstreckt, vielleicht so weit wie die Scheiben, die heutige Protosterne umgeben. Ein paar Körper im Kuiper-Gürtel könnten auf die Größe von Protoplaneten angewachsen und einige davon durch gegenseitige Gravitationsstörungen in Richtung Sonne geschleudert worden sein. Einer wurde von Neptun als sein Mond Triton eingefangen, ein anderer geriet als Pluto auf eine solare Umlaufbahn. Da kurzperiodische Kometen rasch durch die Sonne verdampft werden, muß es dort draußen noch mehr Körper geben, die für frischen Nachschub sorgen, sogar noch nach 4,5 Milliarden Jahren. Moderne Teleskope mit empfindlichen elektronischen Detektoren sind gerade dabei, diese Kuiper-Gürtel-Objekte aufzuspüren: Bislang sind etwa drei Dutzend mit Durchmessern von rund 100 Kilometern im inneren Gürtel sicher identifiziert und ihre Bahnen berechnet worden, und die Zahl wird sehr rasch ansteigen.

Unzählige verstreute Planetesimale verschiedener Größe blieben übrig – steinige im inneren Sonnensystem, eisige im äußeren. Sowohl Asteroiden als auch Kometen, deren Bahnen durch die Gravitation der Riesenplaneten gestört wurden, gelangten ins innere Sonnensystem, wo sie und lokale Trümmerreste eine halbe Milliarde Jahre lang auf den sich abkühlenden und verfestigenden Krusten der terrestrischen Planeten aufschlugen. Die Kometen brachten flüchtige Stoffe mit, darunter das Wasser, das die Ozeane der heutigen Erde füllt, und das Wasser, das unter den Hügeln des Mars liegt. Der Mond verlor sein Wasser, weil er durch eine Kollision entstand und nur eine geringe Größe und Gravitation sowie keine Atmosphäre hat. Aber die Einschlagnarben des letzten Teils des Bombardements sind noch immer zu sehen, ebenso auf dem Merkur und auf den Monden der äußeren Planeten. Als die Eindringlinge dann vor rund vier Milliarden Jahren zum größten Teil aufgefegt waren, ließen die Einschläge merklich nach. Einige ganz wenige große Körper trafen noch den Mond und ließen deutlich sichtbare Einschlagbecken zurück, die sich später mit Lava füllten und die Mare bildeten, jene dunklen Gebilde, die mit bloßem Auge sichtbar sind. In den letzten drei Milliarden Jahren war die Einschlagrate niedrig aber stetig: Fast tausendmal pro Tag treffen Körper von mindestens zehn Gramm auf unserem Planeten auf.

Eine ungeheure Anzahl von Planetesimalen wurden von Jupiter und Saturn auf die Entweichgeschwindigkeit des Sonnensystems beschleunigt und hinaus in die Weiten des interstellaren Raums geschleudert. Uranus und Neptun, die eine geringere Gravitation haben, stießen dagegen die eisigen Überreste in ihrer Region – die Kometenkerne – auf langgestreckte, aber gebundene elliptische Umlaufbahnen. Galaktische Gezeitenkräfte formten die Bahnen teilweise zu Kreisen mit Radien von Tausenden von AE um und bevölkerten so eine innere Oortsche Kometenwolke. Um Uranus und Neptun mit ihren Massen in der Zeit entstehen zu lassen, die sie dafür benötigten, war eine zehnmal größere Planetesimalenmasse als die Planetenmassen erforderlich. Dies führt zu einer geschätzten Zahl von erstaunlichen 10^{13} Kometen im inneren Teil der Oortschen Wolke. Weitere Gravitationseinflüsse vorüberziehender Sterne und der Galaxis insgesamt zogen allmählich einige dieser Objekte hinaus in eine äußere Oortsche Wolke, die mehrere zehntausend AE Durchmesser hat und vermutlich 10^{12} Kometen enthält. Dort können die Störungen durch Sterne und Riesen-Molekülwolken einige Bahnen wieder in lange Ellipsen umwandeln, so daß diese Körper als langperiodische Kometen ins innere Sonnensystem stürzen, wo sie uns als Echo der fernen Vergangenheit Hinweise für unsere heutigen Erkenntnisse liefern.

Aber ist dies tatsächlich der richtige Weg? Auch andere Routen locken. Einige Astronomen glauben, daß die jupiterähnlichen Planeten als Ganzes aus dem kondensierenden dichten interstellaren Wolken-Kern entstanden sind, ganz ähnlich wie Doppelsterne. Vielleicht ist Jupiter ein echter Brauner Zwerg und kein Paket, das mit dem Hinweis „Lieferung zerlegt, Montageanleitung liegt bei" geliefert wurde. Vielleicht sind auch die Kometen der Oortschen Wolke schon früh in unserer Geschichte an Ort und Stelle entstanden und nicht durch die äußeren Planeten nach außen geschleudert worden. Nur wenige Abschnitte des hier vorgeschlagenen Weges sind nicht Gegenstand wissenschaftlicher Kontroversen. Einige Theorien werden durch weitere ausgefeilte Beobachtungen bestätigt, andere zerstört werden.

Endlich daheim

Die Planeten, darunter auch unsere Erde, sind also Destillate des interstellaren Mediums, aus denen die flüchtigen Stoffe – in ganz unterschiedlichem Maße – herausgetrieben wurden. Unser Planet mag zwar klein sein, aber er ist eine höchst ungewöhnliche Schatzkammer seltener schwerer Elemente. Tatsächlich besitzt unsere Erde auch flüchtige Verbindungen, doch diese kamen größtenteils „an Bord“ aufschlagender Kometen aus dem äußeren Sonnensystem zu uns. Jetzt verstehen wir auch, warum die Eigenschaften der Planeten so stark von ihrer Entfernung zur Sonne abhängen: Sie wurden bestimmt durch die Massenverteilung im solaren Urnebel, durch die von Jupiter verursachten Gravitationsstörungen und durch die Einflüsse, die die Hitze der Sonne auf die Planeten sowie auf den ursprünglichen solaren Nebel ausübte.

Die Existenz unseres Planeten ist fest mit interstellaren Prozessen verknüpft. Interstellare Untersuchungen zeigen uns, daß in einem kalten, staubhaltigen Gas komplexe Moleküle entstehen können. In Meteoriten findet man Aminosäuren, die offenbar durch eine ähnliche Chemie während der Bildung der Planeten dort entstanden sind. Könnten unsere eigenen Ursprünge somit interplanetar sein – oder gar interstellar? Könnten interplanetare Trümmerstücke den Samen des Lebens auf die Erde gebracht haben? Oder begann das Leben hier unabhängig von einschlagenden Körpern? Niemand weiß es, und wir können nur spekulieren. Drei Milliarden Jahre alte Fossilien zeigen, daß es das Leben kaum abwarten konnte, sich auf diesem Planeten zu entwickeln. Aber warum scheint Mars, der einst flüssiges Wasser und eine dichte Atmosphäre besaß – Bedingungen, die für Leben offenbar notwendig und förderlich sind –, keine Lebensformen entwickelt zu haben? Oder hat er doch?

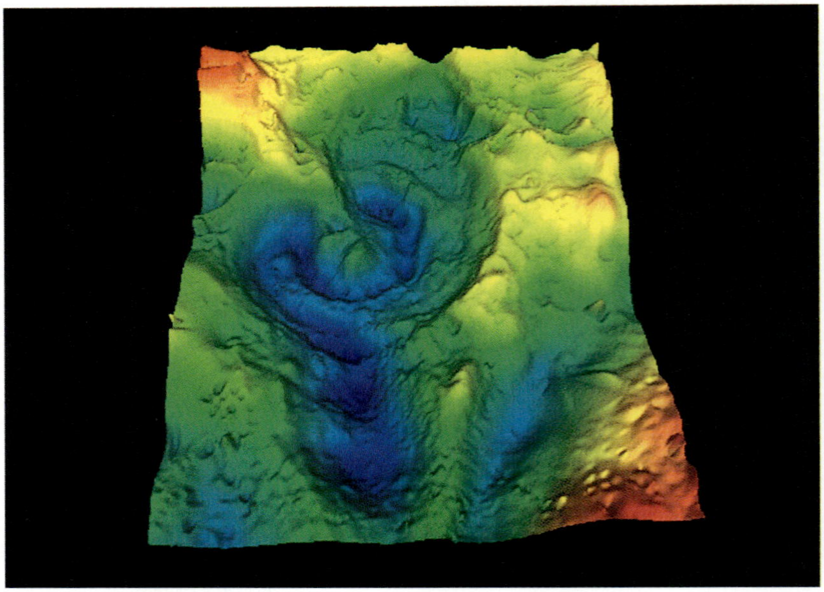

7.11 Der Chicxulub-Krater, hier durch Gravitationsmessungen bildlich dargestellt, liegt unter einem Teil der Halbinsel Yucatan. Er hat einen Durchmesser von mindestens 200 Kilometern und ist vermutlich durch den Einschlag eines riesigen Meteoriten entstanden, der vor 65 Millionen Jahren die Dinosaurier ausgelöscht hat.

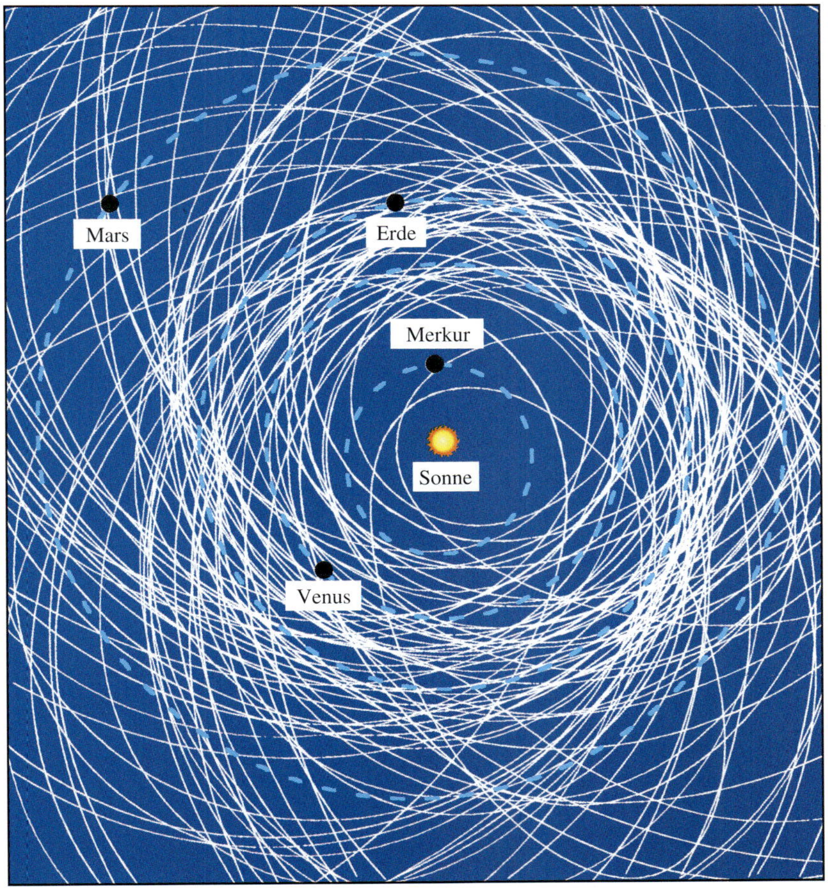

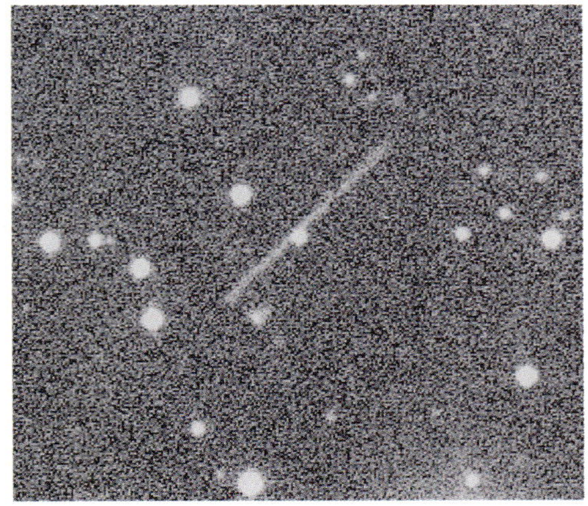

7.12 Diese Karte des inneren Sonnensystems (links) zeigt ein dichtes Netz aus den Bahnen der größeren bekannten erdbahnkreuzenden Asteroiden und toten Kometen. Auf einer 1995 gemachten Langzeitaufnahme (oben) ist ein kleinerer derartiger Körper mit etwa 300 Metern Durchmesser eingefangen, der nur 100000 Kilometer von uns entfernt zwischen Erde und Mond vorüberflog.

Aber ob das Leben nun als Folge einschlagender Trümmerstücke seinen Anfang nahm oder nicht, beeinflußt wurde es auf jeden Fall durch sie. Bruchstücke von Kometen und Asteroiden treffen uns ständig in Form von Meteoren und Meteoriten; während Sie dies lesen, atmen sie Kometenstaub ein. Die meisten dieser Teilchen sind klein, aber einige sind es nicht, und von Zeit zu Zeit kommt es zu einem großen Einschlag wie dem, der den Meteor Crater erzeugt hat, ein kilometergroßes Loch, das vor etwa 50000 Jahren von einem Eisenmeteorit auf der Hochebene Nordarizonas ausgehoben wurde. 1908 explodierte hoch in der Luft über den frostigen Wäldern Sibiriens ein Stein-Chondrit von der Größe etwa eines Hauses, knickte dabei im Umkreis von 30 Kilometern um die Einschlagstelle Bäume um, warf noch in 50 Kilometern Entfernung Bauern zu Boden und sandte eine atmosphärische Druckwelle zweimal um die Erde.

Möglicherweise verdanken wir einem solchen Ereignis unser Leben. Die Erdschichten, die etwa aus der Zeit vor 65 Millionen Jahren stammen, als die Dinosaurier ausstarben, sind ungewöhnlich reich an Iridium, einem Element, das in Meteoriten sehr viel häufiger vorkommt als auf der Erde. Daraus läßt sich folgern, daß die Dinosaurier durch den Einschlag eines etwa zehn Kilometer großen Asteroiden ausgelöscht wurden. Die Kollision hätte Unmengen Staub hoch in die Atmosphäre geblasen; möglicherweise hat sie auch Stoßwellen durch den Planeten gesandt und damit schwere Vulkanausbrüche ausgelöst, die noch zusätzliche Zerstörungen anrichteten. Rund 80 Prozent aller damals lebender Arten wurden ausgelöscht, und das ermöglichte es den Säugetieren – und letztendlich uns –, die Herrschaft zu übernehmen.

Ein solcher Einschlag kann und wird wieder geschehen. Unzählige Asteroiden und erloschene Kometen kreuzen die Erdbahn, und jedes Jahr entdecken die Astronomen einen oder mehrere von ihnen mit Durchmessern von einigen zig Metern, die in Entfernungen vergleichbar mit der des Mondes an uns vorüberziehen. Der Querschnitt der Erde ist etwa 1000mal kleiner als der Querschnitt der Mondbahn, so daß mindestens alle tausend Jahre einmal ein solcher Körper, der groß genug ist, um einen außerordentlichen Schaden anzurichten, in seiner Bahn so stark gestört werden könnte, daß er direkt auf uns zu hält. Es sind zur Zeit Bestrebungen im Gange, die Bahnen solcher Objekte zu überwachen und zu verändern, bevor sie uns treffen. Inzwischen scheinen wir bereit und in der Lage zu sein, uns vor genau dem Stoff aus dem interstellaren Medium zu schützen, der uns überhaupt erst hat entstehen lassen.

Von anderen Planeten…

Wir wissen heute, daß Kant und Laplace recht hatten und unser Planetensystem aus einer rotierenden staubhaltigen Scheibe entstanden ist, aus dem solaren Urnebel. Wir beobachten solche Scheiben um entstehende Protosterne und T Tauri-Sterne. Werden sich auch dort Planeten bilden? Umkreisen Planeten andere vollentwickelte Sterne? Welche Hinweise können wir sammeln, die auf andere Planetensysteme hindeuten, andere Destillate des interstellaren Raumes?

Die Entdeckung von Restscheiben würde die fünf Milliarden Jahre große Lücke zwischen den primitiven protoplanetaren Scheiben und der unsrigen überbrücken. Mehrere der Sterne, die tief im Orion-Nebel verborgen liegen, sind von Scheiben mit ein paar hundert AE

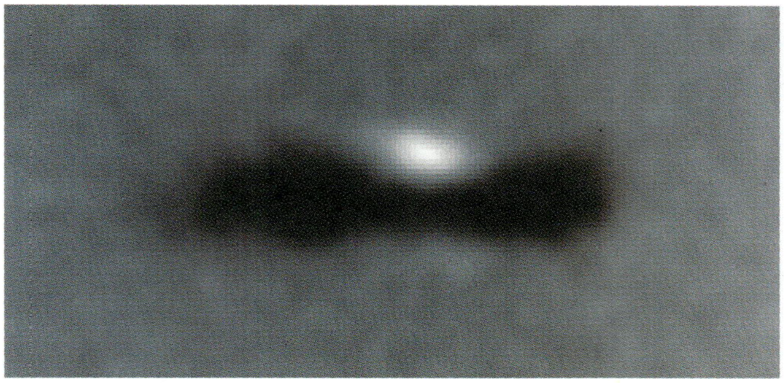

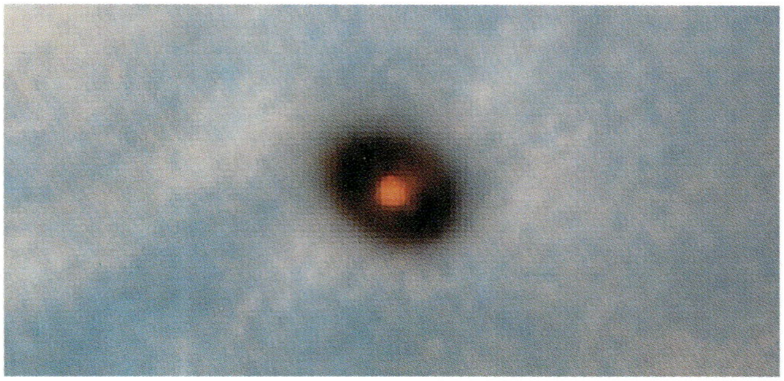

7.13 Das *Hubble*-Weltraumteleskop nahm eine Reihe Staubscheiben um junge Sterne im Orion-Nebel auf. Die Scheibe auf dem linken Bild ist von der Kante her zu sehen, wobei ein kleiner Teil des eingebetteten Sternlichts von ihrem Zentrum reflektiert wird. Könnten sich hier vor unseren Augen Planeten bilden?

Durchmesser umgeben. Einige davon werden von der Strahlung des Trapezes beleuchtet. Spektroskopische Untersuchungen einiger dieser Sterne zeigen, daß sie immer noch kontrahieren und auf die Hauptreihe zu wandern. Durchmusterungen deuten darauf hin, daß etwa die Hälfte der Sterne in dieser Region derartige Scheiben haben, die die Nachkommen jener Scheiben zu sein scheinen, die um T Tauri-Sterne liegen.

IRAS-Beobachtungen stellten 1981 fest, daß der helle, vollentwickelte A-Klasse-Hauptreihenstern Wega (der in nördlichen Sommernächten fast durch den Zenit läuft) von ausgedehnter Infrarotstrahlung umgeben ist, ebenso wie Fomalhaut und β Pictoris, beides A-Zwerge auf der Südhalbkugel. Die einzige Erklärung für diese Strahlung ist, daß sie von umgebenden Wolken aus warmen Staubteilchen stammt, die von Sternlicht aufgeheizt werden. Beobachtungen von β Pictoris vom Boden aus zeigten sehr bald, daß die Strahlung von einer Scheibe ausgeht, die wir von der Kante her sehen und die sich bis in eine Entfernung von rund 400 AE vom Stern erstreckt. Der Verlauf der Infrarotstrahlung bei unterschiedlichen Wellenlängen – das kontinuierliche Spektrum – läßt sich durch entsprechende Korngrößen, Dichten und Temperaturen rechnerisch nachbilden. Die Körner sind größer als die im interstellaren Raum, und das Fehlen von Strahlung hoher Temperatur deutet auf ein „Loch" in der Scheibe nahe beim Stern hin, das auf speziell bearbeiteten Aufnahmen tatsächlich zu erkennen ist. Spektroskopie zeigt, daß die Körner aus einer Kombination von Silikaten und Kohlenstoff bestehen. Das System sieht auf unheimliche Weise so aus wie unser eigenes. Könnte die Scheibe das Überbleibsel von Planetenentstehung sein, könnte sie den Kuiper-Gürtel des Sterns darstellen? Ist der innere Teil relativ leer, weil dort Planeten den Staub aufgefegt haben? Eine leichte Verbiegung der Scheibe deutet in der Tat auf die Gravitationswirkung eines umlaufenden Körpers ähnlich wie Jupiter hin. Weitere Hinweise ergeben sich aus zeitweilig auftreten-

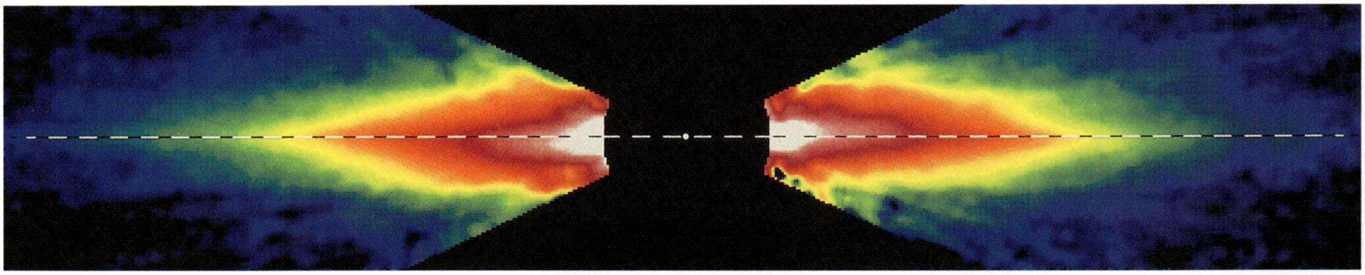

7.14 Die Staubscheibe um β Pictoris, die wir von der Kante her sehen, erstreckt sich 400 AE weit vom Stern nach außen. Der Stern ist hier durch eine Scheibe künstlich abgedeckt, damit er nicht alles andere überstrahlt.

den Absorptionslinien im Spektrum des Sterns, die man dadurch erklärt, daß Kometen in den Stern stürzen und verdampfen – so wie man es tatsächlich auch bei der Sonne beobachtet.

Der nächste Schritt ist, die Planeten selbst zu finden – falls sie existieren. Unser Planetensystem liefert einen Hinweis, wie verbreitet sie sein könnten. Jeder der Riesenplaneten in unserem Sonnensystem hat sein eigenes kleines Planetensystem, seine Familie regulärer Monde. Das von Neptun ist recht dürftig, aber die fehlenden Monde sind möglicherweise von Triton geschluckt oder fortgeschleudert worden, als er eingefangen und seine Bahn zu einem Kreis umgeformt wurde. Die zirkumplanetaren Scheiben haben sich wahrscheinlich anders gebildet als der solare Nebel, aber sobald sie existierten, produzierten sie kleine „Planeten“. Das deutet darauf hin, daß sich Planeten automatisch bilden, wenn eine Materiequelle vorhanden ist. Wenn das stimmt, sollten sie sich in sämtlichen zirkumstellaren Scheiben bilden, es sei denn, ihre Entwicklung wird durch einen Doppelsternbegleiter oder durch die Gravitationswirkung anderer Sterne verhindert oder unterbrochen, wenn sich das entstehende System innerhalb einer dichten Sterngruppe befindet.

Können wir sie aufspüren? Kehren wir das Problem einmal um. Was wäre vom nächsten Stern α Centauri aus, der nur vier Lichtjahre entfernt ist, von unserem eigenen System zu sehen? Jupiter wäre ein Lichtpünktchen 22. Größe und läge damit im Bereich kleinerer Teleskope. Er wäre jedoch höchstens vier Bogensekunden von einem hell strahlenden Stern 0. Größe (der Sonne) entfernt, der sein schwaches Leuchten völlig überstrahlt. Neptun wäre auf seiner Umlaufbahn zweimal pro Jahrhundert 24 Bogensekunden entfernt, aber mit 24. Größe sehr viel schwächer. Weiter entfernte Sterne stellen eine sehr viel größere beobachtungstechnische Herausforderung dar, weil die Planeten schwächer wären und ihre Bahnen eine geringere Winkelausdehnung hätten. Ein direkter Nachweis ist zur Zeit nicht möglich, aber eine neue Generation von Instrumenten könnte vielleicht bald erfolgreich sein.

Es gibt jedoch noch andere Nachweismethoden. Man sagt gewöhnlich, daß die Erde die Sonne umkreist oder der Mond die Erde. Aber in Wirklichkeit umkreisen zwei gravitativ gebundenen Körper *einander* um einen gemeinsamen Schwerpunkt, der zwischen ihnen liegt und dessen Lage vom Verhältnis der Massen abhängt. Die Sonne vollführt einen winzigen Umlauf um den Schwerpunkt des Sonnensystems, das von Jupiter dominiert wird. Da Jupiter etwa 1/1 000 der Sonnenmasse hat, beträgt der Bahnradius der Sonne etwa 1/1 000 der Entfernung des Jupiter zur Sonne (5 AE), also etwa 0,005 AE, eine Entfernung, die etwa gleich dem Sonnenradius ist. Wenn Beobachter auf α Centauri die Bewegung der Sonne auf ihrer Bahn um das galaktische Zentrum gegen den fernen Sternenhintergrund verfolgen, muß sie mit einer Amplitude hin und her wackeln, die ihrem eigenen Radius entspricht, einem Winkelabstand von 0,003 Bogensekunden. Das entspricht dem Durchmesser eines Markstücks, betrachtet aus 1 200 Kilometer Entfernung. Die Beobachtungen nähern sich dieser Genauigkeit, haben sie aber noch nicht ganz erreicht.

Wir können auch nach Schwankungen in der Radialgeschwindigkeit suchen. Die Sonne bewegt sich auf ihrer winzigen Bahn mit einer Geschwindigkeit von etwa 12 Metern pro Sekunde (da sie 12 Jahre, die Umlaufperiode des Jupiter, benötigt, um einen Kreis mit 0,005 AE oder 750 000 Kilometer Durchmesser zu umlaufen). Diese Geschwindigkeit ist viermal größer als die momentane Fehlergrenze unserer besten Instrumente. Bei beiden Methoden können wir die Nachweischance verbessern, indem wir Sterne geringerer Massen

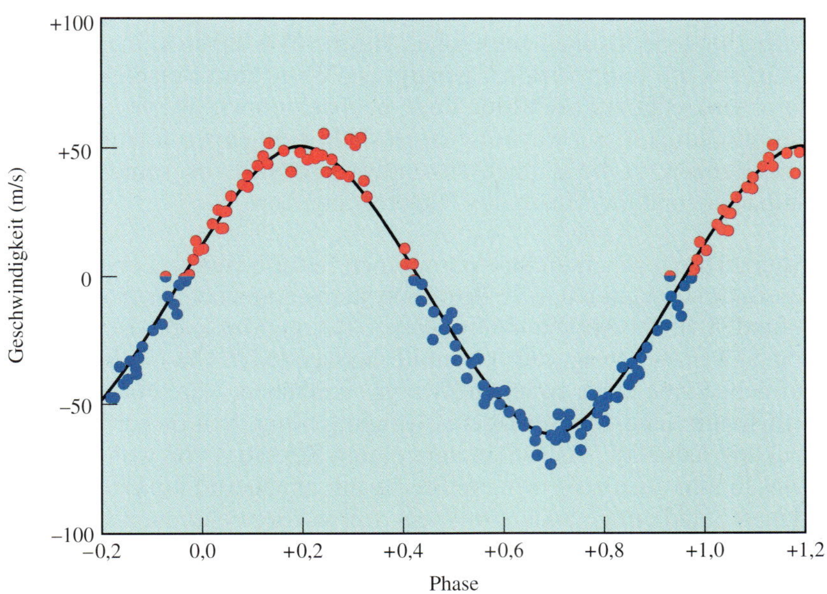

7.15 Diese Änderungen in der Radialgeschwindigkeit von 51 Pegasi entstehen durch die Gravitationswirkung eines Planeten mit mindestens der halben Jupitermasse.

beobachten; darüber hinaus können einige Planeten sehr wohl massereicher sein als Jupiter, und beide Umstände zusammen führen zu größeren, schnelleren Sternbewegungen. Gegenwärtig ist die Radialgeschwindigkeitsmethode im Vorteil; sie hat auch den Vorzug, unabhängig von der Entfernung zu sein.

Wir schauen also – und da sind sie. Direkt westlich des großen Quadrats des Sternbilds Pegasus liegt der 4 Magnituden helle 51 Pegasi, ein G2-Zwerg wie die Sonne. Beobachtungen seiner Radialgeschwindigkeit zeigen, daß diese eine kleine, stetige, sinusförmige Schwankung aufweist, die nur durch einen umlaufenden Begleiter hervorgerufen werden kann. Angenommen, eine Planetenumlaufbahn ist kreisförmig und ihre Ebene liegt in der Sichtlinie. Nach dem 3. Keplerschen Gesetz der Planetenbewegungen (in Newtons Verallgemeinerung) hängt die Umlaufperiode jedes Körpers um den Schwerpunkt ab von der Entfernung des Planeten zum Stern hoch 3/2, dividiert durch die Wurzel aus der Summe der Massen von Stern und Planet. Der Planet hat per Definition eine vernachlässigbare Masse im Vergleich zum Stern, so daß die Summe praktisch die Masse des Sterns ist. Die Entfernung zwischen den Körpern ist jedoch praktisch gleich dem Bahnradius des Planeten. Da der Stern auf der Hauptreihe liegt, können wir seine Masse recht genau aus seiner Leuchtkraft abschätzen. Keplers Gesetz liefert damit den Bahnradius. Die maximale Abweichung der Radialgeschwindigkeit des Sterns hängt von der Periode und dem Umfang der Umlaufbahn des Sterns um den Schwerpunkt ab, woraus wir den Bahnradius *des Sterns* bestimmen können. Das Verhältnis der Bahnradien liefert das Verhältnis der Massen und damit die Masse des Planeten. Das Ganze hat jedoch einen ziemlichen Haken: Wir haben keine Ahnung, wie die Bahn wirklich geneigt ist. Wenn zum Beispiel eine Bahn senkrecht zur Sichtlinie liegt, beobachten wir überhaupt keine Geschwindigkeitsschwankungen. Deshalb können wir allenfalls untere Grenzen für die Bahngeschwindigkeit des Sterns, seine große Halbachse und die Masse des Planeten angeben.

Trotz alledem scheinen die Astronomen für alle sinnvoll erscheinenden Bahnneigungen des 51 Pegasi-Systems einen echten Planeten gefunden zu haben: Die untere Grenze für die Masse des Begleiters von 51 Pegasi beträgt nur 0,6 Jupitermassen (M_J). Um die Masse auf nahezu die eines Braunen Zwergs anzuheben, wäre eine sehr unwahrscheinliche, fast senkrechte Neigung nötig. Seit dieser Entdeckung haben die Astronomen in einem Zeitraum von weniger als zwei Jahren etwa zehn weitere Sterne mit annähernd jupitergroßen Planeten und einige andere mit sehr viel massereicheren, aber anscheinend immer noch substellaren Begleitern gefunden. Zur ersten Gruppe gehört ein schwacher, massearmer M-Stern, bei dem tatsächliche Positionsverschiebungen beobachtet wurden. Der Stern scheint sich in Reaktion auf *zwei* Planeten zu bewegen, die beide etwa die Masse des Jupiter haben. Das Feld explodiert förmlich, und zweifellos werden in den nächsten Jahren mit verbesserten Instrumenten sehr viel mehr Entdeckungen gemacht werden.

Die meisten Astronomen hatten naiverweise angenommen, daß andere Planetensysteme unserem ähneln würden. Verglichen mit diesen Systemen, scheint unseres jedoch kaum typisch zu sein. Der Planet, der 51 Pegasi umkreist, ist wahrlich eigenartig: Seine große Halbachse beträgt nur 0,05 AE und ist damit nicht viel größer als der Radius des Sterns. Wie sich ein jupiterähnlicher Planet so dicht am Stern bilden konnte, wie er überleben konnte oder wie er nach innen gezogen werden konnte, ist ein Rätsel. In der Tat haben die bislang gefundenen Systeme, mit zwei Ausnahmen, jupiterähnliche Planeten in der Region, in der bei uns die terrestrischen liegen. Dies kann wieder ein beobachtungsbedingter Auswahleffekt sein, jener heimtückische Prozeß, nach dem die Natur zuerst das zu erkennen gibt, was am offensichtlichsten ist, was der Beobachtung am zugänglichsten ist. Systeme wie die bislang gefundenen würden die größten Geschwindigkeitsänderungen bei den Sternen hervorrufen und daher am ehesten entdeckt werden. Ungemein viel mehr muß getan werden, um die Verteilung

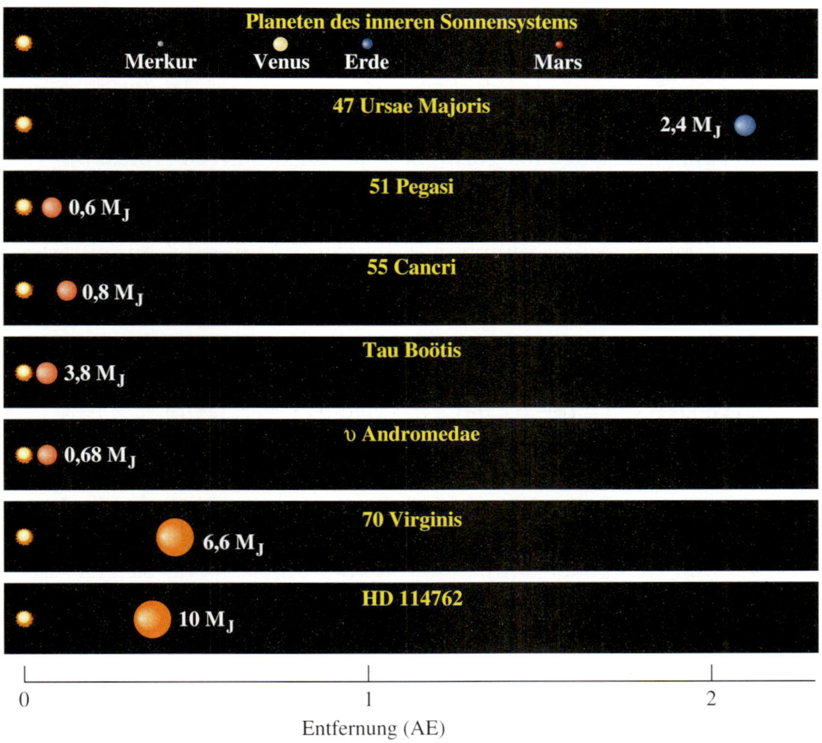

7.16 In dieser Übersicht sind mutmaßliche Planetensysteme, jedes mit nur einem nachgewiesenen Planeten, im Vergleich zum inneren Sonnensystem dargestellt. Die Größe der Planeten ist relativ zum Mutterstern stark übertrieben.

von Planeten zu bestimmen; letztendlich sind wir gerade erst dabei, sie zu *finden*. Aber diese neuen Entdeckungen deuten stark darauf hin, daß Planetensysteme in den vielfältigsten Formen vorkommen können, die von den Einzelheiten der Sternentstehung abhängen, Einzelheiten wie die Rotation der ursprünglichen Wolke, ihre Masse und Massenverteilung, ihre Temperatur und Dichte, die Einflüsse naher Sterne und eine Unmenge weiterer Parameter sowie ziemlich wahrscheinlich auch einfach nur reiner Zufall. Viele Merkmale unseres eigenen Sonnensystems sind im Grunde zufälliger Natur, die Folgen gelegentlicher und unvorhersehbarer schwerer Kollisionen.

Andere Planeten wirklich zu sehen – abzubilden – wird sehr viel schwieriger sein als der indirekte Nachweis, ebenso jegliche Art Nachweis von terrestrischen Planeten wie dem unsrigen. Von α Centauri aus erschiene die Erde als Objekt 27. Größe, nahe der Nachweisgrenze der größten Teleskope, und wäre nur eine Bogensekunde von der Sonne entfernt. Sie würde eine 300mal geringere Geschwindigkeitsänderung in der Bewegung der Sonne hervorrufen als Jupiter. Direktaufnahmen auf dieser Skala sind mit Sicherheit eine Aufgabe für das nächste Jahrhundert.

Aber die erforderliche Technologie ist recht nahe, oder jedenfalls direkt jenseits des Horizonts. Die nächste Generation der *Hubble*-Instrumente, die in der Lage sein werden, den blendenden Glanz eines hellen Sterns abzudecken, könnten extrasolare Jupiter aufspüren. Sehr viel ehrgeiziger ist ein riesiges optisches Vielspiegel-Interferometer, das die NASA eines Tages in eine Umlaufbahn jenseits des Jupiter zu bringen hofft, wo die lokalen trübenden Effekte des interplanetaren Staubs geringer sind. Dieses große Teleskopsystem, für das sehr viel an Technologie erst noch geschaffen werden muß, könnte Direktaufnahmen von Planeten machen und uns mit Hilfe von Spektroskopie etwas über ihre Atmosphären mitteilen. Eine, die Sauerstoff enthielte, könnte eine andere Erde signalisieren.

…und anderem Leben

Obwohl wir noch keine Möglichkeit haben, andere Planeten direkt abzubilden, gibt es einen anderen Weg, sie aufzuspüren. Zehn Prozent der Planeten unseres Sonnensystems – einer – beherbergen intelligentes Leben. Können wir anderswo von einem ähnlichen Bruchteil ausgehen? Wenn unsere Erde auch optisch und dynamisch sehr bescheiden ist, so ist sie doch im Radiospektrum strahlend hell. Seit den Tagen von Marconi haben wir immer mehr Radiostrahlung in den Kosmos ausgesandt. Eine Blase energiereicher kommerzieller Radiosendungen, die inzwischen einen Durchmesser von mehr als 60 Lichtjahren hat, umschließt Tausende von Sternen. Wenn jemand dort draußen dieselbe Ausrüstung hat wie wir, sind wir leicht zu finden.

Nun kehren wir das Konzept um und blicken hinaus. Trotz der Existenz einiger 100 Milliarden Sterne in der Galaxis scheinen die Erfolgschancen, die erstmals in den sechziger Jahren von dem amerikanischen Radioastronomen Frank Drake mittels der „Drake-Gleichung“ untersucht wurden, gering zu sein. Angenommen, Doppel- und Mehrfachsterne bilden keine Planeten. (Was sie aber möglicherweise doch tun, wobei die Planeten entweder weit auseinanderliegende Komponenten umkreisen oder das Paar in großer Entfernung umrunden. Einer der jüngst entdeckten jupiterähnlichen Planeten umkreist den Begleiter von 16 Cygni.) Etwa zehn Prozent aller Sterne sind mit Sicherheit Einzelsterne, so daß das Feld auf zehn Milliarden Kandidaten eingeschränkt wird. Computersimulationen deuten darauf hin, daß zirkumstellare Scheiben immer terrestrische Planeten ausbilden. Um Leben zu entwickeln, muß ein solcher Planet jedoch (nach uns selbst zu schließen) in einer schmalen Zone liegen, in der die Temperaturen so geartet sind, daß es über Milliarden von Jahren hinweg flüssiges Wasser gibt. Venus liegt zu nahe an der Sonne, und obgleich wir vermuten, daß sie einst Ozeane besaß, führte die große Sonnenwärme zum Verdampfen des Wassers und Ausbacken von Kohlenstoff aus den Gesteinen und so zu einem galoppierenden Treibhauseffekt. Wäre die Erde andererseits deutlich weiter von der Sonne entfernt, hätte sie einen galoppierenden „Kühlschrank-Effekt“ erleiden können, und ihr Wasser wäre gefroren.

Niemand kennt die Größe der „Lebenszone“. Eine Untersuchung besagt, daß es im Falle der Sonne nur einen Spielraum von zehn Prozent um eine AE herum gibt. Darüber hinaus ist die Masse des Planeten von entscheidender Bedeutung. Mars *hatte* flüssiges Wasser und eine passende Atmosphäre, blieb aber wegen seiner Nähe zu Jupiter zu klein, um sie halten zu können. Selbst wenn wir den Mars mitzählen, gibt es immer noch nur zwei Möglichkeiten in unserem System. Also verringert sich, über den Daumen gepeilt, die Anzahl der Sterne nochmals um einen Faktor 10. Überdies schrumpft die Lebenszone dramatisch mit abnehmender Masse – und folglich Leuchtkraft – eines Hauptreihensterns: Die Lebenszone eines M-Zwergs ist nur rund ein fünftel so groß wie die der Sonne. Die Chancen, daß in einer Zone dieser Größe ein terrestrischer Planet liegt, scheinen verschwindend gering. Siebzig Prozent der Sterne in der Galaxis sind M-Zwerge, also verringert sich die Zahl um einen weiteren Faktor 10. Jetzt sind wir auf 100 Millionen herunter. Bei den bislang gefundenen Sternen mit jupiterähnlichen Planeten kreisen diese nahe der Lebenszone, was wahrscheinlich die Existenz von terrestrischen Planeten ausschließt. Also kürzen wir die Zahl der Möglichkeiten (weil wir es nicht besser wissen) auf zehn Millionen.

Wie viele der verbleibenden Sterne entwickeln tatsächlich Leben? Selbst wenn die Samen des Lebens aus dem interplanetaren Raum über Kometen und Meteoriten auf einen Planeten gelangen, müssen sie auch keimen. Lokal wissen wir, daß es auf der Erde Leben gibt, und wir haben vor kurzem Indizien gefunden, daß es möglicherweise einst auch auf Mars existiert hat. Hat es das wirklich, dann bestünde vielleicht Grund zu der Annahme, daß Leben immer auftritt, wenn die Bedingungen günstig sind. Damit bliebe die Zahl bei zehn Millionen. Aber angesichts der ganz und gar nicht unwahrscheinlichen Möglichkeit, daß die Marsentdeckungen falsch sind, sollten wir vielleicht die Zahl nochmals um einen Faktor 10 verringern und auf eine Million Sterne heruntergehen.

Aber wir betrachten nicht einfach nur Leben – Marienkäfer und Gras senden keine intelligenten Radiosignale aus. Leben entstand auf der Erde vor drei Milliarden Jahren, und fast diese gesamte Zeit war nötig, bis sich *menschliches* Leben entwickelt hat. Diese Zeitskala streicht alle kurzlebigen Sterne auf der Hauptreihe aus unseren Überlegungen, jene von Klasse F bis O. Für dieses Zahlenspiel stellen sie zum Glück ohnehin nur vier Prozent aller Sterne, so daß wir sie ignorieren können. Es bleibt nur zu sagen, daß damit Wega, Fomalhaut und β Pictoris wahrscheinlich vom Club ausgeschlossen sind. Die Galaxis ist etwa 15 Milliarden Jahre alt, so daß (unter der Annahme einer konstanten Sternentstehungsrate) zwei Drittel ihrer Sterne das magische Alter erreicht haben.

Sind wir ein natürliches Nebenprodukt der Evolution oder ein Zufall, der möglicherweise auf der Katastrophe beruht, die die Dinosaurier ausgelöscht hat? Ein Ereignis dieser Größenordnung hat vielleicht nur ein einziges Mal seit der Entstehung des Lebens stattgefunden, eine Ansicht, die durch das Alter der großen Einschlagbecken auf dem Mond bestätigt wird. Im Falle der Erde mußte die Katastrophe zur richtigen Zeit geschehen, vor 65 Millionen Jahren aus einer Zeitspanne von 4,5 Milliarden Jahren, was etwa 1/100 des Alters der Erde entspricht. Also verringern wir, als reine Vermutung, die Anzahl der Sterne um denselben Faktor auf 10000. Und diese grobe Schätzung berücksichtigt nicht, wie lange eine Zivilisation überleben könnte. Angesichts des enormen Fehlers bei jeder der aufeinanderfolgenden Abschätzungen können wir wirklich fast jede Zahl auswählen, die uns zusagt. Es mag Millionen Zivilisationen geben oder nur eine, unsere. Die verschiedenen Sichtweisen sind eher philosophischer als naturwissenschaftlicher Natur.

Falls es tatsächlich andere Zivilisationen gibt, wie können wir mit ihnen in Verbindung treten? Sollen wir nach Blasen zufälliger extraterrestrischer kommerzieller „Radiosendungen“ suchen? Sollen wir nach Signalen suchen, die speziell ausgesandt wurden, um Kontakt mit uns aufzunehmen, ohne weiter darüber nachzudenken, daß niemand weiß, daß wir hier sind? Wo sollen wir das riesige, dicht gedrängte Radiospektrum absuchen? Dann gibt es noch das Problem der technischen Beschränktheit. Vor der Erfindung des Radios hatten Futuristen vorgeschlagen, mit den Marsbewohnern Kontakt aufzunehmen, indem man riesige Buchstaben auf die Erde schreibt, eine wirklich aussichtslose Kommunikationsmethode. Heute haben wir Radio – aber ist Radio nach galaktischem Standard ebenso primitiv?

Nichtsdestoweniger ist die Suche nach extraterrestrischer Intelligenz – „SETI“ – ein wissenschaftliches Unternehmen. Frank Drake rief 1960 das Projekt Ozma ins Leben, bei dem zwei nahe sonnenähnliche Sterne, ε Eridani und τ Ceti, überwacht werden sollten. Er stellte seinen Empfänger auf eine Wellenlänge nahe 21 Zentimeter ein, da ein extraterrestrischer Ingenieur wahrscheinlich die auffälligste interstellare Emissionslinie als Bezugspunkt für Lauschanfänger wählen würde. Drake fand nur Schweigen. Mehrere andere Projekte gipfelten im *High Resolution Microwave Survey* (HRMS, Mikrowellen-Durchmusterung mit hoher Auflösung), dessen Empfänger 20 Millionen schmalbandige Radiokanäle gleichzeitig überwachen können. Derartige Projekte sehen sich beträchtlichen politischen Problemen gegenüber. Die NASA war an der Entwicklung des HRMS beteiligt, sah sich aber dann gezwungen, das Projekt fallenzulassen, da es als Verschwendung von Mitteln angesehen wurde. (Eine Reihe privater Gruppen nahm es aber sofort wieder auf.) Die bislang negativen Ergebnisse der Nachfolgeprojekte werden durch die ungemein hohe Zahl von Sternen aufgewogen, die noch untersucht werden müssen.

Sind wir zu weit von unserem Thema abgekommen, das darin bestand, die Natur des interstellaren Raumes und der Stern- und Planetenentstehung zu skizzieren? Nicht nur die Erde ist ein Destillat des interstellaren Mediums, auch wir sind es. Außer Wasserstoff sind alle Elemente, aus denen wir bestehen – Kohlenstoff, Sauerstoff, Calcium –, in Sternen erzeugt und im interstellaren Raum verteilt worden. Wir sind nicht nur Beobachter der kosmischen Szene, sondern ein Teil von ihr, ein ebenso natürlicher Teil wie die Sterne und Planeten selbst. Doch wie viele Zivilisationen es in der Galaxis auch geben mag, im Grunde genommen war all das nötig, um uns entstehen zu lassen, und deshalb sind wir genauso ein Teil der Untersuchung wie alles andere.

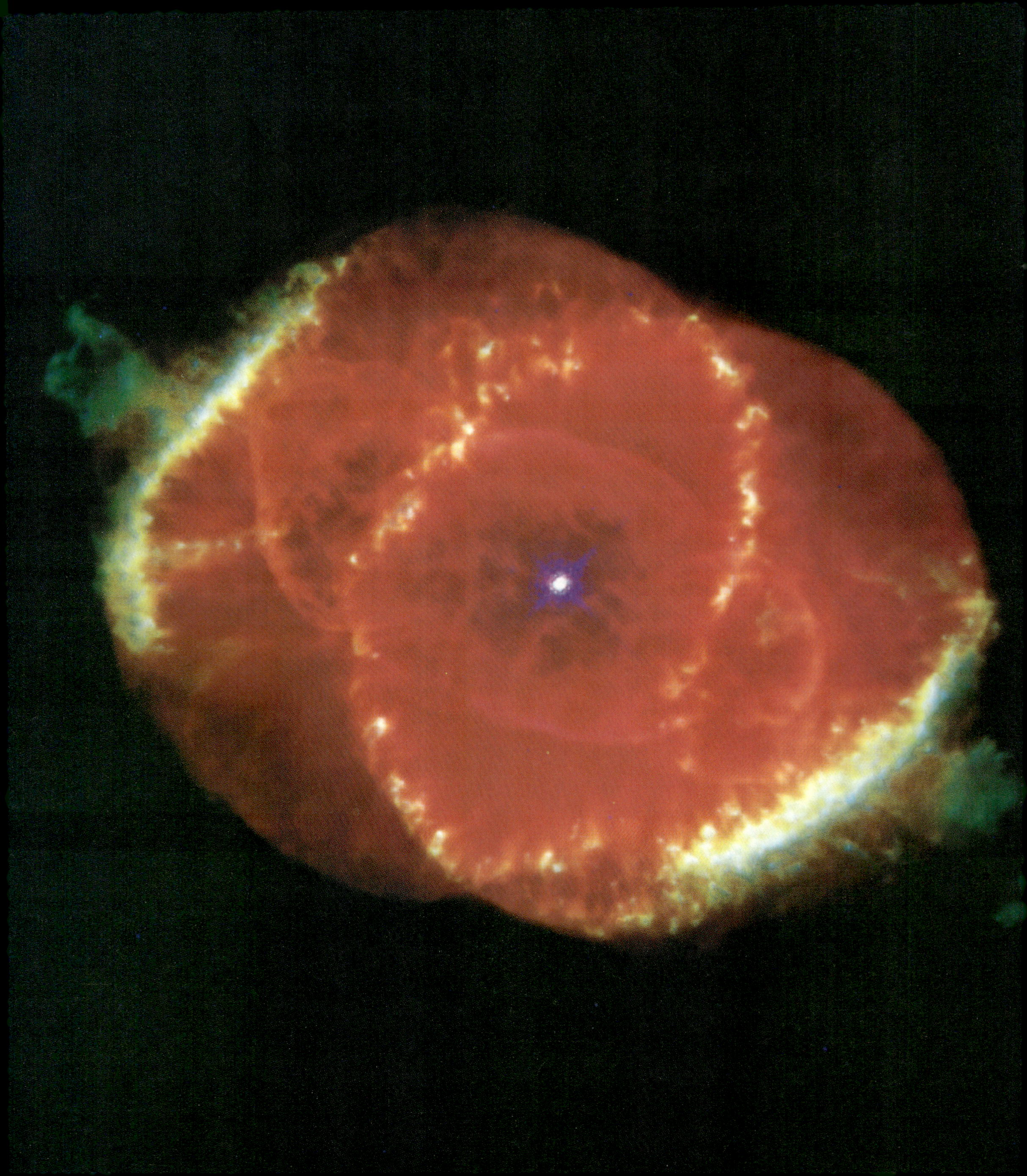

8

Von Planeten zu planetarischen Nebeln und wieder zurück

8.1 Diese Aufnahme des *Hubble*-Weltraumteleskops läßt die eindrucksvolle Komplexität von NGC 6543 erkennen. Rot zeigt die Verteilung des Wasserstoffs an (aus einer Aufnahme, die im Licht von Hα gemacht wurde), Grün die von einfach ionisiertem Stickstoff.

8.2 William Herschel, hier auf einem Gemälde, das die Entdeckung des Uranus preist, des „Georgischen Planeten".

Zur Zeit der Amerikanischen Revolution endete das damals bekannte Sonnensystem bei Saturn, wie auch schon in den Tagen Homers. Doch 1781 verdoppelte sich mit einem Schlag seine Größe, als William Herschel auf einen Körper stieß, der „sichtbar größer [war] als der Rest" (wobei sich „der Rest" auf die Sterne des Sternbilds Gemini bezieht, in dem er den neuen Körper beobachtete). Herschel glaubte zunächst, es sei ein Komet. Doch seine gleichförmige Kreisbewegung, die Keplerschen Gesetze und sein Winkeldurchmesser von vier Bogensekunden zeigten sehr rasch, daß es kein Komet, sondern ein Planet war, 19 AE von der Sonne entfernt und viermal so groß wie die Erde. Herschel nannte ihn nach dem Monarch seiner Wahlheimat, George III., Georgius Sidus („Georgs Stern"). Doch da diese Bezeichnung bei den Franzosen und Deutschen (oder sonst jemandem außer den Engländern) wenig Anklang fand, gab man dem Planeten schließlich einen anderen Namen: Uranus, nach dem mythologischen Vater des Saturn und der Personifikation des Himmels selbst.

Uranus führte zu einer weiteren Ausdehnung des Sonnensystems. Anfängliche unbeabsichtigte Sichtungen und spätere gezielte Beobachtungen zeigten, daß er sich nicht gemäß den Vorhersagen der Newtonschen Gravitationstheorie verhielt. Aus seinen Bahnabweichungen schlossen John Couch Adams in England und Urbain Leverrier in Frankreich, daß der Grund für die Unregelmäßigkeiten ein bislang nicht bekannter störender Planet jenseits des Uranus sein könnte. Nach rund zweijährigen Berechnungen gaben sie 1846 unabhängig voneinander die Position des rätselhaften Körpers an, der in der Nähe der Grenze zwischen Aquarius und Capricornus liegen sollte. Fast unmittelbar nach Erhalt der Vorhersage von Leverrier fand Johannes Galle in Berlin den neuen Planeten Neptun. (Adams hatte die Engländer nicht dazu bewegen können, danach zu suchen, was Herschel sicherlich sehr peinlich gewesen wäre.) Obwohl es heute so scheint, als sei die Entdeckung des Neptun schon lange Geschichte, wird der Planet seinen ersten von Menschen beobachteten Umlauf um die Sonne erst im Jahr 2011 vollenden.

Doch selbst als man die Auswirkungen des Neptun in Rechnung stellte, verhielt sich Uranus noch nicht wie vorhergesagt. Also versuchte man den gleichen Trick noch einmal. Das Lowell Observatory stellte 1929 den amerikanischen Beobachter Clyde Tombaugh für die Suche nach *einem weiteren* störenden Körper an. Er stieß 1930 auf Pluto, der aber deutlich zu klein war, um Uranus zu beeinflussen. Das Problem der offensichtlichen Bahnabweichungen des Uranus wurde schließlich gelöst, als den Astronomen die exakten Massen von Jupiter und Saturn zur Verfügung standen, die aus *Voyager*-Daten abgeleitet worden waren. Aber es war Herschels

200 Jahre zuvor gemachte Beobachtung, die den großen Sprung vorwärts darstellte; sie dehnte letztendlich das Planetensystem auf 30 AE Entfernung von der Sonne aus und führte zu der Entdeckung des ersten Körpers aus dem Kuiper-Gürtel. Und Herschel war es auch, der jene Untersuchung begann, die schließlich die Bildung der Planeten mit der Sternentwicklung verknüpfen sollte.

Herschels planetarische Nebel

In einem Artikel mit dem Titel „Über den Aufbau des Himmels", der in den *Philosophical Transactions* der Royal Society veröffentlicht wurde, schrieb Herschel 1785 folgendes:

> Ich werde dieses Papier mit einer Aufzählung einiger Himmelskörper beenden, die mich aufgrund ihres einzigartigen Aussehens fast in Zweifel lassen, wo ich sie einordnen soll. Das erste geht ν Aquarii 5,4′ in der Zeit [Rektaszension] voraus und liegt 1′ weiter nördlich....

Nach der Diskussion von vier weiteren dieser rätselhaften, nebligen Objekte fährt er fort:

> Das planetare Aussehen der beiden ersten ist so auffallend, daß wir uns kaum vorstellen können, daß es Nebel sind; ihr Licht ist so gleichförmig und so kräftig, die Durchmesser sind so klein und klar umrissen, daß es fast unglaubwürdig erscheint, daß sie zu jener Klasse von Objekten gehören sollen. Andererseits scheint die Wirkung verschiedener Vergrößerungen sehr dagegen zu sprechen, daß ihr Licht planetarer Natur ist, da es seine Helligkeit fast in derselben Weise beibehält, wie es die Sterne bei ähnlichen Versuchen tun.

Mit diesem gedankenvollen Kommentar begann Herschel seine Untersuchung der „planetarischen Nebel". Er wußte, daß diese kleinen, wunderschönen Nebel keine Planeten waren, und hatte den Begriff nur benutzt, um ihr scheibenartiges Aussehen zu beschreiben. Sechs Jahre später beschrieb er ein weiteres charakteristisches Merkmal dieser Objekte:

> Am 15. Februar 1786 entdeckte ich, daß einer meiner planetarischen Nebel einen hellen Fleck in der Mitte hatte, der heller war als der Rest, und nach langem aufmerksamem Hinsehen wurde ein sehr helles, rundes, scharf umgrenztes Zentrum sichtbar. Ich zweifelte keinen Augenblick daran, daß das helle Zentrum mit dem Rest der sichtbaren Scheibe in Zusammenhang stand.

Was war dieses Zentrum? Herschel selbst fand es heraus. In seiner 1791 veröffentlichten Arbeit berichtet er über eine Reihe von Beobachtungen. Diese hier hatte er am 13. November 1790 durchgeführt:

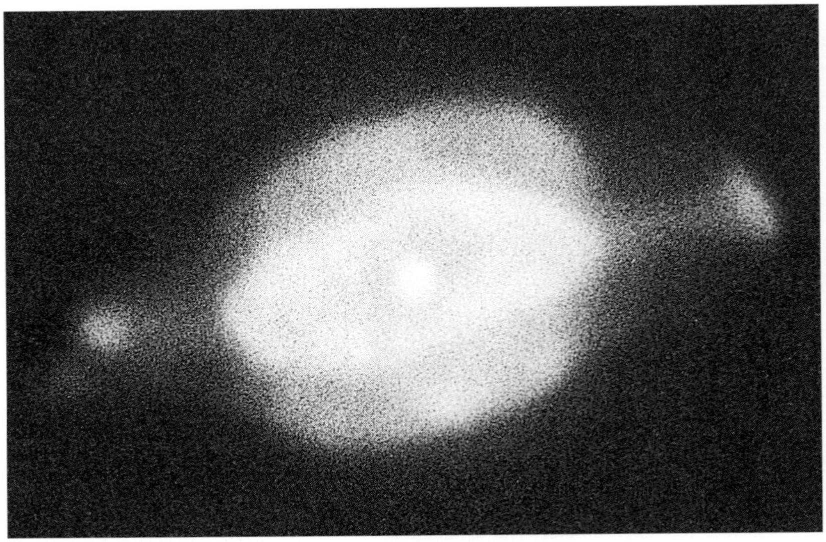

8.3 NGC 7009 in Aquarius ist der Himmelskörper, für den Herschel ursprünglich den Namen „planetarischer Nebel" prägte. Seine Struktur besteht aus einer glatten ellipsenförmigen Scheibe, aus der Ansae („Henkel") herausragen, die ihm – eine weitere Ironie – den populären Namen „Saturn-Nebel" gaben. Der Nebel ist in einem Fernglas sichtbar, wenn auch nicht als Scheibe.

Ein höchst einzigartiges Phänomen! Ein Stern von rund 8. Größe, mit einer schwachen, leuchtenden Atmosphäre, kreisrund und mit etwa 3′ Durchmesser. Der Stern befindet sich exakt im Zentrum, und die Atmosphäre ist so verdünnt, schwach und überall gleich, daß man gar nicht erst auf die Vermutung kommt, sie bestünde aus Sternen; es kann auch keinen Zweifel an der offensichtlichen Verbindung zwischen der Atmosphäre und dem Stern geben.

Das Bild ist nun vollständig: Planetarische Nebel, neblige Objekte, die nicht selbst aus Sternen bestehen, haben einen einzelnen Stern in ihrem Zentrum. Der Zentralstern war in Herschels Worten „eingehüllt in ein leuchtendes Fluidum, dessen Natur uns unbekannt ist." Es ist ein verblüffendes Zusammentreffen, daß der planetarische Nebel, in dem Herschel erstmals einen Zentralstern beobachtete – NGC 6543 –, genau das Objekt war, in dem William Huggins rund 75 Jahre später Emissionslinien entdeckte, die darauf hindeuteten, daß „das leuchtende Fluidum" ein Gas ist, und damit bewies, daß Herschel recht hatte.

Herschel glaubte, daß sich der Stern gerade aus dem Nebel bilden könnte, und kurz vor der Beobachtung von NGC 6543 hatte Huggins gefragt: „Stand ich nicht im Begriff, in einen geheimen Ort der Schöpfung zu blicken?" Die direkte Antwort auf diese Frage lautet, wie wir heute wissen, nein: Der Zentralstern kondensiert nicht aus dem Nebel aus. Indirekt hatte Huggins jedoch ein Körnchen Wahrheit ausgesprochen. Planetarische Nebel sind keine Sterne, die gerade geboren werden, sondern Kennzeichen für Sterne, die sterben. Aber durch ihren Tod werden sie erheblich zur Bildung zukünftiger Sterngenerationen beitragen.

Form und Struktur

Planetarische Nebel gibt es im Überfluß. Mehr als 2000 sind in unserer Galaxis bekannt. Wie die Sterne sind sie auf die Milchstraßenebene und auf das galaktische Zentrum konzentriert. Die glatten Scheiben, die Herschel beobachtete, waren ein Artefakt, bedingt durch ein begrenztes Auflösungsvermögen des Teleskops und schlechte atmosphärische Bedingungen, die die Form verwischten. Mit aufgelösten Einzelheiten stellen sie einige der schönsten Anblicke dar, die der Himmel zu bieten hat.

Planetarische Nebel reichen in ihren Winkelausdehnungen von unaufgelösten punktförmigen Objekten, die wie Sterne aussehen und nur aufgrund ihres Emissionsspektrums als Nebel erkennbar sind, bis hin zu riesigen Gebilden mit einem Winkeldurchmesser fast so groß wie der Mond. Um ihre physikalischen Abmessungen zu erfah-

8.4 Oben: Der Helix-Nebel (NGC 7293), der nächste und einer der schönsten planetarischen Nebel, hat einen Winkeldurchmesser halb so groß wie der Vollmond. In seinem Inneren erkennt man Hunderte heller, staubhaltiger Gas-„Tröpfchen“. Links: Ultraviolettstrahlung vom Zentralstern ionisiert die vorderen Ränder der Tröpfchen; dadurch entstehen kometenähnliche Strukturen, die zu dem Ring verschmelzen. Jedes der Tröpfchen hat den mehrfachen Durchmesser unseres Sonnensystems.

ren, muß man ihre Entfernungen kennen, und darin liegt ein großes Problem. Mit wenigen Ausnahmen sind die planetarischen Nebel zu weit entfernt, um Parallaxen zu messen. Darüber hinaus unterscheiden sich die Spektren ihrer Zentralsterne ziemlich stark von denen der Zwerge, Riesen und Überriesen im HR-Diagramm, und ihre Leuchtkraft ist nicht besonders gut geeicht. Infolgedessen können wir keine spektroskopischen Entfernungen bestimmen, wie es bei den anregenden Sternen der Emissionsnebel möglich ist. Im allgemeinen müssen wir auf eine Reihe von Näherungsmethoden zurückgreifen, die mit großen Fehlern behaftet sind (zum Beispiel die Abschätzung der Entfernung aus dem Grad der interstellaren Verfärbung durch Staub). Nichtsdestoweniger ist klar, daß planetarische Nebel in ihren Durchmessern von nur wenigen tausendstel Parsec bis über ein Parsec reichen und sich somit leicht über interstellare Entfernungen erstrecken können. Aus der mittleren Entfernung zwischen den Nebeln schließen die Astronomen, daß die Galaxis deutlich mehr als 100000 von ihnen enthält.

Die Strukturen sind faszinierend. Viele, wie zum Beispiel der Helix-Nebel (NGC 7293), bestehen aus einem zierlichen elliptischen Ring, der längs seiner kleinen Achse am hellsten ist und entlang der großen wie „ausgeblasen“ aussieht. Die dunklen zentralen Löcher zeigen, daß diese Nebel relativ hohle Schalen sind. Ein paar sind

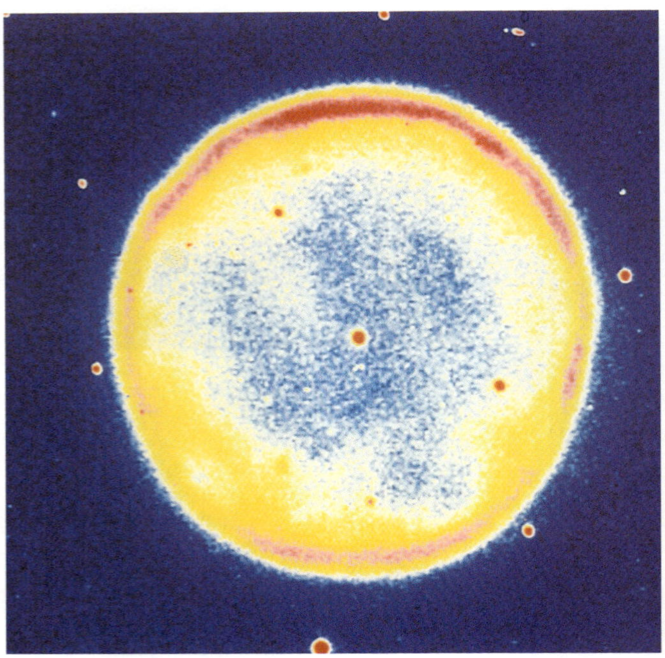

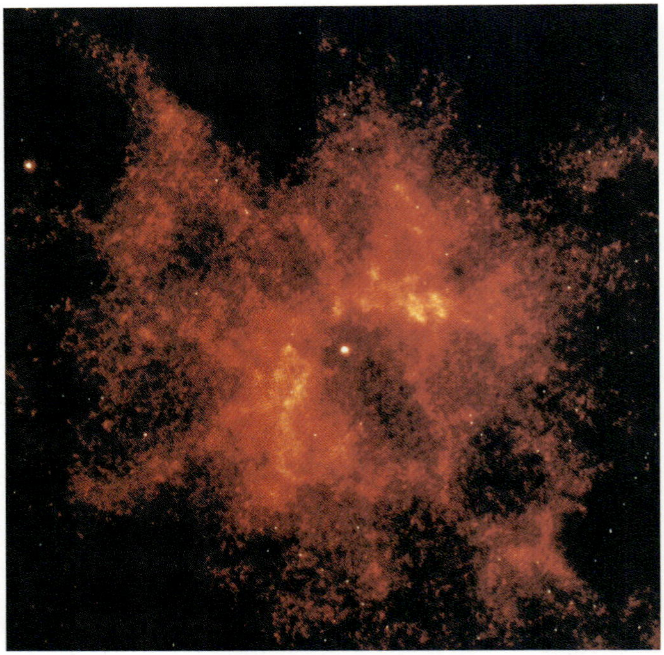

fast perfekte Ringe, während andere eine verdoppelte bipolare Struktur aufweisen. Eine ziemlich große Zahl zeigt Doppelschalen, wobei ein heller Ring von einem schwächeren umgeben ist, und viele haben ungeheuer ausgedehnte äußere Halos.

Tiefere Beobachtungen fördern noch interessantere Details zutage. Planetarische Nebel sind ganz und gar nicht die gleichförmigen, glatten Strukturen, die Herschel sah, sondern bestehen aus zahlreichen zarten Filamenten. Innerhalb des Helix-Nebels liegen Hunderte winziger gasförmiger „Tröpfchen" mit langen Schweifen, die entfernt wie Kometen aussehen und die alle vom Zentralstern wegzeigen. Immer mehr dieser Strukturen strömen kaskadengleich vom Zentrum fort, bis sie zu dem wohlbekannten Ring verschmelzen. Der Helix ist einer der nächsten Nebel; andere planetarische Nebel würden vermutlich ziemlich ähnlich aussehen, wenn wir sie aus der Nähe betrachten könnten. Einige, wie NGC 7009, haben stabähnliche „Griffe", sogenannte Ansen oder Ansae (Henkel), die längs der großen Achse aus dem Nebel herausragen.

Die erstaunliche Komplexität der planetarischen Nebel wird von keinem anderen besser verdeutlicht als von Herschels und Huggins' NGC 6543 (im Sternbild Draco). Er war der erste, bei dem man den Zentralstern beobachtete, und der erste, der spektroskopisch analy-

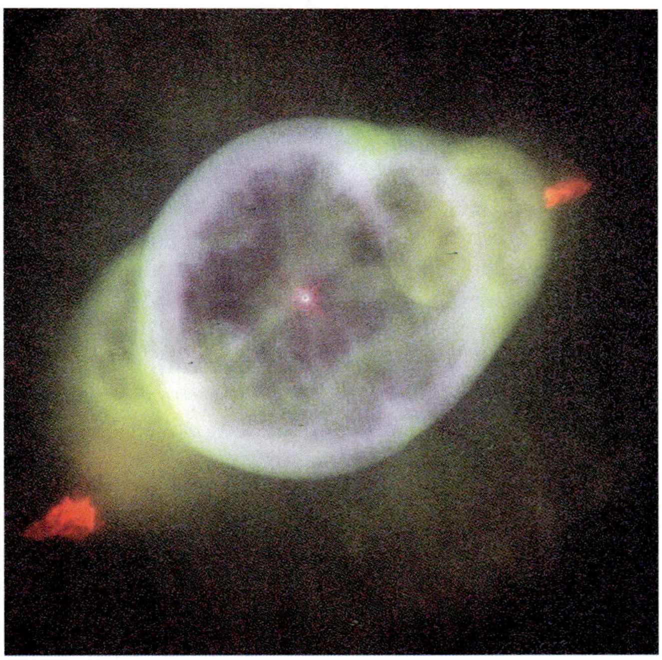

8.5 Von links nach rechts: Abell 39 ist ein perfekter Ring, NGC 2440 weist ein Paar bipolarer Blasen auf, und NGC 3242 zeigt einen inneren hellen Ring, der von einem schwächeren äußeren umgeben ist. Abell 39 ist etwa viermal so groß wie jeder der beiden anderen Nebel. Auf der Aufnahme von NGC 3242 zeigen Rot, Grün und Blau jeweils die Verteilung von einfach ionisiertem Stickstoff, doppelt ionisiertem Sauerstoff und doppelt ionisiertem Helium.

siert wurde, und er war auch der erste, den das reparierte *Hubble*-Weltraumteleskop 1994 photographierte. Durch die außergewöhnliche Fähigkeit dieses Instruments, feine Einzelheiten aufzulösen, sehen wir enge Doppelschalen (die mit bodengebundenen Teleskopen kaum zu erkennen sind), durchstoßen von Jets, die den äußeren Henkeln von NGC 7009 ähneln – tatsächlich ist sogar ein ganzes Bündel von Jets zu sehen. Als J. Patrick Harrington, der Leiter des *Hubble*-Teams, das die Aufnahme machte, vor der Aufgabe stand, ein theoretisches Modell des Nebels aufzustellen, soll er gesagt haben: „Wenn ich gewußt hätte, daß sie *derart* kompliziert sind, hätte ich irgend etwas anderes gemacht." Umgeben ist die ganze Angelegenheit von dem größten und hellsten der äußeren Halos. Es ist keine Frage, daß andere Nebel ähnlich komplexe Strukturen zeigen würden, wenn man sie mit der gleichen verfeinerten Technik photographierte – ja, Strukturen, die man sich nie hätte träumen lassen. Und dies sind nur die optischen Aufnahmen. Planetarische Nebel leuchten auch hell vom ultravioletten über den optischen und infraroten bis hin zum Radiobereich. Bildliche Darstellung allein zeigt jedoch nicht, wie diese wunderschönen Objekte aufgebaut sind. Wir müssen zurückkehren zu der Arbeit, die vor so langer Zeit von Huggins begonnen wurde: Wie immer liefert die Spektroskopie den Schlüssel.

Linien, Linien, Linien

Auf den ersten Blick ähneln die Spektren der planetarischen Nebel denen ihrer größeren Verwandten, der Emissionsnebel. Wie sie leuchten planetarische Nebel fast gänzlich durch die Strahlung einzelner Emissionslinien, die zu bestimmten Arten von Atomen, Molekülen oder sogar Staubkörnern gehören. Die Emissionslinien sind unterlegt von einem Kontinuum, das im Optischen schwach, im Infrarot stark und im Radiobereich dominierend ist. Im optischen Spektrum finden sich die bekannten Balmer-Serie des Wasserstoffs sowie dieselben verbotenen „Nebulium"-Linien des [OIII] (ausgesandt von O^{+2}), [NeIII], [OII] und andere. Letztlich waren es ja Hermann Zanstras Untersuchungen an planetarischen Nebeln gewesen, die zu einem Verständnis der Strahlungsprozesse in Emissionsnebeln geführt hatten. Der Unterschied zwischen den Spektren der planetarischen und der Emissionsnebel liegt in ihrer Vielfalt: Die planetarischen Nebel zeigen einen weit größeren Ionisationsbereich. Obwohl ein paar helle größere Objekte wie der Orion-Nebel starke [OIII]-Linien aufweisen, werden die meisten Emissionsnebel von [OII] beherrscht. Diejenigen mit geringerem Ionisationsgrad haben schwache Rekombinationslinien des neutralen Heliums (HeI), die

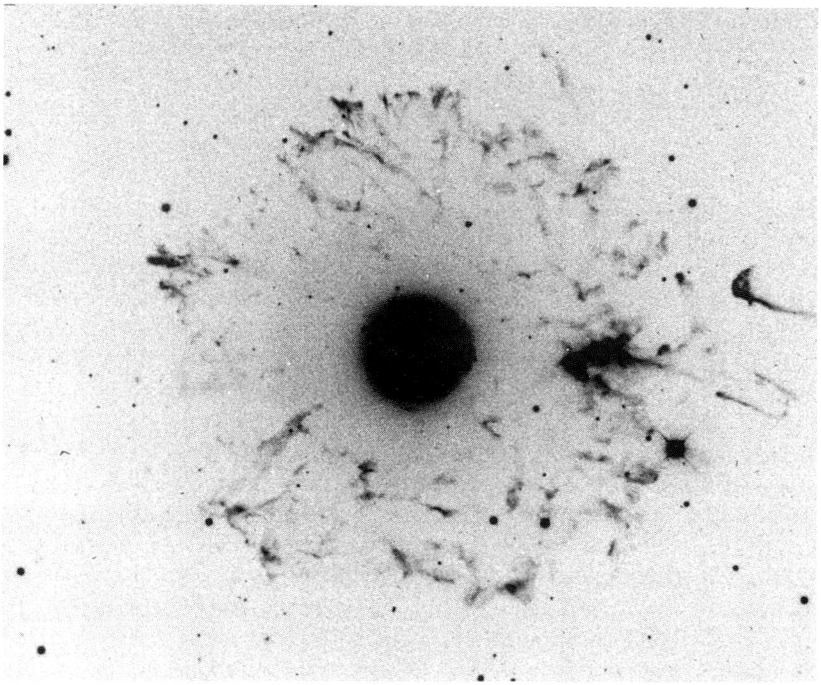

8.6 NGC 6543, mit einem Durchmesser von 0,1 Parsec, ist von einem enorm großen, stark zerfetzten äußeren Halo umgeben. Der eigentliche Nebel, der fünfzehnmal kleiner ist als der Halo, liegt überbelichtet im Zentrum. Das Negativbild, in der Astronomie allgemein üblich, läßt auch schwache Details erkennen.

stärker werden, wenn [OIII] deutlicher hervortritt. Doch kein Emissionsnebel strahlt Linien der nächsten Stufe aus, *ionisiertes* Helium (HeII), das ein charakteristisches Kennzeichen der meisten planetarischen Nebel ist. Bei einigen wenigen planetarischen Nebeln ist die HeII-Linie bei 4686 Ångström sogar stärker als Hβ bei 4861 Ångström. Im Einklang mit dem Auftreten von HeII sind Emissionslinien mehrere anderer hochionisierter Atome, darunter Linien von [ArIV], [ArV], [KV] und im Extremfall sogar [FeVII], Eisen, dem sechs Elektronen fehlen.

Rekombinationslinien wie die von Wasserstoff und Helium entstehen durch den Einfang von Elektronen durch Ionen der nächsthöheren Ionisationsstufe. Obwohl die Balmer-Linien vom neutralen Wasserstoff ausgesandt werden, entstehen sie, wenn sich die ionisierten Atome (bloße Protonen), die im Gas vorherrschen, wieder mit Elektronen verbinden. Damit das Nebelgas HeI-Linien abstrahlen kann, muß Helium hauptsächlich als He^+ vorliegen, und um HeII aussenden zu können, muß He^{+2} – vollständig ionisiertes Helium – vorherrschen. Wasserstoff muß eine Mindestenergie von 13,6 Elektronenvolt – die Energie eines Ultraviolettphotons mit einer Wellenlänge kürzer als 912 Ångström – absorbieren, damit sein Elektron herausgeschlagen werden kann. Helium, das zwei Protonen besitzt, hat eine stärkere Bindungsenergie. Es ist zweimal so viel Energie nötig, um ein Elektron zu entfernen (504 Ångström im tiefen Ultraviolett), und *viermal* so viel, um auch das zweite herauszureißen (228 Ångström, fast im Röntgenbereich).

Emissionsnebel werden von O-Sternen zum Leuchten gebracht, die höchstens etwa 50000 Kelvin heiß sind. Doch um Photonen mit Wellenlängen kürzer als 228 Ångström hervorzubringen und damit Nebel-He^{+2} zu erzeugen, ist eine Temperatur von mindestens 60000 Kelvin erforderlich. Daß die Zentralsterne von planetarischen Nebeln in der Lage sind, Helium zweifach zu ionisieren, zeigt, daß sie viel heißer sein können als selbst die großartigsten O-Sterne. Wir haben es ganz klar mit etwas höchst Ungewöhnlichem zu tun.

Am anderen spektralen Ende zeigen planetarische Nebel auch Infrarot- und Radiostrahlung einfacher Moleküle, darunter H_2, CO, OH, HCN und HCN^+. Ihre Entdeckung war eine ziemliche Überraschung, da die Astronomen davon ausgegangen waren, daß Moleküle in der Nachbarschaft solch heißer, ionisierender Sterne zerstört werden würden. Die Moleküle müssen irgendwie vor Zerstörung geschützt werden, und diesen Schutz bieten offensichtlich große Mengen an eingebettetem Staub, der im Infraroten durch seine Kontinuumstrahlung sichtbar ist.

Das Emissionsspektrum bietet eine hervorragende Möglichkeit, die Struktur der Nebel zu erkunden. Das Gas wird durch die Absorption von Ultraviolettlicht eines sehr heißen Sterns ionisiert. Die dem Stern am nächsten liegenden Regionen haben gewöhnlich die höchsten Ionisationsstufen und die weiter entfernt liegenden die niedrigsten. In einem typischen Nebel wird HeII vom Zentrum abgestrahlt, wo das Helium zweifach ionisiert ist, während HeI von weiter draußen stammt; [OIII] kommt mehr oder weniger aus dem Zentrum, und [OII] und [NII] leuchtet – wenn überhaupt – in der Nähe des Randes. Da Wasserstoff nur eine Ionisationsstufe im Nebel hat, geht die Balmer-Serie vom ganzen Nebel aus. Wenn wir nun Aufnahmen mit unterschiedlichen optischen Filtern machen, die spezielle Spektrallinien isolieren, können wir unterschiedliche Teile des Nebels betrachten. Im Ring-Nebel in der Leier (M 57) läßt zum Beispiel HeII die innere glatte Struktur erkennen und [NII] die äußeren Filamente. Die *Hubble*-Aufnahme von NGC 6543, die dieses Kapitel eröffnet, ist eine zusammengesetzte Aufnahme, in der Rot die Verteilung von Wasserstoff durch $H\alpha$ und Grün die von N^+ durch [NII] anzeigt.

Diese Technik der Abbildung in einzelnen Spektrallinien kann bis in den Infrarot- und sogar in den Radiobereich hinein ausgedehnt wer-

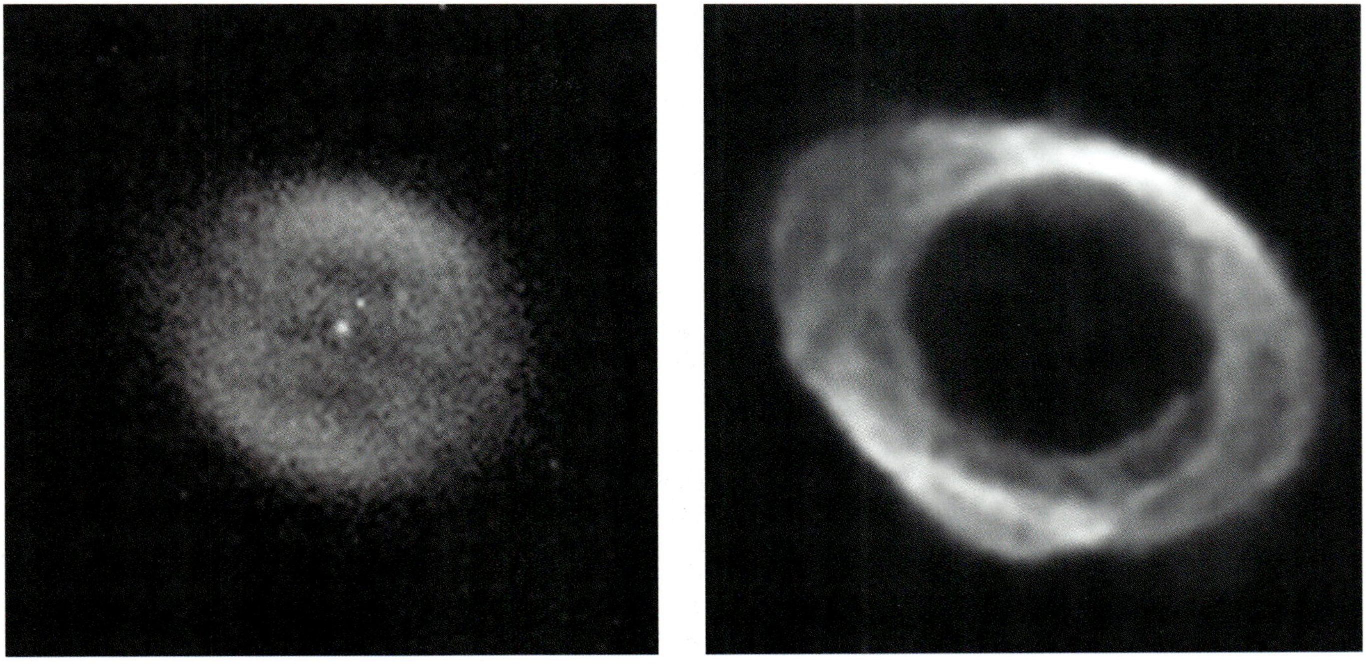

8.7 Der Ring-Nebel in der Leier, aufgenommen im Licht zweier Ionisationsstufen: links HeII und rechts das niederenergetischere [NII].

den. Bei einer Wellenlänge von 3,3 Mikrometern liegt ein spektrales Merkmal, das mit ziemlicher Sicherheit von warmem, kohlenstoffhaltigem Staub stammt, vielleicht von PAH oder nur von einfachem Ruß. Abbildende Aufnahmen in dieser Emissionslinie zeigen, daß der Staub in einigen Nebeln (der wahrscheinlich zum größten Teil aus reinem Kohlenstoff besteht) überall verteilt ist, während er in anderen außen herum sitzt, wo er Teile eines Nebels verdecken und dessen optisches Erscheinungsbild verzerren kann. Abbildende Aufnahmen in den Infrarotlinien des H_2 oder in den Radiolinien von CO zeigen, daß in einigen Fällen die Moleküle in dichten, undurchsichtigen Knoten – ähnlich denen, die den Helix-Nebel erfüllen – vom Staub verborgen werden. Viele andere Nebel sind für die ionisierende Strahlung des Zentralsterns optisch dick, das heißt, sie absorbieren diese vollständig. Diese planetarischen Nebel sind daher Strömgren-Sphären, ionisierte Blasen innerhalb dichter, äußerer neutraler Wolken. Alles, was durchkommt, ist Strahlung niedrigerer

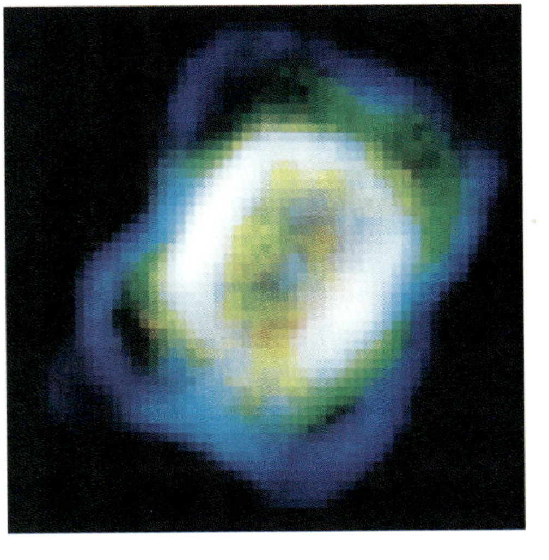

8.8 NGC 7027 ist einer der am höchsten ionisierten und angeregten planetarischen Nebel, die man kennt. Auf diesem zusammengesetzten Infrarotbild ist das Verteilungsgebiet von Wasserstoff weiß (in der Brackett-α-Linie bei 40,5 Mikrometer), das von Staub grün (in dem charakteristischen spektralen Merkmal von Staub bei 3,3 Mikrometer) und das von molekularem Wasserstoff blau (in einer Spektrallinie bei 2,122 Mikrometer) dargestellt.

Energie, die langsam die Moleküle aufbricht, die in den äußeren Bereichen schweben – jenseits der optisch sichtbaren Teile des Objekts.

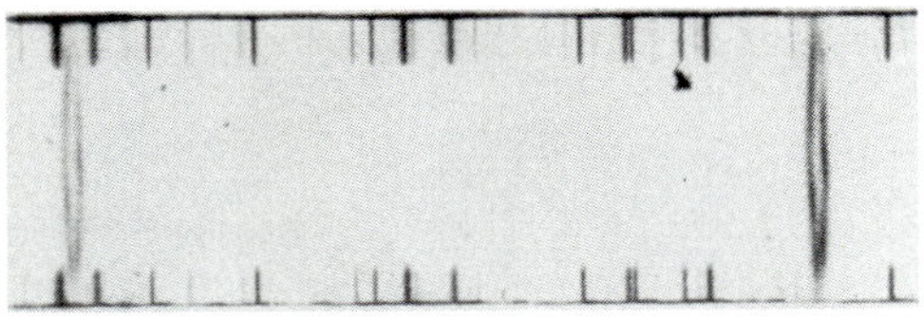

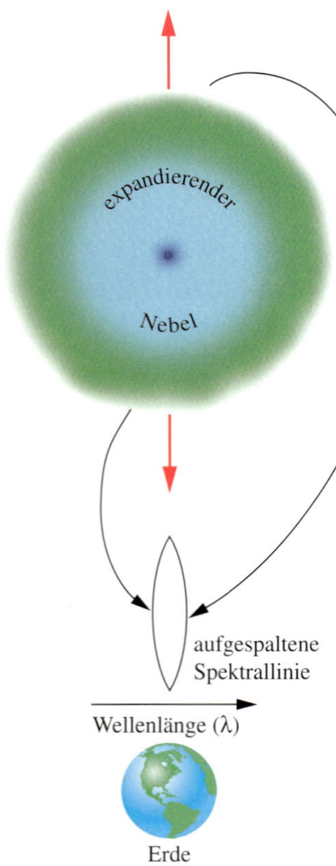

8.9 Die Hβ- und die [OIII]-Linien von NGC 6818 sind säuberlich in zwei Komponenten aufgespalten. Die Vorderseite der Gashülle, die O^+ enthält, kommt auf uns zu, so daß die bei 4861 und 4959 Ångström abgestrahlten Linien zu kürzeren Wellenlängen dopplerverschoben sind; die Rückseite bewegt sich von uns weg, und ihre Linien sind in die andere Richtung verschoben. Die Stärke der Aufspaltung hängt von der Expansionsgeschwindigkeit ab.

Wie es innen aussieht

Die beobachtete Spanne im Ionisationsgrad der Nebel entspricht einem ähnlich breiten Bereich bei den physikalischen Bedingungen. Während die Elektronentemperaturen in Emissionsnebeln in der Gegend von 9000 Kelvin liegen, sind sie in den vollständig ionisierten Regionen der planetarischen Nebel mit der Ionisationsstufe korreliert und reichen von 8000 bis hinauf zu 20000 Kelvin. Die Dichten gehen von etwa zehn Elektronen (und natürlich Protonen) pro Kubikzentimeter, dem bei Emissionsnebeln beobachteten Minimum, bis fast 10^6 Elektronen pro Kubikzentimeter, was deutlich oberhalb der Dichten gewöhnlicher Emissionsnebel liegt. Die äußeren molekülreichen Regionen sind, soweit vorhanden, kühler, mit Temperaturen von einigen hundert Kelvin.

Die Massen der ionisierten Materie, die aus den Dichten und Radien abgeleitet werden, sind klein. Während Emissionsnebel gewöhnlich einige hundert Sonnenmassen enthalten, haben die planetarischen Nebel nur winzige Bruchteile davon, typischerweise ein paar Zehntel einer Sonnenmassen. Würden wir in solch einem Nebel leben, würden wir ihn kaum wahrnehmen: Sein stark verdünntes Leuchten wäre über den gesamten Himmel verteilt. Die Massen der molekularen Materie reichen von geringen Bruchteilen bis zum Vielfachen der Masse der ionisierten Komponente. Die chemische Zusammensetzung, abgeleitet aus der Stärke der Emissionslinien, ist sehr unterschiedlich. Der Heliumgehalt des Orion-Nebels und anderer ist ähnlich wie bei der Sonne. Eine Handvoll planetarischer Nebel hat jedoch Helium/Wasserstoff-Verhältnisse, die mehr als doppelt so groß sind als der solare Wert; Stickstoff- und Kohlenstoffhäufigkeiten sind in einigen Fällen um mehr als einen Faktor 10 erhöht, wobei die Stickstoffanreicherung locker mit der von Helium korreliert ist.

Die physikalischen Eigenschaften der planetarischen Nebel werden klarer, wenn wir ihre Spektren bei hoher Auflösung untersuchen. Die Linien sind gewöhnlich in zwei aufgespalten, wobei ein Komponente nach Rot und die andere nach Blau dopplerverschoben ist. Das zeigt, daß sich, relativ zum Zentrum, die eine Seite des Nebels auf uns zu- und die andere von uns wegbewegt. Die Nebel müssen daher entweder expandieren oder kontrahieren. Kontraktion ist jedoch physikalisch nicht möglich, da die Nebel wegen ihrer großen Ausdehnung und geringen Massen nicht gravitativ gebunden sein können. Typische Expansionsgeschwindigkeiten liegen in der Gegend von 20 Kilometern pro Sekunde, aber sie können bis fast 100 Kilometer pro Sekunde reichen. Die unterschiedlichen Expansionsgeschwindigkeiten entlang verschiedener Achsen erklären zum Teil die Gestalt der Nebel, da sich die schnelleren Gase seit der Geburt des Nebels am weitesten fort bewegt haben. Doch wie komplex die Expansion auch sein mag, sie ist vollkommen symmetrisch um den einsamen Stern im Mittelpunkt des Nebels.

Die Emissionsnebel sind Überreste der Sternentstehung: Die Sterne kommen aus dem Gas. Die planetarischen Nebel stellen das Gegenteil dar: *Das Gas kommt von dem Stern*. Der Zentralstern eines planetarischen Nebels ist teilweise verdampft und hat seine Ausdünstungen in einer expandierenden Hülle in den Raum gesandt. Die merkwürdige chemische Zusammensetzung mancher Nebel, die Anreicherung von Helium, Stickstoff und Kohlenstoff wird damit verständlich: Wir beobachten hier offenbar Nebenprodukte der thermonuklearen Fusion, der Prozesse, die den Stern sein Leben lang haben leuchten lassen. Aus den Expansionsgeschwindigkeiten und Radien erkennen wir, daß selbst die größten planetarischen Nebel nur einige zehntausend Jahre alt sind. Planetarische Nebel sind vergängliche Objekte, für stellarastronomische Begriffe schon im nächsten Augenblick verschwunden. Um den Ursprung der Nebel zu verstehen, müssen wir uns die Eigenschaften der Zentralsterne näher ansehen.

Im Herzen des Ganzen

Die Zentralsterne von planetarischen Nebeln sind alle blau und heiß, wie sie es auch sein müssen, um die beobachtete Ionisation und die Emissionslinienspektren der Nebel erzeugen zu können. Sie sind jedoch nicht einfach nur heißere Verwandte der O-Sterne, die die Emissionsnebel leuchten lassen. Statt der normalerweise beobachteten Absorptionslinien zeigen viele Zentralsterne von planetarischen Nebeln starke und breite Emissionslinien von Kohlenstoff, Helium und Sauerstoff. Andere haben dagegen fast überhaupt keine Linien.

Um den Leuchtmechanismus sowohl der planetarischen als auch der Emissionsnebel zu erklären, zeigte Zanstra, daß in einem optisch dicken Nebel – einer Strömgren-Sphäre, die alle ionisierenden Ultraviolettphotonen absorbiert – jedes ionisierende Photon letztlich in ein Balmer-Photon umgewandelt wird. Die Regeln der Quantenmechanik liefern uns die Raten, mit der Elektronen auf die verschiedenen Energieniveaus rekombinieren. Folglich können wir problemlos die Verhältnisse der Linienstärken der Balmer-Linien berechnen und die Gesamtzahl der Balmer-Photonen mit der Zahl der in irgendeiner einzelnen Balmer-Linie abgestrahlten Photonen in Beziehung setzen; Hβ bei 4861 Ångström wird herkömmlich als Standard genommen. Die Anzahl der Hβ-Photonen gibt uns daher die Anzahl der ionisierenden Ultraviolettphotonen an, jener Photonen unterhalb von 912 Ångström, die vom Stern abgestrahlt werden.

Schauen wir, was wir aus Zanstras Erkenntnissen lernen können. Die scheinbare Helligkeit des Sterns liefert die Anzahl der Photonen, die pro Sekunde im gelben Bereich des Spektrums auf der Erde ankommen. Die Gesamtzahl der ionisierenden Sternphotonen (alle auf der kurzwelligen Seite der Ionisationsgrenze von 912 Ångström) – die Anzahl, die auf der Erde *ankäme*, wenn sie der Nebel nicht abfangen würde – wird aus der Zahl der ankommenden Hβ-Photonen bestimmt. Da man davon ausgeht, daß der anregende Stern ein Schwarzer Körper ist, hängt das Verhältnis der Anzahl der ionisierenden Photonen zur Anzahl der gelben, sichtbaren Photonen in eindeutiger Weise von der Temperatur des Sterns ab, die dann leicht abgleitet werden kann. Ist der Nebel optisch dünn – das heißt, erreichen ionisierende Photonen den Rand des expandierenden Nebels und entweichen in den Raum – , können nicht alle ionisierenden Photonen gezählt werden, und man erhält nur eine untere Grenze für die Temperatur. Aber der gleiche Trick kann mit den HeII-Linien des Nebels durchgeführt werden, indem man die ionisierenden Photonen in dem Spektralbereich auf der kurzwelligen Seite von 228 Ångström zählt, wo die Nebel fast immer optisch dick für Strahlung sind. Zanstra betrachtete die Nebel als „Zähler für Ultraviolettphotonen" und bezeichnete den Mechanismus als „Weltraumforschung mit geringen Kosten".

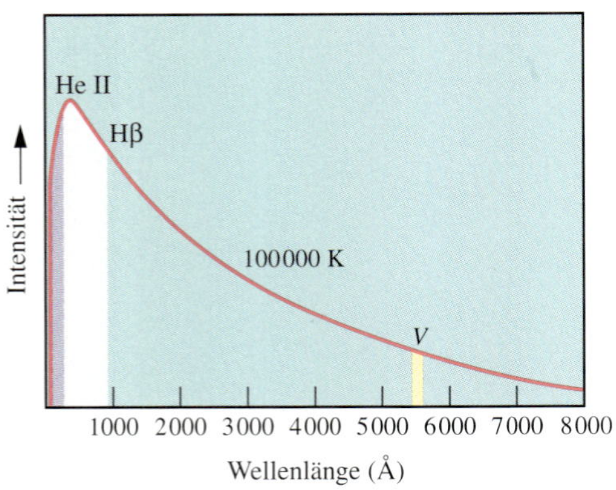

8.10 Das kontinuierliche Spektrum eines Schwarzen Körpers bei 100000 Kelvin ist eine gute Näherung für das Spektrum des Kerns eines planetarischen Nebels derselben Temperatur. Die Anzahl der auf der Erde eintreffenden gelben Photonen wird durch die visuelle Helligkeit (*V*) des Sterns angegeben. Die Zahl ultravioletter Photonen auf der kurzwelligen Seite von 912 und 228 Ångström ist durch die Stärke der Hβ- beziehungsweise der HeII-Linie des Nebels gegeben. Das Verhältnis der ultravioletten zu den optischen Photonen hängt sehr stark von der Temperatur ab.

Die so für die Zentralsterne berechneten „Zanstra-Temperaturen" reichen von etwa 28000 bis 250000 Kelvin, fünfmal heißer also als die heißesten O-Sterne und mehr als 40mal so heiß wie die Sonne. Die Sterne, die die planetarischen Nebel zum Leuchten bringen, sind (mit der möglichen Ausnahme der winzigen Überreste explodierter Sterne) die heißesten im Universum. Obwohl sie uns schwach erscheinen – keiner ist auch nur annähernd mit bloßem Auge sichtbar –, gehören sie doch mit zu den leuchtkräftigsten Sternen und leuchten Tausende Male heller als die Sonne. Sie erscheinen uns nur schwach wegen ihrer Entfernungen und weil sie den

Großteil ihrer Strahlung – 90 Prozent oder mehr – im unsichtbaren Ultraviolettbereich abgeben.

Die Zentralsterne sind direkt mit den expandierenden Schalen der planetarischen Nebel verknüpft. Die Emissionslinien, die man häufig in den optischen Spektren beobachtet, sowie die starken P Cygni-Linien (Emissionslinien mit einer Absorptionslinie an der kurzwelligen Flanke), die gewöhnlich im Ultravioletten zu sehen sind, sind Kennzeichen eines starken, kontinuierlichen Massenverlusts, von Sternwinden mit Raten von rund einer milliardstel Sonnenmasse pro Jahr oder mehr, dem 10000fachen der Abströmrate des Sonnenwinds. Noch überraschender sind die Windgeschwindigkeiten, die von einigen hundert Kilometern pro Sekunde – vergleichbar mit dem Sonnenwind – bis zu mehreren tausend reichen. Diese Winde müssen mit den expandierenden Nebeln reagieren, und hierin liegt der Schlüssel zur Bildung planetarischer Nebel.

Bis in die sechziger Jahre hielt man planetarische Nebel für bizarre, pathologische Phänomene, die wenig mit dem Hauptarbeitsbereich der Stellarastronomie zu tun haben. Damit es jedoch trotz ihrer kurzen Lebensdauer so viele von ihnen geben kann, müssen die meisten Sterne dieses Stadium durchlaufen, in welchem sie planetarische Nebel erzeugen und einen beträchtlichen Teil ihrer selbst an den Weltraum verlieren. Die Theorie der Sternentwicklung zeigte schließlich, wie dies vonstatten geht, und ordnete die planetarischen Nebel als die letzte aktive Episode im Leben eines Sterns ein, seine letzten Atemzüge, mit denen er seine Materie zurück in den interstellaren Raum bläst – Materie, aus der eines Tages neue Sterne entstehen werden.

Der Lebenslauf

Sobald wir geboren sind, beginnen wir zu sterben. Das gleiche gilt auch für Sterne. Sobald sie aus dem interstellaren Medium auftauchen, setzen sie die Prozesse in Gang, die zu ihrem Ende führen. Alles, was lebt, braucht Nahrung, das heißt, Brennstoff. Bei uns kommt der Brennstoff von außen; Sterne haben jedoch ihren internen Brennstoff. Es gibt nur eine begrenzte Menge davon, und wenn er zur Neige geht, verlischt der Stern. Sterne verbrauchen zwei Arten von Brennstoff, gravitativen und nuklearen, die sowohl miteinander als auch gegeneinander spielen. Wenn Sterne unter dem Einfluß der Schwerkraft aus dem staubhaltigen Gas interstellarer Wolken kontrahieren, heizen sie sich auf. Wird die Temperatur tief im Innersten eines gerade entstehenden Sterns – vielleicht eines T Tauri-Sterns wie unsere Sonne in ihrer frühsten Jugend – hoch genug, beginnt Wasserstoff über die Proton-Proton-Kette zu Helium zu verschmelzen. Die neue Energiequelle stoppt die Kontraktion, hält die Gravitation und ihre nun latente Energie auf, und ein neuer Hauptreihenstern tritt ins Leben – wie einst unsere Sonne.

Nur die innere Hälfte der Masse der Sonne ist heiß genug, um Kernfusion aufrechtzuerhalten. Solange dort überhaupt noch etwas Wasserstoff vorhanden ist, wird die Sonne recht stabil bleiben und sich im Laufe der nächsten fünf Milliarden Jahre nur sehr langsam verändern. Sterne höherer Massen weiter oben auf der Hauptreihe haben höhere innere Temperaturen, höhere nukleare Brennraten und eine dramatisch kürzere Lebensdauer auf der Hauptreihe. Doch wie groß die Masse auch immer sein mag, letztendlich geht der Brennstoff zur Neige, und sobald dies der Fall ist, nimmt die Kernregion unter der unerbittlichen Kraft der Gravitation ihre Kontraktion wieder auf. Aber nun geschieht etwas Seltsames, sozusagen ein Vorspiel zu den planetarischen Nebeln. Während die Kernregion schrumpft, wird sie heißer, und Wasserstoff verbrennt in einer dünnen Schale rings um die erloschene Kernregion. Dieses neue nukleare Brennen und die Freisetzung von Gravitationsenergie machen einen sterbenden sonnenähnlichen Stern sehr viel *leuchtkräftiger*. Während die Kernregion auf die Größe der Erde schrumpft und Dichten von fast einer Million Gramm pro Kubikzentimeter erreicht, dehnt sich die äußere Hülle, die nicht am thermonuklearen Brennen beteiligt ist, aus. Der äußere Rand der Sonne wird dabei einmal über die Merkurbahn hinaus bis fast zur Venus reichen. Genießen Sie Merkur jetzt: In weniger als sechs Milliarden Jahren wird er verschwunden sein. Die Expansion wird unseren alternden Stern kühler und röter werden lassen, und vielleicht wird irgend jemand irgendwo beobachten, wie die Sonne zu einem Roten Riesen erblüht. Die enorme Größe und die daraus resultierende geringe Oberflächengravitation, die noch zu der hohen Leuchtkraft hinzukommen, führen zu einem sehr viel stärkeren Wind, der 100000mal heftiger bläst als der gegenwärtige Sonnenwind. Der Stern verdampft allmählich, und der verstärkte Wind beginnt, einen merklichen Anteil der Masse an den interstellaren Raum zurückzugeben.

Aber der nukleare Motor ist noch nicht am Ende: Seine Gefährtin, die Gravitation, erweckt ihn erneut zum Leben. Wenn die Kernregion schrumpft und das durch Wasserstoffbrennen erzeugte Helium eine Temperatur von 100 Millionen Kelvin erreicht, beginnt es zu Kohlenstoff zu verschmelzen (wenn drei Heliumkerne fast gleichzeitig zusammenstoßen) und sogar zu Sauerstoff (wenn der Kohlenstoff einen weiteren Heliumkern aufnimmt). Die so erzeugte Energie bringt die Kontraktion zum Stillstand, und der Stern stabilisiert sich als Roter Riese – im Falle eines Sterns einer Sonnenmasse für etwa eine Milliarde Jahre. Doch auch das Helium geht unweigerlich einmal zu Ende und läßt den Stern mit einer ausgebrannten Kernregion aus Kohlenstoff und Sauerstoff zurück. Die Gravitation gewinnt wieder die Oberhand und die Kontraktion geht weiter. Steigende Temperaturen zwingen das Heliumbrennen nach außen in eine Schale um die Kernregion und führen dazu, daß sich das Wasserstoffbrennen noch weiter nach außen ausdehnt. Und nun blüht der Stern erneut auf, wird noch heller, größer und röter als zuvor – ein Riese von großartigen Ausmaßen. Im HR-Diagramm liegen diese Sterne in einem Bereich, der sich in etwa asymptotisch an die Zone schmiegt, die von den früheren Riesen eingenommen wird. Daher werden sie Sterne des asymptotischen Riesenastes (*asymptotic giant branch*, kurz AGB) genannt. Die AGB-Sonne wird wahrscheinlich die heutige Umlaufbahn der Erde erreichen. Zuerst ade Merkur, dann höchstwahrscheinlich lebe wohl Venus.

Mit einem immer größeren Tempo laufen jetzt wundersame Dinge ab. Mit zunehmender Leuchtkraft werden AGB-Sterne instabil und beginnen zu pulsieren, wobei sie ihre Leuchtkraft, Oberflächentemperatur und ihren Radius verändern. Diese Veränderungen sind durchaus erkennbar: Der erste derartige Stern wurde vor 400 Jahren von David Fabricius entdeckt. Er bemerkte in Cetus einen Stern 3. Größe an einer Stelle, wo er zuvor keinen gesehen hatte. Dann verschwand der Stern, und ein Jahr später *kam er wieder zurück*. Fabricius gab ihm den passenden Namen Mira, „die Wunderbare". Während Mira in einer 330tägigen Periode zwischen 3. und 10. Größe schwankt, ändert sie ihren Radius von der Größe der Erdbahn auf die des Mars. Mehr als ein Dutzend veränderliche Sterne vom Mira-Typ sind in ihrem Maximum leicht mit bloßem Auge zu erkennen. Tausende sind bekannt; sie sind so hell, daß sie ein gutes Stück quer durch die Galaxis beobachtet werden können.

Mira-Pulsationen mögen einem langsam erscheinen – ihre Perioden können bis zu einigen Jahren betragen –, aber die Sterne sind so ungeheuer groß, daß die Expansionen in Wirklichkeit recht heftig sind und Stoßwellen erzeugen, Überschallknalle, die anhand von Emissionslinien im Sternspektrum zu erkennen sind. Die Stoßwellen scheinen mit dazu beizutragen, Gas mit Geschwindigkeiten von zehn bis 15 Kilometern pro Sekunde von der Sternoberfläche emporzuheben. Beim Abkühlen kondensiert ein Teil des Gases zu Staubkörnern. Der Strahlungsdruck eines derart leuchtkräftigen Sterns treibt den Staub nach außen (so lautet die populärste Theorie), der Staub reißt das Gas mit sich, und das Ergebnis ist ein heftiger Wind, der mit einer Massenverlustrate von 10^{-5} Sonnenmassen pro Jahr blasen kann. Da AGB-Sterne sich einige Zehn-, ja sogar Hunderttausende von Jahren in diesem Zustand befinden, verlieren sie dabei einen gut Teil ihrer Masse – letztlich die gesamte Sternhülle, die die sterbende Kernregion umgibt – wieder an den interstellaren Raum. Infolge eines derartigen Windes wird die Erde wahrscheinlich den Angriff der Sonne überleben, der Merkur und vermutlich auch Venus zerstören wird: Während die AGB-Sonne Masse verliert, wird sie ihren gravitativen Griff, in dem sie die Erde hält, lockern, so daß unser Planet davonspiralt, außer Reichweite der Sonne (sicherlich ein schwacher Trost, da sowieso niemand die enorme Hitze je überleben könnte). Findet der Massenverlust schnell genug und zur rechten Zeit statt, kann vielleicht sogar Venus entkommen.

Die meisten Sterne haben Schichten, in denen sich die Materie in konvektiver Bewegung befindet. Wo diese Schichten liegen, hängt von der Temperatur und Dichtestruktur des Sterns ab und damit von der Sternmasse und dem Entwicklungsstadium des Sterns. Das äußere Drittel der Sonne befindet sich in einem solchen konvektiven Zustand. Einige AGB-Sterne bilden mächtige Konvektionszonen aus, die Materie aus der Nähe der Kernregion hinaus bis zur Sternoberfläche transportieren können; gleichzeitig kann Konvektion innerhalb der Schalen mit nuklearem Brennen frisch produzierte Elemente nach außen schaffen.

Unter geeigneten Bedingungen können sich die inneren und äußeren Konvektionszonen verbinden. Dadurch können frisch geschmiedetes Helium, Stickstoff und Kohlenstoff an die Sternoberfläche gehoben werden, und zwar in solchen Mengen, daß wir von der Erde aus die Veränderung der chemischen Zusammensetzung in den äußeren, sichtbaren Schichten des Sterns beobachten könnten – wenn wir lange genug leben würden. Die meisten AGB-Sterne haben sauerstoffreiche äußere Schichten, die (normalerweise) dreimal mehr Sauerstoff als Kohlenstoff enthalten. Bei einigen, darunter vielen Mira-Veränderlichen, sind die Verhältnisse jedoch genau umgekehrt, und die äußeren Schichten enthalten sehr viel mehr Kohlenstoff als Sauerstoff. Und zusammen mit dem Kohlenstoff tritt eine Vielzahl anderer Elemente auf, die in dem inneren nuklearen Ofen durch ein kompliziertes Netzwerk von Kernreaktionen erzeugt worden sind. Zum Beispiel können Eisenkerne durch den Einfang von Neutronen das Periodensystem hinaufklettern, über Zirconium und Technetium (Ordnungszahl 43, so radioaktiv, daß es auf der Erde nicht mehr vorhanden ist) bis hin zu noch schwereren Elementen. Unter geeigneten Umständen kann ein Großteil dieses Materials an die Oberfläche gelangen.

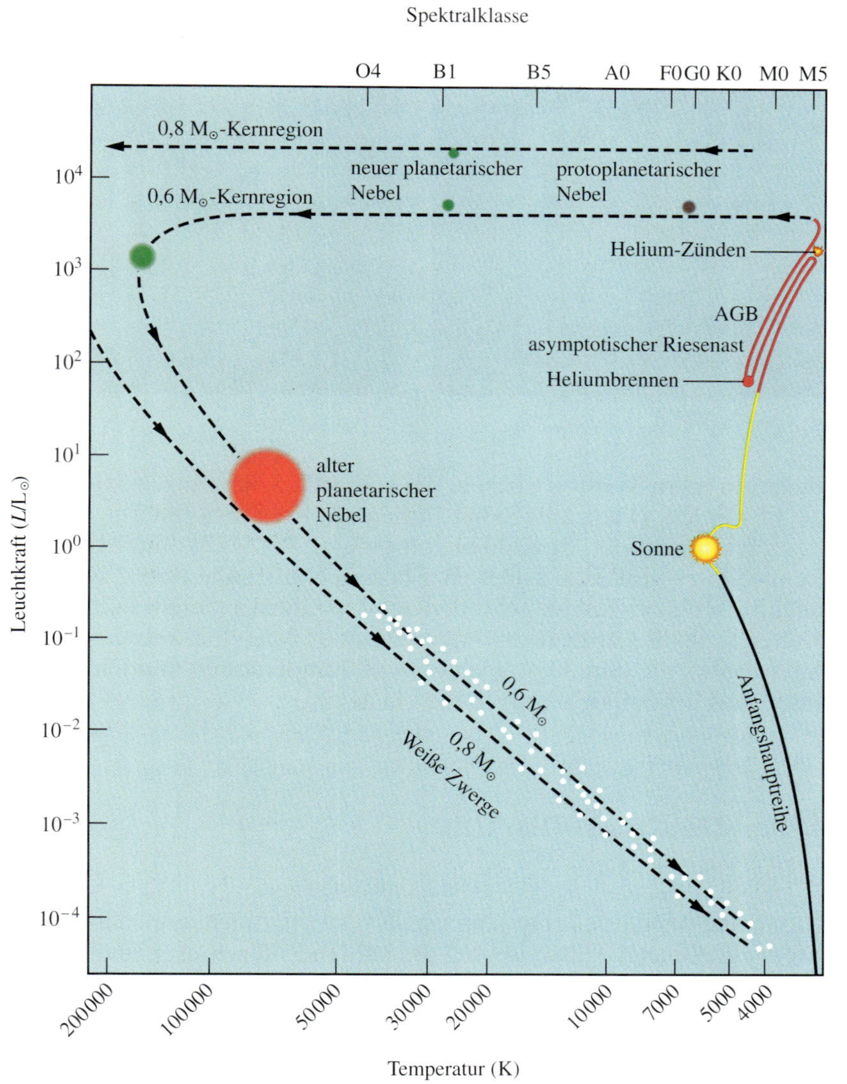

8.11 Wenn der Wasserstoff in der Kernregion eines Sterns durch nukleares Brennen aufgebraucht ist, wird der Stern heller und röter und steigt im HR-Diagramm (hier als Leuchtkraft gegen Temperatur dargestellt) den Roten-Riesenast hinauf. Nach dem Zünden des Heliums in der Kernregion bewegt sich der Stern wieder den Roten-Riesenast hinunter und stabilisiert sich. Während das Helium zu Kohlenstoff und Sauerstoff verbrennt, steigt der Stern erneut nach oben, diesmal auf dem asymptotischen Riesenast (AGB). Ist dann durch Massenverlust die Kernregion fast freigelegt, wandert der Stern nach links. Wenn er etwa 28000 Kelvin erreicht hat, regt er seine abgestoßene Materie zum Leuchten an, und ein planetarischer Nebel entsteht. Bei etwa 100000 Kelvin kommt das nukleare Brennen zum Erliegen. Der Nebel dehnt sich weiter aus, Temperatur und Leuchtkraft der Kernregion nehmen weiter ab, und der Stern wird zum Weißen Zwerg.

Der Staub um die massereicheren Mira-Sterne kann so dicht werden, daß er den Stern buchstäblich begräbt und wir nur noch das kontinuierliche Infrarotspektrum von warmem Staub beobachten. Um die sauerstoffreichen Mira-Sterne finden wir die Infrarotsignaturen von Silikatstaub, um die kohlenstoffreichen Sterne diejenigen von kohlenstoffhaltigem Staub. Innerhalb dieser dicken Wolken können sich Moleküle bilden. Die sauerstoffreichen Hüllen enthalten große Mengen des Hydroxyl-Radikals OH, das einen natürlichen Maser erzeugt, der in einer Schale mit einem Radius von etwa 1000 AE liegt. Weiter innen finden sich Wasser-Maser, während

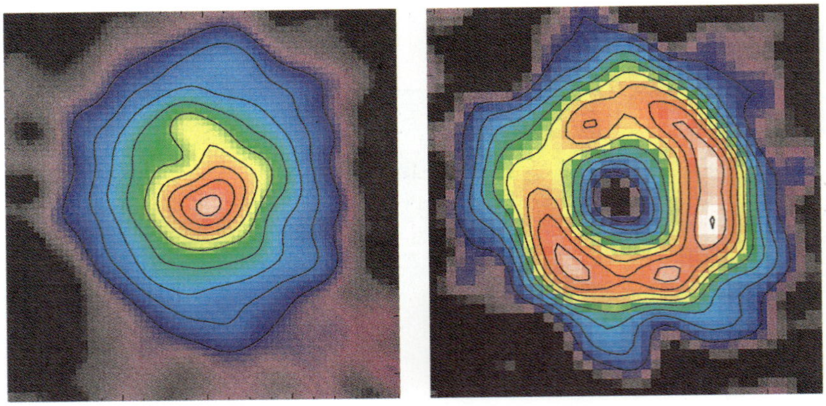

8.12 Die dichte Wolke um den Kohlenstoffstern IRC+10216 ist reich an organischen Molekülen, wie diese beiden Radiokarten zeigen, die speziell die Strahlung von HCN (links) und HC_3N (rechts) herausgreifen. Jede Karte umfaßt eine Fläche von 6000 AE Durchmesser. Die Schichtung wird durch komplexe Reaktionen zwischen Dutzenden verschiedener Molekülarten verursacht, die alle in unterschiedlicher Weise von Dichte, Temperatur und Intensität der Sternstrahlung abhängen.

dicht am Stern Maser auftreten, die von SiO, Siliciummonoxid, erzeugt werden. Die schützenden Hüllen um Kohlenstoffsterne sind noch faszinierender, da Kohlenstoff eine große Zahl komplexer zirkumstellarer Moleküle bildet. Wir beobachten einige Arten, wie sie auch in Molekülwolken gefunden werden, unter anderem lange Kettenmoleküle, aber auch einige (darunter Acetylen, Ethylen und Speisesalz), die durch unterschiedliche Temperaturen und Dichten in der zirkumstellaren Umgebung entstehen.

Die letzten Atemzüge

Rund eine Milliarde Jahre lang verliert ein alternder sonnenähnlicher Stern zunehmend Masse, so daß die kühlen Roten Riesen und die noch kühleren und röteren AGB-Sterne von immer dickeren, ineinandergeschachtelten, expandierenden Wolken aus schmutzigem Gas umgeben sind. Zum Schluß ist die äußere Hülle des Sterns fast verschwunden, und zurück bleibt nur eine relativ dünne Haut, um das Rasen des nuklearen Schalenbrennens vor der Kälte des Weltraums zu schützen. Infolge der Winde, die Masse von der Oberfläche abführen, und des Kernbrennens, das die dünne Hülle von innen her annagt, schrumpft nun die sichtbare Oberfläche des Sterns und heizt sich auf. Im HR-Diagramm vollführt der ausgebrannte stellare Aschekörper plötzlich eine scharfe Wendung nach links und verläßt die Spitze des asymptotischen Riesenastes, da er sich bei konstanter Leuchtkraft aufzuheizen beginnt und seine Spektralklasse ändert. Der Stern und die von ihm ausgeworfene Materie bereiten einen planetarischen Nebel vor, einen, den vielleicht ein zukünftiger galaktischer Herschel beobachten und zu verstehen versuchen wird.

Der Übergang vom AGB-Stern zum planetarischen Nebel geschieht schnell und im Verborgenen, nicht nur, weil der Stern von Staub umgeben ist, sondern – wegen des Staubs – auch von einem wissenschaftlichen Geheimnis. Bei zahlreichen Objekten vermutet man, daß es sich um „protoplanetarische" Nebel – im Entstehen begriffene planetarische Nebel – handelt; bei einigen hat sich das sogar bestätigt. Aber was in ihrem Inneren vor sich geht, liegt noch völlig im Dunkeln. (Der englische Begriff „protoplanetary nebulae" setzt Herschels Vermächtnis der sprachlichen Verwirrung fort: Er wird im englischen Sprachgebrauch auch für Scheiben um *junge* Sterne verwendet, in denen sich wahrscheinlich *Planeten* bilden! [Anm. d. Übers.: Im Deutschen kann man eine Unterscheidung treffen, indem man die Vorstufe der planetarischen Nebel als protoplane*tarische* und die Scheiben um junge Sterne als protoplane*tare* Nebel bezeichnet.]) Die Komplexität dieses Entwicklungsstadiums wird sehr schön durch den Ei-Nebel in Cygnus illustriert. Aufnahmen des *Hubble*-Weltraumteleskops zeigen eine dunkle Scheibe, aus der zwei einander entgegengesetzte Strahlen wie „Suchscheinwerfer" hervorgehen, umgeben von zwei Dutzend kreisförmigen Ringen. Bodengebundene Beobachtungen hatten bereits ergeben, daß das Objekt ein Reflexionsnebel ist mit dem Spektrum eines warmen – etwa 7000 Kelvin – gelb-weißen F-Sterns, der im staubverhangenen Zentrum verborgen sein muß. Die Ringe verkörpern mit ziemlicher Sicherheit zahlreiche Episoden verstärkten Massenverlusts. Aus der Expansionsgeschwindigkeit des Nebels (etwa zehn Kilometer pro Sekunde) folgt, daß die Ereignisse rund alle 100 Jahre stattfinden. Die Strahlen scheinen aus ringförmigen polaren Löchern in der dunklen Scheibe hervorzugehen, die vielleicht von einer Art bipolarer Strömung gebohrt wurden; oder sie sind einfach nur Reflexionen von den dicken Rändern offener polarer Löcher. Abbildungen in Moleküllinien zeigen polare Strömungen, die etwa doppelt so breit sind.

Während sich die zerfetzten Reste der Wasserstoffhülle des Sterns auflösen, schrumpft das, was übrig ist, weiter und heizt sich immer mehr auf. Um der wachsenden Anziehungskraft der kleineren Kernregion zu entkommen, muß der Sternwind schneller blasen, wobei er sich von den mäßigen zehn bis 20 Kilometern pro Sekunde, die er im Riesenstadium hatte, nun auf Geschwindigkeiten von einigen hundert Kilometern pro Sekunde beschleunigt. Dieser schnelle, verdünnte Wind trifft auf den langsameren, dichteren Wind, den der AGB-Stern abgeblasen hatte. Dabei erzeugt er eine Stoßwelle und schiebt das vor ihm liegende staubhaltige Gas zu einer dicken Schale zusammen. Wenn die Sternoberfläche eine Temperatur von etwa 28000 Kelvin erreicht, erzeugt sie genügend Ultraviolettstrahlung, um die expandierende, komprimierte Schale zu ionisieren, und

8.13 Der protoplanetarische Ei-Nebel besteht aus konzentrischen Ringen um einem warmen F-Stern, der in einer dichten, hausgemachten Staubscheibe verborgen liegt. Von ihm geht ein entgegengesetztes Paar „Scheinwerferstrahlen" aus, die die Ringe durchstoßen.

dort erscheint – am Beginn seiner rasch vergänglichen Pracht – der planetarische Nebel.

Zunächst ist der Nebel so dicht, daß die zusammengeschobene Schale optisch dick ist und sämtliche Ultraviolettphotonen einfängt, die der Zentralstern aussendet. Aber der kleine Nebel, der erst ein paar hundertstel Parsec Durchmesser hat, expandiert. Die Dichte sinkt, und die Photonen dringen weiter in die Wolke vor. Überdies heizt sich der Stern auf, so daß die Zahl der UV-Photonen rasch anwächst. Folglich erreicht die anregende UV-Strahlung schließlich den Rand der inneren angehäuften Schale und entweicht, um die äußere, nicht komprimierte Region zum Leuchten zu bringen. Jetzt sehen wir einen typischen Doppelschalen-Nebel, der sozusagen einer vom Schnee geräumten Eislauffläche gleicht, die von einem ringförmigen Schneewall umgeben ist, hinter dem die unberührte, schneebedeckte Fläche des gefrorenen Sees liegt. Weitere Expansion kann es den Photonen sogar ermöglichen, die ungeräumte Region zu durchdringen und den frühen AGB-Wind leuchten zu lassen, wodurch äußere Halos wie der um unseren alten Freund NGC 6543 entstehen.

Wenn die Sonne einmal das Stadium des planetarischen Nebels erreicht hat, ist sie vermutlich auf fast die Hälfte ihrer jetzigen Masse reduziert worden und hat eine Oberflächentemperatur von mehr als 100000 Kelvin erreicht. Die Erde mag der Zerstörung zwar entkommen, aber sie wird durch die Ultraviolettstrahlung ihres sterbenden Sterns gründlich geröstet werden. Sterne höherer Masse verlieren sehr viel mehr Materie, hinterlassen massereichere Rückstände und werden merklich heißer, mehr als 200000 Kelvin. Mit der Zeit ist jedoch die äußere Sternhaut fast verschwunden, das nukleare Brennen erlischt, und die Kernregion kühlt sich ab und wird leuchtschwächer. In diesem Stadium beobachten wir riesige, schwache, expandierende Nebel um schwächer werdende Sterne. Schließlich beginnt der Nebel, gegen das vor ihm liegende interstellare Medium zu stoßen, die Expansion verlangsamt sich und kommt zum Stillstand. Der Stern bewegt sich jedoch weiter auf seiner galaktischen Umlaufbahn und verläßt schließlich seine abgestoßenen Hüllen, die sich langsam aber unaufhaltsam mit dem staubhaltigen interstellaren Medium vermischen und so das Rohmaterial für neue Sterne bilden.

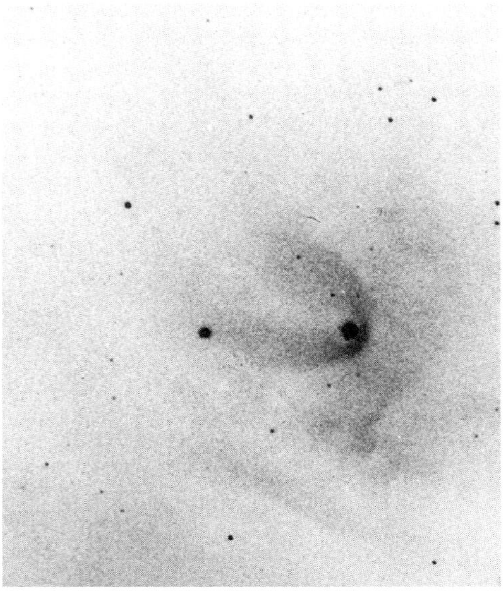

8.14 Abell 35 ist „gegen die Wand gestoßen“: Das interstellare Medium stoppt und absorbiert die expandierende Hülle, während der Zentralstern entweicht und eine Stoßwelle hinter sich läßt.

Der planetarische Nebel ist die Schnittstelle zwischen dem sterbenden Stern und dem interstellaren Medium. In gewissem Sinne ist er ein „durchsichtiger Stern“, bei dem die äußeren Schichten verloren gehen und sich ausdünnen, so daß die innere, alte, nuklear brennende Kernregion freigelegt wird. Der Nebel liefert uns somit wertvolle Hinweise über die Entwicklung von Riesensternen. Seine chemische Zusammensetzung zum Beispiel teilt uns etwas darüber mit, wie der Stern seine Materie umgewälzt hat, so daß sie aus dem Inneren, wo die Kernreaktionen ablaufen, an seine windige Oberfläche gelangen konnte.

Die Nebel verraten uns auch, wie AGB-Sterne Masse verlieren, da sie so etwas wie stark vergrößerte Erinnerungen an die ursprünglichen Sternwinde darstellen. Wir können die meisten der verschiedenartigen Strukturen planetarischer Nebel erklären, indem wir annehmen, daß AGB-Sterne bevorzugt Masse in ihrer Äquatorebene verlieren und daß das Verhältnis von äquatorialem zu polarem Materieausstoß einen weiten Bereich umfaßt. Ist der anfängliche Massenverlust beinahe vollkommen symmetrisch, finden wir am Ende einen wunderschönen Ring vor. Hat der AGB-Stern jedoch auch nur mäßig mehr Materie in der Äquatorebene abgeblasen, so dehnt sich der heiße, schnelle Wind (der zu blasen beginnt, sobald die äußere Atmosphäre abgestreift ist) rascher in die weniger dichten Regionen oberhalb der Pole aus. Infolgedessen nimmt ein typischer planetarischer Nebel eine ellipsoide Form an, deren große Achse längs der Rotationsachse des Sterns liegt – so wie wir es bei Herschels NGC 7009 beobachten. Das zusammengeschobene Gas bricht schließlich längs der großen Achse der Ellipse durch den äußeren Teil des alten Windes. Gleichzeitig expandiert auch die Ionisationsfront. Als Endergebnis beobachten wir einen vollentwickelten Nebel mit einem äquatorialen Ring, der senkrecht zu paarweise ausgestoßenen expandierenden Blasen liegt. Ist aber das Verhältnis von äquatorialem zu polarem Materieausstoß im AGB-Wind hoch, so beobachten wir eine sehr viel ausgeprägtere Version dieses Bildes, wobei der endgültige vollentwickelte Nebel einen sehr dicken, scheibenähnlichen Ring – fast einen Balken – aufweist sowie sehr viel größere Blasen. Unterschiedliche Blickwinkel ergeben dabei fast den ganzen Bereich der beobachteten morphologischen Strukturen.

Die Knoten aus dunkler Materie, die so deutlich im inneren Teil des Helix-Nebels zu erkennen sind, deuten darauf hin, daß der AGB-Wind von Inhomogenitäten erfüllt ist. Als sich die Strahlung des Zentralsterns in die neutrale Zone fraß oder vielleicht als der heiße, schnelle Wind den langsamen zusammenschob, wurde die Grenze instabil und ließ die dichteren neutralen Knoten staubhaltiger Materie zurück. Sobald der Zentralstern heiß genug war, begann er die äußeren Schichten der Knoten auf der dem Stern zugewandten Seite zu ionisieren, wodurch schließlich die kometenähnlichen Tröpfchenstrukturen entstanden, die miteinander zu dem Ring des Nebels verschmolzen.

Doch obwohl wir heute möglicherweise in der Lage sind, einige der strukturellen Eigenschaften planetarischer Nebel zu erklären, haben wir das Rätsel nur ein wenig weiter zurückgeschoben. Warum stoßen Sterne Masse in unterschiedlichen Richtungen unterschiedlich stark aus? Die Rotation des Riesensterns hat sicherlich einen Einfluß, da Materie leichter vom sich schneller bewegenden Äquator abströmen kann; von Rotation begünstigte Magnetfelder könnten ebenfalls eine Rolle spielen. Eine interessante Möglichkeit ist, daß AGB-Sterne wie schon in ihrer Riesenphase durch Doppelsternbegleiter in ihrer Rotation beschleunigt werden. In diesem Bild hätten die planetarischen Nebel mit einer extrem bipolaren Struktur relativ massereiche stellare Begleiter, Hauptreihensterne (oder Weiße Zwerge, die Endprodukte der Sternentwicklung), die aber immer noch weniger Masse haben als der sich entwickelnde Stern. AGB-Sterne mit einer mäßigen Verstärkung des äquatorialen Windes, die die elliptischen Nebel erzeugen, könnten durch massearme Begleiter dazu gebracht werden, schneller zu rotieren, zum Beispiel durch Braune Zwerge oder sogar jupitergroße Planeten. Ein Großteil der Windstruktur könnte auch durch einen Doppelsternbegleiter erklärt werden, der das abströmende Gas aufwühlt und lenkt. In der Tat besagt eine Lehrmeinung, daß fast alle die unterschiedlichen Nebelstrukturen durch die Gravitationswirkung von Doppelsternbegleitern erzeugt werden können. Einen Hinweis darauf liefern komplexe Objekte, bei denen die entgegensetzt gerichteten Gasströmungen spiegelbildlich zueinander sind. Das läßt darauf schließen, daß der Stern, der das Gas ausstößt, aufgrund eines Doppelsternbegleiters wie ein Kreisel schwankt.

Noch rätselhafter sind die komplexen Ansae, die man bei so vielen elliptischen Nebeln beobachtet. Ihren Spektren nach werden die Ansae nicht so sehr durch Ionisation vom Zentralstern zum Leuchten angeregt, sondern durch Stoßwellen. Daher müssen sie von äußerst schnellen Gasklumpen erzeugt werden, die von den Sternen ausgeschleudert werden, vermutlich entlang ihrer Polachsen. Ihre

8.15 Ein planetarischer Nebel entsteht, wenn Materie (grau), die ein Riesenstern abgestoßen hat, von einem schnellen, heißen Wind, der von der fast freigelegten Kernregion des Sterns ausgeht, getroffen und zu einer dichten Schalenhülle zusammengeschoben wird. Ist der Stern heiß genug, bringt er die Schale zum Leuchten (grün), und wenn die Strahlung entweicht, regt sie auch die äußere, nicht zusammengeschobene Materie zum Leuchten an (rosa). Die Gestalt der planetarischen Nebel hängt von ihrem Alter und ihrer Massenverteilung ab. In der oberen Zeile ist die Materie sphärisch verteilt, so daß der Nebel ringförmig ist. In der unteren Zeile stößt der Riese seine Materie hauptsächlich um den Äquator herum ab, so daß der Nebel eine bipolare Erscheinungsform annimmt.

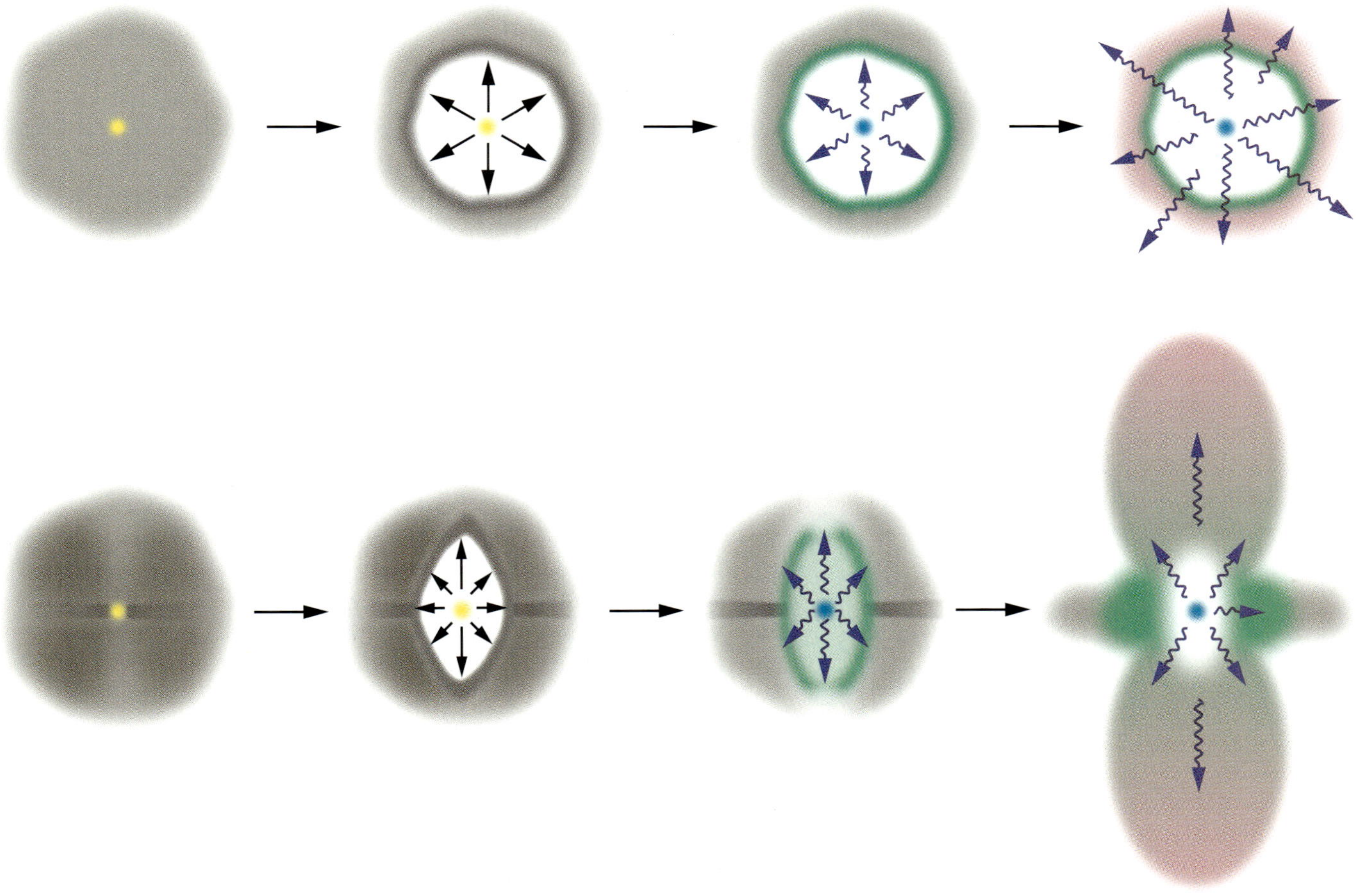

Ähnlichkeit mit Herbig-Haro-Objekten zeigt eine bemerkenswerte physikalische Beziehung zwischen neuentstehenden und sterbenden Sternen auf, die durch die kometaren Tröpfchen noch verstärkt wird, die man im Helix-Nebel beobachtet und die an die verdampfenden Sternkokons erinnern, die das *Hubble*-Teleskop im Adler-Nebel aufgenommen hat. Sind diese Neo-HH-Objekte ebenfalls die Folge eines Doppelsternbegleiters oder das Ergebnis irgendeines unbekannten Phänomens, das man überhaupt noch nicht versteht? Und warum zeigt NGC 6543 komplexe Bündel von Jets? Wir haben absolut keine Ahnung. Um Bruce Balick zu zitieren, einen der Begründer der hier dargestellten morphologischen Konzepte: „Was sind die Ansae? Wie werden sie ausgestoßen? Nur der Zentralstern weiß es wirklich.“ – Fragen, die ganz allgemein auch für den ursprünglichen Wind gelten.

Leben nach dem Tod

Der zurückgebliebene glühende stellare Schlackekörper kühlt sich weiter ab und wird immer leuchtschwächer, und nach rund hunderttausend Jahren – „Peanuts“ für einen Stern – hat ihn sein Nebel vollständig verlassen. Früher hatte der Stern Wasserstoff zu Helium verschmolzen und dann bei einer sehr viel höheren Temperatur, die er durch gravitative Kompression erreichte, Helium zu Kohlenstoff und Sauerstoff. Jetzt ist der Stern auf etwa die Größe der Erde geschrumpft und hat eine mittlere Dichte von einer Million Gramm – eine Tonne – pro Kubikzentimeter. Bei dieser Dichte sind die Elektronen im Gas „entartet“, eine Folge des Paulischen Ausschließungsprinzips, das besagt, daß zwei Elektronen nicht dieselben Eigenschaften – hier Spin, Ort und Impuls (Masse mal Geschwindigkeit) – haben können. Ort und Impuls sind über das „Unbestimmtheitsprinzip“ miteinander verknüpft, eine Regel der Quantenmechanik, die besagt, daß wir nicht gleichzeitig Ort und Impuls eines Teilchens genau kennen können: Die Unsicherheit in dem einen mal die in dem anderen ist stets größer oder gleich h, der Planckschen Konstante (die gleiche Konstante, die auch in der Formel für die Energie eines Photons, h mal Frequenz, auftaucht). Raum und Impuls haben jeweils drei Dimensionen (ein Teilchen kann sich in drei Richtungen bewegen). In einem sechsseitigen „Kasten“ mit den kombinierten Dimensionen von Ort und Impuls, der das Volumen h^3 hat, können wir nur zwei Elektronen unterbringen, wobei ihre Spins entgegengesetzt sein müssen. Man kann zwar Elektronen hinzufügen, aber nur mit immer größerem Impuls. Dieser Effekt führt zu einem auswärts gerichteten Druck, der den Stern daran hindert, weiter zu kontrahieren, so daß er sich als entarteter Weißer Zwerg stabilisiert. Nur durch Hinzufügen von Masse kann man den Stern weiter zusammendrücken. Die massereicheren Weißen Zwerge sind also stärker komprimiert und daher kleiner und weniger leuchtkräftig – gerade umgekehrt wie im Falle der Hauptreihensterne.

Weiße Zwerge sind überall um uns herum, aber keiner ist hell genug, um mit bloßem Auge sichtbar zu sein. Die meisten Weißen Zwerg haben Massen um die 0,6 Sonnenmassen, wenn auch einige wenige, wie der berühmte Begleiter des Sirius, einer Sonnenmasse nahekommen. Mit steigender Masse eines Weißen Zwergs steigen auch seine innere Temperatur und die Geschwindigkeiten seiner entarteten Elektronen, und oberhalb einer Sonnenmasse beginnen die Geschwindigkeiten sich der Lichtgeschwindigkeit zu nähern. Vor mehr als 50 Jahren wandte Subrahmanyan Chandrasekhar daher die Gleichungen der Relativitätstheorie auf Weiße Zwerge an, und er konnte zeigen, daß oberhalb von 1,4 Sonnenmassen der von entarteten Elektronen erzeugte Druck versagt, was zu einem katastrophalen Kollaps führt. Schwerere Weiße Zwerge können daher nicht existieren.

Es dauert etwa 15 Milliarden Jahre, bis ein Stern von etwa 0,8 Sonnenmassen gestorben ist. Da die Galaxis rund 15 Milliarden alt ist, hat ein Stern mit einer geringeren Masse als dieser noch nicht genügend Zeit gehabt, sich so weit zu entwickeln. Sterne an der genannten Massengrenze bilden zentrale, nuklear brennende Kernregionen – und Weiße Zwerge – von etwa einer halben Sonnenmasse; die anderen 0,3 Sonnenmassen werden in den Raum geschleudert. Je größer die Masse des ursprünglichen Sterns, desto größer ist auch die Masse des entstehenden Weißen Zwergs. Die Sonne müßte einen Weißen Zwerg von etwa 0,6 Sonnenmassen bilden, wobei sie 0,4 Sonnenmassen verliert. Bei einer Anfangsmasse von rund 9 Sonnenmassen ändert sich die Zusammensetzung der zentralen Kernregion durch nukleare Brennprozesse zu einer Mischung aus Sauerstoff und Neon, und bei etwa 11 Sonnenmassen erreicht die Kernregion die Chandrasekhar-Grenze. Ein solcher Stern hat fast 90 Prozent seiner Materie verloren. Da es sehr viel mehr massearme als massereiche Sterne gibt, bläst im Mittel jeder Stern im Laufe seines Daseins etwa eine halbe Sonnenmasse Materie zurück in den interstellaren Raum, Materie, die gewöhnlich mit schwereren Elementen angereichert ist, weil sie die nuklearen Brennöfen im Sterninneren durchlaufen hat. Es gibt jedoch Verluste: Die stellaren Überreste – die Massen, die für immer im Weißen Zwerg gebunden sind – scheiden aus dem Recyclingprozeß aus. Die Zeit, die nötig ist, um einen Weißen Zwerg auf unter 3000 Kelvin abzukühlen, ist länger als das Alter der Galaxis. Daher sind alle, die je entstanden sind, noch vorhanden und müssen mit in unsere Betrachtungen einbezogen werden.

Endlich beginnt sich der Kreis zu schließen. Die frischen Elemente Kohlenstoff, Helium, Stickstoff und andere sickern hinaus in die Galaxis und tragen dazu bei, diese mit den „Metallen" der Astronomen anzureichern. Da sich dieses neue Material mit den interstellaren Gasen vermischt, sollte ein Stern um so mehr schwere Elemente enthalten, je jünger er ist – und im großen und ganzen beobachten wir auch genau das. Der Halo unserer Galaxis enthält keine leuchtkräftigen, kurzlebigen Sterne und muß daher sehr alt sein. Relativ zu den Sternen der Scheibe zeigen die Halo-Sterne auch eine starke Unterhäufigkeit an schweren Elementen; in Extremfällen enthalten sie sehr viel weniger als ein Prozent des Metallgehalts der Sonne. Wir verstehen jetzt, wo zumindest ein Teil des schweren Materials herstammt, aus dem die Erde besteht. Diese Vorstellung wird durch die Tatsache unterstützt, daß kleine, unveränderte interstellare Körner, die in Meteoriten eingeschlossen sind, Isotopenverhältnisse aufweisen, die nur durch nukleare Prozesse entstanden sein können, wie man sie im Innersten von AGB-Sternen findet.

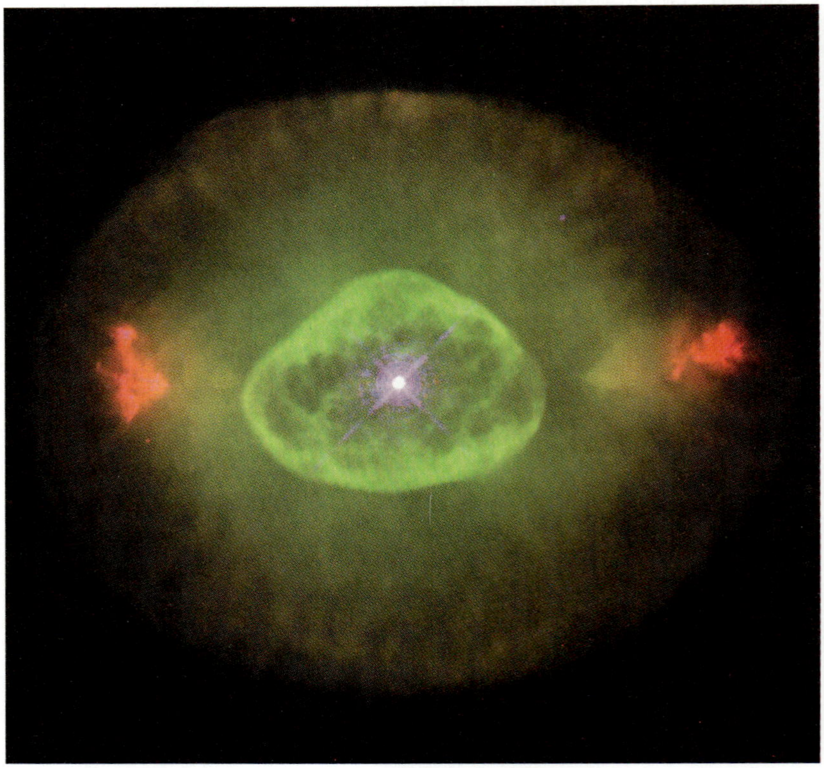

8.16 Diese *Hubble*-Aufnahme des planetarischen Nebels NGC 6826 zeigt wunderschöne Details wie zum Beispiel die derzeit noch nicht verstandenen niederangeregten Jets (rot), die die große Achse des Nebels entlang laufen. Sie stammen vermutlich von Materie, die längs der Rotationsachse des Zentralsterns ausgestoßen wird. Das gleiche Phänomen war bereits bei NGC 6543 (Abbildung 8.1), NGC 7009 (Abbildung 8.3) und NGC 3242 (Abbildung 8.5) zu sehen.

Der Kreis wird enger. Über die planetarischen Nebel erzeugen die alternden AGB-Sterne den Großteil des Staubs der Galaxis – Sauerstoffsterne Silikate, Kohlenstoffsterne Kohlenstoff –, der in die kalten Tiefen des Raumes entweicht. Dort lagern die Körner Metalle und andere im interstellaren Gas vorhandenen Elemente sowie flüchtige Eisarten an. Schließlich sammeln sie sich aufgrund von Kompressionsprozessen, die durch die Spiralarme der Galaxis und die Sterne selbst hervorgerufen werden, und bilden die dunklen interstellaren Wolken, aus denen neue Sterne hervorgehen – Sterne, die wieder Sterne erschaffen und einen Teil der Materie liefern, die dazu nötig ist!

Ein Teil des Staubs könnte sogar von der Zerstörung der Kometen- und Planetenfamilien der sterbenden Sterne herrühren. Das wäre dann die höchste Stufe der Wiederverwertung. Könnten die Knoten im Inneren des Helix-Nebels durch die Auflösung eis- und staubhaltiger Körper in der Oortschen Wolke des Sterns entstanden sein? Wenn ja, dann müssen diese sehr viel größere Massen haben als unsere Kometen, Massen vergleichbar mit der der Erde, um die beobachteten Strukturen zu erzeugen. Aber vielleicht ist dies angesichts der verschiedenen Spielarten, die wir heute bei Planetensystemen beobachten, durchaus möglich. Und könnten wir, wenn wir über ein Stück Erde laufen, dabei Boden betreten, der einst die Blumen eines anderen Planeten wachsen ließ?

Damit kehren wir wieder zu Herschels Entdeckung zurück. Um Verwirrung zu vermeiden, hat man Generationen von Studenten stets ausdrücklich erklärt, daß der Name „planetarischer Nebel" nichts, aber auch gar nichts mit Planeten zu tun habe. Doch es ist eine herrliche Ironie der Natur und der Sprache, daß der Staub, aus dem wir entstanden sind, zum Teil aus Herschels planetarischen Nebeln stammt, daß jupiterähnliche Planeten eines Sterns möglicherweise den Nebel mit geformt haben und daß vielleicht seine terrestrischen Planeten und sogar seine Kometen mit zu diesem Staub beigetragen haben. Die planetarischen Nebel spielen daher eine große und vielseitige Rolle bei der Erzeugung zukünftiger Planeten noch zu bildender Sterne.

Der Recyclingprozeß ist jedoch noch nicht beendet. Obwohl die Staubkeime, aus denen schließlich die Sterne und Planeten wachsen, durch den Tod sonnenähnlicher Sterne mittlerer Masse entstehen, erzeugen diese weder das Eisen und das Nickel, aus denen Kerne von Planeten und Brücken über Flüsse bestehen, noch das Gold eines Ringes oder das Titan, aus dem wir Flugzeuge bauen. Einiges fehlt noch. Und das finden wir, wenn wir in die geheimnisvolle Welt jenseits der Chandrasekhar-Grenze eintreten.

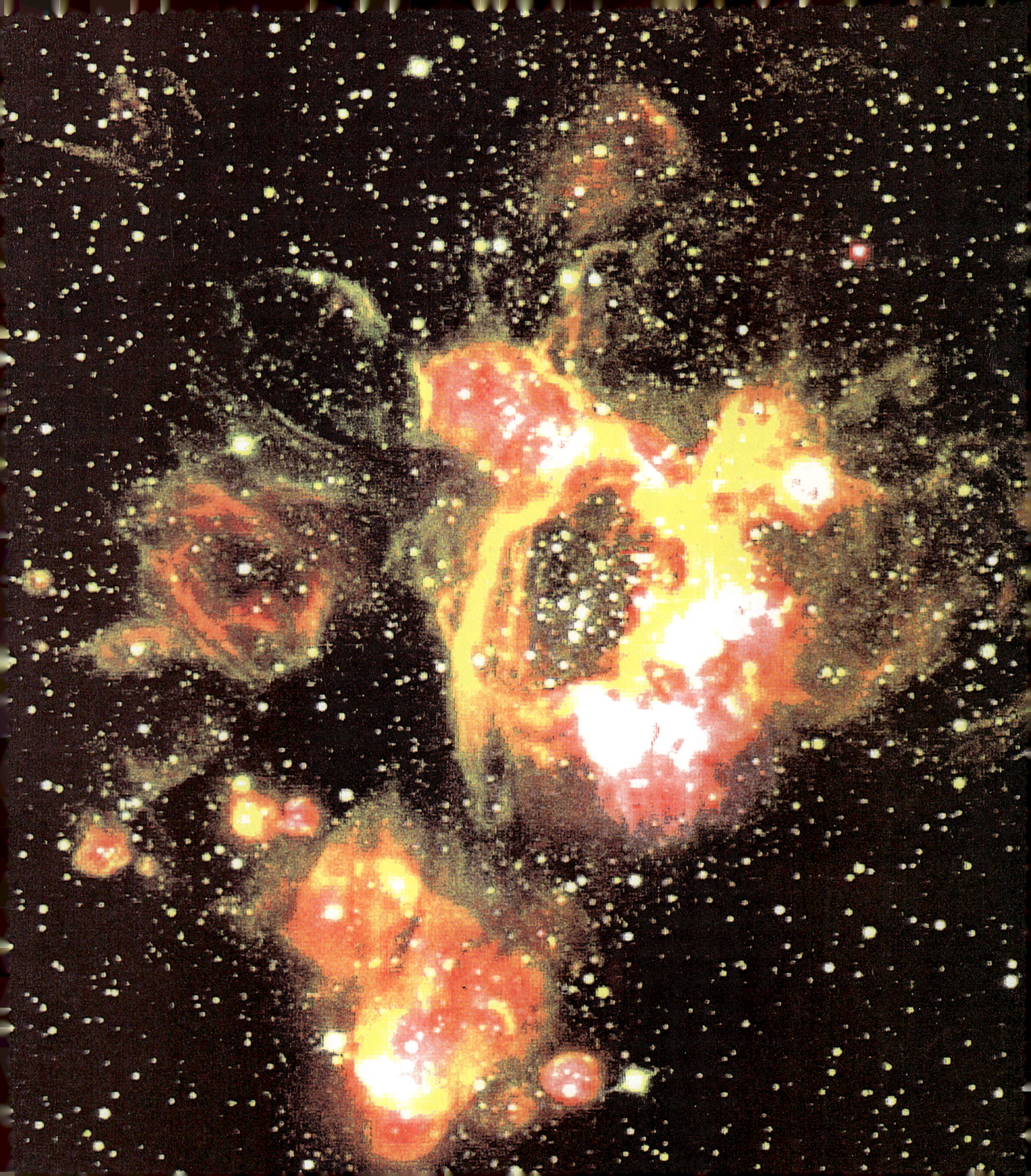

9

Wege zu größter Pracht und neuer Schöpfung

9.1 In der uns benachbarten Großen Magellanschen Wolke liegt ein Nest aus Blasen, die mit O- und B-Sternen verknüpft sind. Einige Blasen sind wahrscheinlich durch Winde entstanden, andere durch Stoßwellen von Supernovae. Wieder andere könnten Schalen aus interstellarer Materie sein, die zuerst durch Supernovae komprimiert und dann durch eingeschlossene O-Sterne ionisiert wurden.

Wenn wir uns mit unseren Theorien von den sonnenähnlichen Sternen aus – jenen, die Weiße Zwerge hervorbringen – die Hauptreihe weiter hinaufarbeiten, überschreiten wir die große Trennlinie zu den hell strahlenden O-Sternen, die auch die Emissionsnebel leuchten lassen. Diese Sterne sind echt anders. Sie sind selten, weit entfernt und in dichte Wolken gehüllt, und ihre Entwicklung geht mit solch atemberaubender Schnelligkeit vor sich, daß sie nur schwer zu beobachten ist. Auch ihr Finale ist anders: Statt in relativ ruhigen letzten Atemstößen planetarische Nebel zu bilden, sterben diese Sterne in gewaltigen Explosionen. Und doch sind unser eigener ruhiger Stern, der ein Musterbeispiel für die große Mehrheit der Sterne darstellt, und unsere eigene irdische Welt nicht von ihnen zu trennen: Die O-Sterne liefern sowohl die treibende Kraft für die Sternentstehung und auch fast die gesamte Materie, aus der die Erde besteht.

Großartige Präludien

In mittleren nördlichen Breiten strahlt Sirius in klaren Winternächten hell über dem südlichen Horizont. Begibt man sich weiter nach Süden bis zum 30. Breitengrad, taucht auch der zweithellste Stern am Himmel, Canopus, auf. Durch Zufall liegen diese beiden hellen Himmelskörper praktisch übereinander. Nun gehen wir noch ein Stück weiter südlich und auch zurück in die Vergangenheit, in die Mitte des 19. Jahrhunderts. Bei 20° nördlicher Breite hätten wir dann den *dritt*hellsten Stern am Himmel gesehen, und alle drei wären auf einem eleganten 55° langen Bogen gelegen. Fast das ganze 18. und das frühe 19. Jahrhundert hindurch schwankte dieser Stern, η Carinae, zwischen 2. und 4. Größe. Um 1840 begann er heller zu werden und erreichte 1848 eine scheinbare Helligkeit von –1. Dann folgte über einen längeren Zeitraum hinweg eine langsame Abschwächung, bis er 1880 unter die Sichtbarkeitsgrenze für das bloße Auge glitt. Und dort ist er die letzten 100 Jahre geblieben.

η Carinae ist ein prachtvoller Vertreter der seltensten aller Sterne, der „leuchtkräftigen blauen Veränderlichen“ oder, weniger romantisch, kurz „LBV“. Sie mögen zwar selten sein, aber sie sind so auffallend hell, daß sie fast über die ganze Galaxis hinweg zu sehen sind und auch in anderen Galaxien leicht identifiziert werden können. Zu den relativ nahen zählen P Cygni (nach dem die berühmten P Cygni-Spektrallinien benannt sind) und AG Carinae, der zufällig im selben Sternbild – Carina, der Schiffskiel – liegt wie η Carinae. Berichten zufolge hat P Cygni im 17. Jahrhundert dieselbe Art Helligkeitsanstieg durchgemacht wie η Carinae rund 200 Jahre später. P Cygni hat eine absolute visuelle Helligkeit von –9, η Carinae ein Maximum von –10 und AG Carinae erstaunliche –11, sechsmal heller noch als P Cygni (wenn AG Carinae zehn Parsec von uns entfernt wäre, würde er so hell erscheinen wie der Halbmond). Rechnet man die unsichtbare Ultraviolettstrahlung mit ein, ist η Carinae *drei Millionen mal* leuchtkräftiger als die Sonne! Die leuchtkräftigen blauen Veränderlichen haben eine erstaunliche Ahnentafel, und sie und ihre Verwandten bringen ebenso erstaunliche Nachkommen hervor, ohne die keiner von uns existieren könnte.

Wir durchstreifen nun die Hauptreihe in dem ätherischen Bereich zwischen elf und etwa 120 Sonnenmassen, in dem Sterne keine Weißen Zwerge mehr erzeugen können. Wie man aus Gravitationsuntersuchungen von Doppelsternen weiß, hat ein Stern von elf Sonnenmassen die Spektralklasse B0, ist also etwas kühler als die O-Sterne. Aber der Einfachheit halber wollen wir alle Sterne hoher Massen unter der Rubrik „O-Stern" zusammenfassen. Die Entwicklung von O-Sternen ist außerordentlich schnell. Bei der energieerzeugenden Kernfusion herrscht nicht die Proton-Proton-Kette vor (wie in der Sonne), sondern der Kohlenstoffzyklus. Hierbei fangen

9.2 Das gute Auflösungsvermögen des *Hubble*-Weltraumteleskops ermöglicht es, abströmende Materie von leuchtkräftigen blauen Veränderlichen zu erkennen. Die dramatische bipolare Abströmung von η Carinae geht von einem blauen Überriesen mit 100 Sonnenmassen aus, der in ihrem Zentrum liegt.

Kohlenstoffatome Protonen ein, werden nacheinander zu Stickstoff und Sauerstoff und schließlich wieder zu Kohlenstoff, nachdem sie vier Protonen aufgenommen und einen Heliumkern ausgestoßen haben. Diese Sterne besitzen zwar in ihren riesigen Kernregionen einen sehr viel größeren Brennstoffvorrat, doch sie sind im Inneren so heiß, und der Kohlenstoffzyklus ist so effizient, daß ihr Wasserstoff enorm schnell verbrannt wird und sie deshalb sehr viel kürzer leben als Sterne geringerer Masse. θ^1 Orionis C, der grandiose Stern mit 20 Sonnenmassen und Spektralklasse O6, der den Orion-Nebel zum Leuchten bringt, wird von seiner Geburt an gerechnet weniger als zehn Millionen Jahre benötigen, um den Wasserstoff in seiner Kernregion in Helium umzuwandeln. Während er dies tut, wird er im HR-Diagramm langsam nach rechts wandern und die Hauptreihe etwa zu dem Zeitpunkt verlassen, an dem sich seine Oberfläche soweit abgekühlt hat, daß er seinen Nebel nicht mehr länger ionisieren kann. Sobald der Wasserstoff im Zentrum verschwunden ist, wird die kontrahierende Kernregion den Stern bei ungefähr konstanter Leuchtkraft quer durch das HR-Diagramm in kühlere Bereiche eilen lassen, wo solche Sterne normalerweise das Helium ihrer Kernregion zünden. Dabei wird er expandieren und zunächst ein heißer, blauer Überriese und dann ein wunderschöner *roter* Überriese von der Größe etwa der Jupiterbahn werden. Er wird dann das dominierende Objekt in einem schwach leuchtenden Nebel sein, der nur noch durch die masseärmeren Begleiter von θ^1 ionisiert wird. Riesen sind die Nachkommen von Sternen im mittleren Teil des HR-Diagramms, jenen zwischen 0,8 und elf Sonnenmassen; Überriesen sind die Brut der massereichen Sterne. Die größten von ihnen können im Durchmesser der Saturnbahn gleichkommen.

Alles an einem alternden massereichen Stern ist von majestätischen Ausmaßen. Die hohen Leuchtkräfte und enormen Größen dieser Sterne treiben mächtige Sternwinde an, die letztlich alles in den Schatten stellen, was die zahlreicheren Riesen je hervorbringen können. Auf der obersten Hauptreihe, oberhalb etwa der Spektralklasse O6 (das heißt, heißer als 40000 Kelvin), blasen die Winde praktisch unausgesetzt von Geburt des Sterns an, hören nie wirklich auf, wie es die starken P Cygni-Linien in den Ultraviolettspektren der Sterne bezeugen. Die Winde nehmen an Stärke zu, wenn sich die Sterne zu Überriesen entwickeln, und senden Stoßwellen in das umgebende interstellare Medium aus, wobei sie expandierende Blasen von einigen Parsec Durchmesser erzeugen. Weiter außen können sich Ionisationsblasen – die Strömgren-Sphären – in das umgebende interstellare Medium fressen, wo sie expandierende Stoßfronten bilden. Großräumig kann die gemeinsame Wirkung von ganzen OB-Assoziationen (wozu auch Sternexplosionen gehören) ungeheuer große Superblasen erzeugen, die sich über mehr als 100 Parsec erstrecken.

Die Sterne mit den größten Massen, jene oberhalb etwa 40 Sonnenmassen, haben derart starke Winde, daß sie, wie die Mira-Veränderlichen, völlig in ihr eigenes Auswurfmaterial eingehüllt werden können. Darüber hinaus ist der Massenverlust keineswegs gleichförmig, sondern höchst unregelmäßig. Infolgedessen verdecken sich Überriesen hoher Masse – die auch als „Hyperriesen" bezeichnet werden – immer wieder selbst, um dann erneut aufzutauchen. ρ Cassiopeia, normalerweise eine gelblicher G-Hyperriese 4. Größe, schwächte sich 1945 auf 6. Größe ab, wobei sein Spektraltyp auf die rötliche Klasse M absank; er benötigte zwei Jahre, um sich wieder zu erholen. Der Stern hatte eine gewaltige Wolke staubhaltigen Gases verloren und sich selbst darin begraben, bis der Staub zerstreut war.

Sterne von rund 50 Sonnenmassen und darüber verlieren so schnell so viel Materie, daß ihre Entwicklung praktisch angehalten wird und sie blaue Hyperriesen bleiben. Diese hell strahlenden Sterne schweben am Rande der klassischen und – für Sterne – gefährlichen „Eddington-Grenze". Obwohl Photonen keine Masse haben, transportieren sie Energie und Impuls. Ein Teilchen, das von einem Photon getroffen wird oder eines absorbiert, prallt daher zurück, es bewegt sich. Folglich erzeugt das ständige Sperrfeuer der Photonen, die die Schichten des Sterns durchqueren, einen nach außen gerichteten Strahlungsdruck. Ein Stern paßt seine Größe automatisch so an, daß in jeder seiner Schichten die nach außen gerichtete Triebkraft des Gas- und des Strahlungsdrucks die Kraft ausgleicht, mit der die Gravitation die Schicht nach innen zieht. Bei der Sonne spielt der Strahlungsdruck keine Rolle, aber er wird wichtig, wenn die Leuchtkraft in den oberen Bereich des HR-Diagramms klettert. Im Reich der Hyperriesen dominiert der nach außen gerichtete Strahlungsdruck, und an der Eddington-Grenze ist er so stark, daß er an der Sternoberfläche den nach innen gerichteten Zug der Gravitation übertrifft. Der Stern hat nun praktisch eine Oberflächengravitation von Null, so daß Materie leicht entweichen kann. Solche Sterne reißen sich einfach selbst in Stücke; sie erzeugen Winde mit einer Abströmrate von mehr als 10^{-4} Sonnenmassen pro Jahr und werden zu den leuchtkräftigen blauen Veränderlichen.

Hätte doch jemand in den vierziger Jahren des vorigen Jahrhunderts, als η Carinae im Maximum war, ein Spektrum von ihm aufgenommen! Eines aus dem Jahr 1893 weist Absorptionslinien auf, die typisch für einen gelb-weißen F-Überriesen sind. Heute zeigt der Stern im optischen Spektrum nichts anderes als die Emissionslinien eines umgebenden Nebels, der auf einer Aufnahme des *Hubble*-Weltraumteleskops als eine ungeheuer große, geneigte bipolare Abströmung zu erkennen ist. Aus dem abströmenden Gas auskondensierter Staub blockiert im Optischen vollkommen die Sicht auf den

Stern. Infrarotbeobachtungen enthüllen im Herzen der Abströmung eine kleine Gruppe von Sternen, von denen einer sehr viel heller ist als die anderen. Strahlung aus dem umgebenden Nebel zeigt, daß dieser Anführer der Gruppe sehr heiß sein muß, etwa 25000 Kelvin. Als blauer Überriese von vielleicht 100 Sonnenmassen könnte er der massereichste Stern der Galaxis sein. Das vor einem Jahrhundert aufgenommene Spektrum erwischte η Carinae, als er gerade dabei war, sich zu verhüllen; sein F-Typ-Spektrum rührte nicht von dem Stern selbst her, sondern von Absorption in der abströmenden Wolke. Zur Zeit seines maximalen Massenverlusts hat η Carinae möglicherweise bis zu 0,1 Sonnenmassen pro Jahr verloren und bei dem Ausbruch insgesamt eine Sonnenmasse oder mehr – Materie, die heute als die umgebende Wolke zu sehen ist. Die Materieabströmungen sind in hohem Maße chaotisch, wie zum Beispiel auch AG Carinae zeigt, der Materie in riesigen Klumpen abstößt.

Wie auch immer der genaue Entwicklungsverlauf sein mag (und wir sind äußerst unsicher, was vor was kommt), letztlich können die Sterne der höchsten Massen, jene im Bereich der Hyperriesen und ein wenig darunter, ihre Wasserstoffhüllen (fast?) vollständig abstreifen und das Ergebnis eines Millionen Jahre andauernden nuklearen Brennens freilegen. Diese seltsamen Produkte der Sternentwicklung werden nach den beiden französischen Astronomen Charles Wolf und Georges Rayet, die sie im 19. Jahrhundert als erste identifiziert hatten, Wolf-Rayet-Sterne genannt. Sie haben Spektren, die äußerst reich an starken Emissionslinien sind. Wasserstoff fehlt; statt dessen herrscht in diesen Sternen Helium vor. Wolf-Rayet-Sterne treten in zwei unterschiedlichen Arten auf: stickstoffreich (WN) und kohlenstoffreich (WC). Die beiden Spielarten stellen möglicherweise aufeinanderfolgende Entwicklungsstadien dar: die stickstoffreiche Variante das Ergebnis von Wasserstoffbrennen im Kohlenstoffzyklus, die kohlenstoffreiche das Ergebnis von Heliumbrennen.

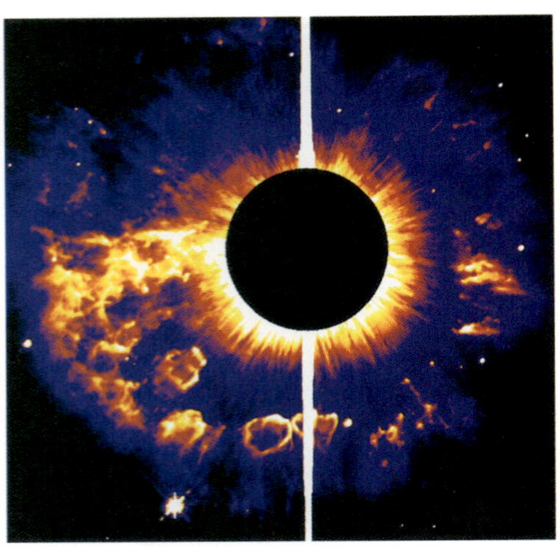

9.3 AG Carinae, der hinter der künstlichen Scheibe verborgen ist, bläst Materie in chaotischen Gasklumpen ab.

Um welches Entwicklungsszenario es sich auch handelt, Wolf-Rayet-Sterne sind sehr windig. Viele befinden sich in Doppelsternsystemen und haben massereiche, aber normale Begleiter der Klasse O. Bahnanalysen zeigen, daß die Wolf-Rayet-Sterne typischerweise Massen von 20 Sonnenmassen haben, also deutlich unter der Grenze zu den Hyperriesen liegen. Ihre Begleiter haben jedoch *größere* Massen. Damit sich die Wolf-Rayet-Sterne aber als erste so weit entwickeln konnten, mußten sie ursprünglich massereicher gewesen sein als ihre Begleiter. Die Wolf-Rayet-Sterne haben ihre Massen also mindestens halbiert und einige Dutzend Sonnenmassen in den Raum geschleudert. Diese massereichen Edelsteine sind gewöhnlich von wunderschönen Gashüllen umgeben, den sogenannten Ringne-

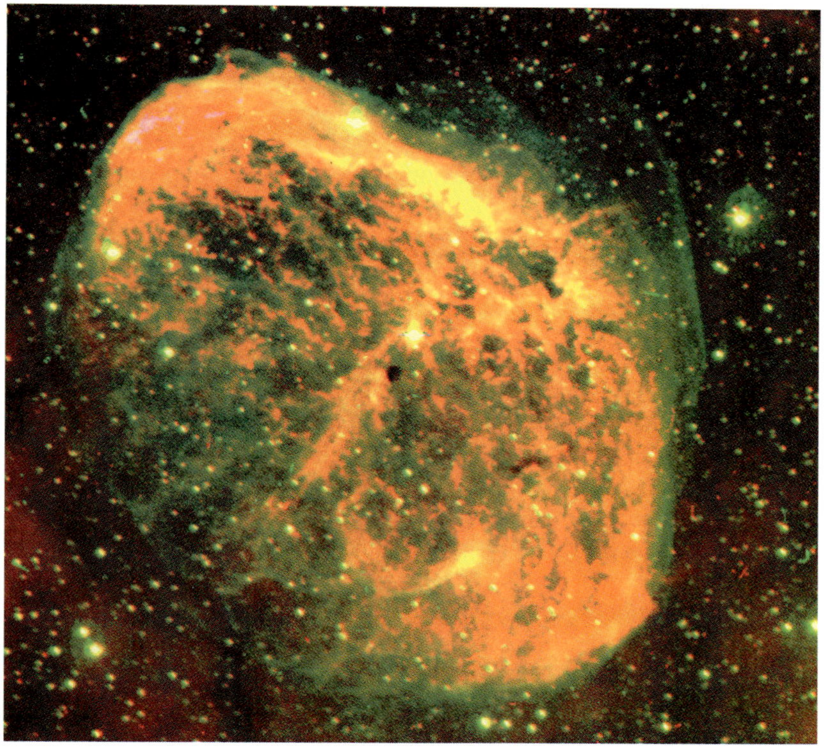

9.4 NGC 6888 – ein wunderschöner, heller Ringnebel in Cygnus von sechs Parsec Durchmesser, der von einem stickstoffreichen Wolf-Rayet-Stern ausgestoßen wurde – fegt Materie aus seiner Umgebung auf.

beln. Diese sind insofern massereiche Verwandte der planetarischen Nebel, als auch sie durch Winde abgestoßene Sternhüllen sind, die auf das Gas ihrer Umgebung prallen. Es gibt jedoch deutliche Unterschiede (man verwechsle sie zum Beispiel nicht mit dem Ring-Nebel in der Leier, einem echten planetarischen Nebel in Form eines Ringes; eine logische Nomenklatur ist nicht gerade die Stärke der Astronomie). Ringnebel um O-Sterne sind massereicher als planetarische Nebel und enthalten typischerweise deutlich mehr als eine Sonnenmasse an staubhaltigem Gas. Viele planetarische Nebel sind mäßig angereichert mit den Nebenprodukten nuklearer Brennprozesse; Ringnebel sind jedoch *alle stark* angereichert. Wir beobachten kohlenstoffreiche Ringnebel von WC-Sternen und stickstoffreiche Wolken von WN-Sternen, wobei beide Arten reich an neugeschaffenem Helium sind. Planetarische Nebel bleiben auch den größten Teil ihres sichtbaren Daseins „unverfälscht"; eine Vermischung ihrer Gase mit dem interstellaren Medium oder mit früheren Winden vom Mutterstern findet erst am Ende ihres kurzen Lebens statt. Doch wie alle Prozesse, beginnt bei O-Sternen auch dieser Vermischungsprozeß schon früh. Bis die Ringnebel voll entwickelt sind, ist ihre chemisch angereicherte Zusammensetzung durch heftige Vermischung der Nebel mit den Winden, die die ursprünglichen Muttersterne auf Wolf-Rayet-Proportionen reduziert hatten, bereits verdünnt. Mit der Materie, die diese massereichen Sterne an das interstellare Medium zurückgeben, aus dem sie einst hervorgingen, machen sie diesem ein großzügiges Geschenk an schweren Atomen, die in der nächsten Sterngeneration Verwendung finden werden.

Kollaps

Physikalische Systeme trachten danach, ihren niedrigsten Energiezustand einzunehmen, und unter der unbarmherzigen Wirkung der Gravitation versuchen Sterne deshalb, sich so klein wie möglich zu machen. Dieser Vorgang ist die treibende Kraft hinter der ganzen Sternentwicklung. Gewiß, Hauptreihensterne schwellen zu Riesen, zu Überriesen, sogar zu Hyperriesen an, aber diese Expansionsphasen sind vorübergehende Oberflächenerscheinungen. Im Herzen des Sterns jedoch, dem Teil, der am Ende allein übrigbleibt, befindet sich eine schrumpfende Kernregion, in der nukleares Brennen stattfindet und die im Fall der Weißen Zwerge schließlich durch den auswärts gerichteten Druck von Elektronen stabilisiert wird.

Das nukleare Brennen wird praktisch von demselben Prinzip beherrscht. Als Folge der Verbindung von Protonen und Neutronen wird thermonukleare Energie freigesetzt. In jedem Brennstadium ist der neue, schwerere Atomkern noch fester gebunden – Kohlenstoff aus Heliumbrennen ist stärker gebunden als Helium aus Wasserstoffbrennen. Der am stärksten gebundene Atomkern ist Eisen, und dorthin zielt das nukleare Brennen. Bei mittleren Sternmassen (wo die Fusion bei Kohlenstoff und Sauerstoff endet) kann es nicht dorthin gelangen, weil Massenverlust und Stabilisierung durch Elektronen verhindern, daß die Temperaturen hoch genug werden. Aber in den Überriesen, wo die Massen der Kernregionen bereits nahe der Chandrasekhar-Grenze liegen, steigt die innere Temperatur so weit an, daß die Kernregion nicht entartet wird und das nukleare Brennen munter weitergeht. Das Leben auf der Hauptreihe endet, wenn der Wasserstoff durch die Bildung von Helium erschöpft ist. Die Helium-Kernregion kontrahiert dann, umgeben von einer wasserstoffbrennenden Schale, wie bei einem gewöhnlichen alternden Riesen. Ist die Temperatur hoch genug, verbrennt Helium zu Kohlenstoff und Sauerstoff. Doch nun erreichen wir den entscheidenden Punkt. Die entstandene Kohlenstoff-Sauerstoff-Kernregion kann weiter schrumpfen, erneut zünden und zu einer Mischung aus Magnesium, Neon und Sauerstoff verbrennen, die schließlich wieder schrumpft und zu Silicium verbrennt – der Vorgang ist allerdings alles andere als einfach –, und das Silicium wiederum wird zu Eisen. Wir enden mit einer Eisen-Kernregion, die von konzentrischen Schalen umgeben ist, in denen der Reihe nach im wesentlichen Silicium, Neon/Magnesium/Sauerstoff, Kohlenstoff, Helium und ganz außen Wasserstoff verbrennen. Das Ganze ist umschlossen von einer Art Hülle, die im Fall gewöhnlicher Überriesen hauptsächlich aus Wasserstoff, bei den Wolf-Rayet-Sternen dagegen aus angereichertem Helium besteht.

Abgesehen von unbedeutenden Reaktionen, die nur wenig Energie erzeugen, würde die Fusion der Eisen-Kernregion zu noch schwereren Elementen Energie *erfordern* statt welche freizusetzen. Sobald also diese Kernregion, die nun kurzfristig entartet ist, zu kontrahieren beginnt, stürzt sie in einem gewaltigen Kollaps in sich zusammen: Eine Chandrasekhar-Masse Eisen schrumpft in weniger als einer Sekunde mit einem drittel Lichtgeschwindigkeit von 1 000 Kilo-

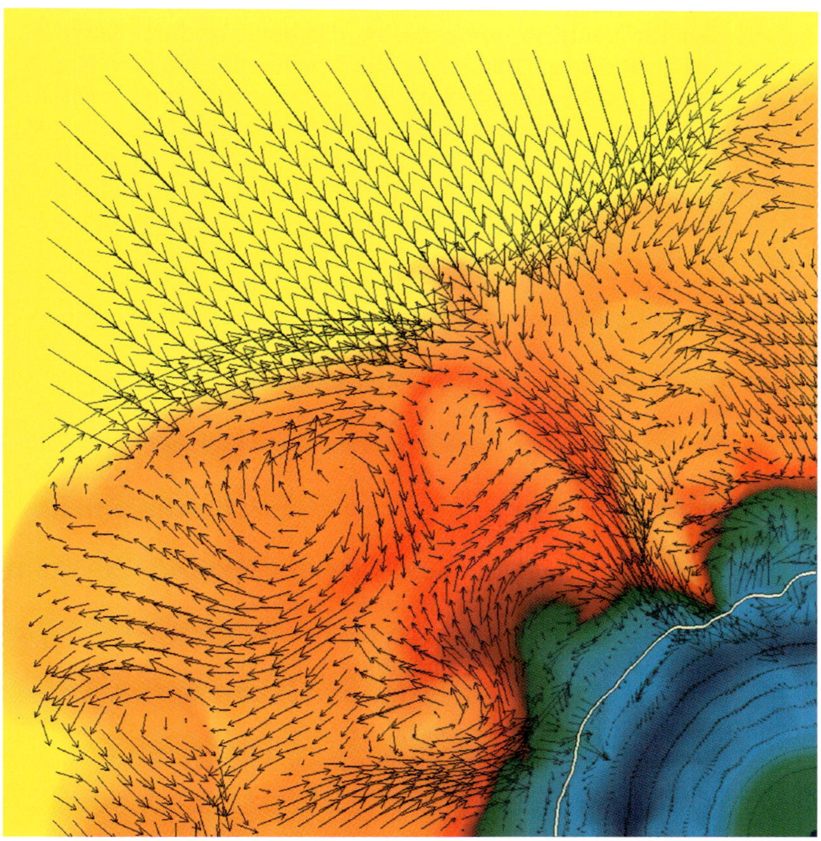

9.5 Computersimulation einer Supernova 0,089 Sekunden nach dem Kollaps. Im Zentrum bilden sich Neutronen. Die weiße Linie 20 Kilometer weiter draußen ist die „Neutrinosphäre", die Oberfläche, an der das innere Gas für die Neutrinos durchlässig wird, die damit eine auswärts gerichtete Stoßwelle antreiben helfen. Pfeile geben die turbulenten Gasbewegungen an, die dem Kollaps folgen. Die Oberfläche des Überriesen weiß noch nichts von dessen Tod.

meter Durchmesser auf weniger als 50 Kilometer. In diesem furiosen Schmelzofen, in dem die Temperatur auf über zehn Milliarden Kelvin ansteigt, wird das Eisen in seine Grundbausteine aufgebrochen, wobei die Protonen und umgebenden Elektronen zu Neutronen zusammengepreßt werden. Während die wachsende Neutronen-Kernregion kollabiert, erzeugt sie in ihrem Inneren eine Stoßwelle, die nach außen zu laufen versucht. Aber da ihre Kraft nicht ausreicht, bleibt sie stecken, und nach innen fallende Materie hindert sie am Expandieren.

Dann geschieht etwas Bemerkenswertes. Bei der Bildung der Neutronen entstehen große Mengen Neutrinos, masselose (oder fast masselose) Teilchen, die bei vielen Kernreaktionen erzeugt werden, darunter auch beim Wasserstoffbrennen. Neutrinos sind nahezu das „Nonplusultra" an nicht wechselwirkender Materie. Rund 70 Milliarden Neutrinos von der Sonne passieren pro Sekunde jeden Quadratzentimeter von uns – und der gesamten Erde. Um ein Neutrino zu stoppen, wäre im Mittel eine Bleischicht von einem halben Lichtjahr Dicke nötig. Aber die Dichten in dem Stern um die kollabierte Kernregion sind so hoch, rund 10^{14} Gramm pro Kubikzentimeter, daß das Gas für Neutrinos *optisch dick*, das heißt, undurchlässig ist. Sie können nicht hinaus, und sie drücken gegen den äußeren Rand der Kernregion, wobei sie der Stoßwelle einen gewaltigen zusätzlichen Schub geben, durch den sie freikommt und nach außen braust. Die Dichte sinkt, und die Neutrinos verlassen mit nahezu Lichtgeschwindigkeit den Stern. Ein paar Stunden später, wenn die Stoßwelle auf die Sternoberfläche trifft, zerreißt sie den Stern mit einer Geschwindigkeit von etwa 10000 Kilometern pro Sekunde – und schließlich wird irgend jemand irgendwo eine Supernova am Nachthimmel aufleuchten sehen. Obwohl 99 Prozent der Energie einer Supernova von den Neutrinos abgeführt werden, kann eine solche Supernova, die durch den Kollaps ihrer Kernregion zustande kommt, eine absolute visuelle Helligkeit von –18 erreichen, mehr als eine Milliarde mal heller als die Sonne und nicht viel schwächer als ihre gesamte Wirtsgalaxie. Es ist das gewaltigste Einzelereignis, das wir in der Natur kennen.

In dem Hexenkessel der Explosion, bei einer Temperatur von nun fast 200 Milliarden Kelvin, toben nukleare Reaktionen und bilden einen gut Teil einer Sonnenmasse an radioaktivem Nickel (^{56}Ni) sowie sehr viel kleinere Mengen anderer Elemente, das ganze Periodensystem hinauf, über Uran bis hin zu Plutonium und vermutlich noch darüber hinaus. Das Nickel zerfällt über Kobalt (^{56}Co) zu stabilem Eisen (^{56}Fe), und dieser radioaktive Zerfall erzeugt Gammastrahlung und schließlich auch einen Großteil des sichtbaren Lichts des explodierenden Sterns. Was als Eisen-Kernregion von fast einer Sonnenmasse begann, erzeugt somit rund ein zehntel Sonnenmasse dieses Elements in der Hülle, die in den Raum geschleudert wird. So trägt es zu der ständigen Anreicherung des interstellaren Mediums bei, um schließlich eines Tages in neue Sterne eingebaut zu werden. Möchten Sie die Überreste einer Supernova berühren? Nehmen Sie einfach eine Besteckgabel in die Hand.

Nicht alles des zerstörten Sterns wird in den Raum geblasen. Die Masse innerhalb der anfänglichen Stoßwelle ist so dicht, ihre Gravitation so ungeheuer stark, daß eine kompakte Kugel aus Neutronen von nur 20 oder 30 Kilometern Durchmesser übrigbleibt. Dieser „Neutronenstern" enthält etwa 1,5 Sonnenmassen, die zurückbleiben, nachdem sich die Trümmer der Explosion im Raum zerstreut haben. Weiße Zwerge werden durch entartete Elektronen gestützt, die ihre quantenmechanischen Volumina ausgefüllt haben. Ein Neutronenstern ist die nächsthöhere Stufe, ein kompakter Körper, mehr als eine Million mal dichter als ein Weißer Zwerg, der nicht durch Elektronen, sondern durch entartete Neutronen gestützt wird. Als Erinnerung an den ursprünglichen großartigen O-Stern, der zu einem Überriesen wurde, ist er ein himmlisches Denkmal, das niemals vergeht.

So wie Weiße Zwerge haben auch Neutronensterne eine obere Grenzmasse, deren Wert Rechnungen zufolge etwa drei Sonnenmassen beträgt. In extremen Fällen könnte die kollabierte Kernregion diese Grenze übersteigen und zum legendären Schwarzen Loch wer-

9.6 Supernova 1987 A entstand durch den Kollaps der Eisen-Kernregion eines blauen Überriesen, der nicht mehr existiert. In ihrem Maximum erreichte die Supernova eine scheinbare Helligkeit von +3 und war trotz 52 000 Parsec Entfernung mit bloßem Auge leicht erkennbar.

den. Nichts kann dieses mehr gegen die Gravitation stützen, so daß es ewig kollabiert. Seine scheinbare „Oberfläche“ ist eine winzige Kugel von ein paar Kilometern Durchmesser, an der die Entweichgeschwindigkeit gleich der Lichtgeschwindigkeit ist und von der nichts, auch keine Strahlung, mehr entkommen kann.

Die letzte in unserer Galaxis beobachtete Supernova erschien 1604, vor der Erfindung des Teleskops. Das, was wir über Supernovaexplosionen wissen, stammt hauptsächlich aus Beobachtungen in anderen, gewöhnlich weit entfernten Galaxien. Supernovae, die durch den Kollaps ihrer Eisen-Kernregion entstehen, sind die Finale massereicher Sterne, und folglich beobachtet man sie in den Scheiben von Galaxien, wo die massereichen O-Sterne zu finden sind. Einige haben starke Wasserstoffemissionslinien, die von den explodierenden Hüllen gewöhnlicher blauer und roter Überriesen herrühren. Sterne wie Beteigeuze, Antares und Rigel sind gute Kandidaten für das nächste derartige Ereignis in unserer Nähe, wenn auch die Hauptanwärter die weiter entfernten, monströsen leuchtkräftigen blauen Veränderlichen sind: η Carinae kann jederzeit hochgehen.

Ein gleich großer Anteil von Supernovae zeigt jedoch überhaupt keine Wasserstofflinien in ihren Spektren. Einige von ihnen findet man in galaktischen Scheiben, und ein Teil davon sind wahrscheinlich Abkömmlinge der heliumreichen Wolf-Rayet-Sterne. Wir beobachten wasserstofflose Supernovae jedoch auch in den äußeren Bereichen von Galaxien, in alten galaktischen Halos, wo die massereichen Sterne schon längst gestorben sind. Alles, was heute dort noch vorhanden ist, sind massearme Sterne, die unmöglich kollabierende Kernregionen bilden können.

Dieser zweite Pfad zu explosiver Prachtentfaltung ist noch nicht vom Gestrüpp befreit, und wir sehen noch nicht ganz klar. Es gibt eine Reihe von Möglichkeiten für diese Art wasserstoffloser Supernovae, die alle mit Doppelsternen und Weißen Zwergen zu tun haben. Von zwei Hauptreihensternen in einem Doppelsternsystem muß sich der massereichere als erster entwickeln. Stehen die beiden Partner nahe genug beieinander, könnte sich der anschwellende Riese über den masseärmeren Stern hinaus ausdehnen und ihn in seine dünne äußere Atmosphäre einhüllen, so daß eine Zeitlang der eine Stern praktisch innerhalb des anderen kreist. Durch Reibung kommen sich die Sterne langsam noch näher, während der Riese einen planetarischen Nebel bildet und zu einem Weißen Zwerg schrumpft. Am Ende stehen ein Weißer Zwerg und ein Hauptreihenstern sehr dicht beieinander, vielleicht so nahe, daß der Hauptreihenstern durch Gezeiten stark verzerrt wird und Materie auf den kleineren Stern hinüberströmt. Wenn sich auf diese Weise genügend frischer

Wasserstoff auf dem Weißen Zwerg angesammelt hat, explodiert seine Oberfläche als thermonukleare H-Bombe und läßt die Leuchtkraft des Sterns stark ansteigen, bis an die Eddington-Grenze: Eine „Nova" – ein „neuer Stern" – erscheint am Himmel. Diese Ereignisse kommen in der Galaxis recht häufig vor. Sie erreichen absolute visuelle Helligkeiten von –8 oder –10, vergleichbar mit den hellsten O-Zwergen und M-Überriesen. Die Explosionen richten bei keinem der beiden beteiligten Sterne großen Schaden an, und die Trümmer, angereichert mit noch mehr Elementen, die bei der explosiven Fusion erzeugt wurden – Helium, Stickstoff, Kohlenstoff, Neon, Magnesium, Silicium –, werden in den Raum geschleudert.

Was jedoch, wenn der Weiße Zwerg von einem massereichen Vorgänger abstammt und dicht an der Chandrasekhar-Grenze liegt? Dann könnte ihn die angesammelte gestohlene Materie über die Grenzlinie stoßen, so daß es in der kohlenstoffreichen Kernregion zu einer ungebremst anwachsenden thermonuklearen Fusion kommt. Diese Art Supernova wird sogar noch heller als die Variante mit der kollabierenden Eisen-Kernregion und der Stern möglicherweise vollständig zerstört. Dabei bläst er *eine weitere* Ladung Eisen – vielleicht ein paar zehntel Sonnenmassen oder so – und andere Elemente in das interstellare Medium. Ein solches Ereignis sollte aber nicht oft stattfinden, und in der Tat sind Supernovae selten.

Nun gehen wir bei dem oben skizzierten Entwicklungsprozeß einen Schritt weiter. Angenommen, der Weiße Zwerg liegt deutlich unter der Chandrasekhar-Grenze. Der gewöhnliche Zwerg dehnt sich nun zu einem Riesen aus und umschließt den Weißen Zwerg, und die beiden rücken noch näher zusammen. Die Allgemeine Relativitätstheorie sagt vorher, daß eine beschleunigte Masse Gravitationswellen erzeugt. Während der kleine Stern um den Riesen kreist, führt die durch die Abstrahlung solcher Wellen freigesetzte Energie dazu, daß das Paar immer enger zusammenspiralt, bis es miteinander verschmilzt. Und wieder kommt es zu einer ungebremst anwachsenden nuklearen Fusion und Explosion.

Selbst ein gewöhnlicher Weißer Zwerg deutlich unter der Chandrasekhar-Grenze könnte zum Explodieren gebracht werden, wenn er genügend Materie von einem Doppelsternbegleiter akkretiert, einem, der zuvor durch Gezeiten – hervorgerufen vom Vorgänger des Weißen Zwergs – bis auf sein heliumreiches Inneres entblößt worden ist. Nachdem ein paar zehntel Sonnenmassen auf dem Weißen Zwerg abgelagert worden sind, kann das frische Helium zünden und eine Druckwelle nach innen senden, so daß auch hier wieder die Kernregion des Weißen Zwergs hochgeht und den Stern in einer Explosion zerstört, bei der wiederum Eisen gebildet wird.

„Außergewöhnliche Ereignisse ... außergewöhnliche Beweise"

Wie kommt man auf diese außergewöhnlichen Vorstellungen über natürliche Explosionsgewalten? Philip Klass, der bekannte UFO-Entlarver, entgegnete auf Behauptungen, nicht identifizierte fliegende Objekte seien die Fahrzeuge von „Außerirdischen", daß „außergewöhnliche Ereignisse außergewöhnliche Beweise erfordern". Außergewöhnliche Beweise (in der Tat, überhaupt irgendwelche soliden Anzeichen) für extraterrestrische Raumschiffe gibt es nicht, wohl aber für explodierende Sterne! Beobachtungszeugnisse reichen zurück bis 1572 (nur 30 Jahre, nachdem uns Kopernikus für immer aus dem Zentrum des Universums rückte), als Tycho Brahe staunend in die Milchstraße in Cassiopeia starrte und mit großer Sorgfalt einen „neuen Stern" beschrieb, der ihn sehr verwirrte und der schließlich nach ihm benannt wurde. Tychos Stern, der in seinem Maximum bei Tage sichtbar war, machte mit seiner scheinbaren Helligkeit der Venus Konkurrenz und war über zwei Jahre lang zu sehen. Nur 32 Jahre später, im Jahre 1604, untersuchte Johannes Kepler, der Entdecker der Gesetze der Planetenbewegungen, ein ähnliches Ereignis im Sternbild Ophiuchus. Dann brach 1885 ein hell leuchtendes Pünktchen im Herzen der Andromeda-Galaxie (M 31) aus, das so hell wurde, daß es beinahe mit bloßem Auge zu sehen war. Sobald Edwin Hubble 1924 die Entfernung von M 31 bestimmt hatte, erkannten die Astronomen, daß der 40 Jahre zuvor beobachtete „neue Stern" ungeheuer hell gewesen sein muß, weitaus heller als eine gewöhnliche Nova, und damit zur selben Klasse zählte wie Keplers und Tychos Sterne (die ebenfalls, selbst in ihrer scheinbarer Helligkeit, die Novae weit übertroffen hatten). Für diese außergewöhnlichen Ereignisse und für andere, die in weiter entfernten Galaxien beobachtet wurden, prägten Fritz Zwicky und Walter Baade vom Mount Wilson Observatory 1934 den Namen „Supernova". In einer der hervorragendsten astrophysikalischen Beweisführungen aller Zeiten schlug Zwicky 1936 vor, daß Supernovae durch „rasche Übergänge gewöhnlicher Sterne in Neutronensterne" entstehen.

Die älteren historischen Aufzeichnungen sind gleichermaßen deutlich. Chinesen und Japaner führten in den vergangenen zwei Jahrtausenden genauestens Buch über himmlische Ereignisse und über neue, scheinbar nur vorübergehend existierende Sterne. Viele dieser Erscheinungen waren offensichtlich Kometen, während sich andere wie gewöhnliche Novae verhielten. Doch eine ganze Klasse sticht als ungewöhnlich hell hervor, vergleichbar mit Tychos und Keplers Sternen. Mit großer Wahrscheinlichkeit gehören hierzu die „Gaststerne" der Jahre 185, 386, 393, 1006, 1054 und 1181. Der Besucher von 1006, der in unserem Sternbild Lupus aufleuchtete, war das hellste stellare Objekt in der gesamten bekannten Geschichte. Er erreichte eine scheinbare Helligkeit zwischen –8 und –10 und strahlte damit etwa so hell wie der Halbmond. Obwohl er von China aus nie sehr hoch über dem südlichen Horizont stand, war er deutlich am Tageshimmel zu sehen und warf in der Nacht starke Schatten: Ein zeitgenössischer Text besagt: „Er schien so hell, daß man bei seinem Licht Dinge sehen konnte." Das Ereignis von 185 stand diesem nicht sehr viel nach.

In jüngerer Zeit konnte man mehr technische Beweise für stellare Katastrophen finden. Hundert Jahre nach der Supernova von 1881 in M 31 zeigte eine Aufnahme der Region, die mit einem Filter gemacht wurde, das nur Licht der Wellenlänge einer Eisenabsorptionslinie durchläßt, einen schwarzen Fleck, der von dem ausgeschleuderten Eisen stammt. Und wenn auch seit 1604 keine Supernova in unserer Galaxis mehr gesichtet wurde (es ist sicherlich bald wieder Zeit dafür), so gab es doch eine in der Nähe: 1987 explodierte in der Großen Magellanschen Wolke ein blauer Überriese. Detektoren in Japan und in den Vereinigten Staaten fingen einige Stunden, bevor irgend jemand den Stern ausbrechen sah, die vorhergesagte Anzahl

9.7 Die Supernova von 1054 muß die Menschen auf der ganzen Welt beeindruckt haben. Hier ist sie anscheinend zusammen mit der Mondsichel auf einen Felsen im Chaco Canyon, New Mexico, gemalt worden.

Neutrinos aus der Kernregion der Supernova 1987A auf. Damit hatten unsere Instrumente direkt mitten ins Herz eines kollabierenden Sterns geschaut. Die Astronomen beobachteten auch Gammastrahlung aus dem Zerfall von radioaktivem Nickel in Eisen. Wir haben also in der Tat unsere außergewöhnlichen Beweise.

Die Trümmer

Der englische Astronom John Bevis, Verfasser des Sternatlasses *Uranographia Britannica*, entdeckte 1731 ein verwaschenes Wölkchen direkt neben dem einen Horn des Taurus. Charles Messier, auf den „Englischen Atlas" verweisend, führte in seinem berühmten Katalog diesen Nebel als Nummer 1 auf. Eine visuelle Untersuchung in den vierziger Jahren des 19. Jahrhunderts veranlaßte William Parsons, Lord Rosse, dem Objekt den Namen „Krebs-Nebel" zu geben. Photographien aus unserer eigenen Zeit zeigen krebsähnliche Beine, verwickelt in einem gleichmäßigeren amorphen Hintergrund. Bereits 1921 schloß man aus der Übereinstimmung der Positionen des Krebs-Nebels und des chinesischen Gaststerns von 1054, daß der Krebs-Nebel der Überrest des hell strahlenden Eindringlings ist. Diese Beziehung wurde in den vierziger Jahren durch die Beobachtung der Ausdehnung des Krebs-Nebels bestätigt. Über eine Reihe von Jahren hinweg können wir beobachten, daß sich die Filamente des Nebels nach außen bewegen. Rechnet man von der jetzigen Geschwindigkeit ausgehend zurück, so folgt, daß die Filamente etwa um das Jahr 1140 von einem Punkt in der Nähe des Zentrum aus zu expandieren begannen. Bedenkt man die unvermeidlichen Beobachtungsfehler und mögliche Beschleunigungen, so ist das eine gute Übereinstimmung mit der historischen Aufzeichnung.

Der amorphe Hintergrund des Krebs-Nebels strahlt ein kontinuierliches Spektrum aus, während die Filamente ein reiches Emissionsspektrum mit den üblichen Rekombinationslinien von Wasserstoff und Helium sowie verbotenen Linien von Sauerstoff, Stickstoff, Schwefel, Neon und anderen Elementen erzeugen. Die Kombination von spektralen und Positionsmessungen liefert uns die Entfernung des Krebs-Nebels. Wie bei den planetarischen Nebeln können wir aus den Dopplerverschiebungen der Spektrallinien die Expansionsgeschwindigkeit des Nebels bestimmen. Sie beträgt 1500 Kilometer pro Sekunde. Nehmen wir an, daß der Nebel mit derselben Geschwindigkeit auch *quer* zur Sichtlinie expandiert. Da die Winkelbewegungen der Filamente sowohl von der Entfernung als auch von der Geschwindigkeit abhängen und wir die Geschwindigkeit kennen,

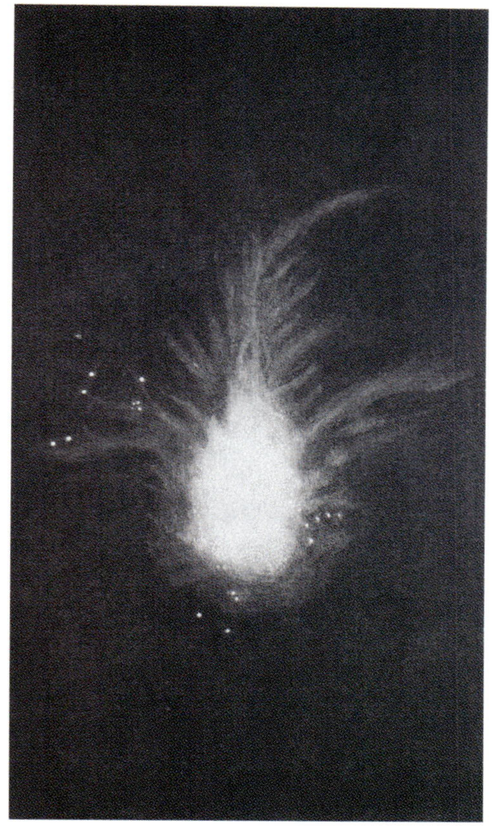

9.8 Der vier Parsec große Krebs-Nebel (links) stellt die Explosionstrümmer der Supernova von 1054 dar. Rechts eine frühe Zeichnung des Krebs-Nebels von Lord Rosse.

können wir leicht die Entfernung berechnen. Unter realistischeren Annahmen über die dreidimensionale Gestalt des Nebels und die Asymmetrie der Expansion (die auf den Richtungen des lokalen Magnetfelds und der Rotation des Reststerns beruhen) ergibt sich eine Entfernung von etwa 2000 Parsec und ein Durchmesser von vier Parsec. Der Stern muß daher eine absolute visuelle Helligkeit von –16 erreicht und soviel Licht wie eine Viertel Milliarde Sonnen ausgestrahlt haben – was klar bestätigt, daß es sich um eine Supernova gehandelt hat. Die Wasserstoffemissionslinien beweisen, daß das, was die chinesischen Astronomen beobachtet haben, der Kollaps einer stellaren Eisen-Kernregion war. Der Krebs-Nebel, der Überrest der grandiosen Explosion, ist zumindest eine Form eines „Supernova-Überrests“ oder kurz „SNR“ (nach seiner englischen Bezeichnung „supernova remnant“). Es muß aber noch viele weitere geben.

In den Anfangstagen ihrer Wissenschaft begannen Radioastronomen, neu entdeckte Quellen himmlischer Radiostrahlung – „Radiosterne“ – dem jeweiligen Sternbild nach aufzuzählen. Doch bald wurden so rasch so viele gefunden, daß dieses System der Namengebung gleich wieder zusammenbrach und durch Katalognummern ersetzt wurde. Nichtsdestoweniger sind die Namen Virgo A, Sagittarius A, Sagittarius B und mehrere andere, die für die hellsten Objekte stehen, bis heute erhalten geblieben. Damals war die Identifikation der optischen Gegenstücke der Radioquellen ein schwieriges Unterfangen, da einige Quellen bei kurzen Wellenlängen nur schwach strahlen und weil das Auflösungsvermögen eines normalen Radioteleskops – seine Fähigkeit, genaue Positionen zu bestimmen – begrenzt ist. Mit verbesserten Instrumenten, darunter auch Radiointerferometern (zwei oder mehr einzelne Radioteleskope, die zusammengeschaltet werden und eine hohe Positionsgenauigkeit liefern), konnten die Astronomen Virgo A mit der riesigen Galaxie M 87 und Cygnus A mit einer sehr viel weiter entfernten Galaxie identifizieren. Außerdem erkannten sie, daß Sagittarius A das galaktische Zentrum ist, das vermutlich ein massereiches Schwarzes Loch enthält, und Sagittarius B ein dichtes Sternentstehungsgebiet (wegen des interstellaren Staubs ist keine der beiden Quellen im Optischen sichtbar). Taurus A konnten sie 1949 mit dem Krebs-Nebel gleichsetzen, der bei einigen Wellenlängen die hellste Radioquelle am Himmel ist.

Planetarische und Emissionsnebel zeigen alle unter ihren Emissionslinien ein kontinuierliches Spektrum. Das optische und ultraviolette Kontinuum entsteht hauptsächlich durch den Wiedereinfang freier Elektronen auf verschiedene Bahnen des Wasserstoffs und durch die gelegentliche Emission von zwei Photonen statt einem (Lyman α) beim Sprung des Elektrons von Bahn 2 auf Bahn 1 (Zwei-Photonen-Emission). Im Infraroten herrscht häufig Strahlung von warmem Staub vor, während das Radiospektrum von Frei-frei-Strahlung beherrscht wird (im Optischen nur schwach vorhanden), bei der freie Elektronen nur abgebremst, aber nicht eingefangen werden, wenn sie an freien Protonen vorüberfliegen. All diese Prozesse sind gut verstanden und ermöglichen es den Astronomen, die Stärke des Kontinuums über das gesamte Spektrum hinweg vorherzusagen.

Beim Krebs-Nebel versagten diese Regeln jedoch völlig. Zunächst konnte niemand die starke Radiostrahlung auf der Grundlage der Stärke des optischen Kontinuums mathematisch reproduzieren. Schritt für Schritt erkannte man jedoch allmählich, daß das Kontinuum demjenigen ähnelte, das in einer bestimmten Art von Teilchenbeschleunigern, den sogenannten Synchrotrons, von Elektronen erzeugt wird, die sich mit nahezu Lichtgeschwindigkeit in einem Magnetfeld bewegen. Die Elektronen werden auf Spiralbahnen um die Magnetfeldlinien gelenkt, wobei sie aufgrund der auf sie wirkenden Beschleunigungen in Richtung ihrer Bewegung Strahlung aussenden. „Synchrotronstrahlung“ gehorcht einem Potenzgesetz, wobei die Stärke der Strahlung umgekehrt proportional zu einer niedrigen Potenz der Frequenz ist. Infolgedessen nimmt die Stärke von Synchrotronstrahlung rasch zu, wenn die Frequenz in den Radiobereich absinkt (und die Wellenlänge ansteigt). Synchrotronstrahlung ist ein klares Identifikationsmerkmal für Supernova-Überreste, starke Magnetfelder und einen Mechanismus, der schnelle Elektronen hervorbringen kann. Man beobachtet sie auch in einigen anderen Zusammenhängen, bemerkenswerterweise auch von der Jupitermagnetosphäre, wo sie von Elektronen ausgestrahlt wird, die aus dem Sonnenwind eingefangen wurden. Etwa 200 galaktische Supernova-Überreste sind anhand ihrer Radiostrahlung identifiziert worden. Die Hälfte davon zeigt auch optische Merkmale, manchmal nicht mehr als ein paar schwache Gasfetzen, und rund Dreiviertel werden im Röntgenbereich des Spektrums beobachtet.

Das Emissionslinienspektrum der Filamente des Krebs-Nebels scheint zunächst dem der planetarischen und der Emissionsnebel zu ähneln, aber es ist nicht ganz dasselbe. Erstens ist kein unmittelbar erkennbarer heißer, ionisierender Stern vorhanden. Die Linienstärken der Emissionslinien sind ebenfalls merkwürdig, insbesondere diejenigen geringer Ionisation wie [SII], verbotene Linien des einfach ionisierten Schwefels. Wir können die Linienstärken theoretisch nachbilden, indem wir annehmen, daß das Gas der Filamente durch Stoßwellen und durch die starke Synchrotronstrahlung ionisiert wird, die sich vom Radio- über den optischen bis in den ungeheuer energiereichen Gammastrahlungsbereich erstreckt.

Der Krebs-Nebel muß also eine ehrfurchtgebietende Energiequelle besitzen. Schon in den dreißiger Jahren hatte Zwicky vermutet, daß der Motor des Krebs-Nebels ein Neutronenstern sei, den er sogar mit einem eigenartigen Stern im Zentrum des Objekts identifizierte, der keinerlei Absorptionslinien zeigte. Aber es gab keine Möglichkeit, dies zu beweisen. Die Bestätigung kam schließlich – unbeabsichtigt – von anderer Seite. Der britische Astronom Anthony Hewish hatte 1967 in der Nähe von Cambridge eine Spezialantenne errichtet, um das „Funkeln" von punktförmigen Radioquellen zu beobachten, das von Veränderungen in der Refraktion herrührt, die durch die Sonnenkorona verursacht wird. Die Überwachung des Experiments wurde der Doktorandin Jocelyn Bell übertragen. Eines Morgens entdeckte sie auf dem Registrierstreifen, auf dem die Ergebnisse mit Tinte aufgezeichnet wurden, merkwürdige Pulse, die exakt 1,3 Sekunden auseinanderlagen. Die Pulse verschwanden zwei Monate lang, um dann plötzlich präzise nach dem vorhergehenden Zeitplan wieder aufzutauchen, mit derselben Periode von 1,337011... Sekunden. Nach einigen anfänglichen Spekulationen über die Möglichkeit, auf eine Art interstellaren Kommunikationsstrahl gestoßen zu sein,

9.9 Aufeinanderfolgende Radiostrahlungsausbrüche vom ersten bekannten Pulsar (jeweils von links nach rechts zu lesen) sind entsprechend der bekannten mittleren Periode von 1,33739 Sekunden von unten nach oben übereinandergelegt. Jeder Puls zeigt eine beträchtliche Komplexität, aber gemittelt über die Zeit bleibt die Pulsform gleich.

führte die Entdeckung noch einiger weiterer dieser Radio-Pulsare – darunter auch einer im Krebs-Nebel, der 30mal pro Sekunde blinkte – die Theoretiker zu dem Schluß, daß es sich um Strahlung von sehr schnell rotierenden Sternen handeln muß. Die kurzen Perioden wiesen auf sehr kleine Sterndurchmesser von nur einigen Dutzend Kilometern hin, was wiederum auf außergewöhnliche Dichten von 10^{14} Gramm pro Kubikzentimeter schließen ließ, im wesentlichen die von nuklearer Materie. Pulsare mußten daher Zwickys Neutronensterne sein. Zwei Jahre nach Bells Entdeckung wurde der Krebs-Pulsar optisch identifiziert: Es war der Stern, auf den Zwicky 30 Jahre zuvor aufmerksam gemacht hatte. Wie man schließlich feststellte, strahlt der Krebs-Pulsar über das gesamte elektromagnetische Spektrum hinweg, sogar bis in den Gammabereich.

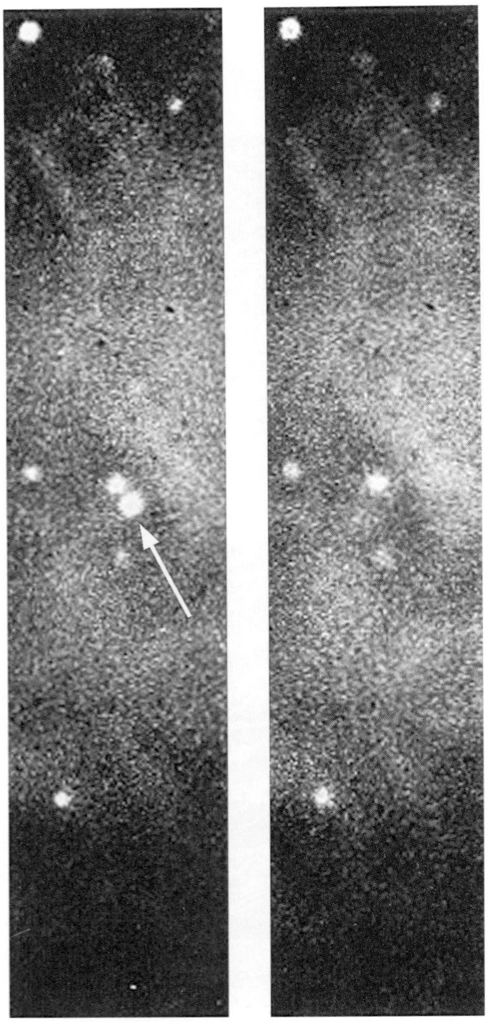

9.10 Im Abstand von 0,015 Sekunden betrachtet, erscheint der Krebs-Pulsar „an" (Pfeil) und „aus". Zwischen den Pulsen verschwindet der Pulsar völlig, weil seine Strahlung nicht die Erde trifft.

Heute kennt man mehr als 600 Pulsare, von denen etwa ein Dutzend mit Supernova-Überresten identifiziert sind. Ein Pulsar ist der kollabierte Rest einer Supernova, der durch einfache Erhaltung von Drehimpuls in schnelle Drehung versetzt wurde. Der Kollaps konzentrierte auch das Magnetfeld des Sterns, das wie die meisten astronomischen Magnetfelder gegen die Rotationsachse des Neutronensterns geneigt ist. Magnetisch beschleunigte Elektronen erzeugen dann Strahlung entlang der Feldachse, und wenn die Erde von dem kreiselnden Magnetfeld überstrichen wird, sehen wir einen kurzen Strahlungspuls, ganz ähnlich wie beim rotierenden Leuchtstrahl eines blinkenden Leuchtturms. Ein Pulsar ist zunächst sehr energiereich. Er rotiert und pulst sehr rasch, wobei er sowohl hoch- als auch niederenergetische Strahlung aussendet. Die durch das Magnetfeld erzeugte Strahlung entzieht dem Stern jedoch Energie, so daß er allmählich abgebremst wird. Während er langsamer rotiert und seine Energie nachläßt, werden keine energiereichen optischen Pulse mehr ausgesandt, und der kleine Körper, der nun mit einer Periode von einer Sekunde oder mehr pulst, erscheint nur noch im Radiospektrum, bis er schließlich gar nicht mehr zu sehen ist.

Zusätzlich zu den Pulsen erzeugt der Neutronenstern im Krebs-Nebel einen starken Wind aus hochbeschleunigten Elektronen, die sich zusammen mit dem Magnetfeld in den Nebel ausbreiten und dessen amorphe Synchrotronstrahlung hervorrufen. Der innere Bereich des expandierenden Nebels ist erfüllt von energiereichen, anmutigen Details, darunter bipolare Jets, eine Stoßfront dort, wo einer der Jets auf die umgebende Materie prallt, und ein kreisförmiger Halo. Alle diese Gebilde verändern sich und tanzen umher, und das in einem Zeitraum von wenigen Monaten, in dem der Motor im Zentrum seinen Energieausstoß chaotisch variiert. Die Filamente, die die Krebsbeine bilden, sind die zerfetzten Überreste der Hülle des explodierten Sterns. Sie bestehen zu 90 Prozent aus Helium, wie man es von einem Überriesen erwartet, der bereits einen Teil seiner Hülle durch Winde abgestreift hatte. Sie enthalten auch große Mengen anderer Elemente, obwohl die Anreicherung mit Eisen aus unerklärlichen Gründen nicht so hoch zu sein scheint wie erwartet.

Von den bekannten Supernova-Überresten erweist sich der Krebs-Nebel, der den Überrest einer Supernova durch Kernregion-Kollaps darstellt, insofern als ungewöhnlich, als er aus einem ausgefüllten Ellipsoid besteht; fast alle anderen, die sehr viel älter sind, sind hohle Schalen. Von vielen dieser Supernovae, darunter auch Tychos und Keplers Sterne, weiß man aufgrund der Art und Weise, wie sie schwächer wurden, daß sie vom Typ Weißer Zwerg waren. Bei den meisten SNR sehen wir also nicht so sehr die stellaren Überbleibsel der Explosion, sondern deren Stoßwelle, die durch das interstellare Medium läuft und es aufheizt. Die Temperaturen in der Stoßwelle reichen hinauf bis zu Hunderttausenden von Kelvin und erzeugen die starke Röntgenstrahlung, die man bei etwa der Hälfte der Quellen beobachtet. Schließlich dehnen sich die riesigen Blasen in das

9.11 Auf dieser *Hubble*-Aufnahme erkennt man einen Gasknoten, der von etwas ausgeht, das die Rotationsachse des Krebs-Pulsars zu sein scheint. In der anderen Richtung sitzt auf der Spitze der Achse eine Art Kappe oder Halo. Von einem Torus, der um die Achse gewunden ist, geht Röntgenstrahlung aus (hier nicht dargestellt). Die Szene ändert sich, wild flackernd, innerhalb von Monaten.

allgemeine interstellare Medium aus, wo sie zusammen mit den Blasen, die von den energiereichen O-Sternwinden herstammen, das heiße koronale Gas bilden, das die kühleren Wolken, in denen Sternentstehung stattfindet, umgibt.

Die meisten SNR enthalten keine von der Erde aus beobachtbaren Pulsare, weil deren Magnetfeldachsen nicht in die richtige Richtung weisen, und die meisten Pulsare sind nicht eindeutig mit SNR verknüpft, weil sie sehr viel länger leben als die expandierenden Trümmerwolken und immer langsamer rotieren, bis sie nicht mehr zu sehen sind. In einigen wenigen Fällen jedoch können diese alten Pulsare wiedergeboren werden. Es gibt eine kleine Untergruppe von Pulsaren, deren Perioden nicht nach Sekunden, sondern nach *Tausendstelsekunden* gemessen werden. Solche Perioden sind viel zu kurz, um vom Kollaps einer Eisen-Kernregion herzurühren. Die Astronomen sind sich ziemlich sicher, daß diese „Millisekunden-Pulsare" das Ergebnis von Prozessen in Doppelsternsystemen sind, wobei ein Stern Masse auf seinen neutronenentarteten Begleiter überträgt, einen, der vielleicht einst ein Pulsar war, inzwischen aber

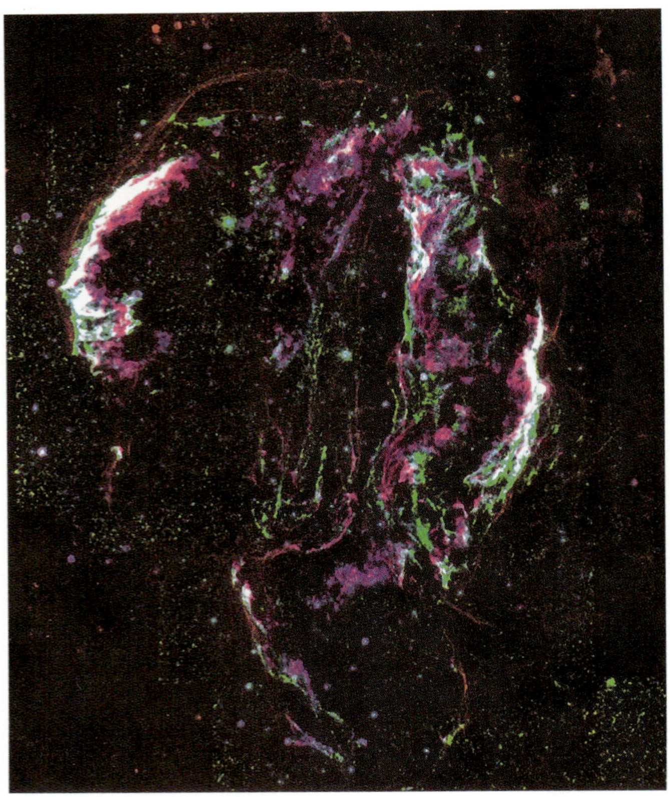

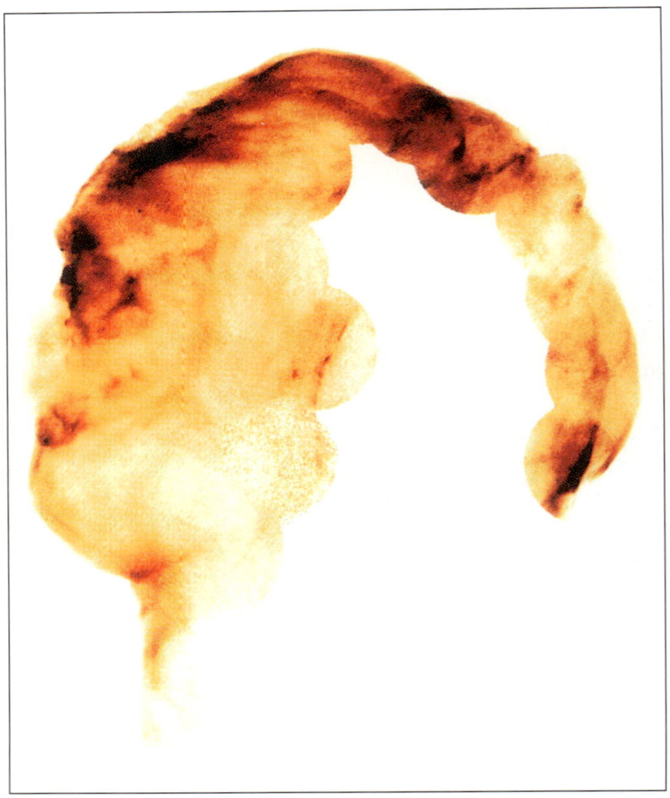

9.12 Der zwei Grad große Schleier- oder Zirrus-Nebel in Cygnus (unten) ist der durch Stoßwellen aufgeheizte Überrest einer Supernova, die vor rund 100 000 Jahren explodiert ist. Röntgenstrahlung (rechts), die von dem erhitzten Gas erzeugt wird, stimmt sehr schön mit der optischen Strahlung vom linken Bogen des Nebels überein.

nur noch langsam rotiert. Während Materie auf die Oberfläche des alten Pulsars hinabregnet, überträgt sie auch Drehimpuls und läßt den kleinen Stern schneller rotieren, als er es je aus eigener Kraft gekonnt hätte, so daß er wieder zu neuem Leben erblüht. Gleichzeitig verdampft der stark strahlende Neutronenstern den unglücklichen Spenderstern, so daß schließlich nur ein einzelner wirbelnder Derwisch übrigbleibt.

Die Analyse der Pulsperioden eines ganz speziellen Millisekunden-Pulsars zeigt Schwankungen, die nur von kleinen umlaufenden Körpern mit einigen Erdmassen herrühren können, die den Pulsar vor und zurück zerren. Dieser Pulsar hat *Planeten*, die ersten fremden Planeten, die je gefunden wurden. Normale Planeten, die zusammen mit dem Stern aus einer kollabierenden interstellaren Wolke entstanden waren, müßten im Verlauf der Entwicklung zum Überriesen oder bei der Explosion zerstört worden sein. Diese Planeten hier haben sich höchstwahrscheinlich aus den Trümmern des verdampften Begleiters gebildet und stellen damit vielleicht die höchste Stufe himmlischer Erneuerung dar. Die Schlußfolgerungen für die extrasolare Planetologie sind weitreichend: Bei vorhandener Materiequelle bilden sich anscheinend überall Planeten.

Zum zweiten Mal daheim

Supernovae haben drei wesentliche und gewaltige Auswirkungen, die in direktem Zusammenhang mit uns stehen: die Kompression des interstellaren Mediums, die Erzeugung kosmischer Strahlung und die Bildung schwerer Elemente. All diese Erscheinungen sind entscheidend für die Entstehung von Sternen und Planeten, und alle sind sie notwendig für die Erschaffung der Erde.

Sterne können nicht entstehen, wenn nicht ein Teil des interstellaren Mediums so stark komprimiert wird, daß er gravitativ gebunden und damit gezwungen wird, in sich selbst zusammenzustürzen. Eine Quelle für eine solche Kompression sind offensichtlich die O-Sterne. Sie bilden zunächst durch ihre starken Winde und dann durch ihre abschließende Supernovaexplosion (zusammen mit Supernovae vom Typ Weißer Zwerg) Stoßwellen, die riesige Blasen im interstellaren Medium erzeugen. Diese prallen auf interstellare Wolken und pressen einen Teil ihrer Materie zu dichten Kernen zusammen, aus denen sich dann Sterne entwickeln. In der Großen Magellanschen Wolke, einem Schauplatz sehr aktiver Sternentstehung und Heimat großer Populationen von O-Sternen und SNR, be-

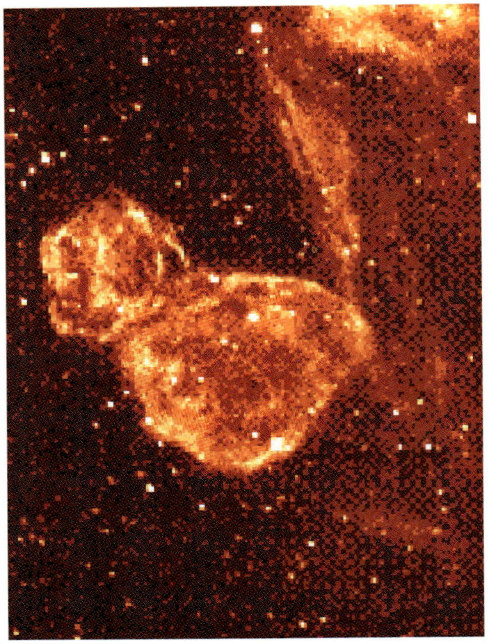

9.13 Zwei Supernova-Überreste in der Großen Magellanschen Wolke scheinen zu kollidieren und zeigen, wie der interstellare Raum mit einem ganzen Geflecht heißer Tunnel durchzogen sein könnte. Ihre Stoßwellen komprimieren Materie und tragen so zur Sternentstehung bei.

obachten wir vielfache Schöpfungsvorgänge und mehrere Generationen, da Winde und Supernovae Sterne hervorbringen, die explodieren, um noch mehr Sterne zu produzieren. Die Stoßwelle einer Supernova ist so stark, daß der plötzliche Druck, den sie auf die Kohlenstoffkörner normaler Riesensterne ausübt, die beobachteten großen Mengen an interstellarem Diamantstaub erzeugt. Diamantstaub wird auch in Meteoriten gefunden, in den Trümmerstücken, aus denen sich die Planeten aufgebaut haben, und somit verknüpft er die Entstehung der Erde eng mit den enormen Explosionswellen, die durch das interstellare Medium laufen.

Kosmische Strahlung, jene hochenergetischen Atomkerne, die mit nahezu Lichtgeschwindigkeit durch den Weltraum fliegen, bewirken eine schwache Ionisation der Dunkelwolken und tragen so dazu bei, eine komplexe Chemie in Gang zu setzen. Die Ionisation liefert auch einen „Haltegriff" für das Magnetfeld der Galaxis, so daß die Wolke auf diese Weise einen Teil ihres Drehimpulses abführen kann. Kosmische Strahlung ist alles andere als ein „dunkles" Phänomen: Insgesamt enthält sie ein Drittel der Energie der Galaxis, vergleichbar mit dem Energiebetrag, der in elektromagnetischer Strahlung und in galaktischen Magnetfeldern steckt. Moderne Untersuchungen mit Satelliten zeigen, daß die atomare Zusammensetzung der kosmischen Strahlung der der Sonne sehr ähnlich ist. Trotz ihrer hohen Energien müssen ihre Teilchen daher auf die gleiche Weise entstanden sein wie gewöhnliche energiearme Materie.

Der Großteil der kosmischen Strahlung ist mit ziemlicher Sicherheit ein Produkt von Supernovae. Innerhalb unserer Galaxis haben nur Supernovae (oder kaum verstandene Beschleunigungsmechanismen in Doppelsternsystemen, die kollabierte Neutronensterne enthalten) genügend Energie, um sie zu erzeugen. Anscheinend reiten sie auf Supernovaexplosionswellen wie Surfer auf Wasserwellen und werden durch wiederholte Reflexionen innerhalb von Magnetfeldern an den äußeren Rändern der nach außen laufenden Stoßwellen auf nahezu Lichtgeschwindigkeit beschleunigt. Dann fängt sie das Magnetfeld der Galaxis ein und schleudert sie auf riesige galaktische Umlaufbahnen, wobei eine winzige Anzahl von ihnen auf die Erde prallt und die unsichtbaren atomaren Schauer auslöst, die ständig auf uns herabrieseln. Das obere Ende des Energiespektrums der kosmischen Strahlung rührt, so glaubt man, von gewaltsamen Prozessen her, an denen möglicherweise ganze Galaxien beteiligt sind.

Und ein Letztes: Obwohl Sterne mittlerer Masse beträchtliche Mengen Helium, Stickstoff und Kohlenstoff über planetarische Nebel in den interstellaren Raum ausstoßen, können sie nicht viel an schweren Elementen erzeugen, weil ihre Kernregionen einfach nicht heiß genug werden. Mit Ausnahme dieser drei Elemente ist praktisch die ganze schwere Materie des Universums, darunter das gesamte Eisen, in Supernovae produziert worden. In den letzten beiden Jahrtausenden verzeichnen historische Aufzeichnungen acht Supernovae in unserer Galaxis. Die Radioastronomen fügten noch Cassiopeia A hinzu, die Berechnungen zufolge etwa 1650 explodiert sein muß, aber aufgrund von interstellarer Absorption für uns nicht sichtbar war. Im Mittel beobachten wir also alle 200 Jahre oder so eine Supernova. Wie Cassiopeia A sind die meisten durch Staub verborgen: Es gibt keinen Möglichkeit, selbst die hellste Supernova zu erkennen, wenn sie in der galaktischen Ebene auf der anderen Seite der Galaxis liegt.

Nehmen wir an, alle 50 Jahre explodiert eine Supernova. Die Galaxis ist etwa 15 Milliarden Jahre alt, so daß sie (unter der Annahme einer zugegebenermaßen unrealistischen konstanten Rate) ein Viertel Milliarde Supernovae erlebt haben müßte. Mitteln wir über die unterschiedlichen Arten von Ereignissen und Vorgängermassen, so müßten alternde O-Sterne und Supernovae (einschließlich der Weiße-Zwerg-Version) rund zehn Sonnenmassen pro Stern an den interstellaren Raum zurückgegeben haben, insgesamt also etwa drei Milliarden Sonnenmassen, mehr als ein Prozent der stellaren Masse der ganzen Galaxis. Ein gut Teil dieser Materie, im Mittel einige zehntel Sonnenmassen pro Explosion, bestand aus schweren Elementen. Supernovae können also leicht alles Eisen erzeugt haben, das man im interstellaren Medium findet.

Ein Drittel der Masse unseres Planeten besteht aus Eisen. Der Großteil des Rests ist Nickel (ebenfalls im Kern), Silicium und Sauerstoff. Unsere terrestrischen Nachbarplaneten und die Kerne der Riesenplaneten Jupiter, Saturn und der anderen haben eine ähnliche Zusammensetzung. Praktisch die gesamte Masse der Erde von 6×10^{24} Kilogramm muß in Supernovae erzeugt worden sein. Wenn die 250 Millionen Supernovae in der Geschichte der Galaxis jeweils gleich große Mengen beigesteuert haben (sicherlich eine zu starke Vereinfachung, aber nicht allzu sehr), dann schenkte jede Supernova unserem Planeten 2×10^{16} Kilogramm Materie, ein Betrag, der innerhalb eines Faktors 10 gleich der Masse des größten Bergs auf der Erde ist, der Insel Hawaii. Meteoriten enthalten auch die Tochterprodukte des radioaktiven Zerfalls von Plutonium. Nichts anderes als eine Supernova konnte die Energie gehabt haben, es herzustellen und dort zu plazieren. Plutonium zerfällt rasch; daher muß die Supernova einst in unserer Nähe explodiert sein. Unsere Sonne ist also möglicherweise das Ergebnis der Kompression durch ein ganz spezielles Supernovaereignis, das vor etwa 4,5 Milliarden Jahren stattgefunden hat. Die Wege zu größter Pracht und neuer Schöpfung enden damit genau hier.

Kosmische Kreisläufe 10

10.1 Das *Hubble Deep Field* (eine äußerst lang belichtete Aufnahme des *Hubble*-Weltraumteleskops von einem bestimmten Himmelsfeld) zeigt in einem Gebiet von nur zwei Bogenminuten Durchmesser – ein Fünfzehntel des Winkeldurchmessers des Vollmonds – rund 2000 Galaxien. Viele wechselwirken miteinander oder stoßen sogar zusammen. Sie liegen in sehr unterschiedlichen Entfernungen und sind nicht annähernd so dicht gepackt, wie es diese Ansicht, eine Projektion auf die Himmelsebene, glauben macht. Die fernsten Galaxien sind viele Milliarden Lichtjahre entfernt: Das Universum war noch jung, und diese Galaxien sind voller sich entwickelnder Sterne.

Wo ist der Anfang eines Kreises? Interstellare Wolken kollabieren zu Sternen; diese schleudern dann Staub und angereicherte Materie zurück in den Kosmos, Materie, die eines Tages von neuen Wolken aufgenommen wird, um weitere Sterngenerationen zu bilden. Doch wo beginnt es wirklich? Wenn auch die Geschichte in ihrer einfachen Form zirkulär ist, die tatsächliche „Schleife" der Sternentstehung ist es nicht. Sie enthält vielfache Drehungen, Windungen, Verknüpfungen, Lücken und Unterschleifen, und sie hat einen Anfangspunkt, durch den wir nach außen schauen können.

Das Öffnen der Schleife

Der große kosmische Recyclingmotor, der dem interstellaren Gas Sterne entnimmt, sie zerreißt und ihre Materie wieder zurückbefördert, ist heute an seinem Platz und läuft recht ruhig. Wie jeder Motor, mußte er aber einmal gestartet werden. Doch der Zündschlüssel ist noch nicht gefunden. Der Urknall, jenes Expansionsereignis, von dem man annimmt, daß es das gegenwärtige Universum geschaffen hat, dürfte nichts weiter in den Kosmos entsandt haben als Wasserstoff, Helium und ein wenig Lithium, aber nichts von der schweren Materie, aus der die heutigen Sterne und Planeten bestehen. In Einklang damit beobachten wir, daß die älteren Populationen der Galaxis, jene im galaktischen Halo (einschließlich der uralten Kugelhaufen), sehr wenig schwere Elemente enthalten. Ein paar Sterne haben einen Eisengehalt, der zehntausendmal geringer ist als der der Sonne. Bis die Sonne geboren wurde, vielleicht zehn Milliarden Jahre nach den Anfangstagen der Galaxis, hatten frühere Generationen genügend schwere Elemente erzeugt, um den Metallgehalt der Sonne jenseits von Lithium auf fast eins von 1000 Atomen anzuheben.

Aber obwohl wir Sterne mit sehr wenig Metallen finden, haben wir noch keine entdeckt, die *überhaupt keine* Metalle enthalten. Wir müssen also die „Schleife" öffnen und nach außen schauen, um zu spekulieren und zu theoretisieren. Aus noch immer unverstandenen Gründen kondensierte die gasförmige Materie des expandierenden Urknall-Universums zu selbstgravitierenden Klumpen, die schließlich zu Galaxien wurden und sich dann in Galaxienhaufen sammelten. Unsere Galaxis (wie auch all die anderen Galaxien) sollte ursprünglich nichts anderes gewesen sein als eine kontrahierende Wolke mit Wasserstoff und Helium als *einziger* „interstellarer Materie", wenn es auch noch keine Sterne gab, um das Gas so zu bezeichnen.

In einem astronomischen Analogon zu der Verantwortung meidenden Phrase „Es wurden Fehler begangen" erzählen wir unseren Studenten: „Während dieses Kollapses bildeten sich die ersten Sterne". Doch wir haben kaum eine Vorstellung, wie. Ohne Sterne konnte es keine Sternwinde oder Supernovae geben, die die Kompression auslösten. Die im Entstehen begriffenen galaktischen Systeme lagen damals jedoch nahe beieinander, so daß die Gravitationseffekte von Kollisionen, Verschmelzungen und nahen Begegnungen die nötige Kompression bewirkt haben könnten. Aber ohne schwere Elemente konnte es keinen Staub und keine Sternentstehungsgebiete geben, so wie wir sie kennen. Doch diese geheimnisvollen Sterne der ersten Generation haben sich tatsächlich gebildet (unsere eigene Existenz ist der Beweis), und wahrscheinlich waren nicht viele von ihnen nötig, um so viele schwere Elemente in die junge Galaxis auszustreuen, daß der Sternentstehungsprozeß, wie wir ihn heute laufen sehen, in Gang kam. Ein Indiz für dieses etwas nebelhafte Bild ist, daß die meisten metallarmen Sterne relative Häufigkeiten haben, wie man sie für Materie aus Supernovaexplosionen erwartet.

Sobald wir einmal gestartet sind, wird der Weg klarer. Im einfachsten Bild brachte die entstehende Galaxis, während sie weiter kontrahierte, die ersten metallarmen Kugelhaufen und andere Halo-Sterne hervor. Gleichzeitig führte die Erhaltung des Drehimpulses dazu, daß das neue System immer schneller rotierte, wodurch es sich langsam abflachte und die Kugelhaufen zurückließ. Während der Metallgehalt anstieg, flachte sich das System weiter ab, so daß die nächste Generation von Sternen und Sternhaufen, die nun in einer dicken Scheibe verteilt lagen, einen höheren Metallgehalt besaßen. In ihrer weiteren Entwicklung bildete die Galaxis schließlich ihre heutige dünne, staubhaltige, metallreiche sternbildende Scheibe, die von einer Abfolge immer dickerer, älterer metallärmerer Halos umgeben ist.

Obwohl dieses einfache Szenario einiges an Wahrheit enthält, ist das vollständige Bild von ernüchternder Komplexität. Außer bei den Extremen – den ältesten Sternen im Halo, die auch die metallärmsten sind, und den jungen in der Scheibe, die relativ metallreich sind – ist die Korrelation zwischen Alter und Metallgehalt überraschend schwach. Die Galaxis scheint sich in einer Reihe von Sternentstehungsausbrüchen sprunghaft entwickelt zu haben, mit unterschiedlichen Entstehungsraten in unterschiedlichen Teilen des Systems. Was noch wichtiger ist, die Galaxis könnte sich zum Teil infolge von Verschmelzungen mit anderen Systemen entwickelt haben, die sich in anderen Entwicklungsphasen befanden oder sogar einen ganz anderen Entwicklungsverlauf genommen hatten. (So enthält zum

Beispiel unser naher Begleiter, die Große Magellansche Wolke, junge Kugelhaufen, und viele Galaxien haben keine Scheibe und eine geringe Sternentstehungsaktivität.) Unsere Galaxis ist vielleicht in Wirklichkeit aus mehreren Galaxien zusammengesetzt und das Fehlen einer guten Korrelation zwischen Metallen und Alter ein direkter Hinweis auf längst abgeschlossene Kollisionen. Selbst ein flüchtiger Blick auf das Universum der Galaxien zeigt, wie häufig solche Kollisionen sind, insbesondere in Galaxienhaufen.

Darüber hinaus stellt das Grundszenario nicht die Auswirkungen – was auch immer sie sein mögen – von „dunkler Materie“ mit in Rechnung. Wäre der überwiegende Teil der galaktischen Masse innerhalb der Umlaufbahn der Sonne konzentriert, würden Sterne oder interstellare Wolken, die in 16 statt unseren acht Kiloparsec Entfernung kreisten, die Gravitationskraft ungefähr derselben Masse spüren und sich gemäß den Keplerschen (und Newtonschen) Gesetzen langsamer bewegen. Aber das tun sie nicht. Die Rotationskurve der Galaxis bleibt bis in ihre äußersten Bereiche, die wir beobachten können, auf etwa derselben Geschwindigkeit. Ein Stern bei 16 Kiloparsec muß daher doppelt so viel Masse spüren wie die Sonne, ein Stern bei 24 Kiloparsec dreimal so viel. Doch nur 20 Prozent der Masse der Galaxis außerhalb der Sonnenbahn sind Sterne und gängige Formen der interstellaren Materie. Wir können das, was die zusätzliche Gravitationskraft erzeugt, nicht sehen. Was es auch immer sein mag, und derzeit haben wir kaum einen Anhaltspunkt, es wird als dunkle Materie bezeichnet. Sterne und normale interstellare Materie nennt man im Gegensatz dazu „helle Materie“, sogar die dunklen Globulen, denn obwohl diese optisch dunkel sind, wissen wir, was sie sind und aus was sie bestehen. Obwohl nicht oft so verwendet, ist „dunkel“ doch gleichbedeutend mit „unbekannt“ und „hell“ mit „klar erkannt“.

Die galaktische Scheibe wird nach außen hin schließlich so dünn, daß wir sie nicht länger verfolgen können. Erstreckt sich die dunkle Materie noch weiter hinaus? Wir können die Radialgeschwindigkeiten äußerst weit entfernter Kugelhaufen und naher Zwerggalaxien betrachten, Mitglieder unseres eigenen lokalen Haufens (der in einem Volumen von etwa zwei Millionen Parsec Durchmesser rund drei Dutzend Galaxien enthält), die unter dem Gravitationseinfluß unserer Galaxis stehen. Wir stellen fest, daß sie sich für die Menge galaktischer heller Materie, die wir sehen, zu schnell bewegen. Die dunkle Materie scheint einen riesigen, eventuell kugelförmigen Halo zu bilden, der die sichtbare Galaxis umschließt – und möglicherweise eine zehnmal so große Masse hat. Dieser Halo könnte sich bis in eine Entfernung von 100 Kiloparsec vom Zentrum erstrecken.

Wir wissen nicht, aus was die dunkle Materie besteht, obwohl es reichlich Kandidaten dafür gibt, darunter unentdeckte Rote Zwerge, Braune Zwerge, zahllose jupiter- und asteroidengroße Körper, Unmengen unsichtbarer Schwarzer Löcher, eine Unzahl im Urknall entstandener Neutrinos, exotische massereiche atomare Teilchen, die bislang weder im Labor noch im Weltraum nachgewiesen wurden – oder eine Kombination aus einigen oder allen diesen Möglichkeiten. Doch trotz jahrelanger Suche, in unser eigenen sowie in anderen Galaxien (wo wir die gleichen Gravitationseffekte beobachten), ist die wahre Natur der dunklen Materie noch unbekannt. Ebenso wichtig ist, daß wir bislang noch nicht wissen, welche Rolle die dunkle Materie bei der Bildung von Galaxien und Sternen gespielt hat und vielleicht noch heute spielt. Wenn auch sonst nichts anderes, so warnt uns das Vorhandensein dunkler Materie, vorsichtig zu sein und nicht zu fest an unsere Entstehungstheorien zu glauben, Theorien, die wir entwickelt haben, obwohl wir die Natur von 90 Prozent (vielleicht, wenn einige Berechnungen der Prozesse im Urknall richtig sind, sogar von 99 Prozent) der Masse des Universums nicht kennen. Nachdem dies gesagt ist, fahren wir fort, als sei dunkle Materie ohne größere Bedeutung für die Beschäftigung mit der Sternentstehung und dem kosmischen Recycling: Mehr können wir nicht tun.

Synergie

Nur innerhalb einer galaktischen Masse ist die Materiedichte hoch genug, um Sterne entstehen zu lassen. Infolgedessen klumpen sich Sterne zu Galaxien zusammen, ein einfaches Konzept, aber eins, das ausdrücklich ausgesprochen und gewürdigt werden sollte. Obwohl der Kreislauf, der stellare und interstellare Formen der Materie miteinander verbindet, sehr komplex ist, wirken alle seine Teile – einschließlich der dunklen Materie – zusammen, in einem grandiosen Tanz unter der Choreographie der Gravitation.

In einer Galaxie wie der unsrigen scheinen die Dichtewellen, die die Spiralarme erzeugen, die Hauptursache für die Kompression des interstellaren Mediums zu sein, die nötig ist, um die riesigen Molekülwolken zu bilden. Während sich die Wellen ausbreiten, entstehen in dem komprimierten Gas und Staub Sterne. In den Armen geborene helle O- und B-Sterne zeichnen mit ihrer bläulichen Farbe die anmutigen Spiralen nach und besetzen sie juwelengleich mit den rötlichen, von ihnen zum Leuchten gebrachten Emissionsnebeln. Die O-Sterne erzeugen Winde und explodieren schließlich, wobei sie

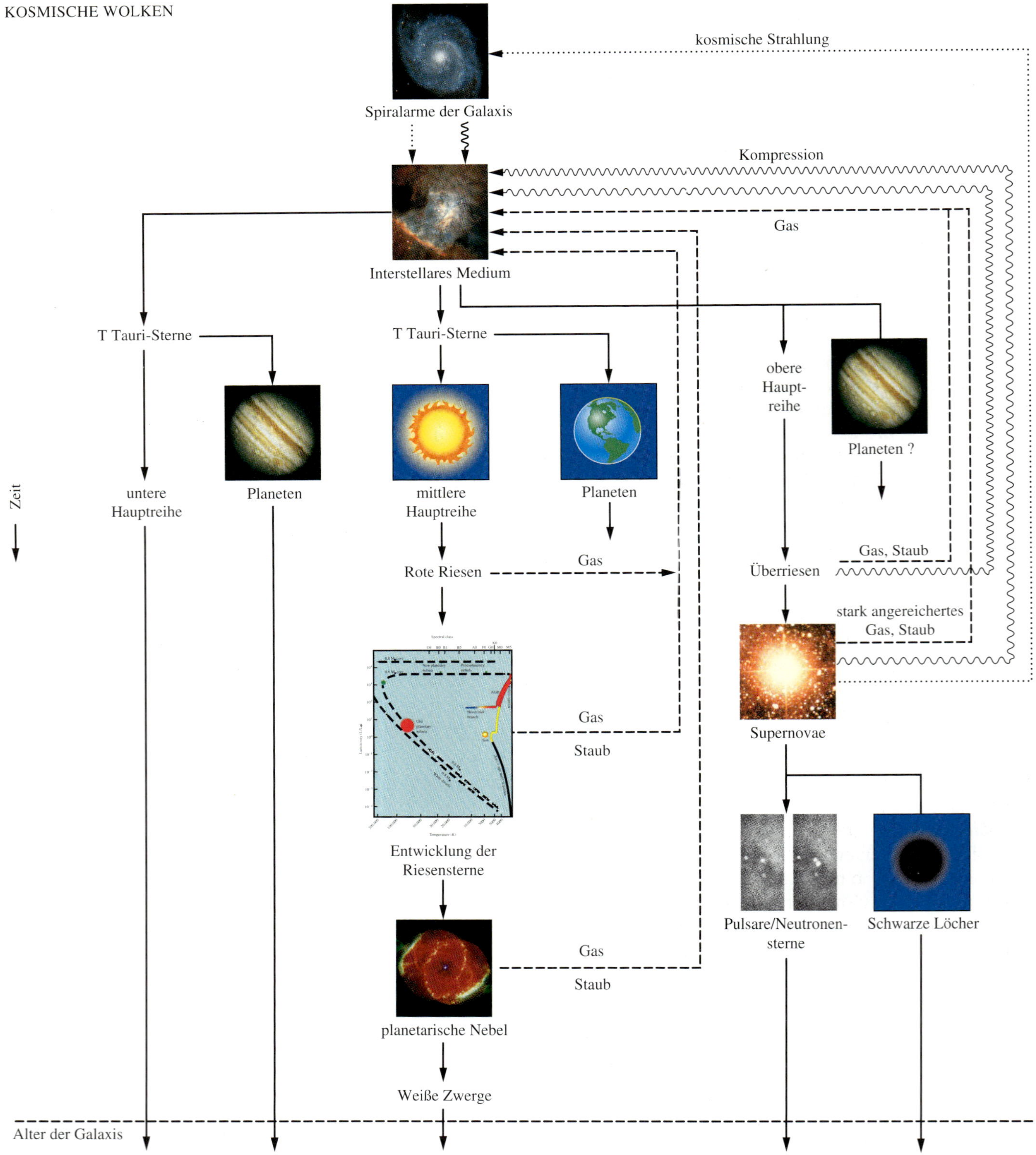
kosmische Strahlung
Spiralarme der Galaxis
Kompression
Gas
Interstellares Medium
T Tauri-Sterne
T Tauri-Sterne
obere Haupt-reihe
Planeten ?
Zeit
untere Hauptreihe
Planeten
mittlere Hauptreihe
Planeten
Rote Riesen
Gas
Gas, Staub
Überriesen
stark angereichertes Gas, Staub
Gas
Staub
Supernovae
Entwicklung der Riesensterne
Pulsare/Neutronen-sterne
Schwarze Löcher
Gas
Staub
planetarische Nebel
Weiße Zwerge
Alter der Galaxis

heftige Energiewellen erzeugen, die noch mehr staubhaltiges Gas in den Armen komprimieren und die Sternentstehungsrate beschleunigen. Zahllose Sterne – jene mit niedrigerer Masse, die lange genug leben und nicht explodieren – verlassen die Arme und wandern in die allgemeine Scheibe der Galaxis, wo immer noch Sternentstehung stattfinden kann, wenn auch mit einem langsameren Tempo. Es ist natürlich die Masse, die in all den Sternen gebunden ist, die die Arme am Leben erhält, indem Sterne in einem Kreislauf innerhalb des Kreislaufs helfen, noch mehr Sterne zu zeugen, und die durch Sternwinde und Explosionen verursachte Kompression weitere Zyklen innerhalb von Zyklen hinzufügt.

Ein Teil der Masse der Galaxis ist ionisiert: Auf eine Weise, die niemand so richtig versteht, wirkt die galaktische Rotation als Dynamo und erzeugt ein universelles galaktisches Magnetfeld, das sich in etwa längs der Spiralarme ausrichtet. Supernovae schleudern schnell fliegende Teilchen – kosmische Strahlung – in das Feld der Galaxis, das sie dann einfängt und ihre Bahnen durch das interstellare Medium lenkt. Die kosmische Strahlung durchdringt Dunkelwolken, wo ihre Ionisierungsenergie interstellare chemische Prozesse unterstützt, Prozesse, die zu noch unbekannter Komplexität führen und möglicherweise helfen, die Ursprünge des Lebens zu erhellen. Die kosmische Strahlung ionisiert auch das Innere dichter Gasklumpen, sogenannter Kerne, und ermöglicht es so dem galaktischen Magnetfeld – demselben Feld, das auch die kosmische Strahlung in der Galaxis gefangenhält –, an diesen Kernen „anzukoppeln" und ihre Kontraktion und Rotation abzubremsen. Sterne sind daher nicht nur die Produkte ihrer lokalen Umgebung, *sondern der Galaxis als Ganzes*.

Die jungen Sterne entwickeln sich, erzeugen neue Elemente, geben angereicherte Masse zurück an das interstellare Medium und liefern die Mittel zur Kompression und Ionisation von Wolken, um noch mehr Sterne entstehen zu lassen. Dieses Bild des stellaren Recycling scheint zunächst ein monotones Fortschreiten zu sein. Tatsächlich bestehen aber die große Schleife und all die verwickelten Unterschleifen aus nahezu unendlichen „Schleifen-Sets", weil all die Vorgänge, Sternentstehung und Entwicklung *gleichzeitig ablaufen*.

10.2 Sterne entstehen infolge einer Reihe miteinander verknüpfter Rückkoppelungsschleifen, die von der Galaxis als Ganzem gesteuert werden. Die Zeit läuft von oben nach unten, der Ablauf der Ereignisse ist durch Pfeile gekennzeichnet. (Die relativen Geschwindigkeiten der Entwicklungen sind nicht maßstabgerecht dargestellt.) Gestrichelte Linien zeigen die Rückgabe von Materie ans interstellare Medium an, Wellenlinien kompressive Kräfte und gepunktete Linien die Wege der kosmischen Strahlung.

Darüber hinaus finden all diese Prozesse in unterschiedlichen Teilen der Galaxis wegen unterschiedlichen Dichten im interstellaren Medium auf unterschiedlichen Stufen statt. Der am dichtesten gepackte Teil der Galaxis ist der Bauch, der ungeheure Mengen an molekularem Gas enthält. Als eine Mischung aus Halo und Scheibe – und als ein galaktisches Gebilde mit ganz eigenen charakteristischen Merkmalen – enthält der Bauch unserer Galaxis Sterne mit einer enorm großen Bandbreite im Metallgehalt. Die Sternentstehung schreitet dort mit einer solchen Geschwindigkeit fort, daß einige seiner Mitglieder „supermetallreich" sind, mit einem zehnmal höheren Metallgehalt als die Sonne. Weiter nach außen nimmt die Menge an molekularem Gas in einer Entfernung von zwei Kiloparsec vom galaktischen Zentrum stark ab und steigt zwischen vier und sechs Kiloparsec wieder an. Innerhalb dieses auffälligen „molekularen Rings" liegen 2000 Riesen-Molekülwolken, die zwei Milliarden Sonnenmassen Gas und Staub enthalten. In dieser Region findet wieder eine heftig beschleunigte Sternentstehung statt. Jenseits der Sonne sinkt die Zahl der Wolken in 15 Kiloparsec Entfernung rasch auf fast Null, und folglich entstehen dort nur wenig Sterne. Da die Materiemenge, die zurück in die Galaxis geschleudert wird, von der stellaren Todesrate abhängt, die offensichtlich durch die Geburtsrate beschränkt ist, enthalten das interstellare Mediums und neu entstehende Sterne in großen Entfernungen zum galaktischen Zentrum erheblich weniger Metalle. Und alle diese ortsabhängigen Vorgänge sind zudem auch zeitlich variabel. Es gibt Zyklen innerhalb von Zyklen innerhalb von Zyklen. Und alle führen zum

Ende des Weges

Sitz an einer Insel Strand,
sieh das Spiel von Meer und Sand.
Versuch im Geist dir vorzustellen,
wie komplex das Weltall ist.
An den Felsen tosen Wellen,
in den Himmel sprüht die Gischt:
Millionen Tröpfchen im Sonnenschein,
jedes eine eigne Welt,
ein eigner Kosmos, winzig klein,
auf den ganz kurz dein Auge fällt.
Vervielfache nun diese Sicht
um den ganzen Erdenball
und noch einmal, zögere nicht,
weit hinaus ins tiefe All,
wo Sterne einst fernab von hier
erschufen uns in großer Pracht:
Sonne, Erde und auch wir
sind aus Sternenstaub gemacht.
Nur solch' Unendlichkeit allein
kann Quell all unsrer Träume sein.

10.3 Die Pfade der Sternentstehung und -entwicklung, die sich in all ihrer Komplexität durch die Galaxis winden, haben zahllose Endpunkte. Dies ist einer davon.

Wir wissen nun, daß unsere Anfänge im Staub des interstellaren Raums liegen, daß unsere Erde und wir selbst Kondensate der dunklen Lücken zwischen den Sternen sind, derselben gähnenden Weiten, die in jeder klaren Nacht in der Milchstraße zu sehen sind. Selbst mit den enormen Lücken in unserem Wissen, die noch gefüllt werden müssen, haben wir zumindest ein tiefgehendes Problem auf einer philosophischen Ebene gelöst. Beständiges Nachforschen, sei es über Jahre, Jahrzehnte oder Jahrhunderte, sollte die unendlich vielen noch verbleibenden Fragen im Strom der Ereignisse, der uns von Globulen zu Planeten, von der Milchstraße zu einem Feld mit Sommerblumen führt, schließlich beantworten.

Ergänzende Literatur

Englischsprachige Originalliteratur

Aller, L. H. *Atoms, Stars, and Nebulae*. Cambridge, Mass. (Harvard University Press) 1971.

Aller, L. H. *Physics of Thermal Gaseous Nebulae*. Dordrecht (Reidel) 1984.

Beatty, J. K.; Chaikin, A. (Hrsg.) *The New Solar System*. 3. Aufl. Cambridge (Cambridge University Press) 1990.

Clark, D. H.; Stephenson, F. R. *The Historical Supernovae*. New York (Pergamon) 1977.

Cohen, M. *In Darkness Born: The Story of Star Formation*. Cambridge (Cambridge University Press) 1988.

Cowley, C. R. *An Introduction to Cosmochemistry*. Cambridge (Cambridge University Press) 1995.

Croswell, K. *The Alchemy of the Heavens*. New York (Anchor Books) 1995.

Dick, S. J. *The Biological Universe*. Cambridge (Cambridge University Press) 1996.

Drake, F.; Sobel, D. *Is Anyone Out There? The Scientific Search for Extraterrestrial Intelligence*. New York (Delacorte) 1992.

Edmunds, M. G.; Terlevich, R. (Hrsg.) *Elements and the Cosmos*. Cambridge (Cambridge University Press) 1992.

Goldsmith, D.; Owen, T. *The Search for Life in the Universe*. 2. Aufl. Reading, Mass. (Addison-Wesley) 1992.

Kaler, J. B. *Stars*. Scientific American Library. New York (W. H. Freeman) 1992.

Kaler, J. B. *Stars and Their Spectra: An Introduction to the Spectral Sequence*. Cambridge (Cambridge University Press) 1989.

Levy, E. H.; Lunine, J. I. (Hrsg.) *Protostars and Planets III*. Tucson (University of Arizona Press) 1993.

Marschall, L. A. *The Supernova Story*. New York (Plenum) 1988.

Morrison, D. *Exploring Planetary Worlds*. Scientific American Library. New York (W. H. Freeman) 1993.

Morrison, D.; Owen, T. *The Planetary System*. 2. Aufl. Reading, Mass. (Addison-Wesley) 1996.

Norton, O. R. *Rocks from Space*. Missoula, Mont. (Mountain Press) 1994.

Osterbrock, D. E. *Astrophysics of Gaseous Nebulae*. 2. Aufl. New York (W. H. Freeman) 1974.

Pottasch, S. R. *Planetary Nebulae*. Dordrecht (Reidel) 1984.

Verschuur, G. L. *Interstellar Matters*. New York (Springer) 1989.

Whipple, F. L. *The Mystery of Comets*. Washington, D. C. (Smithsonian Institution Press) 1985.

Zuckerman, B.; Malkan, M. A. *The Origin and Evolution of the Universe*. Sudbury, Mass. (Jones & Bartlett) 1996.

Auswahl deutschsprachiger Literatur

Beatty, J. K.; O'Leary, B.; Chaikin, A. (Hrsg.) *Die Sonne und ihre Planeten*. Weinheim (Physik-Verlag) 1983.

Brandt, J. C.; Chapman, R. D. *Rendezvous im Weltraum. Die Erforschung der Kometen*. Basel/Boston/Berlin (Birkhäuser) 1994.

Buhoke, I. *Kosmische Welten*. Heidelberg/Frankfurt (Zweitausendeins) 1998.

Davoust, E. *Signale ohne Antwort? Die Suche nach außerirdischem Leben*. Basel/Boston/Berlin (Birkhäuser) 1993.

de Duve, C. *Aus Staub geboren*. Heidelberg/Berlin/Oxford (Spektrum Akademischer Verlag) 1995.

Fahr, H. J.; Willerding E. A. *Die Entstehung von Sonnensystemen*. Heidelberg/Berlin/Oxford (Spektrum Akademischer Verlag) 1997.

Goldsmith, D.; Owen, T. *Auf der Suche nach Leben im Weltall*. Stuttgart (Hirzel) 1985.

Kaler, J. B. *Sterne*. Spektrum-Bibliothek. Heidelberg/Berlin/Oxford (Spektrum Akademischer Verlag) 1993.

Kaler, J. B. *Sterne und ihre Spektren*. Heidelberg/Berlin/Oxford (Spektrum Akademischer Verlag) 1994.

Kippenhahn, R. *Hundert Milliarden Sonnen*. München (Piper) 1989.

Krautter, J. *Die Entstehung der Sterne*. Heidelberg/Berlin/New York (Spektrum Akademischer Verlag) 1988.

Lexikon der Astronomie. Heidelberg/Berlin/Oxford (Spektrum Akademischer Verlag) 1989.

Morrison, D. *Planetenwelten*. Spektrum-Bibliothek. Heidelberg/Berlin/Oxford (Spektrum Akademischer Verlag) 1995.

Riordan, M.; Schramm, D. N. *Die Schatten der Schöpfung. Dunkle Materie und die Struktur des Universums*. Heidelberg/Berlin/New York (Spektrum Akademischer Verlag) 1992.

Scheffler, H.; Elsässer, H. *Bau und Physik der Galaxis*. 2. Aufl. Mannheim/Wien/Zürich (BI) 1992.

Scheffler, H.; Elsässer, H. *Physik der Sterne und der Sonne*. 2. Aufl. Mannheim/Wien/Zürich (BI) 1990.

Silk, J. *Die Geschichte des Kosmos*. Spektrum-Bibliothek. Heidelberg/Berlin/Oxford (Spektrum Akademischer Verlag) 1996.

Wielen, R. (Hrsg.) *Planeten und ihre Monde*. 2. Aufl. Heidelberg/Berlin (Spektrum Akademischer Verlag) 1997.

Bildnachweise

Frontispiz von Tomo Narashima; Diagramme und Zeichnungen von Fine Line Illustrations.

Titelbild: C. R. O'Dell und K. P. Handron (Rice University) und NASA.

Hintergrundbild auf den Eröffnungsseiten der Kapitel: © Anglo-Australian Observatory.

Bild auf der Umschlagrückseite: © Anglo-Australian Observatory.

1.1 Hale Observatories.
1.3 links T. Boroson (NOAO/USGP), W. C. Keel (University of Alabama) und Kitt Peak National Observatory.
1.3 rechts National Optical Astronomy Observatories.
1.4 Dennis diCicco.
1.5 Royal Astronomical Society.
1.6 links M. E. Killion.
1.6 rechts © Anglo-Australian Observatory.
1.7 Palomar Observatory, California Institute of Technology.
1.8 *The Annals of the Harvard College Observatory*, Bd. V, 1867, Frontispiz.
1.10 Abgeändert aus: Harrison, E. R. *Cosmology*. Cambridge (Cambridge University Press) 1981, S. 272.
1.11 National Optical Astronomy Observatories.
1.13 Aus: *The Scientific Papers of Sir William Huggins*. London (William Wesley and Sons) 1909.
1.14 links Aus: *The Scientific Papers of Sir William Huggins*. London (William Wesley and Sons) 1909, S. 110.
1.14 rechts Kitt Peak National Observatory.
1.15 Murray, S. E. (Hrsg.) William Herschel *Symphony in D-Dur*. In: Brook B. S. (Hrsg.) *The Symphony 1720–1840*. Reihe E, Bd. 3. New York (Garland) 1983, S. 3.
1.16 Harvard College Observatory.

2.1 C. R. O'Dell und S. K. Wong (Rice University) und NASA.
2.2 © Royal Observatory, Edinburgh/Anglo-Australian Observatory.
2.3 © Carnegie Institution of Washington.
2.4 Hui Yang (University of Illinois), J. Hester (University of Arizona) und NASA.
2.5 Illingworth, V. (Hrsg.) *The Facts on File Dictionary of Astronomy*. 2. Aufl., New York (Facts on File) 1985, S. 168.
2.7 © Anglo-Australian Observatory.
2.10 Lawrence H. Aller, Lick Observatory.
2.11 A. B. Wyse, Lick Observatory.
2.14 Palomar Observatory, California Institute of Technology.
2.15 Royal Observatory, Edinburgh

3.1 © Anglo-Australian Observatory.
3.2 Gary Urton in: *Proceedings of the American Philosophical Society* 125. (1981), S. 110.
3.3 © Dirk Hoppe.
3.4 © Anglo-Australian Observatory.
3.5 Photo mit freundlicher Genehmigung von Mrs. Joyce Bok Ambruster und Steward Observatory.
3.6 Mary Lea Shane Archives des Lick Observatory.
3.7 links Daten aus: Wolf, M. „Über den dunklen Nebel NGC 6960" in: *Astronomische Nachrichten* 219 (1923), S. 109–115.
3.7 rechts Lick Observatory.
3.8 Akira Fuji.
3.9 Lowell Observatory.
3.10 © IAC/RGO/Malin.
3.12 © Anglo-Australian Observatory.
3.13 © IAC/RGO/Malin.
3.14 Frederick Edwin Church, Amerikaner, 1826–1900 *Twilight in the Wilderness*. 1860er. Öl auf Leinwand, 101,6 × 162,6 cm. © The Cleveland Museum of Art, 1996, Mr. und Mrs. William H. Marlatt Fund, 1965.233.

3.15 Daten aus: Savage, B. D.; Mathis, J. S. „Observed Properties of Interstellar Dust“ in: *Annual Review of Astronomy and Astrophysics* 17 (1979), S. 73–111.
3.17 NASA/Jet Propulsion Laboratory.

4.1 M. Normandeau, A. R. Taylor und P. E. Dewdney, Dominion Radio Astrophysical Observatory, National Research Council of Canada.
4.2 links Palomar Sky Survey.
4.2 rechts Mount Wilson und Las Campanas Observatories.
4.4 Hartmann, D.; Burton, W. B. *Atlas of Galactic Neutral Hydrogen*. Atlas und CD-ROM, Cambridge (Cambridge University Press) 1997.
4.5 Daten von NASA (*IUE*).
4.6 Daten aus: Jenkins, E. B. „Element Abundances in the Interstellar Atomic Material“ in: Hollenbach, D. J.; Thronson, H. A. Jr. (Hrsg.) *Interstellar Processes*. Dordrecht (Reidel) 1987, S. 533–559.
4.7 Bradley, J. P.; Sanford, S. A.; Walker, R. M. „Interplanetary Dust Particles“ in: Kerridge, J. F.; Matthews, M. S. (Hrsg.) *Meteorites and the Early Solar System*. Tucson (University of Arizona Press) 1988, S. 861–895.
4.8 Herschel, W. „On the Construction of the Heavens“ in: *Philosophical Transactions 75* (1785), S. 213–266.
4.9 Abgeändert aus: Wynn-Williams, G. *The Fullness of Space*. New York (Cambridge University Press) 1992, S. 37.
4.11 © Anglo-Australian Observatory.
4.12 Mit freundlicher Genehmigung von Gart Westerhout.

5.1 © Ken Edward/Science Source/Photo Researchers, Inc.
5.3 Yerkes Observatory.
5.5 Mount Wilson Observatory.
5.8 Lewis Snyder et al., Berkeley Illinois Maryland Association (BIMA).
5.9 Daten aus: Verschuur, G. L. „Interstellar Molecules“ in: *Sky & Telescope* Nr. 4 (April 1992), S. 379–384.
5.10 links Daten aus: Salama, F.; Allamandola, L. J. „The Ultraviolet and Visible Spectrum of the Polycyclic Aromatic Hydrocarbon $C_{10}H_8^+$“ in: *The Astrophysical Journal* 395, Nr. 1 (10. August 1992), S. 301–306.
5.10 rechts Peter Jenniskens und NASA/Ames Research Center.
5.12 John Bally, University of Colorado.
5.13 Thomas Dame, Harvard University.
5.14 Abgeändert aus: Scoville, N. Z. „Interstellar Medium, Galactic Molecular Hydrogen“ in: Maran, S. P. (Hrsg.) *The Astronomy and Astrophysics Encyclopedia*. New York (Van Nostrand Reinhold) 1992, S. 373–375.
5.15 Prasad, S. S. et al. „Chemical Evolution of Molecular Clouds“ in: Hollenbach, D. J.; Thronson, H. A. Jr. (Hrsg.) *Interstellar Processes*. Dordrecht (Reidel) 1987, S. 631–667.
5.16 Tielens, A. G. G. M. et al. „Anatomy of the Photodissociation Region in the Orion Nebula“ in: *Science* 262 (1993), S. 86–89.
5.17 links K. Sunada und Y. Kitamura, Nobeyama Radio Observatory.
5.17 rechts Palomar Sky Survey.

6.1 J. Hester und P. Scowen (Arizona State University) und NASA.
6.3 Ronald A. Oriti.
6.4 Gary Goodman.
6.5 UCO/Lick Observatory Photo/Image.
6.7 Ian McLean/UCLA.
6.8 Daten aus Basri, G.; Bertout, C. „T Tauri Stars and Their Accretion Disks“ in: *Protostars and Planets III*. Tucson (University of Arizona Press) 1993, S. 543–566.
6.9 J. Hester (Arizona State University), das WFPC 2 Investigation Definition Team und NASA.
6.10 Annelia Sargent.
6.11 C. Burrows (STScI und ESA), das WFPC 2 Investigation Definition Team und NASA.
6.12 Serge Koutchmy, Leon Golub, SAO und CTH-T.
6.13 Abgeändert aus: Fukui, Y. et al. „Molecular Outflows“ in: *Protostars and Planets III*. Tucson (University of Arizona Press) 1993, S. 623–639.
6.14 Hintergrundphotographie: Palomar Sky Survey; Konturen: abgeändert aus: Snell, R. L.; Loren, R. B.; Plambeck, R. L. „Observations of CO in L1551: Evidence for Stellar Wind Driven Shocks“ in: *The Astrophysical Journal* 239, Nr. 1 (1. Juli 1989), S. L17–L22.
6.15 J. Morse (STScI) und NASA.
6.16 © Anglo-Australian Observatory.
6.17 Übernommen aus: Maddalena, R. J. et al. „The Large System of Molecular Clouds in Orion and Monoceros“ in: *The Astrophysical Journal* 303 (1. April 1986), S. 375–391.
6.19 Alan P. Boss, Carnegie Institution of Washington.
6.20 Abgeändert aus: Stahler, S. W. „Deuterium and the Stellar Birthline“ in: *The Astrophysical Journal* 332 (1988), S. 804–822; Entwicklungswege von Icko Iben, Jr.

7.1 Observatoire de Haute-Provence, Frankreich.
7.2 NASA.
7.3 Reta Beebe und Amy Simon (New Mexico State University) und NASA.
7.4 NASA.
7.5 NASA.
7.6 © 1996 Kurt Liffman.
7.7 NASA/Johnson Spaceflight Center.
7.10 David Jewitt und Jane Luu.
7.11 Virgil L. Sharpton, Lunar and Planetary Institute.
7.12 links Richard P. Binzel, Massachusetts Institute of Technology.
7.12 rechts James V. Scotti, Kitt Peak National Observatory.

7.13 M. J. McCaughrean (Max-Planck-Institut für Astronomie), C. R. O'Dell (Rice University) und NASA.
7.14 C. Burrows (STScI und ESA), J. Krist (STScI), das WFPC 2 Investigation Definition Team und NASA.
7.15 Geoffrey W. Marcy und Paul Butler, San Francisco State University Planet Search Project.
7.16 Geoffrey W. Marcy und Paul Butler, San Francisco State University Planet Search Project.

8.1 J. P. Harrington und K. J. Borkowski (University of Maryland) und NASA.
8.2 Yerkes Observatory.
8.3 National Optical Astronomy Observatories.
8.4 links C. R. O'Dell und K. P. Handron (Rice University) und NASA.
8.4 rechts © Anglo-Australian Observatory.
8.5 links NOAO/George Jacoby.
8.5 Mitte S. Heap, NASA/Goddard Space Flight Center.
8.5 rechts Bruce Balick, National Optical Astronomy Observatories.
8.6 G. H. Jacoby, National Optical Astronomy Observatories.
8.7 Bruce Balick, University of Washington; Bilder aufgenommen mit dem 2,1-m-Teleskop am Kitt Peak National Observatory der National Optical Astronomy Observatories, Tucson.
8.8 Aufnahme von NGC 7027 von James R. Graham, aufgenommen mit dem 5-m-Hale-Teleskop, erstmals erschienen in: *The Astronomical Journal*, Bd. 105, 1993.
8.9 Mount Wilson Observatory.
8.10 Übernommen aus: Kaler, J. B. *Stars and Their Spectra*. Cambridge (Cambridge University Press) 1989, S. 232.
8.11 Übernommen aus: Iben, I. Jr. „Single and Binary Star Evolution" in: *Astrophysical Journal Supplements* 76 (1991), S. 55–114.
8.12 John Bieging und Berkeley Illinois Maryland Association (BIMA).
8.13 R. Sahai und J. Trauger (JPL), das WFPC 2 Science Team und NASA.
8.14 NOAO/George Jacoby.
8.15 Übernommen aus Balick, B. „The Shapes and Shaping of Planetary Nebulae" in: *Planetary Nebulae*, Proceedings of the 131. Symposium of the International Astronomical Union, Boston und Dordrecht (Kluwer) 1989, S. 83–92.
8.16 Bruce Balick und Jason Alexander (University of Washington), Arsen Hajian (U. S. Naval Observatory), Yervant Terzian (Cornell University), Mario Perinotto und Patrizio Patriarchi (Universität Florenz) und NASA.

9.1 R. Chris Smith, University of Michigan und CTIO.
9.2 J. Morse (University of Colorado) und NASA.
9.3 Antonelle Nota und Mark Clampin.
9.4 Karen Kwitter und You-Hua Chu.
9.5 A. Burrows, J. C. Hays und B. Fryxell, University of Arizona.
9.6 © Anglo-Australian Observatory.
9.7 Mit freundlicher Genehmigung des National Parks Service.
9.8 links © 1994 Richard J. Wainscoat und John Kormendy, Institute for Astronomy, University of Hawaii.
9.8 rechts Mit freundlicher Genehmigung des Birr Castle Demesne.
9.9 Arecibo Radio Observatory in: Ostriker, J. P. „The Nature of Pulsars" in: *Scientific American* 224, Nr. 1 (Januar 1971), S. 48–60.
9.10 Kitt Peak National Observatory.
9.11 J. Hester und P. Scowen (Arizona State University) und NASA.
9.12 links James R. Graham, Nancy A. Levenson und McDonald Observatory.
9.12 rechts James R. Graham, Nancy A. Levenson und ROSAT.
9.13 Rosa Williams et al., CTIO.

10.1 R. Williams und das Hubble Deep Field Team (STScI) und NASA.
10.3 James B. Kaler.

Index

E

F

G

H

I

N

O

P

Q

R

U

V

W

X

Y

Z

Originaltitel: Cosmic Clouds
Aus dem Amerikanischen übersetzt von Margit Röser

Amerikanische Originalausgabe bei The Scientific American Library, A Division of HPHLP, New York
(W. H. Freeman and Company, New York)

Die Deutsche Bibliothek – CIP-Einheitsaufnahme

Kosmische Wolken : Materie-Kreisläufe in der Milchstraße / Kaler,
James B. Aus dem Amerikan. übers. von Margit Röser. – Heidelberg ;
Berlin : Spektrum, Akad. Verl., 1998
Einheitssacht.: Cosmic clouds <dt.>
ISBN 3-8274-0256-5

Lektorat: Katharina Neuser-von Oettingen, Sabine Berger (Ass.)
Copy-editing: Ulla Gromer
Produktion: Brigitte Trageser
Umschlaggestaltung: Kurt Bitsch, Birkenau
Gesamtherstellung: Graphischer Betrieb Konrad Triltsch, Würzburg

KOSMISCHE WOLKEN

KOSMISCHE WOLKEN

Materie-Kreisläufe in der Milchstraße

Kaler, James B.

Aus dem Amerikanischen übersetzt von Margit Röser

Spektrum Akademischer Verlag Heidelberg · Berlin